U0887509

INDUSTRY AND INFORMATION TECHNOLOGY TRAINING PLANNING MATERIALS

TECHNICAL AND VOCATIONAL EDUCATION

工业和信息化人才培养规划教材　高职高专计算机系列

Illustrator CS5 实例教程（第2版）

Illustrator CS5 Tutorial

孙宇 刘智平 ◎ 主编

刘文宏 许璐 郑婉华 ◎ 副主编

人 民 邮 电 出 版 社

北 京

图书在版编目（CIP）数据

Illustrator CS5实例教程 / 孙宇，刘智平主编. -- 2版. -- 北京 : 人民邮电出版社，2012.5（2015.8重印）
工业和信息化人才培养规划教材. 高职高专计算机系列
ISBN 978-7-115-27525-7

Ⅰ. ①I… Ⅱ. ①孙… ②刘… Ⅲ. ①图形软件，Illustrator CS5－高等职业教育－教材 Ⅳ. ①TP391.41

中国版本图书馆CIP数据核字(2012)第034361号

内容提要

本书全面系统地介绍了Illustrator CS5的基本操作方法和矢量图形制作技巧，包括初识Illustrator CS5、图形的绘制和编辑、路径的绘制与编辑、图像对象的组织、颜色填充与描边、文本的编辑、图表的编辑、图层和蒙版的使用、使用混合与封套效果、效果的使用、打印输出等内容。

本书内容的讲解均以课堂案例为主线，通过案例的操作，学生可以快速熟悉软件功能和图形设计思路。书中的软件功能解析部分使学生能够深入软件功能；课堂练习和课后习题，可以拓展学生的实际应用能力，提高学生的软件使用技巧。

本书适合作为高等职业院校数字媒体艺术类专业Illustrator CS5课程的教材，也可作为相关人员的参考用书。

工业和信息化人才培养规划教材——高职高专计算机系列

Illustrator CS5 实例教程（第 2 版）

◆ 主　　编　孙　宇　刘智平
副 主 编　刘文宏　许　璐　郑婉华
责任编辑　王　威

◆ 人民邮电出版社出版发行　　北京市丰台区成寿寺路 11 号
邮编　100164　　电子邮件　315@ptpress.com.cn
网址　http://www.ptpress.com.cn
三河市海波印务有限公司印刷

◆ 开本：787×1092　1/16
印张：16.75　　2012 年 5 月第 1 版
字数：426 千字　　2015 年 8 月河北第 6 次印刷

ISBN 978-7-115-27525-7

定价：39.80 元（附光盘）

读者服务热线：(010)81055256　印装质量热线：(010)81055316
反盗版热线：(010)81055315
广告经营许可证：京崇工商广字第 0021 号

前言

Illustrator 是由 Adobe公司开发的矢量图形处理和编辑软件。它功能强大、易学易用，深受图形图像处理爱好者和平面设计人员的喜爱，已经成为这一领域最流行的软件之一。目前，我国很多高职院校的数字媒体艺术类专业，都将 Illustrator 列为一门重要的专业课程。为了帮助高职院校的教师全面、系统地讲授这门课程，使学生能够熟练地使用 Illustrator 来进行设计创意，我们几位长期在高职院校从事 Illustrator 教学的教师和专业平面设计公司经验丰富的设计师合作，共同编写了本书。

我们对本书的编写体系做了精心的设计，按照“课堂案例—软件功能解析—课堂练习—课后习题”这一思路进行编排，力求通过课堂案例演练，使学生快速熟悉软件功能和艺术设计思路。通过软件功能解析，使学生深入学习软件功能和制作特色；通过课堂练习和课后习题，拓展学生的实际应用能力。在内容编写方面，我们力求细致全面、重点突出；在文字叙述方面，我们注意言简意赅、通俗易懂；在案例选取方面，我们强调案例的针对性和实用性。

本书配套光盘中包含了书中所有案例的素材及效果文件。另外，为方便教师教学，本书配备了详尽的课堂练习和课后习题的操作步骤、PPT 课件以及教学大纲等丰富的教学资源，任课教师可登录人民邮电出版社教学服务与资源网（www.ptpedu.com.cn）免费下载使用。本书的参考学时为 52 学时，其中实训环节为 20 学时，各章的参考学时参见下面的学时分配表。

章　节	课程内容	学时分配	
		讲　授	实　训
第 1 章	初识 Illustrator CS5	2	
第 2 章	图形的绘制和编辑	3	2
第 3 章	路径的绘制与编辑	4	3
第 4 章	图像对象的组织	2	2
第 5 章	颜色填充与描边	4	2
第 6 章	文本的编辑	4	3
第 7 章	图表的编辑	2	1
第 8 章	图层和蒙版的使用	3	2
第 9 章	使用混合与封套效果	2	2
第 10 章	效果的使用	4	3
第 11 章	打印输出	2	
	课 时 总 计	32	20

本书由吉林科技职院的孙宇、淄博职院的刘智平任主编，吉林工业职院的刘文宏、许璐以及广东水利电力职院的郑婉华任副主编。参与本书编写工作的还有周建国、马丹、王世宏、谢立群、葛润平、张敏娜、张文达、张丽丽、张旭、吕娜、程静、贾楠、房婷婷、黄小龙、周亚宁、崔桂青等。

由于编者水平有限，书中难免存在错误和不妥之处，敬请广大读者批评指正。

编　者

2012 年 2 月

illustrator 教学辅助资源及配套教辅

素材类型	名称或数量	素材类型	名称或数量
教学大纲	1 套	课堂实例	23 个
电子教案	11 单元	课后实例	18 个
PPT 课件	11 个	课后答案	18 个
第 2 章 图形的绘制和编辑	绘制书签	第 7 章 图表的编辑	制作电视标志
	绘制标牌效果		制作时尚书籍封面
	绘制可爱动物		制作统计图表
	绘制小海豹		制作图案图表
	制作请柬		制作旅游分布表
第 3 章 路径的绘制与编辑	绘制咖啡馆标志		制作彩铅宣传单
	绘制家居标识	第 8 章 图层和蒙版的使用	制作手机宣传单
	绘制卡通猪		制作春天插画
	绘制美女插画		制作洗衣粉包装
第 4 章 图像对象的组织	制作学习海报	第 9 章 使用混合与封套效果	制作礼券
	绘制邮票		制作折扣标牌
	绘制美丽风景插画		制作特卖会图标
	制作杂志封面		制作秋夕插画
第 5 章 颜色填充与描边	制作英语小海报	第 10 章 效果的使用	绘制丰收插画
	绘制特效标签		绘制卡通标牌
	绘制海底世界		制作栏目图标
	绘制电子锁		制作风景插画
	绘制中秋插画		制作特卖会招贴
第 6 章 文本的编辑	绘制咖啡标识		制作美食网页
	制作百货招贴		制作茶品包装
	制作节日标牌		

目 录

第1章

初识 Illustrator CS5

本章将介绍 Illustrator CS5 的工作界面，以及矢量图和位图的概念。此外，还将介绍文件的基本操作和图像的显示效果。通过本章的学习，读者可以掌握 Illustrator CS5 的基本功能，为进一步学习好 Illustrator CS5 打下坚实的基础。

课堂学习目标

- Illustrator CS5 的工作界面
- 矢量图和位图
- 文件的基本操作
- 图像的显示效果
- 标尺、参考线和网格的使用

1.1 Illustrator CS5 的工作界面

Illustrator CS5 的工作界面主要由标题栏、菜单栏、工具箱、工具属性栏、控制面板、页面区域、滚动条和状态栏等部分组成，如图 1-1 所示。

图 1-1

标题栏：标题栏左侧是当前运行程序的名称，右侧是控制窗口的按钮。

菜单栏：包括 Illustrator CS5 中所有的操作命令，主要包括 9 个主菜单，每一个菜单又包括各自的子菜单，通过选择这些命令可以完成基本操作。

工具箱：包括了 Illustrator CS5 中所有的工具，大部分工具还有其展开式工具栏，其中包括了与该工具功能相类似的工具，可以更方便、快捷地进行绘图与编辑。

工具属性栏：当选择工具箱中的一个工具后，会在 Illustrator CS5 的工作界面中出现该工具的属性栏。

控制面板：使用控制面板可以快速调出许多设置数值和调节功能的对话框，它是 Illustrator CS5 中最重要的组件之一。控制面板是可以折叠的，可根据需要分离或组合，具有很大的灵活性。

页面区域：指在工作界面的中间以黑色实线表示的矩形区域，这个区域的大小就是用户设置的页面大小。

滚动条：当屏幕内不能完全显示出整个文档的时候，通过对滚动条的拖曳来实现对整个文档的全部浏览。

状态栏：显示当前文档视图的显示比例，当前正使用的工具、时间和日期等信息。

1.1.1 菜单栏及其快捷方式

熟练地使用菜单栏能够快速有效地绘制和编辑图像，达到事半功倍的效果，下面详细介绍菜单栏。

Illustrator CS5 中的菜单栏包含“文件”、“编辑”、“对象”、“文字”、“选择”、“效果”、“视图”、“窗口”和“帮助”共 9 个菜单，如图 1-2 所示。每个菜单里又包含相应的子菜单。

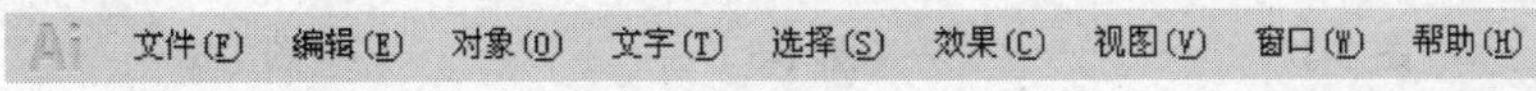

图 1-2

每个下拉菜单的左边是命令的名称，在经常使用的命令右边是该命令的快捷组合键，要执行该命令，可以直接按下键盘上的快捷组合键，这样可以提高操作速度。例如，“选择 > 全部”命令的快捷组合键为 Ctrl+A。

有些命令的右边有一个黑色的三角形“ ▸”，表示该命令还有相应的子菜单，用鼠标单击三角形“ ▸”，即可弹出其子菜单。有些命令的后面有省略号“…”，表示用鼠标单击该命令可以弹出相应对话框，在对话框中可进行更详尽的设置。有些命令呈灰色，表示该命令在当前状态下为不可用，需要选中相应的对象或在合适的设置时，该命令才会变为黑色，即可用状态。

1.1.2 工具箱

Illustrator CS5 的工具箱内包括了大量具有强大功能的工具，这些工具可以使用户在绘制和编辑图像的过程中制作出更加精彩的效果。工具箱如图 1-3 所示。

工具箱中部分工具按钮的右下角带有一个黑色三角形，表示该工具还有展开工具组，用鼠标按住该工具不放，即可弹出展开工具组。例如，用鼠标按住文字工具 T，将展开文字工具组，如图 1-4 所示。用鼠标单击文字工具组右边的黑色三角形，如图 1-5 所示，文字工具组就从工具箱中分离出来，成为一个相对独立的工具栏，如图 1-6 所示。

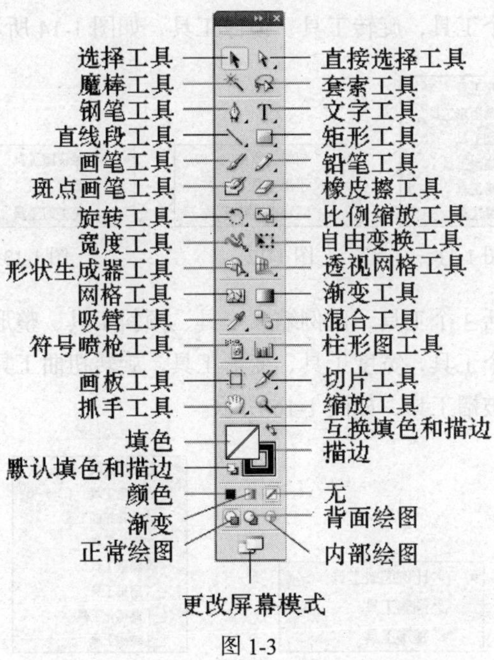

图 1-3

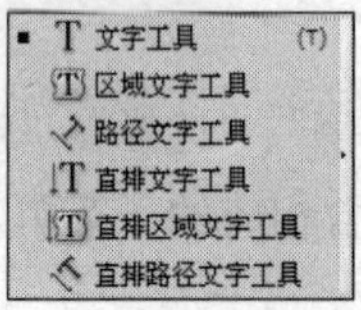

图 1-4

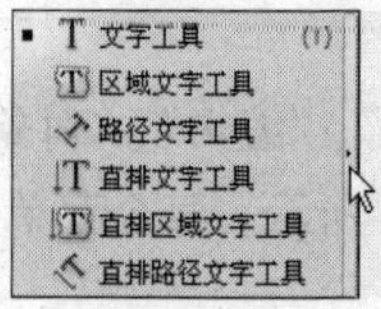

图 1-5

图 1-6

下面分别介绍各个展开式工具组。

直接选择工具组：包括 2 个工具，直接选择工具和编组选择工具，如图 1-7 所示。

钢笔工具组：包括 4 个工具，钢笔工具、添加锚点工具、删除锚点工具、转换锚点工具，如图 1-8 所示。

文字工具组：包括 6 个工具，文字工具、区域文字工具、路径文字工具、直排文字工具、直排区域文字工具、直排路径文字工具，如图 1-9 所示。

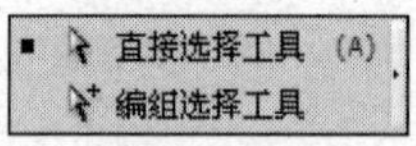

图 1-7

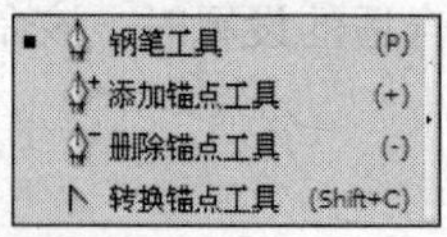

图 1-8

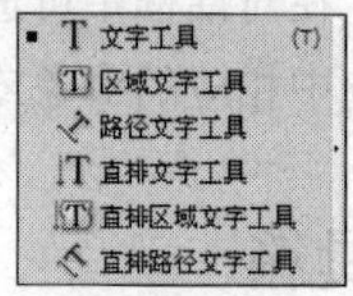

图 1-9

直线段工具组：包括 5 个工具，直线段工具、弧形工具、螺旋线工具、矩形网格工具、极坐标网格工具，如图 1-10 所示。

矩形工具组：包括 6 个工具，矩形工具、圆角矩形工具、椭圆工具、多边形工具、星形工具、光晕工具，如图 1-11 所示。

铅笔工具组：包括 3 个工具，铅笔工具、平滑工具、路径橡皮擦工具，如图 1-12 所示。

橡皮擦工具组：包括 3 个工具，橡皮擦工具、剪刀工具、美工刀工具，如图 1-13 所示。

旋转工具组：包括 2 个工具，旋转工具、镜像工具，如图 1-14 所示。

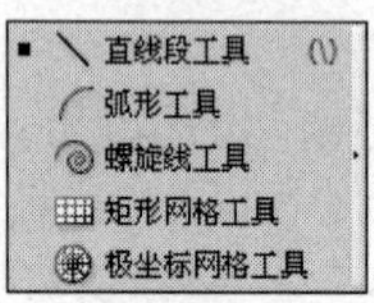

图 1-10

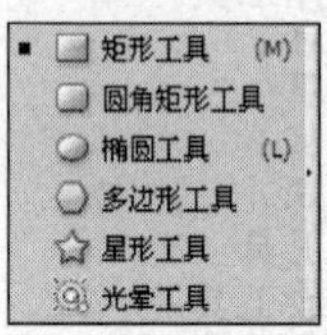

图 1-11

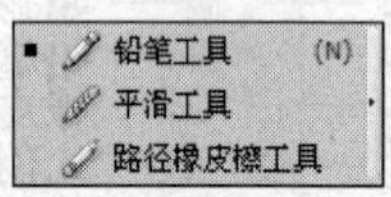

图 1-12

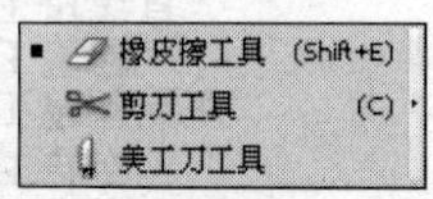

图 1-13

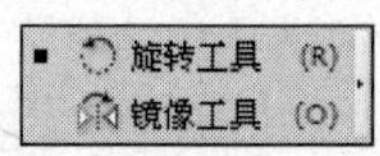

图 1-14

比例缩放工具组：包括 3 个工具，比例缩放工具、倾斜工具、整形工具，如图 1-15 所示。

宽度工具组：包括 8 个工具，宽度工具、变形工具、旋转扭曲工具、缩拢工具、膨胀工具、扇贝工具、晶格化工具、皱褶工具，如图 1-16 所示。

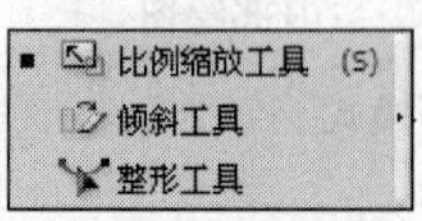

图 1-15

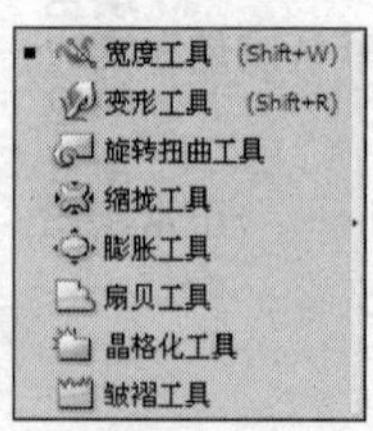

图 1-16

形状生成器工具组：包括 3 个工具，形状生成器工具、实时上色工具、实时上色选择工具，如图 1-17 所示。

透视网格工具：包括 2 个工具，透视网格工具、透视选区工具，如图 1-18 所示。

吸管工具组：包括 2 个工具，吸管工具、度量工具，如图 1-19 所示。

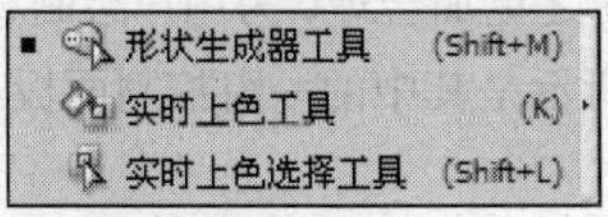

图 1-17

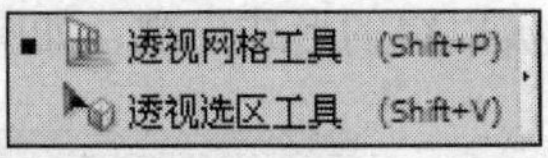

图 1-18

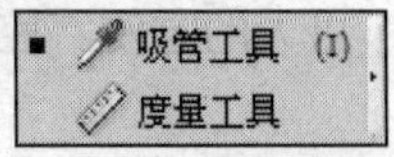

图 1-19

符号喷枪工具组：包括 8 个工具，符号喷枪工具、符号移位器工具、符号紧缩器工具、符号缩放器工具、符号旋转器工具、符号着色器工具、符号滤色器工具、符号样式器工具，如图 1-20 所示。

柱形图工具组：包括 9 个工具，柱形图工具、堆积柱形图工具、条形图工具、堆积条形图工具、折线图工具、面积图工具、散点图工具、饼图工具、雷达图工具，如图 1-21 所示。

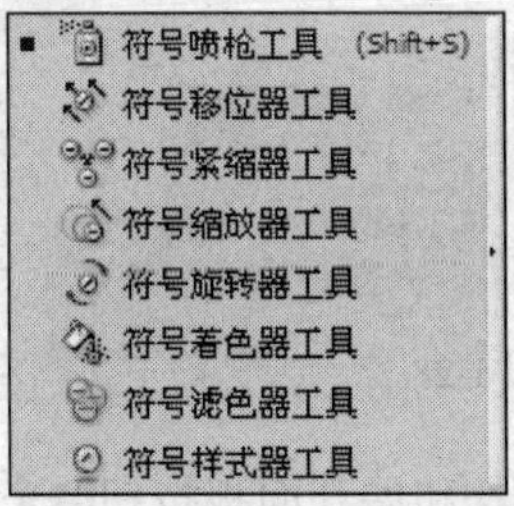

图 1-20

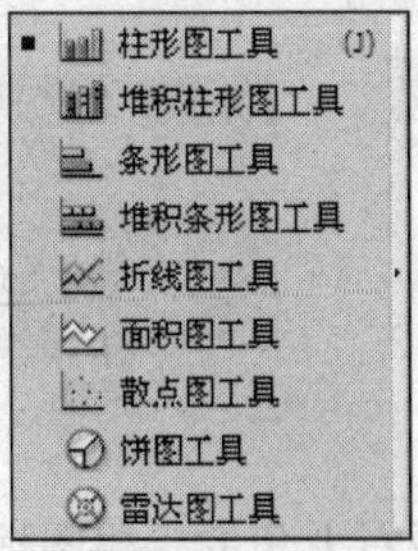

图 1-21

切片工具组：包括 2 个工具，切片工具、切片选择工具，如图 1-22 所示。

抓手工具组：包括 2 个工具，抓手工具和打印拼贴工具，如图 1-23 所示。

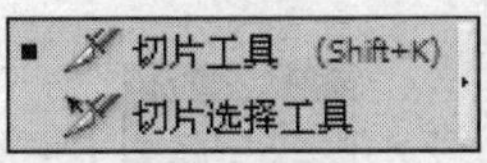

图 1-22

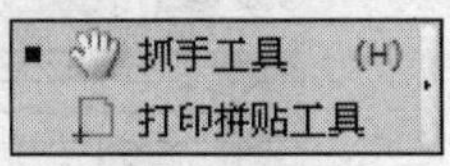

图 1-23

1.1.3 工具属性栏

Illustrator CS5 的工具属性栏可以快捷应用与所选对象相关的选项，它根据所选工具和对象的不同来显示不同的选项，包括画笔、描边、样式等多个控制面板的功能。选择路径对象的锚点后，工具属性栏如图 1-24 所示。选择“文字”工具 T 后，工具属性栏如图 1-25 所示。

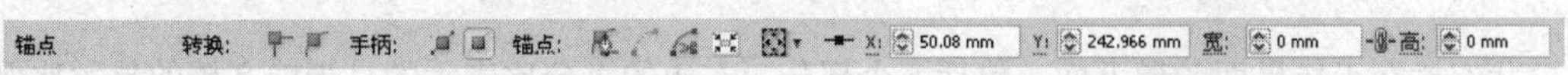

图 1-24

图 1-25

1.1.4 控制面板

Illustrator CS5 的控制面板位于工作界面的右侧，它包括了许多实用、快捷的工具和命令。随着 Illustrator CS5 功能不断增强，控制面板也相应地不断改进使之更加合理，为用户绘制和编辑图像带来了更大的方便。控制面板以组的形式出现，如图 1-26 所示是其中的一组控制面板。

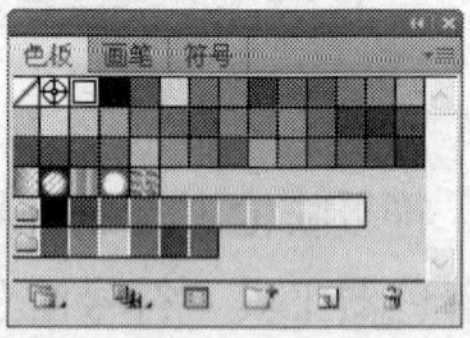

图 1-26

用鼠标选中并按住“色板”控制面板的标题不放，如图 1-27 所示，向页面中拖曳，如图 1-28 所示。拖曳到控制面板组外时，释放鼠标左键，将形成独立的控制面板，如图 1-29 所示。

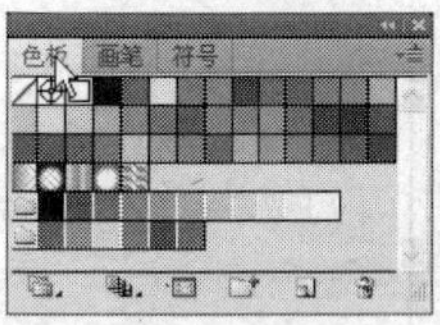

图 1-27

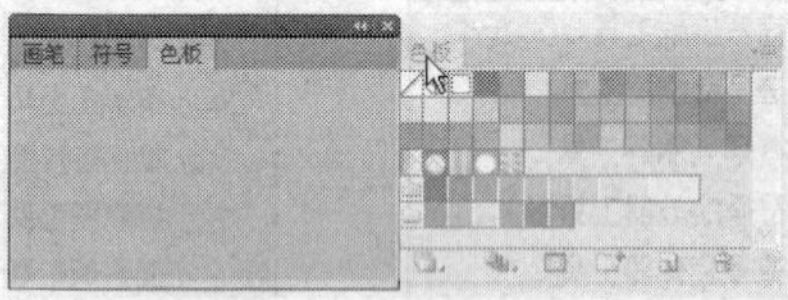

图 1-28

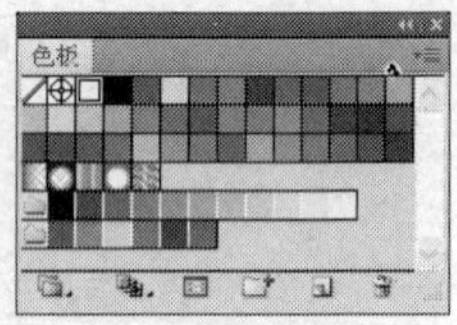

图 1-29

用鼠标单击控制面板右上角的折叠图标按钮和展开面板按钮来折叠或展开控制面板，效果如图 1-30 所示。控制面板右下角的图标用于放大或缩小控制面板，可以用鼠标单击图标，并按住鼠标左键不放，拖曳放大或缩小控制面板。

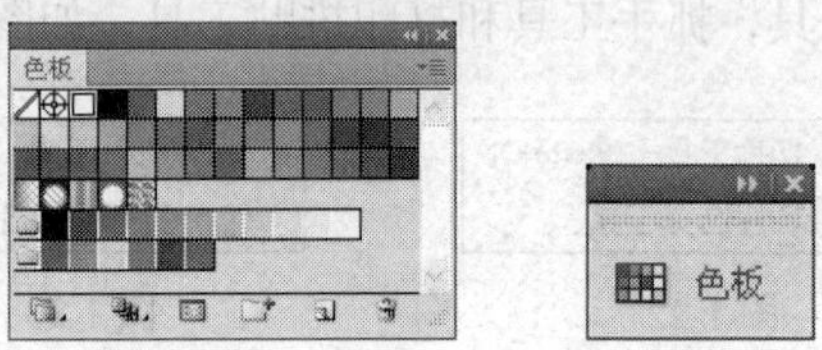

图 1-30

绘制图形图像时，经常需要选择不同的选项和数值，可以通过控制面板来直接操作。通过选择“窗口”菜单中的各个命令可以显示或隐藏控制面板。这样可省去反复选择命令或关闭窗口的麻烦。控制面板为设置数值和修改命令提供了一个方便快捷的平台，使软件的交互性更强。

1.1.5 状态栏

状态栏在工作界面的最下面，包括 4 个部分。左边的百分比表示的是当前文档的显示比例。接下来是当前文档页码的显示。中间的弹出式菜单可显示当前使用的工具，当前的日期、时间，文件操作的还原次数以及文档配置文件。右边是滚动条，当绘制的图像过大不能完全显示时，可以通过拖曳滚动条浏览整个图像，如图 1-31 所示。

图 1-31

1.2 矢量图和位图

在计算机应用系统中，大致会应用两种图像，即位图图像与矢量图像。在 Illustrator CS5 中，不但可以制作出各式各样的矢量图像，还可以导入位图图像进行编辑。

位图图像也叫点阵图像，如图 1-32 所示，它是由许多单独的点组成的，这些点又称为像素点，每个像素点都有特定的位置和颜色值，位图图像的显示效果与像素点是紧密联系在一起的，不同排列和着色的像素点在一起组成了一幅色彩丰富的图像。像素点越多，图像的分辨率越高，相应地，图像的文件量也会随之增大。

Illustrator CS5 可以对位图进行编辑，除了可以使用变形工具对位图进行变形处理，还可以通过复制工具，在画面上复制出相同的位图，制作更完美的作品。位图图像的优点是制作的图像色彩丰富；不足之处是文件量太大，而且在放大图像时会失真，图像边缘会出现锯齿，模糊不清。

矢量图像也叫向量图像，如图 1-33 所示，它是一种基于数学方法的绘图方式。矢量图像中的各种图形元素称之为对象，每一个对象都是独立的个体，都具有大小、颜色、形状、轮廓等特性。在移动和改变它们的属性时，可以保持对象原有的清晰度和弯曲度。矢量图形是由一条条的直线或曲线构成的，在填充颜色时，会按照指定的颜色沿曲线的轮廓边缘进行着色。

图 1-32

图 1-33

矢量图像的优点是文件较小，矢量图像的显示效果与分辨率无关，因此缩放图形时，对象会保持原有的清晰度以及弯曲度，颜色和外观形状也都不会发生任何偏差和变形，不会产生失真的现象。不足之处是矢量图像不易制作色调丰富的图像，绘制出来的图形无法像位图那样精确地描绘各种绚丽的景象。

1.3 文件的基本操作

在开始设计和制作平面设计作品前，需要掌握一些基础的文件操作方法。下面将介绍新建、打开、保存和关闭文件的基本方法。

1.3.1 新建文件

选择“文件 > 新建”命令（组合键为 Ctrl+N），弹出“新建文档”对话框，如图 1-34 所示。设置相应的选项后，单击“确定”按钮，即可建立一个新的文档。

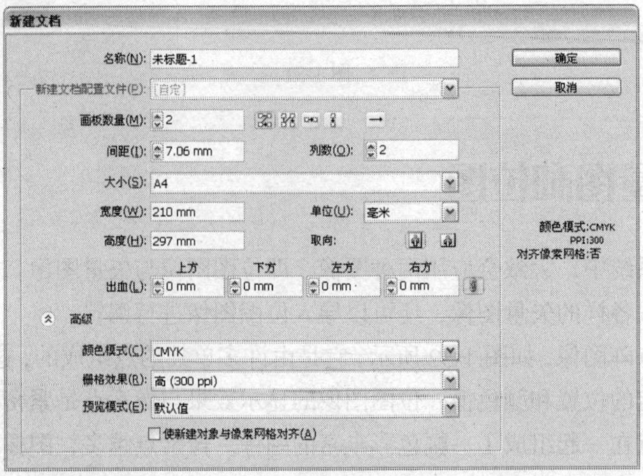

图 1-34

“名称”选项：可以在选项中输入新建文件的名称，默认状态下为“未标题-1”。

“新建文档配置文件”选项：主要是基于所需的输出文件来选择新的文档配置以启动新文档。其中包括“打印”、“Web”、“移动设备”、“视频和胶片”、“基本 CMYK”、“基本 RGB”和“Flash Catalyst”，每种配置都包含大小、颜色模式、单位、方向、透明度以及分辨率的预设值。

“画板数量”选项：画板表示可以包含可打印图稿的区域。可以设置画板的数量及排列方式，每个文档可以有 1～100 个画板。默认状态下为 1 个画板。

“间距”和“列数”选项：设置多个画板之间的间距和列数。

“大小”选项：可以在下拉列表中选择系统预先设置的文件尺寸，也可以在右边的“宽度”和“高度”选项中自定义文件尺寸。

“宽度”和“高度”选项：用于设置文件的宽度和高度的数值。

“单位”选项：设置文件所采用的单位，默认状态下为“毫米”。

“取向”选项：用于设置新建页面竖向或横向排列。

“出血”选项：用于设置文档中上、下、左、右四方的出血标志的位置。可以设置的最大出血值为 72 点，最小出血值为 0 点。

“颜色模式”选项：用于设置新建文件的颜色模式。

“栅格效果”选项：设置最终图像的分辨率。

“预览模式”选项：设置图片的预览模式，可以选择默认值、像素或叠印预览模式。

1.3.2 打开文件

选择“文件 > 打开”命令（组合键为 Ctrl+O），弹出“打开”对话框，如图 1-35 所示。在“查找范围”选项框中选择要打开的文件，单击“打开”按钮，即可打开选择的文件。

1.3.3 保存文件

当用户第一次保存文件时，选择“文件 > 存储”命令（组合键为 Ctrl+ S），弹出“存储为”

对话框，如图 1-36 所示，在对话框中输入要保存文件的名称，设置保存文件的路径、类型。设置完成后，单击“保存”按钮，即可保存文件。

当用户对图形文件进行了各种编辑操作并保存后，再选择“存储”命令时，将不弹出“存储为”对话框，计算机直接保留最终确认的结果，并覆盖原文件。因此，在未确定要放弃原始文件之前，应慎用此命令。

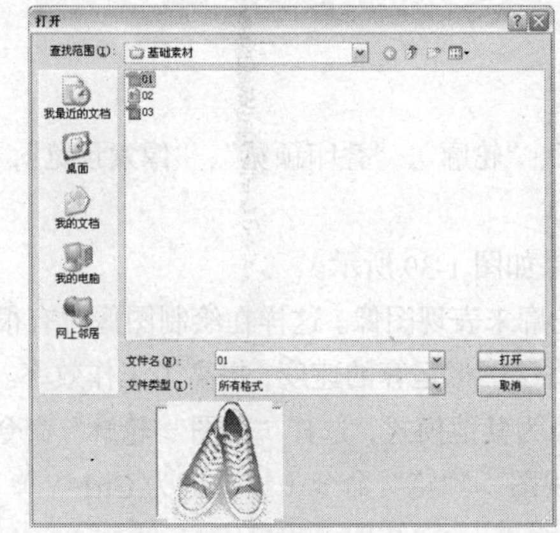

图 1-35

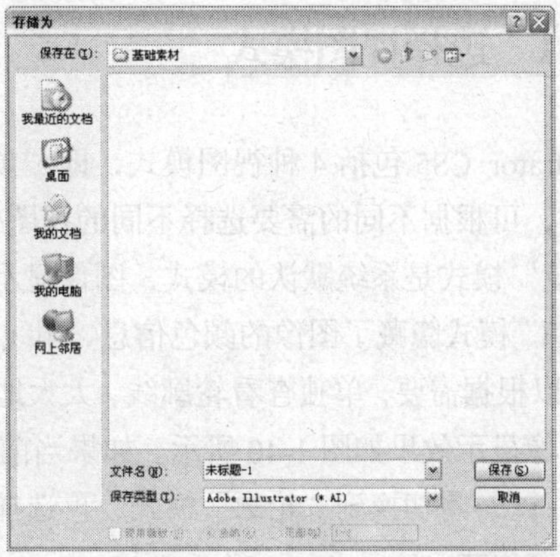

图 1-36

若既要保留修改过的文件，又不想放弃原文件，则可以用“存储为”命令。选择“文件 >存储为”命令（组合键为 Shift +Ctrl+S），弹出“存储为”对话框，在这个对话框中，可以为修改过的文件重新命名，并设置文件的路径和类型。设置完成后，单击“保存”按钮，原文件依旧保留不变，修改过的文件被另存为一个新的文件。

1.3.4 关闭文件

选择“文件 > 关闭”命令（组合键为 Ctrl+W），如图 1-37 所示，可将当前文件关闭。“关闭”命令只有当有文件被打开时才呈现为可用状态。

也可单击绘图窗口右上角的按钮 ☒ 来关闭文件，若当前文件被修改过或是新建的文件，那么在关闭文件的时候系统就会弹出一个提示框，如图 1-38 所示。单击“是”按钮即可先保存文件再关闭文件，单击“否”按钮即不保存文件的更改而直接关闭文件，单击“取消”按钮即取消关闭文件操作。

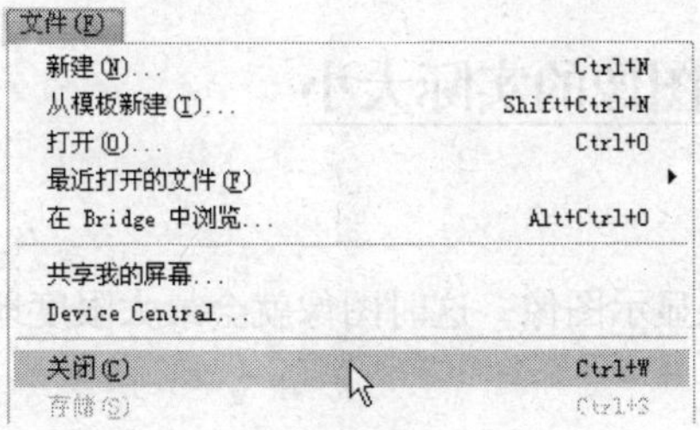

图 1-37

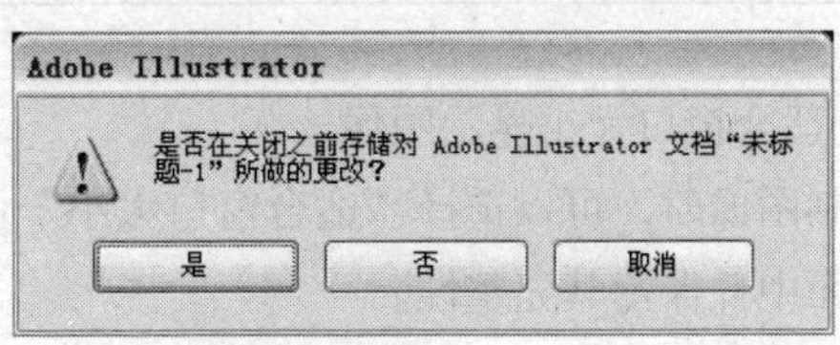

图 1-38

1.4 图像的显示效果

在使用 Illustrator CS5 绘制和编辑图形图像的过程中，用户可以根据需要随时调整图形图像的显示模式和显示比例，以便对所绘制和编辑的图形图像进行观察和操作。

1.4.1 选择视图模式

Illustrator CS5 包括 4 种视图模式，即“预览”、“轮廓”、“叠印预览”、“像素预览”，绘制图像的时候，可根据不同的需要选择不同的视图模式。

“预览”模式是系统默认的模式，图像显示效果如图 1-39 所示。

“轮廓”模式隐藏了图像的颜色信息，用线框轮廓来表现图像。这样在绘制图像时有很高的灵活性，可以根据需要，单独查看轮廓线，大大地节省了图像运算的速度，提高了工作效率。“轮廓”模式的图像显示效果如图 1-40 所示。如果当前图像为其他模式，选择“视图 >轮廓”命令（组合键为 Ctrl+Y），将切换到“轮廓”模式，再选择“视图 >预览”命令（组合键为 Ctrl+Y），将切换到“预览”模式。

“叠印预览”可以显示接近油墨混合的效果，如图 1-41 所示。如果当前图像为其他模式，选择“视图 > 叠印预览”命令（组合键为 Alt +Shift+Ctrl+Y），将切换到“叠印预览”模式。

“像素预览”可以将绘制的矢量图像转换为位图显示。这样可以有效控制图像的精确度和尺寸等。转换后的图像在放大时会看见排列在一起的像素点，如图 1-42 所示。如果当前图像为其他模式，选择“视图 > 像素预览” 命令（组合键为 Alt +Ctrl+Y），将切换到“像素预览”模式。

图 1-39

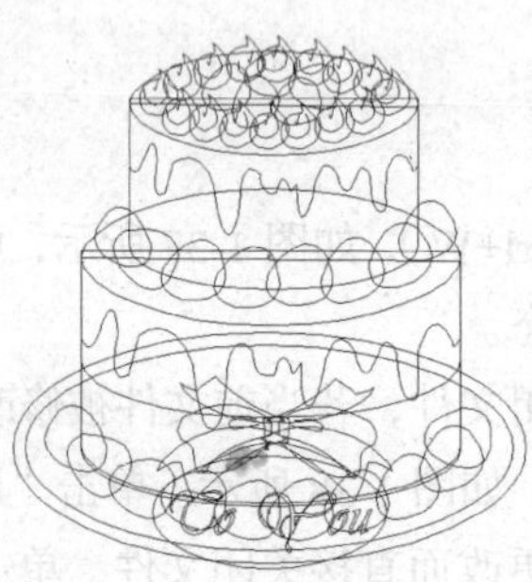

图 1-40

图 1-41

图 1-42

1.4.2 适合窗口大小显示图像和显示图像的实际大小

1. 适合窗口大小显示图像

绘制图像时，可以选择“适合窗口大小”命令来显示图像，这时图像就会最大限度地显示在工作界面中并保持其完整性。

选择“视图 > 面板适合窗口大小”命令（组合键为 Ctrl+0），图像显示的效果如图 1-43 所示。也可以用鼠标双击“抓手”工具，将图像调整为适合窗口大小显示。

2. 显示图像的实际大小

选择“实际大小”命令可以将图像按 100%的效果显示，在此状态下可以对文件进行精确的编辑。

选择“视图 > 实际大小”命令（组合键为 Ctrl+1），图像显示的效果如图 1-44 所示。

图 1-43

图 1-44

1.4.3 放大显示图像

选择“视图 > 放大”命令（组合键为 Ctrl++），每选择一次“放大”命令，页面内的图像就会被放大一级。例如，图像以 100%的比例显示在屏幕上，选择“放大”命令一次，则变成 150%，再选择一次，则变成 200%，放大的效果如图 1-45 所示。

也可使用缩放工具放大显示图像。选择“缩放”工具，在页面中鼠标指针会自动变为放大镜，每单击一次鼠标左键，图像就会放大一级。例如，图像以 100%的比例显示在屏幕上，单击鼠标一次，则变成 150%，放大的效果如图 1-46 所示。

图 1-45

图 1-46

若对图像的局部区域放大，先选择“缩放”工具，然后把“缩放”工具定位在要放大的区域外，按住鼠标左键并拖曳鼠标，使鼠标画出的矩形框圈选所需的区域，如图 1-47 所示，然后释放鼠标左键，这个区域就会放大显示并填满图像窗口，如图 1-48 所示。

图 1-47

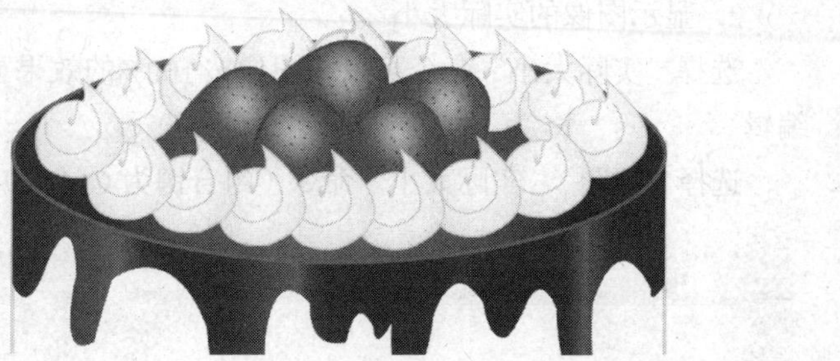

图 1-48

提示 如果当前在使用其他工具，若要切换到缩放工具，按住 Ctrl+Space（空格）组合键即可。

也可使用状态栏放大显示图像。在状态栏中的百分比数值框 50% 中直接输入需要放大的百分比数值，按 Enter 键即可执行放大操作。

还可使用“导航器”控制面板放大显示图像。单击面板右下角较大的三角图标，可逐级地放大图像。拖拉三角形滑块可以自由将图像放大。在左下角百分比数值框中直接输入数值后，按 Enter 键也可以将图像放大，如图 1-49 所示。

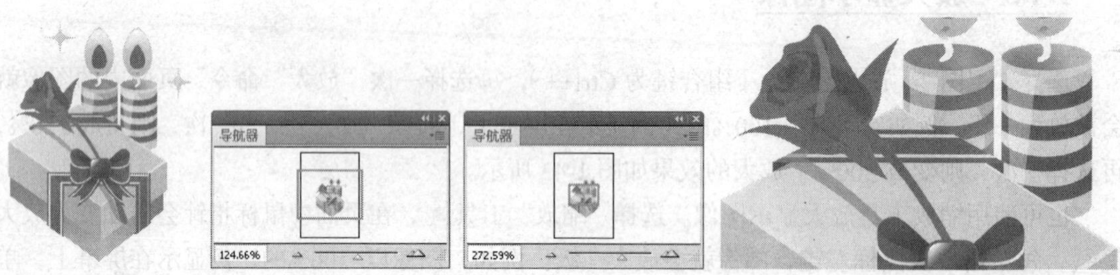

图 1-49

1.4.4　缩小显示图像

选择“视图 > 缩小”命令，每选择一次“缩小”命令，页面内的图像就会被缩小一级（或连续按 Ctrl+－组合键），效果如图 1-50 所示。

也可使用缩小工具缩小显示图像。选择“缩放”工具，在页面中鼠标指针会自动变为放大镜图标，按住 Alt 键，则屏幕上的图标变为缩小工具图标。按住 Alt 键不放，用鼠标单击图像一次，图像就会缩小显示一级。

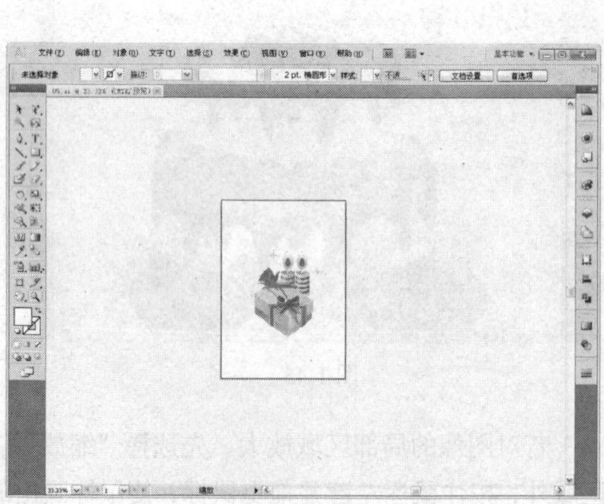

图 1-50

提示 在使用其他工具时，若切换到缩小工具，按住 Alt+Ctrl+Spacebar（空格）组合键也可。

也可使用状态栏命令缩小显示图像。在状态栏中的百分比数值框 50% 中直接输入需要缩小的百分比数值，按 Enter 键即可执行缩小操作。

还可使用“导航器”控制面板缩小显示图像。单击面板左下角较小的三角图标，可逐级地缩小图像，拖拉三角形滑块可以任意将图像缩小。在左下角百分比数值框中直接输入数值后，按 Enter 键也可以将图像缩小。

1.4.5　全屏显示图像

全屏显示图像，可以更好地观察图像的完整效果。全屏显示图像有以下几种方法。

单击工具箱下方的屏幕模式转换按钮，可以在 3 种模式之间相互转换，即正常屏幕模式、带有菜单栏的全屏模式和全屏模式。反复按 F 键，也可切换不同的屏幕显示模式。

正常屏幕模式：如图 1-51 所示，这种屏幕显示模式包括标题栏、菜单栏、工具箱、工具属性栏、控制面板、状态栏和打开文件的标题栏。

带有菜单栏的全屏模式：如图 1-52 所示，这种屏幕显示模式包括菜单栏、工具箱、工具属性栏和控制面板。

图 1-51

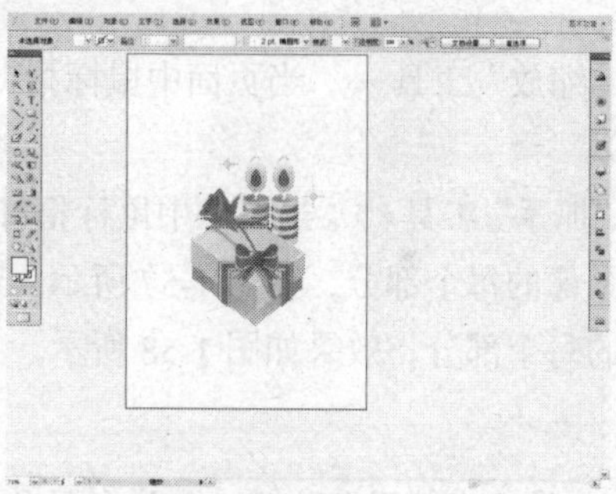

图 1-52

全屏模式：如图 1-53 所示，这种屏幕只显示页面。按 Tab 键，可以调出菜单栏、工具箱、工具属性栏和控制面板，效果如图 1-54 所示。

图 1-53

图 1-54

1.4.6 图像窗口显示

当用户打开多个文件时，屏幕会出现多个图像文件窗口，这就需要对窗口进行布置和摆放。下面，将介绍对窗口进行布置和摆放。选择“窗口 > 排列 > 层叠”或“窗口 > 排列 > 平铺”命令，图像的效果如图 1-55 和图 1-56 所示。

图 1-55

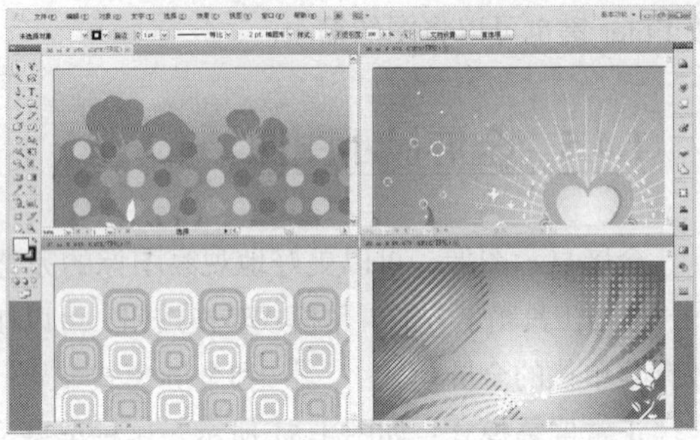

图 1-56

1.4.7 观察放大图像

选择“缩放”工具，当页面中鼠标指针变为放大镜后，放大图像，图像周围会出现滚动条。

选择“抓手”工具，当图像中鼠标指针变为手形，按住鼠标左键在放大的图像中拖曳鼠标，可以观察图像的每个部分，如图 1-57 所示。还可直接用鼠标拖曳图像周围的垂直和水平滚动条，观察图像的每个部分，效果如图 1-58 所示。

提示 如果正在使用其他的工具进行操作，按住 Space（空格）键，可以转换为手形工具。

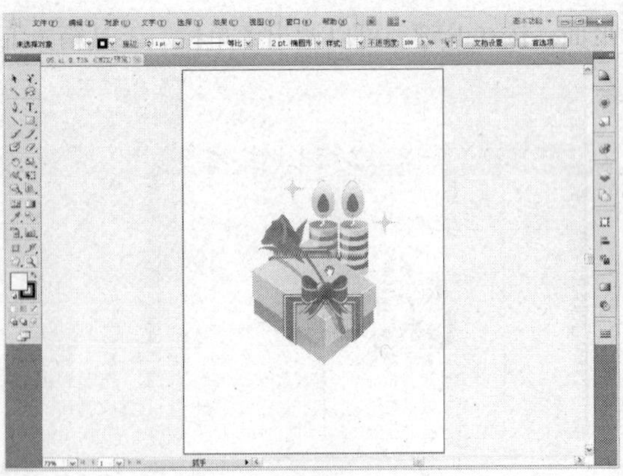

图 1-57

图 1-58

1.5 标尺、参考线和网格的使用

Illustrator CS5 提供了标尺、参考线和网格等工具，利用这些工具可以帮助用户对所绘制和编辑的图形图像精确地定位，还可测量图形图像的准确尺寸。

1.5.1 标尺

选择“视图 > 标尺 > 显示标尺”命令（组合键为 Ctrl+R），显示出标尺，效果如图 1-59 所示。如果要将标尺隐藏，可以选择“视图 > 标尺 > 隐藏标尺”命令（组合键为 Ctrl+R），将标尺隐藏。

如果需要设置标尺的显示单位，选择“编辑 > 首选项 > 单位”命令，弹出“首选项”对话框，如图 1-60 所示，可以在“常规”选项的下拉列表中设置标尺的显示单位。

图 1-59

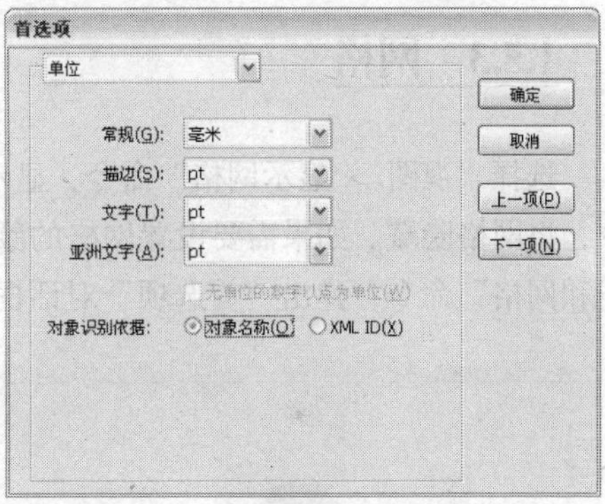

图 1-60

如果仅需要对当前文件设置标尺的显示单位，选择“文件 > 文档设置”命令，弹出“文档设置”对话框，如图 1-61 所示，可以在“单位”选项的下拉列表中设置标尺的显示单位。这种方法设置的标尺单位对以后新建立的文件标尺单位不起作用。

在系统默认的状态下，标尺的坐标原点在工作页面的左下角，如果想要更改坐标原点的位置，单击水平标尺与垂直标尺的交点并拖曳到页面中，释放鼠标，即可将坐标原点设置在此处。如果想要恢复标尺原点的默认位置，双击水平标尺与垂直标尺的交点即可。

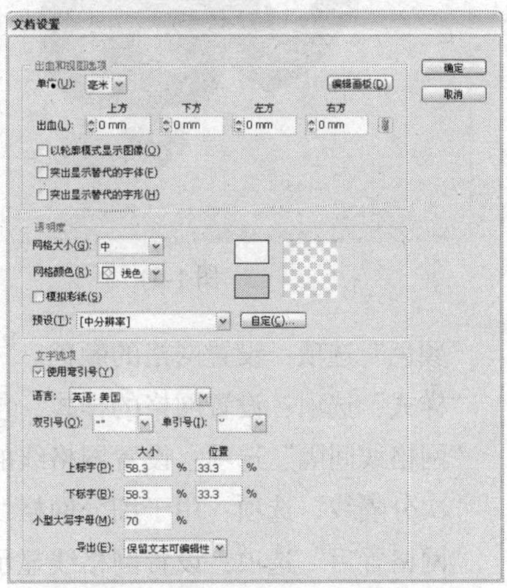

图 1-61

1.5.2 参考线

如果想要添加参考线，可以用鼠标在水平或垂直标尺上向页面中拖曳参考线，还可根据需要将图形或路径转换为参考线。选中要转换的路径，如图 1-62 所示，选择“视图 > 参考线 > 建立参考线”命令，将选中的路径转换为参考线，如图 1-63 所示。选择“视图 > 参考线 > 释放参考线”命令，可以将选中的参考线转换为路径。

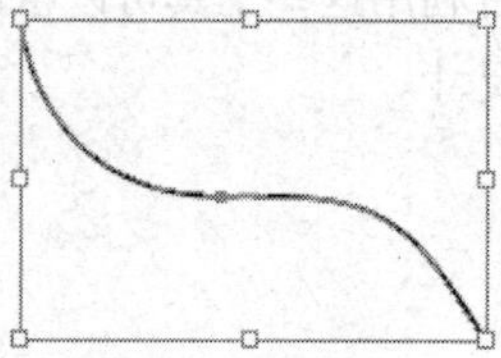

图 1-62

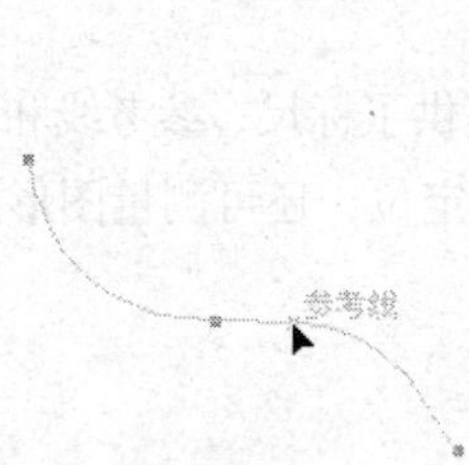

图 1-63

选择“视图 > 参考线 > 锁定参考线”命令，可以将参考线进行锁定。选择“视图 > 参考线 > 隐藏参考线”命令，可以将参考线隐藏。选择“视图 > 参考线 > 清除参考线”命令，可以清除参考线。

选择“视图 > 智能参考线”命令，可以显示智能参考线。当图形移动或旋转到一定角度时，智能参考线就会高亮显示并给出提示信息。

1.5.3 网格

选择“视图 > 显示网格”命令，显示出网格，如图 1-64 所示。选择“视图 > 隐藏网格”命令，将网格隐藏。如果需要设置网格的颜色、样式、间隔等属性，选择“编辑 > 首选项 > 参考线和网格”命令，弹出“首选项”对话框，如图 1-65 所示。

图 1-64

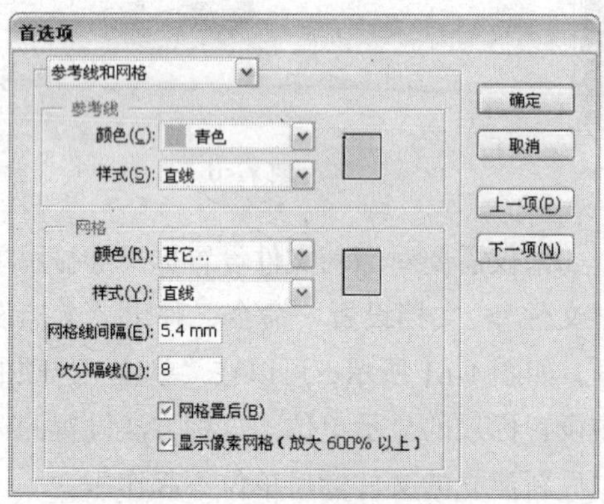

图 1-65

“颜色”选项：设置网格的颜色。

“样式”选项：设置网格的样式，包括线和点。

“网格线间隔”选项：设置网格线的间距。

“次分隔线”选项：用于细分网格线的多少。

“网格置后”选项：设置网格线显示在图形的上方或下方。

第2章

图形的绘制和编辑

本章将介绍 Illustrator CS5 中基本图形工具的使用方法，还将介绍 Illustrator CS5 的手绘图形工具及其修饰方法，并详细讲解对象的编辑方法。认真学习本章的内容，可以掌握 Illustrator CS5 的绘图功能和其特点，以及编辑对象的方法，为进一步学习 Illustrator CS5 打好基础。

课堂学习目标

- 绘制线段和网格
- 绘制基本图形
- 手绘图形
- 对象的编辑

2.1 绘制线段和网格

在平面设计中，直线和弧线是经常使用的线型。使用“直线段”工具和“弧形”工具可以创建任意的直线和弧线。对这些基本图形编辑和变形，就可以得到更多复杂的图形对象。在设计制作时，用户还会应用到各种网格，如矩形网格和极坐标网格。下面，将详细介绍这些工具的使用方法。

2.1.1 绘制直线

1．拖曳光标绘制直线

选择“直线段”工具，在页面中需要的位置单击鼠标并按住鼠标左键不放，拖曳光标到需要的位置，释放鼠标左键，绘制出一条任意角度的斜线，效果如图 2-1 所示。

选择“直线段”工具，按住 Shift 键，在页面中需要的位置单击鼠标并按住鼠标左键不放，拖曳光标到需要的位置，释放鼠标左键，绘制出水平、垂直或 45° 角及其倍数的直线，效果如图 2-2 所示。

选择“直线段”工具，按住 Alt 键，在页面中需要的位置单击鼠标并按住鼠标左键不放，拖曳光标到需要的位置，释放鼠标左键，绘制出以鼠标单击点为中心的直线（由单击点向两边扩展）。

选择“直线段”工具，按住 ~ 键，在页面中需要的位置单击鼠标并按住鼠标左键不放，拖曳光标到需要的位置，释放鼠标左键，绘制出多条直线（系统自动设置），效果如图 2-3 所示。

图 2-1

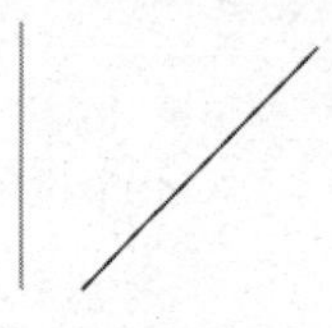

图 2-2

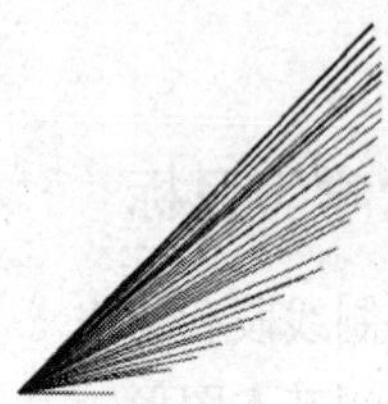

图 2-3

2．精确绘制直线

选择“直线段”工具，在页面中需要的位置单击鼠标，或双击“直线段”工具，都将弹出“直线段工具选项”对话框，如图 2-4 所示。在对话框中，“长度”选项可以设置线段的长度，“角度”选项可以设置线段的倾斜度，勾选“线段填色”复选项可以填充直线组成的图形。设置完成后，单击“确定”按钮，得到如图 2-5 所示的线段。

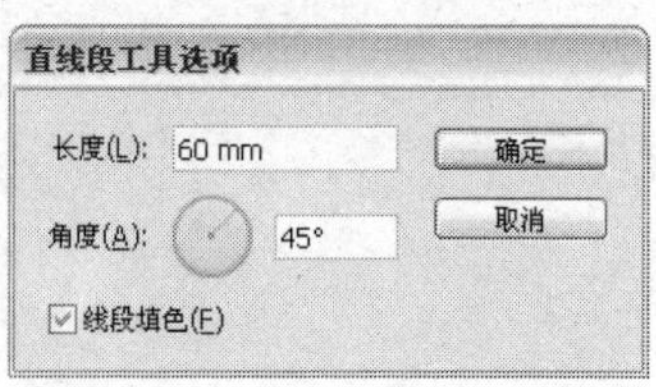

图 2-4

图 2-5

2.1.2　绘制弧线

1．拖曳光标绘制弧线

选择“弧形”工具，在页面中需要的位置单击鼠标并按住鼠标左键不放，拖曳光标到需要的位置，释放鼠标左键，绘制出一段弧线，效果如图 2-6 所示。

选择“弧形”工具，按住 Shift 键，在页面中需要的位置单击鼠标并按住鼠标左键不放，拖曳光标到需要的位置，释放鼠标左键，绘制出在水平和垂直方向上长度相等的弧线，效果如图 2-7 所示。

选择“弧形”工具，按住 ~ 键，在页面中需要的位置单击鼠标并按住鼠标左键不放，拖曳光标到需要的位置，释放鼠标左键，绘制出多条弧线，效果如图 2-8 所示。

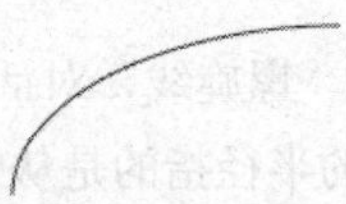
图 2-6

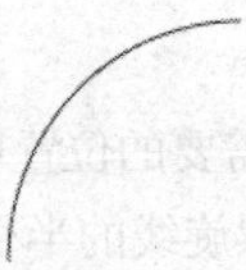
图 2-7

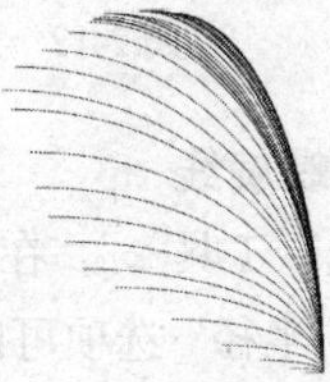
图 2-8

2．精确绘制弧线

选择“弧形”工具，在页面中需要的位置单击鼠标，或双击“弧形”工具，都将弹出“弧线段工具选项”对话框，如图 2-9 所示。在对话框中，“X 轴长度”选项可以设置弧线水平方向的长度，“Y 轴长度”选项可以设置弧线垂直方向的长度，“类型”选项可以设置弧线类型，“基线轴”选项可以选择坐标轴，勾选“弧线填色”复选项可以填充弧线。设置完成后，单击“确定”按钮，得到如图 2-10 所示的弧形。输入不同的数值，将会得到不同的线段，效果如图 2-11 所示。

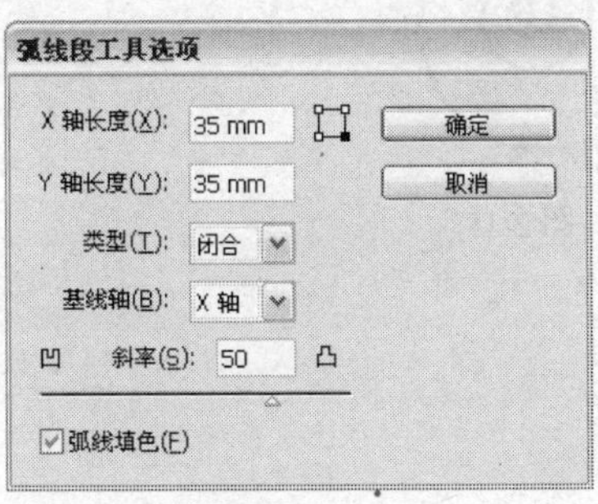

图 2-9

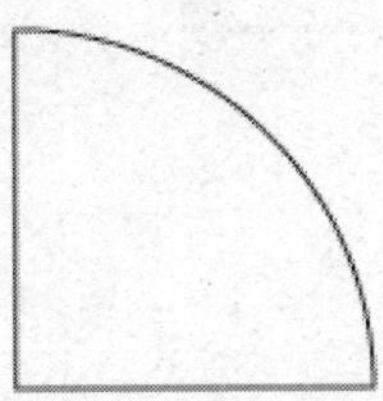
图 2-10

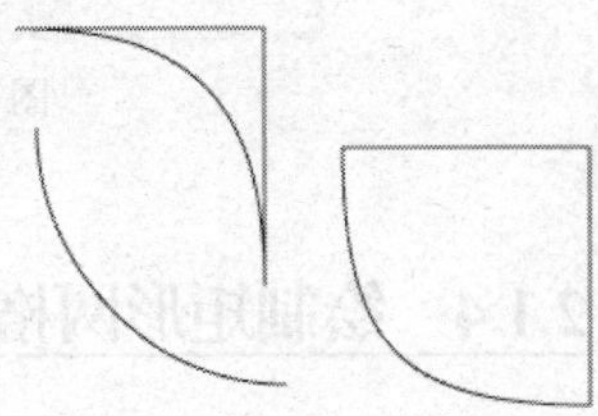
图 2-11

2.1.3　绘制螺旋线

1．拖曳光标绘制螺旋线

选择“螺旋线”工具，在页面中需要的位置单击鼠标并按住鼠标左键不放，拖曳光标到需要的位置，释放鼠标左键，绘制出螺旋线，如图 2-12 所示。

选择“螺旋线”工具，按住 Shift 键，在页面中需要的位置单击鼠标并按住鼠标左键不放，拖曳光标到需要的位置，释放鼠标左键，绘制出螺旋线，绘制的螺旋线转动的角度将是强制角度（默认设置是 45°）的整倍数。

选择“螺旋线”工具，按住～键，在页面中需要的位置单击鼠标并按住鼠标左键不放，拖曳光标到需要的位置，释放鼠标左键，绘制出多条螺旋线，效果如图 2-13 所示。

图 2-12

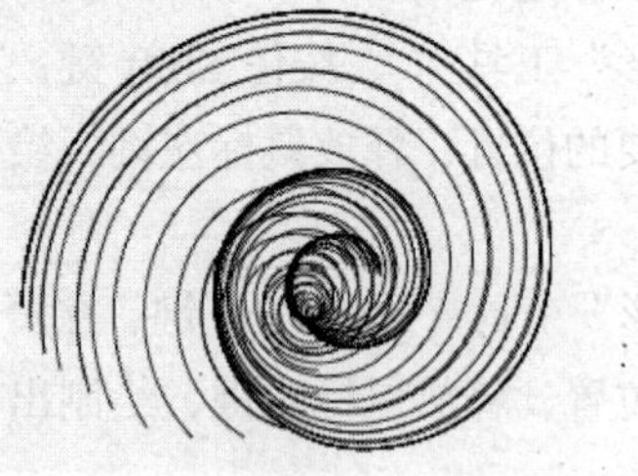

图 2-13

2．精确绘制螺旋线

选择“螺旋线”工具，在页面中需要的位置单击，弹出“螺旋线”对话框，如图 2-14 所示。在对话框中，“半径”选项可以设置螺旋线的半径，螺旋线的半径指的是从螺旋线的中心点到螺旋线终点之间的距离；“衰减”选项可以设置螺旋形内部线条之间的螺旋圈数；“段数”选项可以设置螺旋线的螺旋段数；“样式”单选项按钮用来设置螺旋线的旋转方向。设置完成后，单击“确定”按钮，得到如图 2-15 所示的螺旋线。

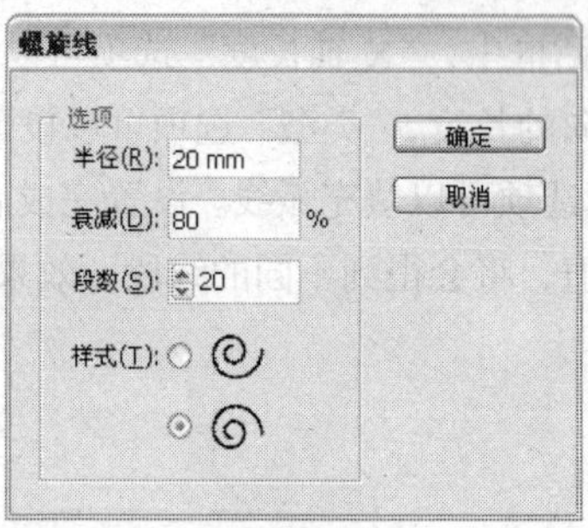

图 2-14

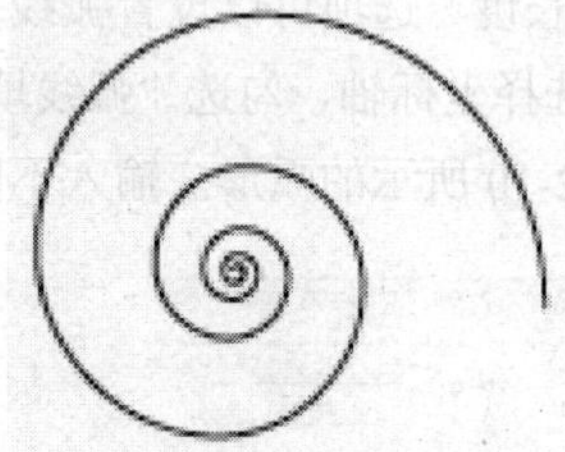

图 2-15

2.1.4 绘制矩形网格

1．拖曳光标绘制矩形网格

选择“矩形网格”工具，在页面中需要的位置单击并按住鼠标左键不放，拖曳光标到需要的位置，释放鼠标左键，绘制出一个矩形网格，效果如图 2-16 所示。

选择“矩形网格”工具，按住 Shift 键，在页面中需要的位置单击并按住鼠标左键不放，拖曳光标到需要的位置，释放鼠标左键，绘制出一个正方形网格，效果如图 2-17 所示。

选择“矩形网格”工具，按住～键，在页面中需要的位置单击并按住鼠标左键不放，拖曳光标到需要的位置，释放鼠标左键，绘制出多个矩形网格，效果如图 2-18 所示。

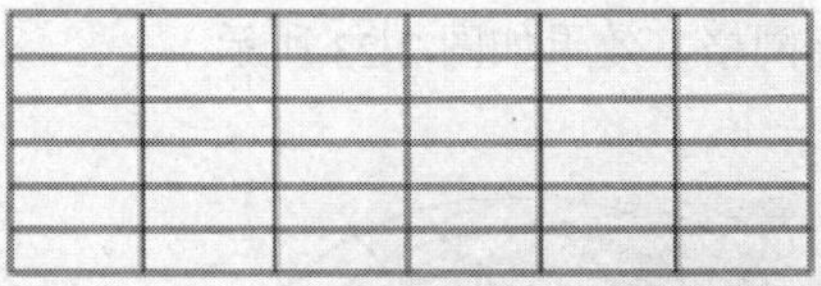

图 2-16

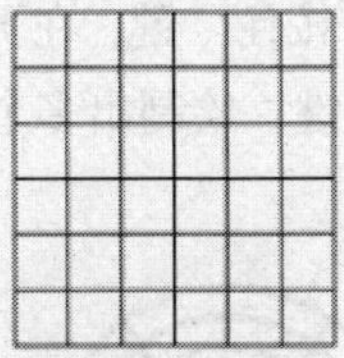

图 2-17

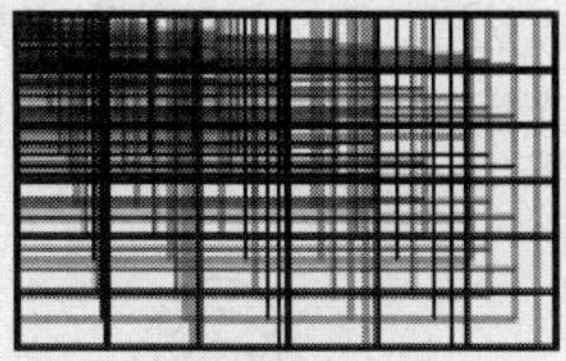

图 2-18

提示 选择“矩形网格”工具，在页面中需要的位置单击并按住鼠标左键不放，拖曳光标到需要的位置，再按住键盘上“方向”键中的向上移动键，可以增加矩形网格的行数。如果按住键盘上“方向”键中的向下移动键，则可以减少矩形网格的行数。此方法在“极坐标网格”工具、“多边形”工具、“星形”工具中同样适用。

2．精确绘制矩形网格

选择“矩形网格”工具，在页面中需要的位置单击，弹出“矩形网格工具选项”对话框，如图 2-19 所示。在对话框的“默认大小”选项组中，“宽度”选项可以设置矩形网格的宽度，“高度”选项可以设置矩形网格的高度；在“水平分隔线”选项组中，“数量”选项可以设置矩形网格中水平网格线的数量。“下、上方倾斜”选项可以设置水平网格的倾向；在“垂直分隔线”选项组中，“数量”选项可以设置矩形网格中垂直网格线的数量。“左、右方倾斜”选项可以设置垂直网格的倾向。设置完成后，单击“确定”按钮，得到如图 2-20 所示的矩形网格。

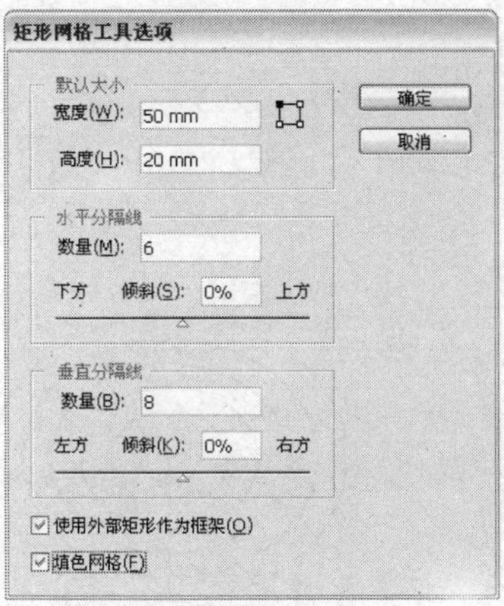

图 2-19

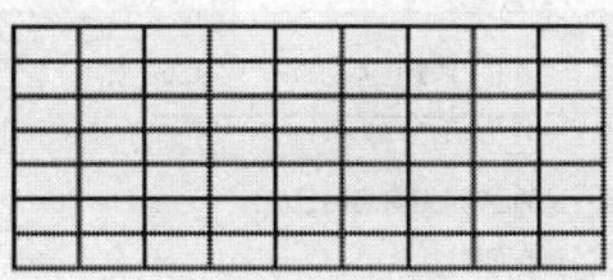

图 2-20

2.1.5　绘制极坐标网格

1．拖曳光标绘制极坐标网格

选择“极坐标网格”工具，在页面中需要的位置单击并按住鼠标左键不放，拖曳光标到需要的位置，释放鼠标左键，绘制出一个极坐标网格，效果如图 2-21 所示。

选择“极坐标网格”工具，按住 Shift 键，在页面中需要的位置单击并按住鼠标左键不放，拖曳光标到需要的位置，释放鼠标左键，绘制出一个圆形极坐标网格，效果如图 2-22 所示。

选择“极坐标网格”工具，按住～键，在页面中需要的位置单击并按住鼠标左键不放，拖曳光标到需要的位置，释放鼠标左键，绘制出多个极坐标网格，效果如图 2-23 所示。

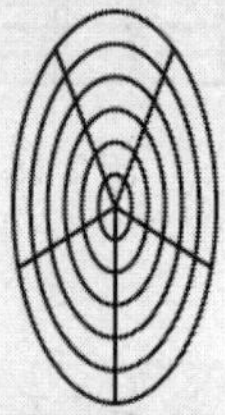

图 2-21

图 2-22

图 2-23

2．精确绘制极坐标网格

选择“极坐标网格”工具，在页面中需要的位置单击，弹出“极坐标网格工具选项”对话框，如图 2-24 所示。在对话框中的“默认大小”选项组中，“宽度”选项可以设置极坐标网格图形的宽度，“高度”选项可以设置极坐标网格图形的高度；在“同心圆分隔线”选项组中，“数量”选项可以设置极坐标网格图形中同心圆的数量。“内、外倾斜”选项可以设置极坐标网格图形的排列倾向；在“径向分隔线”选项组中，“数量”选项可以设置极坐标网格图形中射线的数量，“下、上方倾斜”选项可以设置极坐标按网格图形排列倾向。设置完成后，单击“确定”按钮，得到如图 2-25 所示的极坐标网格。

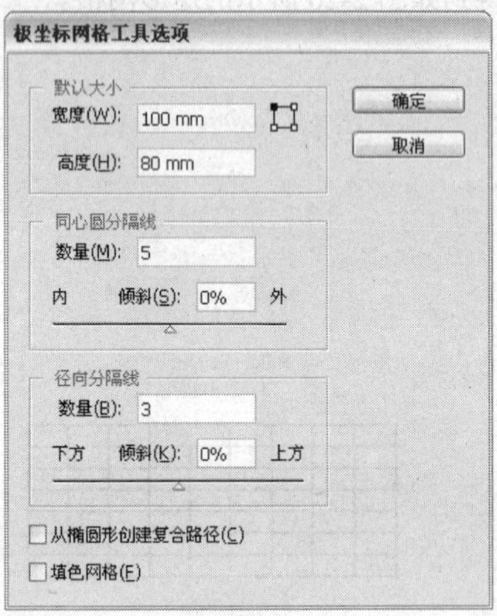

图 2-24

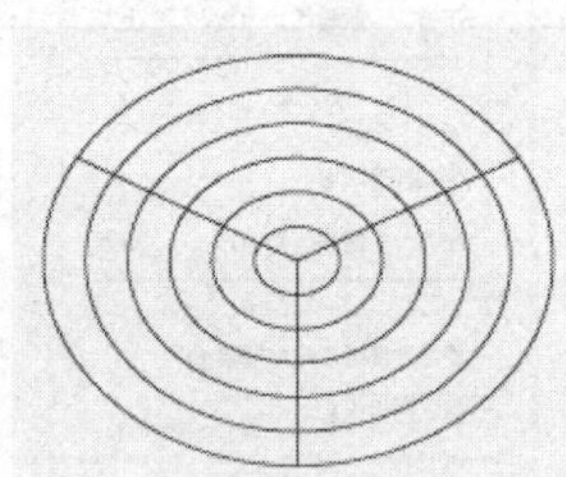

图 2-25

2.2 绘制基本图形

矩形和圆形是最简单，最基本，也是最重要的图形。在 Illustrator CS5 中，矩形工具、圆角矩形工具、椭圆工具的使用方法比较类似。通过使用这些工具，可以很方便地在绘图页面上拖曳光标绘制出各种形状。多边形和星形也是常用的基本图形，它们的绘制方法与绘制矩形和椭圆形的方法类似。除了使用拖曳光标的绘制方法外，还能够通过设置相应的对话框精确绘制图形。

2.2.1 课堂案例——绘制书签

【案例学习目标】学习使用基本图形工具绘制书签。

【案例知识要点】使用矩形工具、星形工具、圆角矩形工具、剪切蒙版命令绘制书签，使用文字工具添加文字，效果如图 2-26 所示。

图 2-26

【效果所在位置】光盘/Ch02/效果/绘制书签.ai。

1. 绘制背景和装饰星形

（1）按 Ctrl+N 组合键，新建一个文档，宽度为 80mm，高度为 200mm，取向为竖向，颜色模式为 CMYK，单击“确定”按钮。

（2）选择“矩形”工具，在页面中单击鼠标，弹出“矩形”对话框，在对话框中进行设置，如图 2-27 所示，单击“确定”按钮，得到一个矩形，如图 2-28 所示。设置图形填充色的 C、M、Y、K 值分别为 12、90、25、0，填充图形，并设置描边色为无，选择“选择”工具拖曳图形，使其与页面对齐，效果如图 2-29 所示。

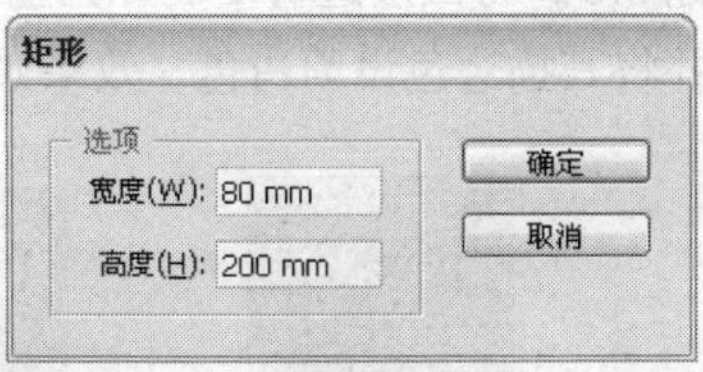

图 2-27

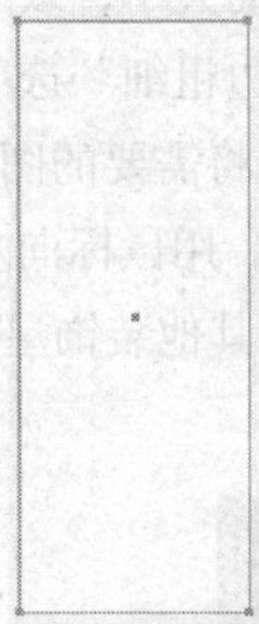
图 2-28

图 2-29

（3）选择“圆角矩形”工具，在页面中单击鼠标，弹出“圆角矩形”对话框，在对话框中进行设置，如图 2-30 所示，单击“确定”按钮，得到一个圆角矩形。设置图形填充色为无，并设置描边色的 C、M、Y、K 值分别为 60、100、70、45，在属性栏中将“描边粗细”选项设置为 3。选择“选择”工具，选中矩形与圆角矩形图形，单击属性栏中的“水平居中对齐”按钮和“垂直居中对齐”按钮，使其与页面对齐，效果如图 2-31 所示。

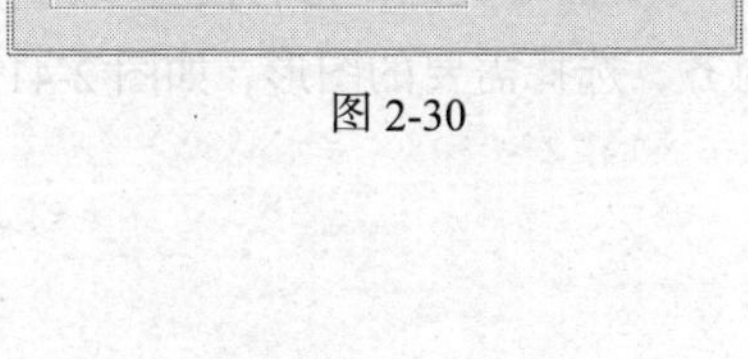

图 2-30

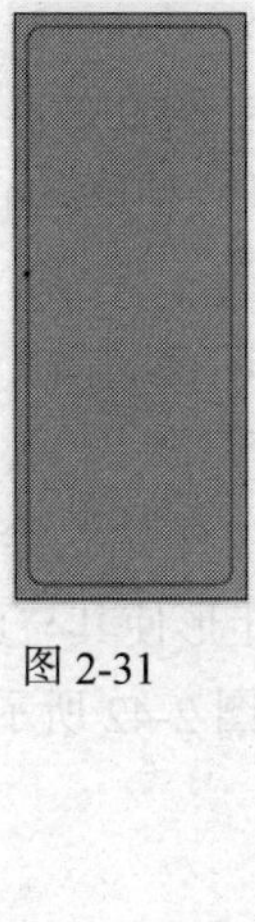
图 2-31

（4）选择“星形”工具，在页面中适当的位置单击鼠标，在弹出的“星形”对话框中进行设置，如图 2-32 所示，单击“确定”按钮，得到一个的星形。设置图形填充色为无，并设置描边色的 C、M、Y、K 值分别为 60、100、70、45，在属性栏中将“描边粗细”选项设置为 2，选择“选择”工具，将图形拖曳到适当的位置，效果如图 2-33 所示。

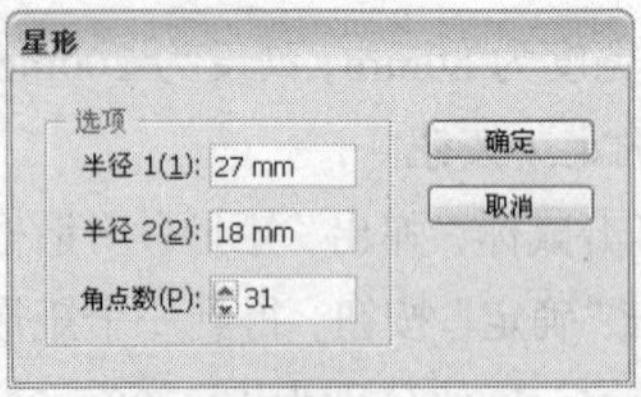

图 2-32

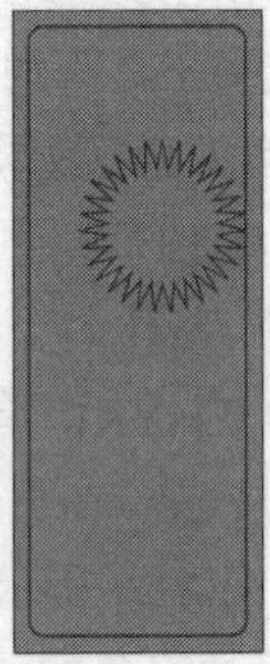
图 2-33

（5）选择“选择”工具，选取星形，按 Ctrl+C 组合键，复制图形，按 Ctrl+F 组合键，将复制的图形原位粘贴，调整图形的大小，效果如图 2-34 所示，用相同的方法再次复制一个星形，调整其大小，在属性栏中将“描边粗细”选项设置为 1，效果如图 2-35 所示。

（6）选择“选择”工具，将需要的图形同时选取，按 Ctrl+G 组合键，将其编组，效果如图 2-36 所示。按住 Alt 键的同时，用鼠标向左拖曳图形，将图形进行复制并调整其大小，效果如图 2-37 所示。用同样的方法制作其他装饰星形，并将其描边色设为白色，效果如图 2-38 所示。

图 2-34

图 2-35

图 2-36

图 2-37

图 2-38

2. 绘制装饰图形并添加文字

（1）选择“圆角矩形”工具，在页面中单击鼠标，弹出“圆角矩形”对话框，在对话框中进行设置，如图 2-39 所示，单击“确定”按钮，得到一个圆角矩形。设置图形填充色的 C、M、Y、K 值分别为 60、100、70、45，并设置描边色为无。选择“选择”工具拖曳圆角矩形到适当的位置，如图 2-40 所示。

（2）选择“矩形”工具，绘制一个与页面等大的矩形，设置填充色和描边色均为无，选择“选择”工具，拖曳矩形使其与页面对齐，选择需要的图形，如图 2-41 所示，按 Ctrl+7 组合键建立剪切蒙版，效果如图 2-42 所示。

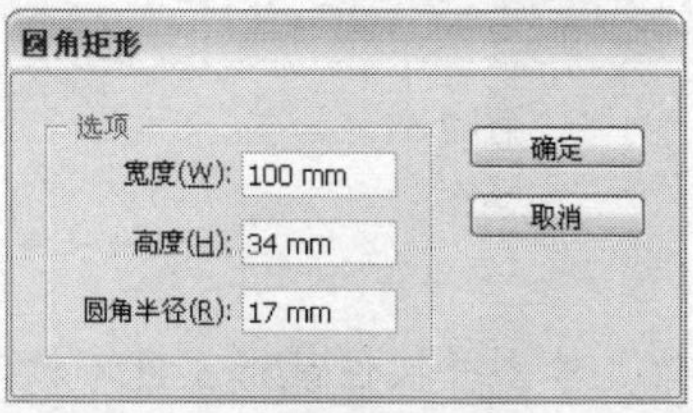

图 2-39

图 2-40

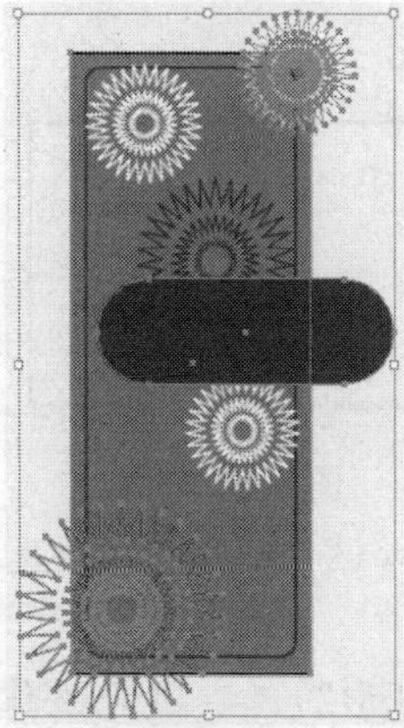

图 2-41

图 2-42

（3）选择所需的装饰星形，如图 2-43 所示，按 Shift+Ctrl+]组合键将其置于顶层，效果如图 2-44 所示。选择“选择”工具，选取所需的装饰星形，如图 2-45 所示。按住 Alt 键的同时，用鼠标拖曳图形，将图形进行复制并调整其大小，效果如图 2-46 所示。

（4）选择“文字”工具T，输入需要的文字，效果如图 2-47 所示。在属性栏中选择合适的字体并设置文字大小，设置文字填充颜色为白色，描边色为无。书签制作完成，最终效果如图 2-48 所示。

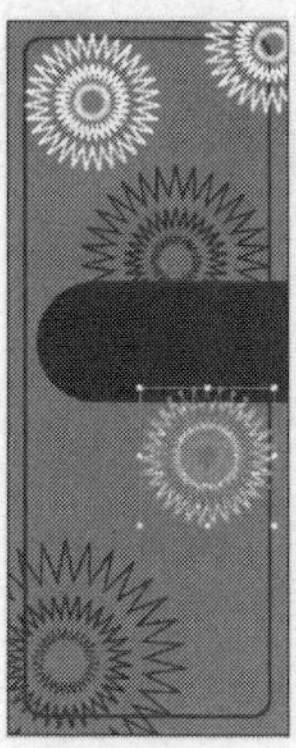

图 2-43

图 2-44

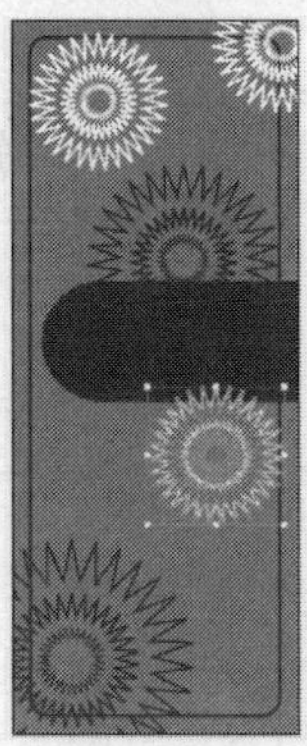

图 2-45

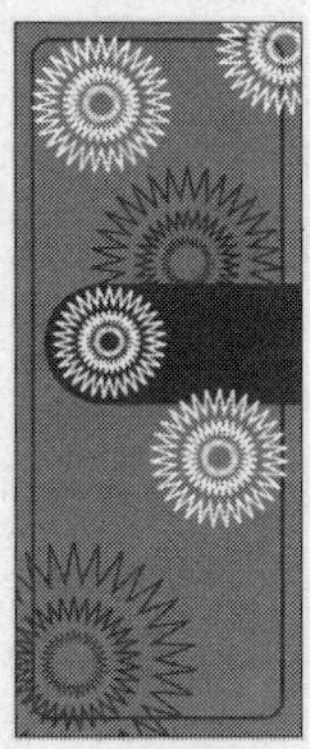

图 2-46

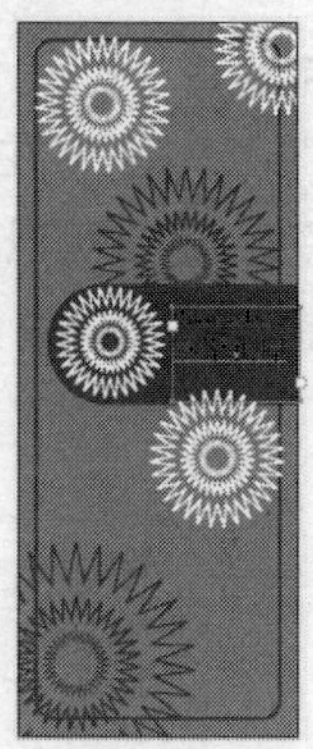

图 2-47

图 2-48

2.2.2　绘制矩形和圆角矩形

1. 使用鼠标绘制矩形

选择“矩形”工具，在页面中需要的位置单击并按住鼠标左键不放，拖曳光标到需要的位置，释放鼠标左键，绘制出一个矩形，效果如图 2-49 所示。

选择“矩形”工具，按住 Shift 键，在页面中需要的位置单击并按住鼠标左键不放，拖曳光标到需要的位置，释放鼠标左键，绘制出一个正方形，效果如图 2-50 所示。

选择“矩形”工具，按住 ~ 键，在页面中需要的位置单击并按住鼠标左键不放，拖曳光标到需要的位置，释放鼠标左键，绘制出多个矩形，效果如图 2-51 所示。

图 2-49

图 2-50

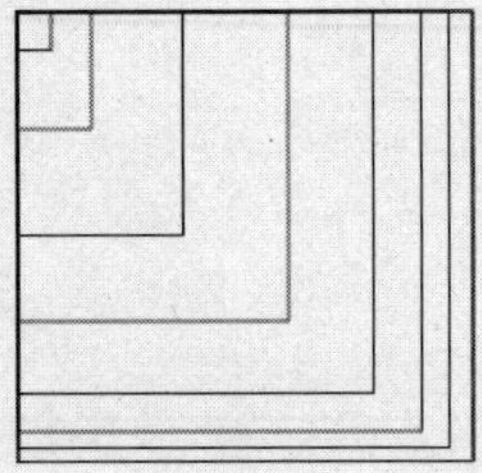

图 2-51

提示

选择“矩形”工具，按住 Alt 键，在页面中需要的位置单击并按住鼠标左键不放，拖曳光标到需要的位置，释放鼠标左键，可以绘制一个以鼠标单击点为中心的矩形。选择“矩形”工具，按住 Alt+Shift 组合键，在页面中需要的位置单击并按住鼠标左键不放，拖曳光标到需要的位置，释放鼠标左键，可以绘制一个以鼠标单击点为中心的正方形。

选择“矩形”工具，在页面中需要的位置单击并按住鼠标左键不放，拖曳光标到需要的位置，再按住 Space 键，可以暂停绘制工作而在页面上任意移动未绘制完成的矩形，释放 Space 键后可继续绘制矩形。

上述方法在“圆角矩形”工具、“椭圆”工具、“多边形”工具、“星形”工具中同样适用。

2．精确绘制矩形

选择“矩形”工具，在页面中需要的位置单击，弹出“矩形”对话框，如图 2-52 所示。在对话框中，“宽度”选项可以设置矩形的宽度，“高度”选项可以设置矩形的高度。设置完成后，单击“确定”按钮，得到如图 2-53 所示的矩形。

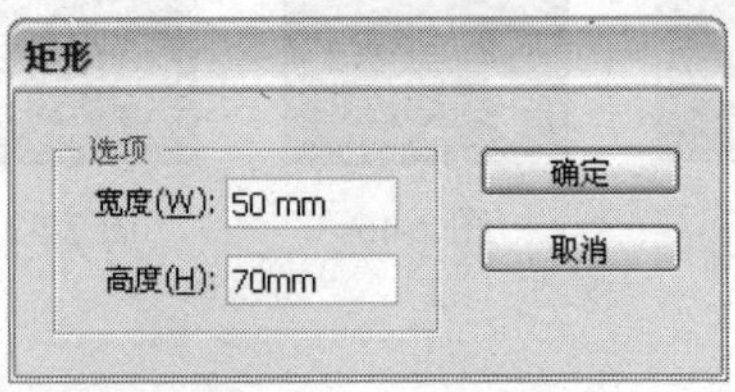

图 2-52

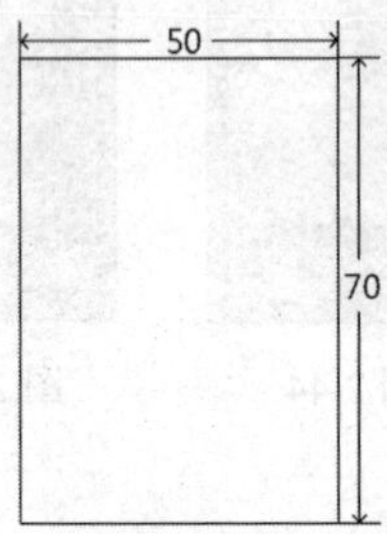

图 2-53

3．使用鼠标绘制圆角矩形

选择“圆角矩形”工具，在页面中需要的位置单击并按住鼠标左键不放，拖曳光标到需要的位置，释放鼠标左键，绘制出一个圆角矩形，效果如图 2-54 所示。

选择“圆角矩形”工具，按住 Shift 键，在页面中需要的位置单击并按住鼠标左键不放，拖曳光标到需要的位置，释放鼠标左键，可以绘制一个宽度和高度相等的圆角矩形，效果如图 2-55 所示。

选择“圆角矩形”工具，按住 ~ 键，在页面中需要的位置单击并按住鼠标左键不放，拖曳光标到需要的位置，释放鼠标左键，绘制出多个圆角矩形，效果如图 2-56 所示。

图 2-54

图 2-55

图 2-56

4．精确绘制圆角矩形

选择“圆角矩形”工具，在页面中需要的位置单击，弹出“圆角矩形”对话框，如图 2-57 所示。在对话框中，“宽度”选项可以设置圆角矩形的宽度，“高度”选项可以设置圆角矩形的高度，“圆角半径”选项可以控制圆角矩形中圆角半径的长度，设置完成后，单击“确定”按钮，得到如图 2-58 所示的圆角矩形。

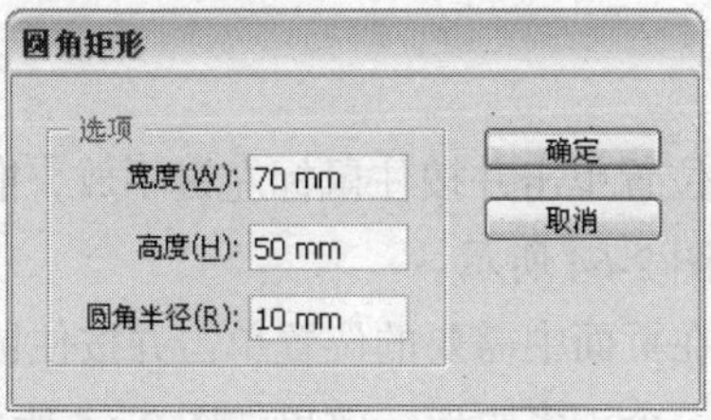

图 2-57

图 2-58

2.2.3　绘制椭圆形和圆形

1．使用鼠标绘制椭圆形

选择“椭圆”工具，在页面中需要的位置单击并按住鼠标左键不放，拖曳光标到需要的位置，释放鼠标左键，绘制出一个椭圆形，如图 2-59 所示。

选择“椭圆”工具，按住 Shift 键，在页面中需要的位置单击并按住鼠标左键不放，拖曳光标到需要的位置，释放鼠标左键，绘制出一个圆形，效果如图 2-60 所示。

选择“椭圆”工具，按住 ~ 键，在页面中需要的位置单击并按住鼠标左键不放，拖曳光标到需要的位置，释放鼠标左键，可以绘制多个椭圆形，效果如图 2-61 所示。

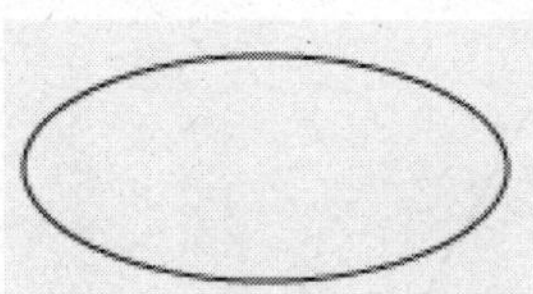

图 2-59

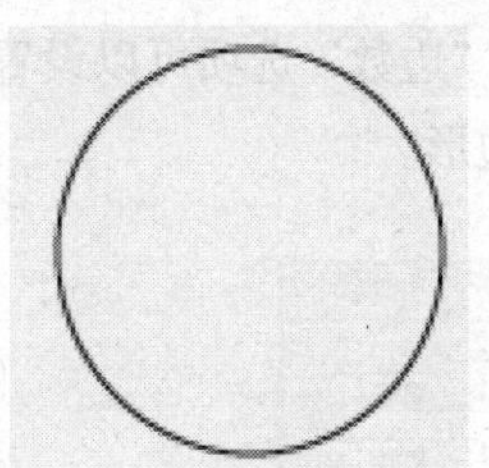

图 2-60

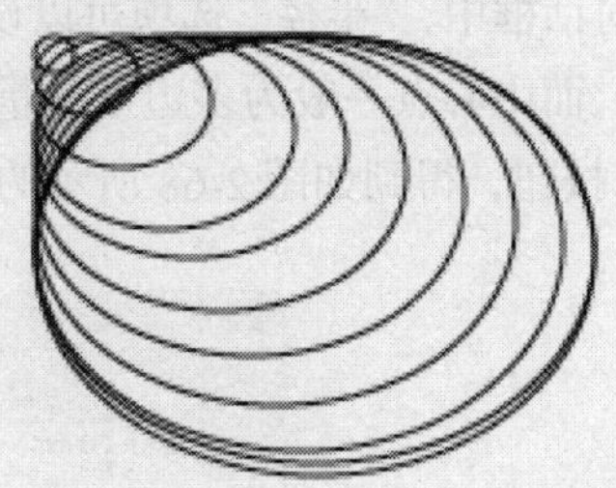

图 2-61

2．精确绘制椭圆形

选择“椭圆”工具，在页面中需要的位置单击，弹出“椭圆”对话框，如图 2-62 所示。在对话框中，“宽度”选项可以设置椭圆形的宽度，“高度”选项可以设置椭圆形的高度。设置完成后，单击“确定”按钮，得到如图 2-63 所示的椭圆形。

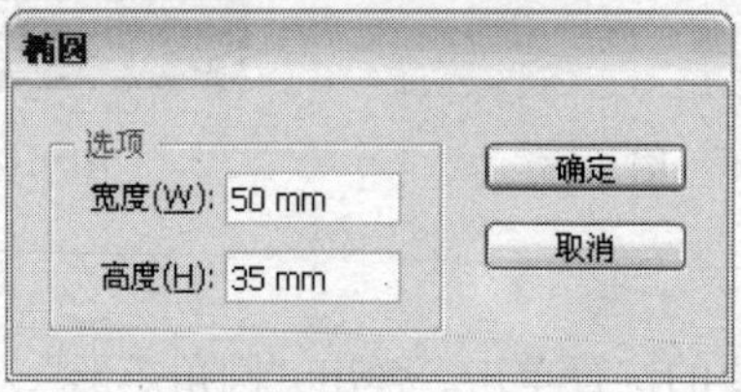

图 2-62

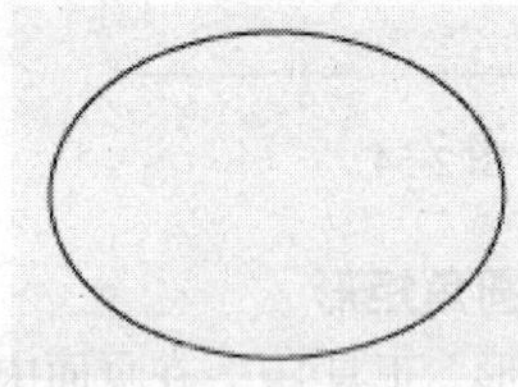
图 2-63

2.2.4　绘制多边形

1．使用鼠标绘制多边形

选择“多边形”工具，在页面中需要的位置单击并按住鼠标左键不放，拖曳光标到需要的位置，释放鼠标左键，绘制出一个多边形，如图 2-64 所示。

选择“多边形”工具，按住 Shift 键，在页面中需要的位置单击并按住鼠标左键不放，拖曳光标到需要的位置，释放鼠标左键，绘制出一个正多边形，效果如图 2-65 所示。

选择“多边形”工具，按住 ~ 键，在页面中需要的位置单击并按住鼠标左键不放，拖曳光标到需要的位置，释放鼠标左键，绘制出多个多边形，效果如图 2-66 所示。

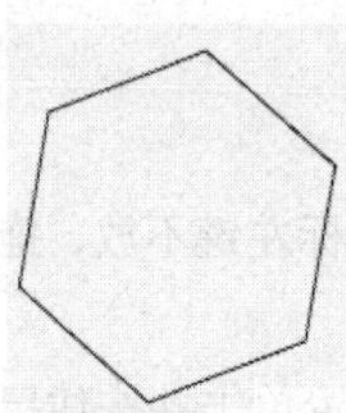
图 2-64

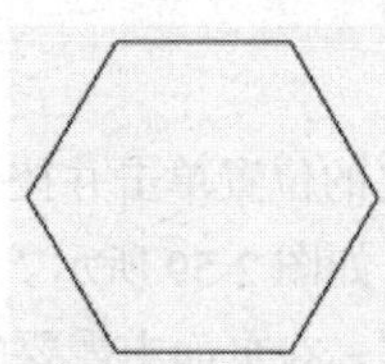
图 2-65

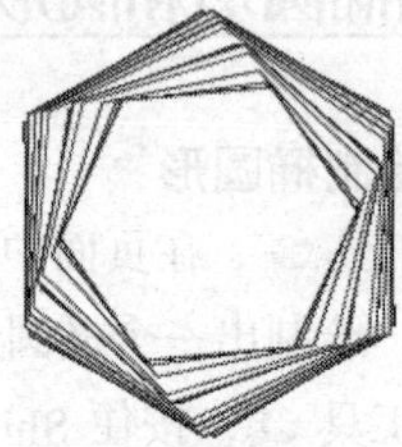
图 2-66

2．精确绘制多边形

选择“多边形”工具，在页面中需要的位置单击，弹出“多边形”对话框，如图 2-67 所示。在对话框中，“半径”选项可以设置多边形的半径，半径指的是从多边形中心点到多边形顶点的距离，而中心点一般为多边形的重心；“边数”选项可以设置多边形的边数。设置完成后，单击“确定”按钮，得到如图 2-68 所示的多边形。

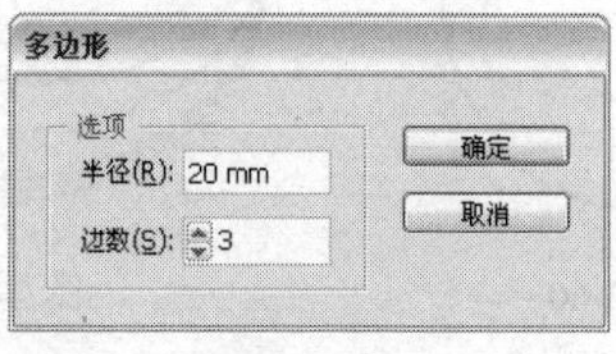

图 2-67

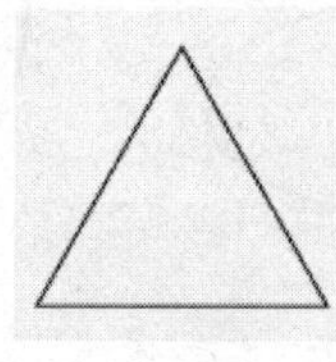
图 2-68

2.2.5　绘制星形

1．使用鼠标绘制星形

选择“星形”工具，在页面中需要的位置单击并按住鼠标左键不放，拖曳光标到需要的位置，释放鼠标左键，绘制出一个星形，效果如图 2-69 所示。

选择“星形”工具，按住 Shift 键，在页面中需要的位置单击并按住鼠标左键不放，拖曳光标到需要的位置，释放鼠标左键，绘制出一个正星形，效果如图 2-70 所示。

选择“星形”工具，按住 ~ 键，在页面中需要的位置单击并按住鼠标左键不放，拖曳光标到需要的位置，释放鼠标左键，绘制出多个星形，效果如图 2-71 所示。

图 2-69

图 2-70

图 2-71

2．精确绘制星形

选择“星形”工具，在页面中需要的位置单击，弹出“星形”对话框，如图 2-72 所示。在对话框中，“半径 1”选项可以设置从星形中心点到各外部角的顶点的距离，“半径 2”选项可以设置从星形中心点到各内部角的端点的距离，“角点数”选项可以设置星形中的边角数量。设置完成后，单击“确定”按钮，得到如图 2-73 所示的星形。

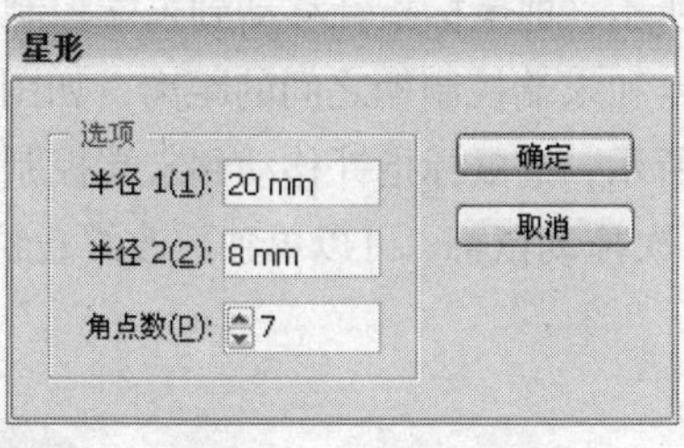

图 2-72

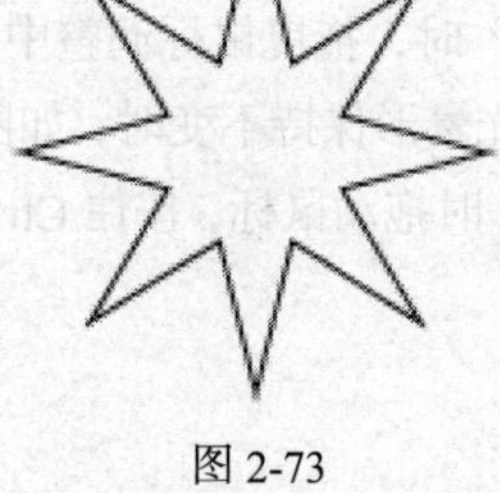
图 2-73

2.2.6　绘制光晕形

可以应用光晕工具绘制出镜头光晕的效果，在绘制出的图形中包括一个明亮的发光点，以及光晕、光线和光环等对象，通过调节中心控制点和末端控制柄的位置，可以改变光线的方向。光晕形的组成部分如图 2-74 所示。

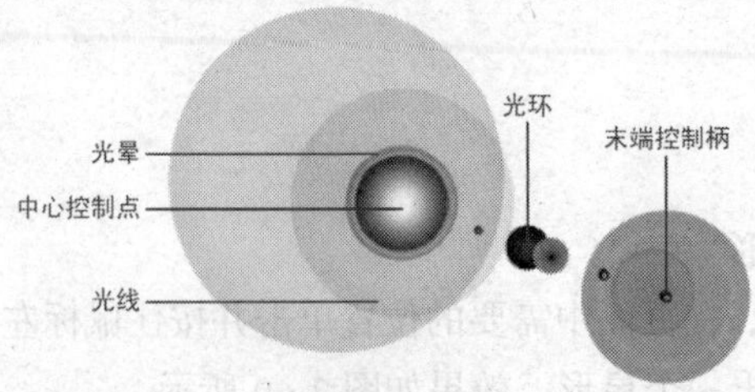

图 2-74

1．使用鼠标绘制光晕形

选择“光晕”工具，在页面中需要的位置单击并按住鼠标左键不放，拖曳鼠标到需要的位置，如图 2-75 所示，释放鼠标左键，然后在其他需要的位置再次单击并拖动鼠标，如图 2-76 所示，释放鼠标左键，绘制一个光晕形，如图 2-77 所示，取消选取后的光晕形如图 2-78 所示。

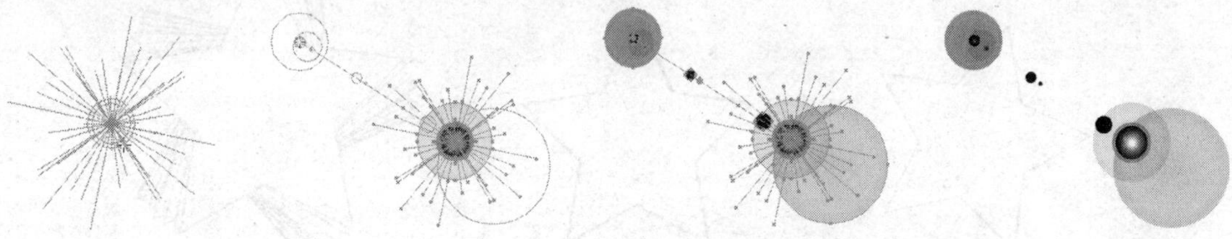

图 2-75　图 2-76　图 2-77　图 2-78

技巧　在光晕形保持不变时，不释放鼠标左键，按住 Shift 键后再次拖动鼠标，中心控制点、光线和光晕随鼠标拖动按比例缩放；按住 Ctrl 键后再次拖动鼠标，中心控制点的大小保持不变，而光线和光晕随鼠标拖动按比例缩放；同时按住键盘上“方向”键中的向上移动键，可以逐渐增加光线的数量；按住键盘上“方向”键中的向下移动键，则可以逐渐减少光线的数量。

下面介绍调节中心控制点和末端控制柄之间的距离，以及光环的数量。

在绘制出的光晕形保持不变时，如图 2-79 所示，把鼠标指针移动到末端控制柄上，当鼠标指针变成符号“⁜”时，拖曳鼠标调整中心控制点和末端控制柄之间的距离，如图 2-80 所示。

在绘制出的光晕形保持不变时，如图 2-81 所示，把鼠标指针移动到末端控制柄上，当鼠标指针变成符号“⁜”时拖动鼠标，按住 Ctrl 键后再次拖动鼠标，可以单独更改终止位置光环的大小，如图 2-82 所示。

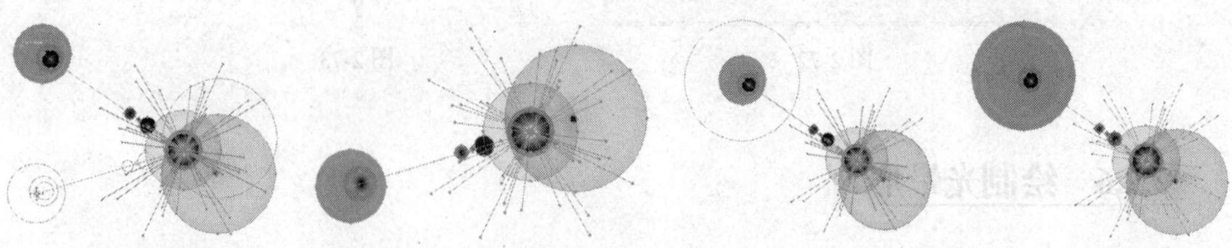

图 2-79　图 2-80　图 2-81　图 2-82

在绘制出的光晕形保持不变时，如图 2-83 所示，把指针移动到末端控制柄上，当鼠标指针变成符号“⁜”时拖动鼠标，按住 ~ 键，可以重新随机地排列光环的位置，如图 2-84 所示。

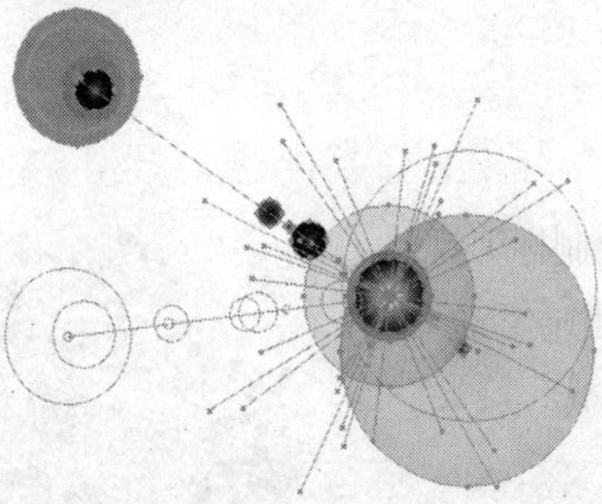

图 2-83

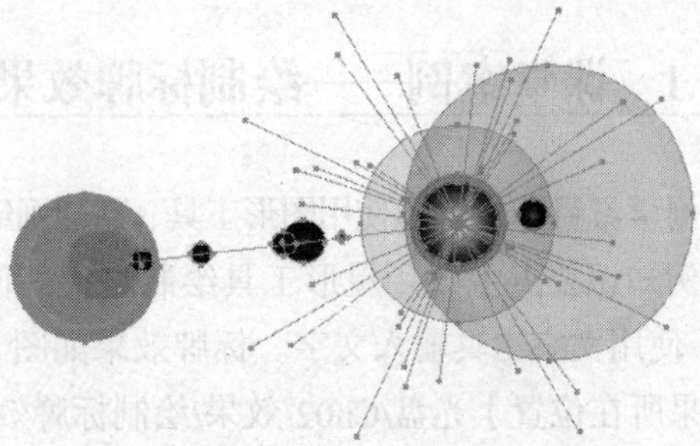

图 2-84

2．精确绘制光晕形

选择“光晕”工具，在页面中需要的位置单击，或双击“光晕”工具，弹出“光晕工具选项”对话框，如图 2-85 所示。

在对话框的“居中”选项组中，“直径”选项可以设置中心控制点直径的大小，“不透明度”选项可以设置中心控制点的不透明度比例，“亮度”选项可以设置中心控制点的亮度比例。在“光晕”选项组中，“增大”选项可以设置光晕围绕中心控制点的辐射程度，“模糊度”选项可以设置光晕在图形中的模糊程度。在“射线”选项组中，“数量”选项可以设置光线的数量，“最长”选项可以设置光线的长度，“模糊度”选项可以设置光线在图形中的模糊程度。在“环形”选项组中，“路径”选项可以设置光环所在路径的长度值，“数量”选项可以设置光环在图形中的数量，“最大”选项可以设置光环的大小比例，“方向”选项可以设置光环在图形中的旋转角度，还可以通过右边的角度控制按钮调节光环的角度。设置完成后，单击“确定”按钮，得到如图 2-86 所示的光晕形。

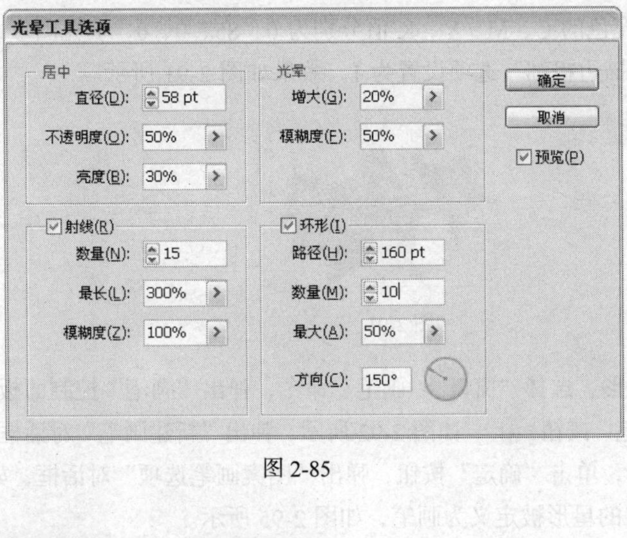

图 2-85

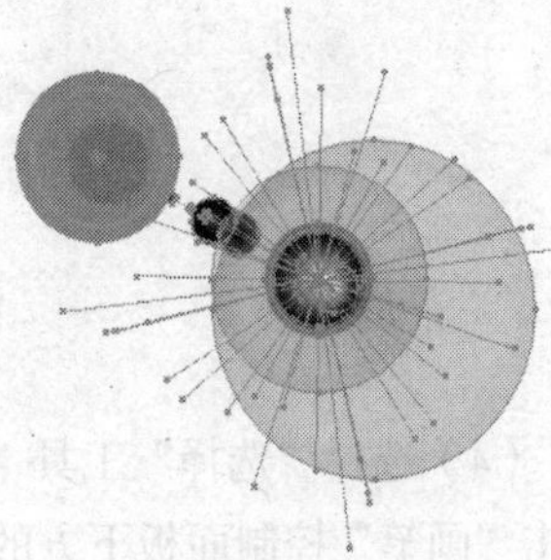

图 2-86

2.3 手绘图形

Illustrator CS5 提供了铅笔工具、平滑工具和路径橡皮擦工具，用户可以手动使用这些工具分别绘制图像，平滑路径，还可以擦除路径。Illustrator CS5 还提供了画笔工具，使用画笔工具可以绘制出种类繁多的图形效果。

2.3.1　课堂案例——绘制标牌效果

【案例学习目标】学习使用图形工具、新建画笔命令绘制标牌效果。

【案例知识要点】使用星形工具绘制星形。使用新建画笔命令新建画笔。使用文字工具输入文字。标牌效果如图 2-87 所示。

【效果所在位置】光盘/Ch02/效果/绘制标牌效果.ai。

图 2-87

1. 定义新画笔

（1）按 Ctrl+N 组合键，新建一个文档，宽度为 210mm，高度为 290mm，取向为竖向，颜色模式为 CMYK，单击“确定”按钮。

（2）选择“星形”工具，按住 Shift 键的同时，在页面中绘制一个星形，如图 2-88 所示。选择“选择”工具，选取图形，按住 Alt 键的同时，用鼠标选中图形向外拖曳，复制出 3 个星形，将星形缩小并改变其角度，效果如图 2-89 所示。

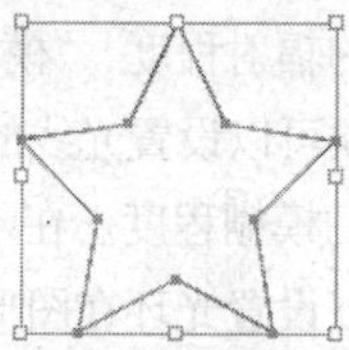
图 2-88

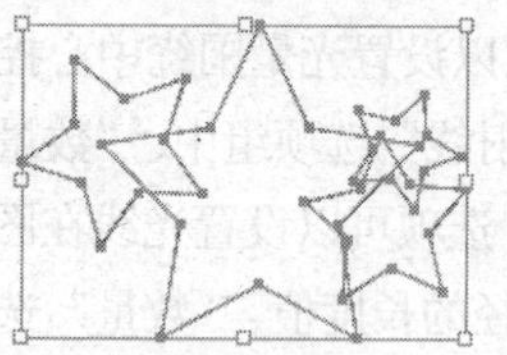
图 2-89

（3）选择“选择”工具，使用圈选的方法将星形同时选取，按 Ctrl+G 组合键，将其编组，效果如图 2-90 所示。设置图形填充色的 C、M、Y、K 值分别为 0、85、0、0，填充图形，并设置描边色为白色，在属性栏中将“描边粗细”选项设置为 1，效果如图 2-91 所示。

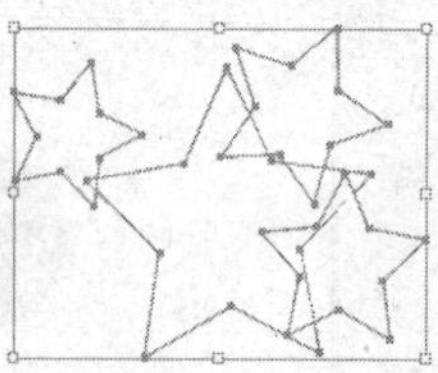
图 2-90

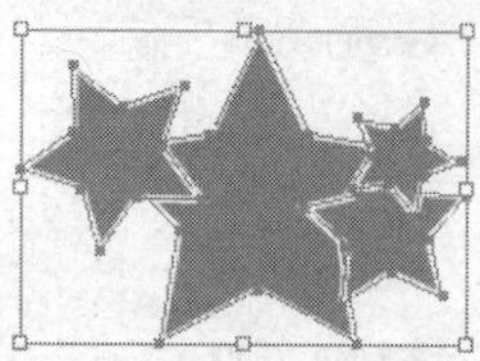
图 2-91

（4）选择“选择”工具，选取星形，选择“窗口 > 画笔”命令，弹出“画笔”控制面板，单击“画笔”控制面板下方的“新建画笔”按钮，如图 2-92 所示，弹出“新建画笔”对话框，选择“图案画笔”选项，如图 2-93 所示，单击“确定”按钮，弹出“图案画笔选项”对话框，如图 2-94 所示，单击“确定”按钮，选取的星形被定义为画笔，如图 2-95 所示。

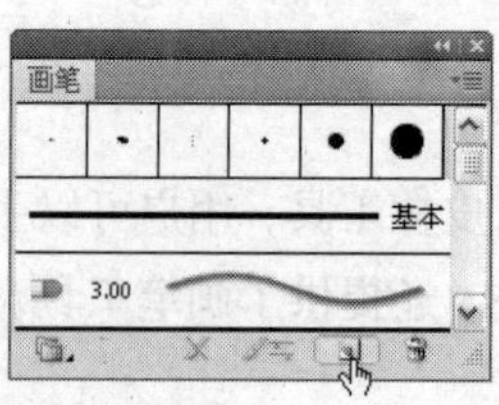

图 2-92

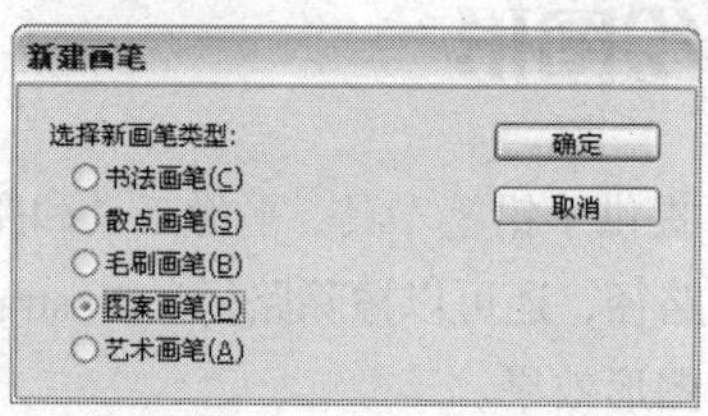

图 2-93

图 2-94

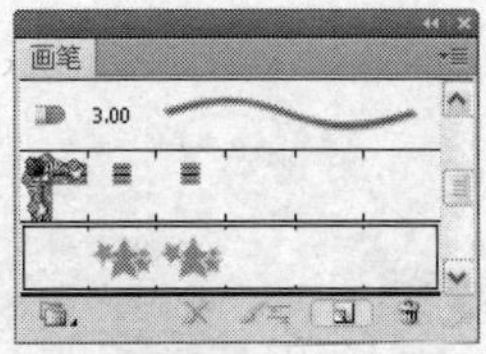

图 2-95

2. 绘制标牌并添加文字

（1）选择“矩形”工具，在页面中绘制一个矩形，设置填充颜色为白色，描边色为黑色，效果如图 2-96 所示。

（2）选择“选择”工具，选取图形，在“画笔”控制面板中选择设置的新画笔，如图 2-97 所示，用画笔为图形描边，效果如图 2-98 所示。

图 2-96

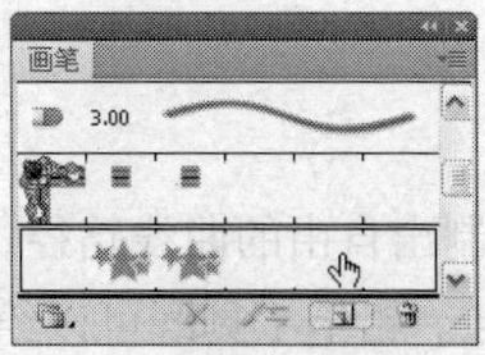

图 2-97

图 2-98

（3）选择“文字”工具，在矩形的中间单击鼠标，出现一个闪烁的鼠标，如图 2-99 所示，输入需要的文字，如图 2-100 所示。选择“选择”工具，在属性栏中选择合适的字体并设置文字大小，效果如图 2-101 所示。

图 2-99

图 2-100

图 2-101

（4）选择“选择”工具，选取文字，设置文字填充色的 C、M、Y、K 值分别为 0、0、0、70，填充文字，效果如图 2-102 所示。选择“选择”工具，使用圈选的方法将矩形和文字同时选取，按 Ctrl+G 组合键，将其编组，调整群组图形的角度，效果如图 2-103 所示。

图 2-102

图 2-103

（5）打开光盘中的“Ch02 > 素材 > 制作标牌效果 > 01”文件，按 Ctrl+A 组合键，全选图形，复制并将其粘贴到正在编辑的页面中，按 Shift+Ctrl+[组合键将其置于底层，效果如图 2-104 所示。选择“选择”工具，选取标牌将其移动到适当的位置，标牌效果制作完成，效果如图 2-105 所示。

图 2-104

图 2-105

2.3.2 使用铅笔工具

使用“铅笔”工具可以随意绘制出自由的曲线路径，在绘制过程中 Illustrator CS5 会自动依据鼠标的轨迹来设定节点而生成路径。铅笔工具既可以绘制闭合路径，又可以绘制开放路径，还可以将已经存在的曲线的节点作为起点，延伸绘制出新的曲线，从而达到修改曲线的目的。

选择“铅笔”工具，在页面中需要的位置单击并按住鼠标左键不放，拖曳鼠标到需要的位置，可以绘制一条路径，如图 2-106 所示。释放鼠标左键，绘制出的效果如图 2-107 所示。

选择“铅笔”工具，在页面中需要的位置单击并按住鼠标左键，拖曳鼠标到需要的位置，按住 Alt 键，如图 2-108 所示，释放鼠标左键，可以绘制一条闭合的曲线，如图 2-109 所示。

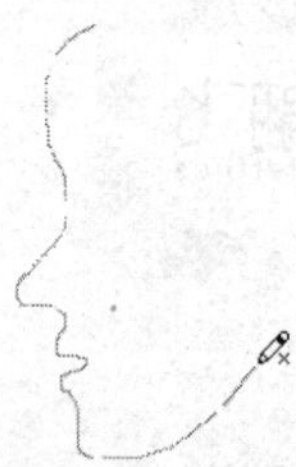

图 2-106

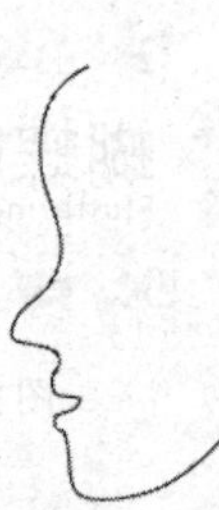

图 2-107

图 2-108

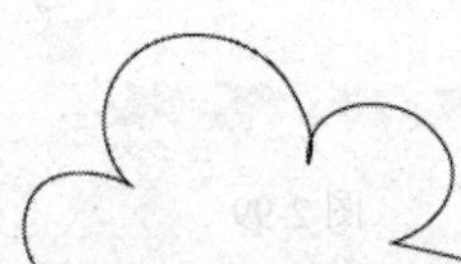

图 2-109

绘制一个闭合的图形并选中这个图形，再选择“铅笔”工具，在闭合图形上的两个节点之间拖曳，如图 2-110 所示。可以修改图形的形状，释放鼠标左键，得到的图形效果如图 2-111 所示。

双击“铅笔”工具，弹出“铅笔工具选项”对话框，如图 2-112 所示。在对话框的“容差”选项组中，“保真度”选项可以调节绘制曲线上的点的精确度，“平滑度”选项可以调节绘制曲线的平滑度。在“选项”选项组中，勾选“填充新铅笔描边”复选项，如果当前设置了填充颜色，绘制出的路径将使用该颜色；勾选“保持选定”复选项，绘制的曲线处于被选取状态；勾选“编辑所选路径”复选项，铅笔工具可以对选中的路径进行编辑。

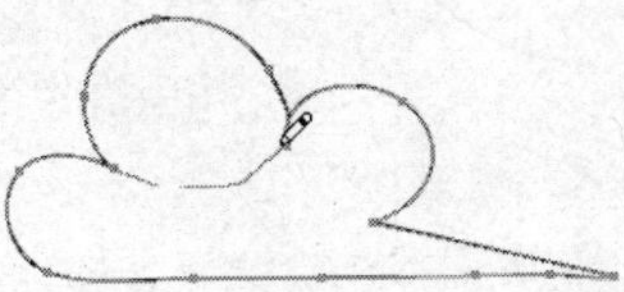

图 2-110

图 2-111

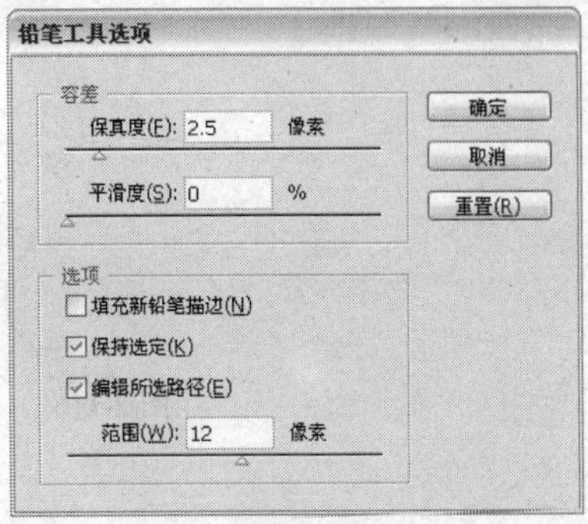

图 2-112

2.3.3　使用平滑工具

使用“平滑”工具可以将尖锐的曲线变得较为光滑。

绘制曲线并选中绘制的曲线，选择“平滑”工具，将鼠标指针移到需要平滑的路径旁，按住鼠标左键不放并在路径上拖曳，如图 2-113 所示，路径平滑后的效果如图 2-114 所示。

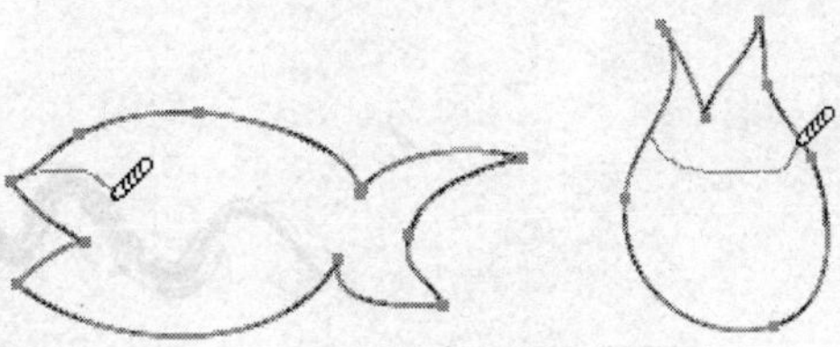

图 2-113

图 2-114

双击“平滑”工具，弹出“平滑工具选项”对话框，如图 2-115 所示。在对话框中，“保真度”选项可以调节处理曲线上的点的精确度，“平滑度”选项可以调节处理曲线的平滑度。

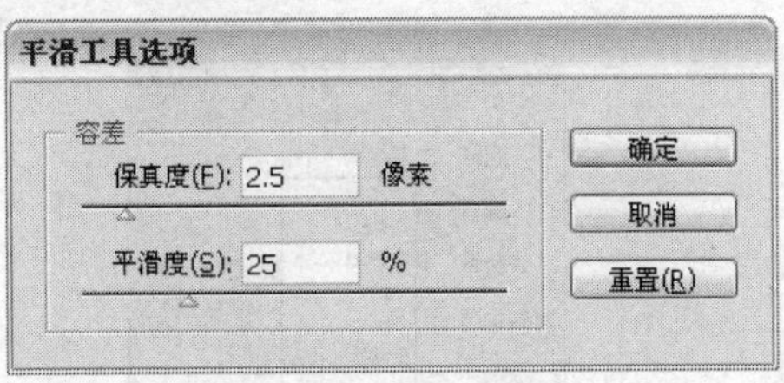

图 2-115

2.3.4　使用路径橡皮擦工具

使用“路径橡皮擦”工具可以擦除已有路径的全部或者一部分，但是“路径橡皮擦”工具不能应用于文本对象和包含有渐变网格的对象。

选中想要擦除的路径，选择“路径橡皮擦”工具，将鼠标指针移到需要清除的路径旁，按住鼠标左键不放并在路径上拖曳，如图 2-116 所示，擦除路径后的效果如图 2-117 所示。

图 2-116

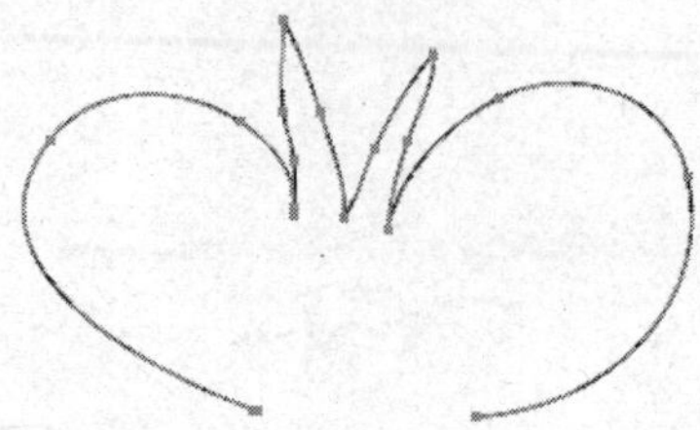

图 2-117

2.3.5　使用画笔工具

画笔工具可以绘制出样式繁多的精美线条和图形，还可以调节不同的刷头以达到不同的绘制效果。利用不同的画笔样式可以绘制出风格迥异的图像。

选择“画笔”工具，选择“窗口 > 画笔”命令，弹出“画笔”控制面板，如图 2-118 所示。在控制面板中选择任意一种画笔样式。在页面中需要的位置单击并按住鼠标左键不放，向右拖曳鼠标进行线条的绘制，释放鼠标左键，线条绘制完成，如图 2-119 所示。

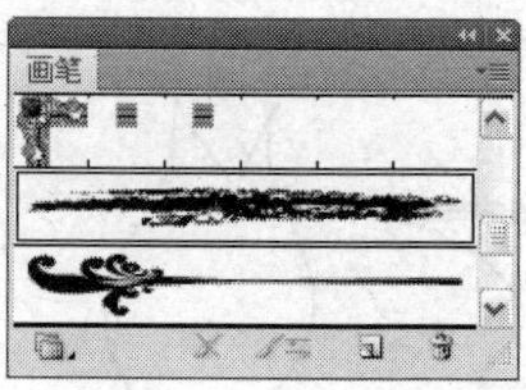

图 2-118

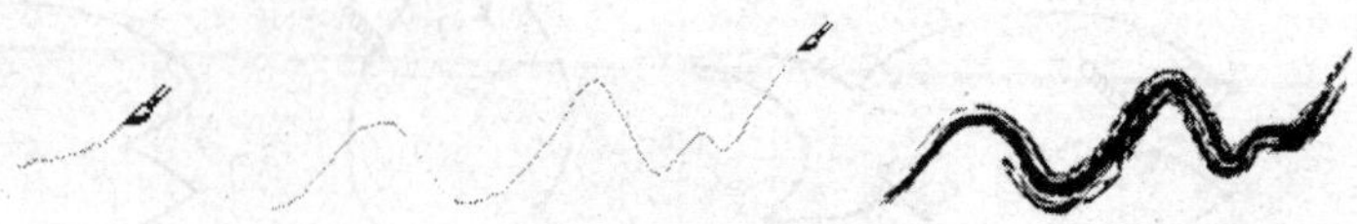

图 2-119

选取绘制的线条，如图 2-120 所示，选择“窗口 > 描边”命令，弹出“描边”控制面板，在控制面板中的“粗细”选项中选择或设置需要的描边大小，如图 2-121 所示，线条的效果如图 2-122 所示。

图 2-120

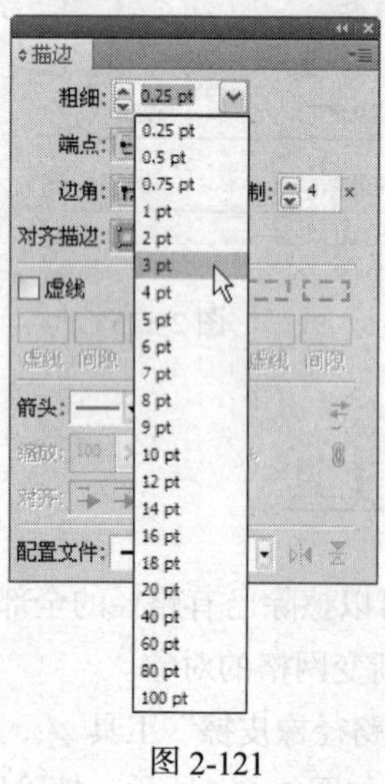

图 2-121

图 2-122

双击“画笔”工具，弹出“画笔工具选项”对话框，如图 2-123 所示。在对话框的“容差”选项组中，“保真度”选项可以调节绘制曲线上的点的精确度，“平滑度”选项可以调节绘制曲线的平滑度。在“选项”选项组中，勾选“填充新画笔描边”复选项，则每次使用画笔工具绘制图形时，系统都会自动地以默认颜色来填充对象的笔画；勾选“保持选定”复选项，绘制的曲线处于被选取状态；勾选“编辑所选路径”复选项，画笔工具可以对选中的路径进行编辑。

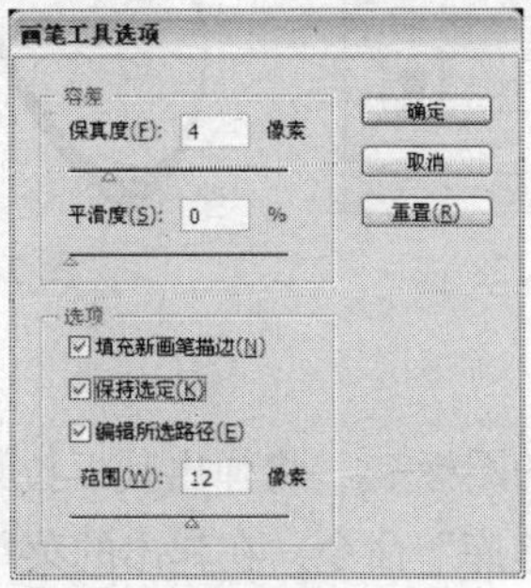

图 2-123

2.3.6　使用“画笔”控制面板

选择“窗口 > 画笔”命令，弹出“画笔”控制面板。在“画笔”控制面板中，包含了许多的内容。下面进行详细讲解。

1．画笔类型

Illustrator CS5 包括了 5 种类型的画笔，即散点画笔、书法画笔、图案画笔、艺术画笔、毛刷画笔。

（1）散点画笔。

单击“画笔”控制面板右上角的图标，将弹出其下拉菜单，在系统默认状态下“显示散点画笔”命令为灰色，选择“打开画笔库”命令，弹出子菜单，如图 2-124 所示。在弹出的菜单中选择任意一种散点画笔，弹出相应的控制面板，如图 2-125 所示。在控制面板中单击画笔，画笔就被加载到“画笔”控制面板中，如图 2-126 所示。选择任意一种散点画笔，再选择“画笔”工具，用鼠标在页面上连续单击或拖曳鼠标，就可以绘制出需要的图像，效果如图 2-127 所示。

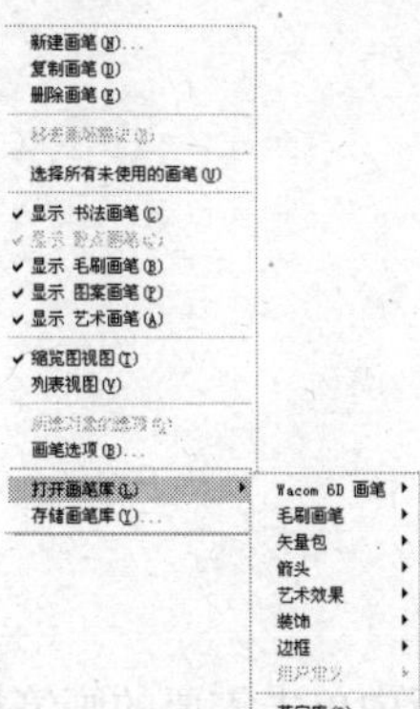

图 2-124

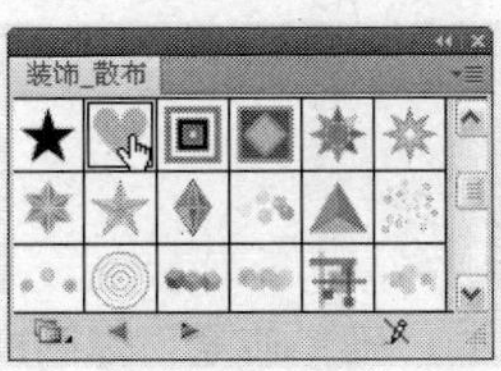

图 2-125

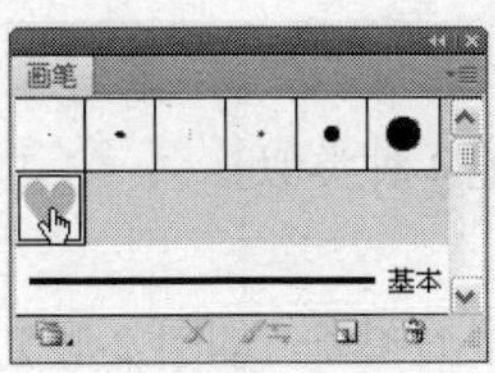

图 2-126

图 2-127

（2）书法画笔。

在系统默认状态下，书法画笔为显示状态，“画笔”控制面板的第一排为书法画笔，如图 2-128 所示。选择任意一种书法画笔，选择“画笔”工具，在页面中需要的位置单击并按住鼠标左键不放，拖曳鼠标进行线条的绘制，释放鼠标左键，线条绘制完成，效果如图 2-129 所示。

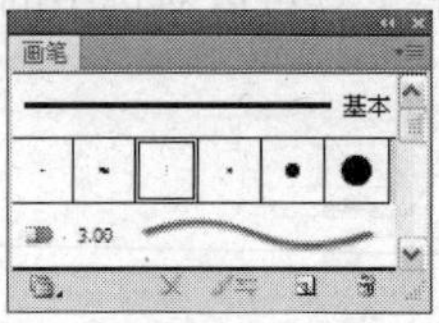

图 2-128

图 2-129

（3）图案画笔。

单击“画笔”控制面板右上角的图标，将弹出其下拉菜单，在系统默认状态下“显示图案画笔”命令为灰色，选择“打开画笔库”命令，在弹出的菜单中选择任意一种图案画笔，弹出相应的控制面板，如图 2-130 所示。在控制面板中单击画笔，画笔就被加载到“画笔”控制面板中，如图 2-131 所示。选择任意一种图案画笔，再选择“画笔”工具，用鼠标在页面上连续单击或拖曳鼠标，就可以绘制出需要的图像，效果如图 2-132 所示。

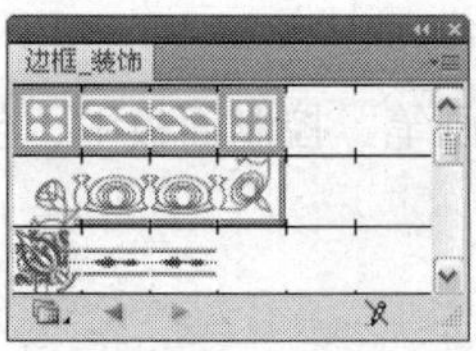

图 2-130

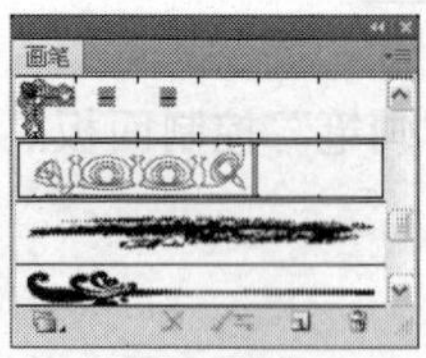

图 2-131

图 2-132

（4）艺术画笔。

在系统默认状态下，艺术画笔为显示状态，“画笔”控制面板的第二排以下为艺术画笔，如图 2-133 所示。选择任意一种艺术画笔，选择“画笔”工具，在页面中需要的位置单击并按住鼠标左键不放，拖曳鼠标进行线条的绘制，释放鼠标左键，线条绘制完成，效果如图 2-134 所示。

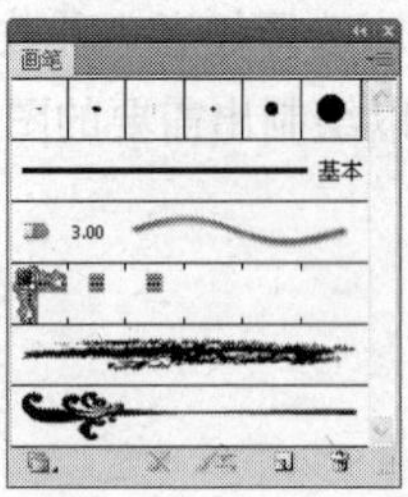

图 2-133

图 2-134

（5）毛刷画笔。

毛刷画笔的用法与其他 4 种类似。

2．更改画笔类型

选中想要更改画笔类型的图像，如图 2-135 所示，在“画笔”控制面板中单击需要的画笔样式，如图 2-136 所示，更改画笔后的图像效果如图 2-137 所示。

图 2-135

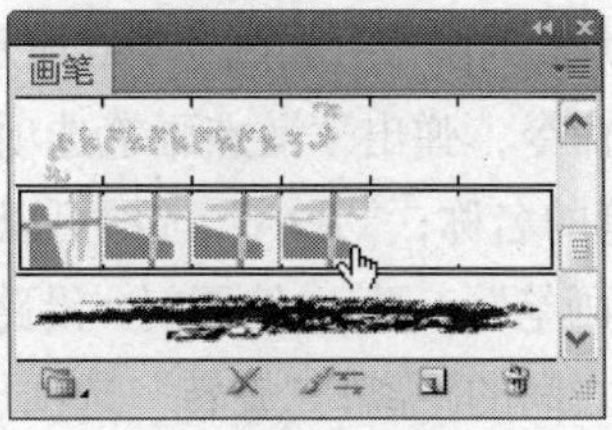

图 2-136

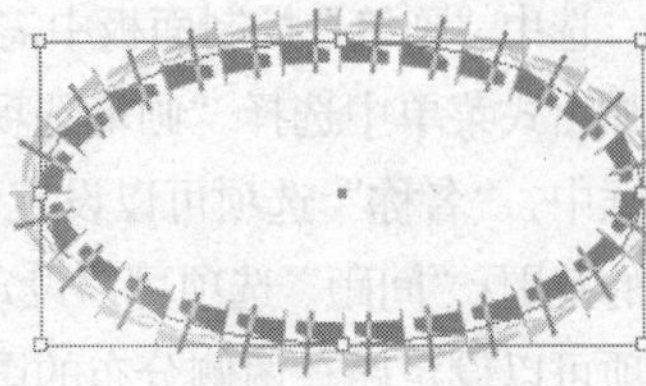

图 2-137

3．“画笔”控制面板的按钮

“画笔”控制面板下面有 5 个按钮。从左到右依次是“画笔库菜单”按钮、“移去画笔描边”按钮、“所选对象的选项”按钮、“新建画笔”按钮、“删除画笔”按钮。

“画笔库菜单”按钮：可以保存画笔或打开画笔库。

“移去画笔描边”按钮：可以将当前被选中的图形上的描边删除，而留下原始路径。

“所选对象的选项”按钮：可以打开应用到被选中图形上的画笔的选项对话框，在对话框中可以编辑画笔。

“新建画笔”按钮：可以创建新的画笔。

“删除画笔”按钮：可以删除选定的画笔样式。

4．“画笔”控制面板的下拉式菜单

单击“画笔”控制面板右上角的图标，弹出其下拉菜单，如图 2-138 所示。

“新建画笔”命令、“删除画笔”命令、“移去画笔描边”命令和“所选对象的选项”命令与相应的按钮功能是一样的。“复制画笔”命令可以复制选定的画笔。“选择所有未使用的画笔”命令将选中在当前文档中还没有使用过的所有画笔。“列表视图”命令可以将所有的画笔类型以列表的方式按照名称顺序排列，在显示小图标的同时还可以显示画笔的种类，如图 2-139 所示。“画笔选项”命令可以打开相关的选项对话框对画笔进行编辑。

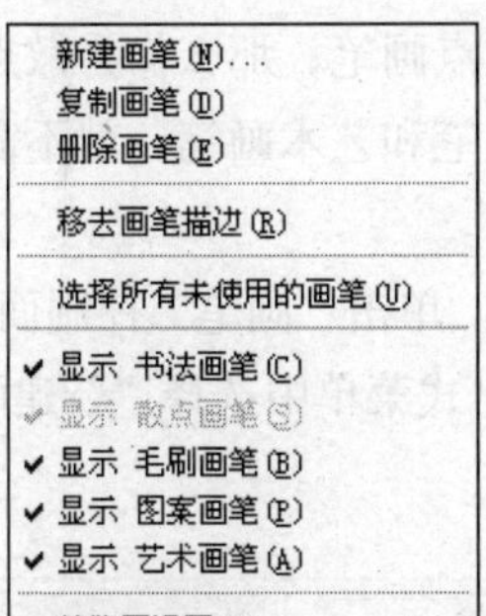

图 2-138

图 2-139

5．编辑画笔

Illustrator CS5 提供了对画笔编辑的功能，例如，改变画笔的外观、大小、颜色、角度，以及箭头方向等。对于不同的画笔类型，编辑的参数也有所不同。

选中“画笔”控制面板中需要编辑的画笔，如图 2-140 所示。单击控制面板右上角的图标，在弹出式菜单中选择“画笔选项”命令，弹出“散点画笔选项”对话框，如图 2-141 所示。在对话框中，“名称”选项可以设定画笔的名称；“大小”选项可以设定画笔图案与原图案之间比例大小的范围；“间距”选项可以设定“画笔”工具绘图时，沿路径分布的图案之间的距离；“分布”选项可以设定路径两侧分布的图案之间的距离；“旋转”选项可以设定各个画笔图案的旋转角度；“旋转相对于”选项可以设定画笔图案是相对于“页面”还是相对于“路径”来旋转；“着色”选项组中的“方法”选项可以设置着色的方法；“主色”选项后的吸管工具可以选择颜色，其后的色块即是所选择的颜色；单击“提示”按钮，弹出“着色提示”对话框，如图 2-142 所示。设置完成后，单击“确定”按钮，即可完成画笔的编辑。

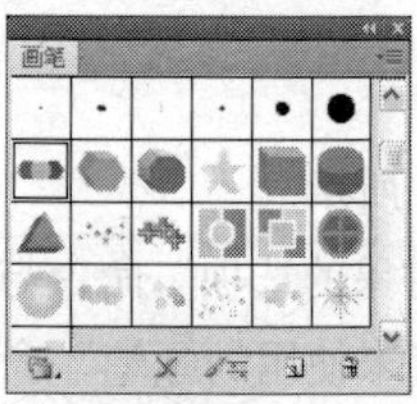

图 2-140

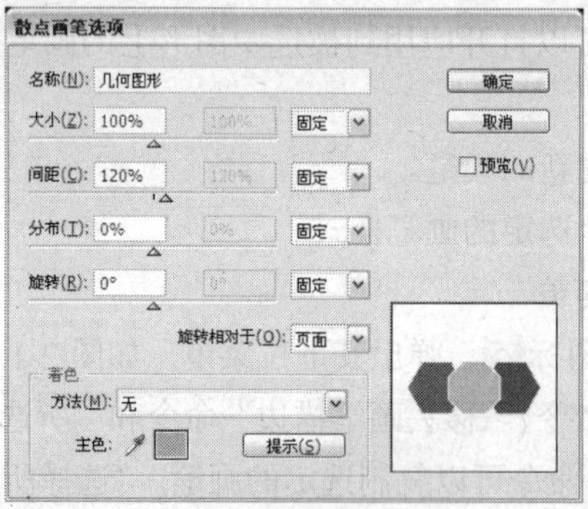

图 2-141

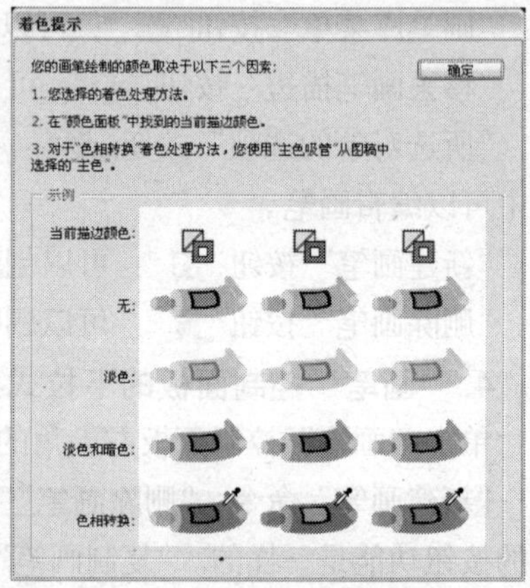

图 2-142

6．自定义画笔

Illustrator CS5 除了利用系统预设的画笔类型和编辑已有的画笔外，还可以使用自定义的画笔。不同类型的画笔，定义的方法类似。如果新建散点画笔，那么作为散点画笔的图形对象中就不能包含有图案、渐变填充等属性。如果新建书法画笔和艺术画笔，就不需要事先制作好图案，只要在其相应的画笔选项对话框中进行设定就可以了。

选中想要制作成为画笔的对象，如图 2-143 所示。单击“画笔”控制面板下面的“新建画笔”按钮，或选择控制面板右上角的按钮，在弹出式菜单中选择“新建画笔”命令，弹出“新建画笔”对话框，如图 2-144 所示。

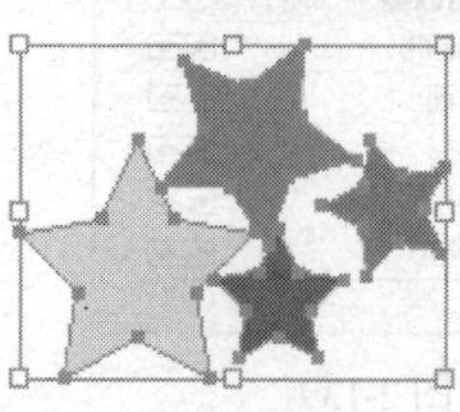

图 2-143

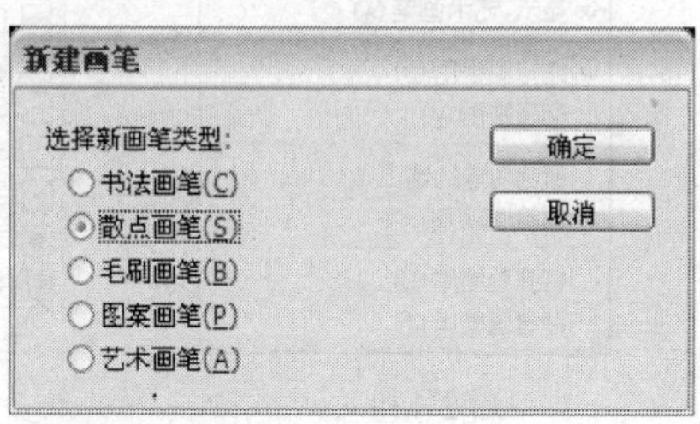

图 2-144

选择“散点画笔”单选项，单击“确定”按钮，弹出“散点画笔选项”对话框，如图 2-145 所示，单击“确定”按钮，制作的画笔将自动添加到“画笔”控制面板中，如图 2-146 所示。使用新定义的画笔可以在绘图页面上绘制图形，如图 2-147 所示。

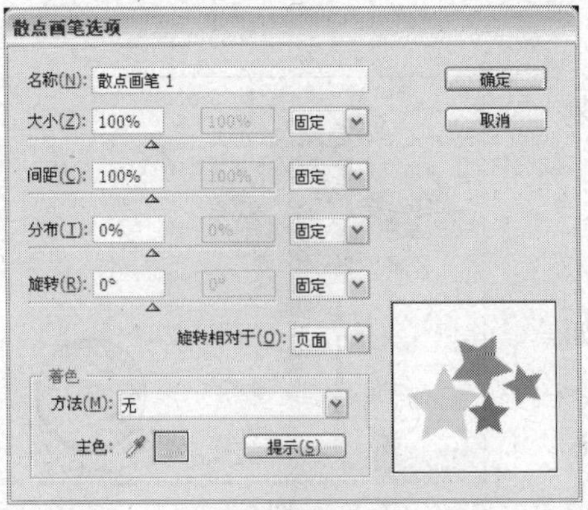

图 2-145

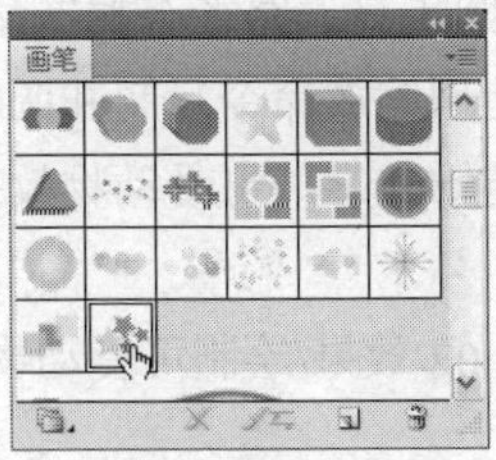

图 2-146

图 2-147

2.3.7　使用画笔库

Illustrator CS5 不但提供了功能强大的画笔工具，还提供了多种画笔库，其中包含箭头、艺术效果、装饰、边框、默认画笔等，这些画笔可以任意调用。

选择"窗口 > 画笔库"命令，在弹出式菜单中显示一系列的画笔库命令。分别选择各个命令，可以弹出一系列的"画笔"控制面板，如图 2-148 所示。Illustrator CS5 还允许调用其他"画笔库"。选择"窗口 > 画笔库 > 其他库"命令，弹出"选择要打开的库"对话框，如图 2-149 所示。可以选择其他合适的库。

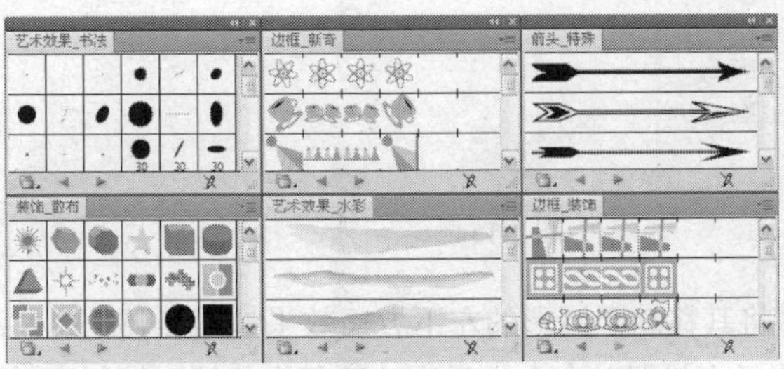

图 2-148

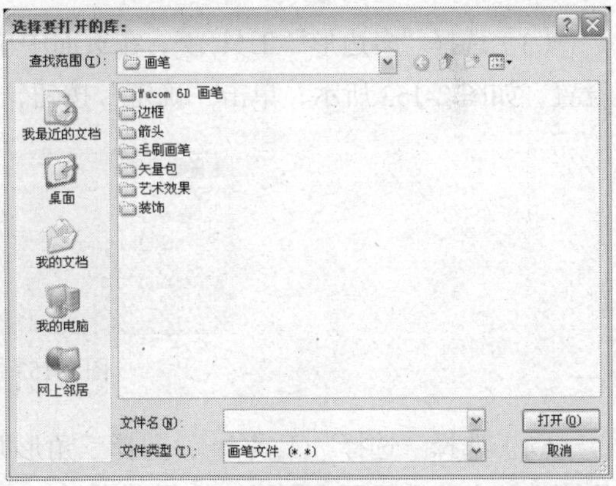

图 2-149

2.4　对象的编辑

Illustrator CS5 提供了强大的对象编辑功能，这一节中将介绍编辑对象，其中包括对象的多种选取方式，对象的比例缩放、移动、镜像、旋转、倾斜、扭曲变形、复制、删除，以及使用"路径查找器"控制面板编辑对象等。

2.4.1 课堂案例——绘制可爱动物

【案例学习目标】学习使用图形工具、缩放命令、复制和粘贴命令绘制可爱动物。

【案例知识要点】使用椭圆工具、路径查找器命令、多边形工具绘制小鸡图形。使用缩放命令复制并调整小鸡图形。使用文字工具添加装饰文字。可爱动物效果如图 2-150 所示。

图 2-150

【效果所在位置】光盘/Ch02/效果/绘制可爱动物.ai。

1. 绘制动物图形

（1）按 Ctrl+N 组合键，新建一个文档，宽度为 150mm，高度为 120mm，取向为横向，颜色模式为 CMYK，单击“确定”按钮。

（2）选择“椭圆”工具，按住 Shift 键的同时，在页面中绘制一个圆形，如图 2-151 所示。设置图形填充色的 C、M、Y、K 值分别为 0、30、100、0，填充图形，并设置描边色为无，效果如图 2-152 所示。

图 2-151

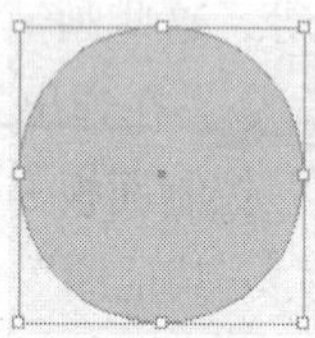

图 2-152

（3）选择“多边形”工具，在页面中单击鼠标，弹出“多边形”对话框，在对话框中进行设置，如图 2-153 所示，单击“确定”按钮，得到一个三角形，效果如图 2-154 所示。

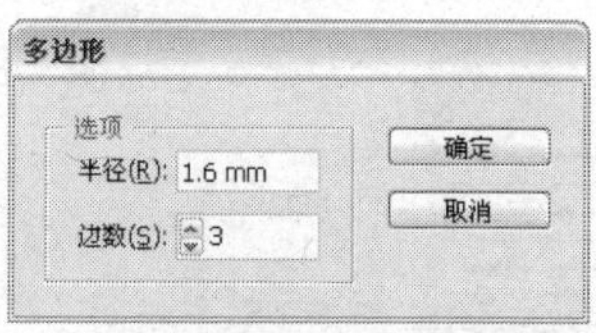

图 2-153

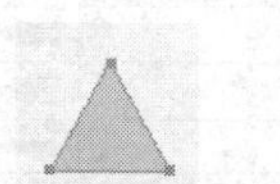

图 2-154

（4）选择“选择”工具，选择三角形并将其移动至圆形的左下方，效果如图 2-155 所示。用圈选的方法选择两个图形，选择“窗口 > 路径查找器”命令，弹出“路径查找器”控制面板，单击“联集”按钮，如图 2-156 所示，生成新的对象，效果如图 2-157 所示。

图 2-155

图 2-156

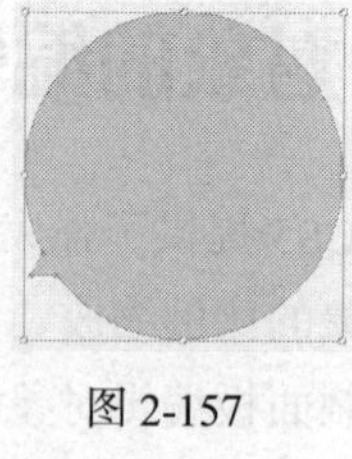

图 2-157

（5）选择“选择”工具，选取图形，按 Ctrl+C 组合键，复制图形，按 Ctrl+F 组合键，将复制的图形原位粘贴，调整图形的位置，设置图形的填充色为无，并设置描边色为黑色，在属性栏中将“描边粗细”选项设置为 3，效果如图 2-158 所示。

（6）选择“椭圆”工具，按住 Shift 键的同时，绘制一个圆形，设置图形填充色为白色，并设置描边色为无，效果如图 2-159 所示。用同样的方法绘制一个圆形，设置圆形的填充色为无，描边色为黑色，在属性栏中将“描边粗细”选项设置为 1，效果如图 2-160 所示。再次绘制一个圆形，设置圆形的填充色为黑色，描边色为无，效果如图 2-161 所示。

图 2-158

图 2-159

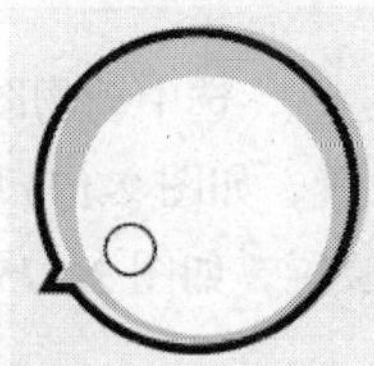
图 2-160

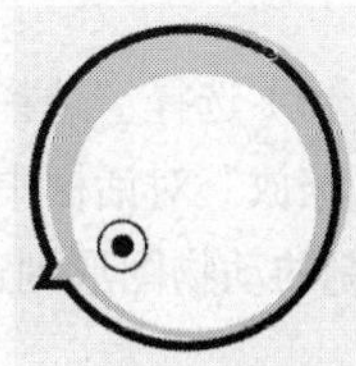
图 2-161

（7）选择“圆角矩形”工具，在页面中单击鼠标，弹出“圆角矩形”对话框，在对话框中进行设置，如图 2-162 所示，单击“确定”按钮，得到一个圆角矩形，效果如图 2-163 所示。用同样的方法再绘制两个圆角矩形，效果如图 2-164 所示，选择“选择”工具，拖曳圆角矩形到适当的位置并旋转适当的角度，效果如图 2-165 所示。

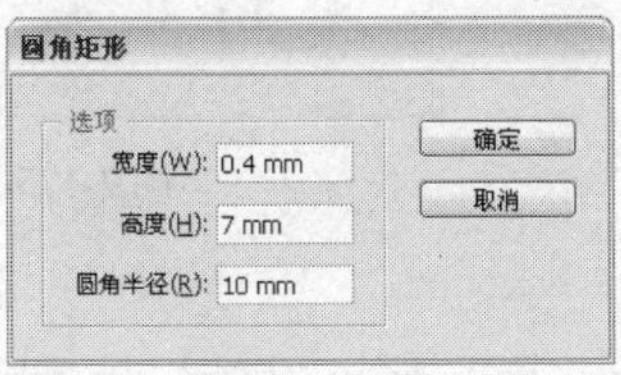

图 2-162

图 2-163

图 2-164

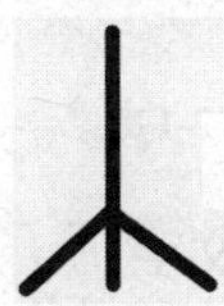
图 2-165

（8）用圈选的方法选择三个圆角图形，选择“窗口 > 路径查找器”命令，弹出“路径查找器”控制面板，单击“联集”按钮，如图 2-166 所示，生成新的对象，效果如图 2-167 所示。选择“选择”工具，拖曳图形到适当的位置，效果如图 2-168 所示。按住 Alt 键的同时，用鼠标向右拖曳图形进行复制，效果如图 2-169 所示。

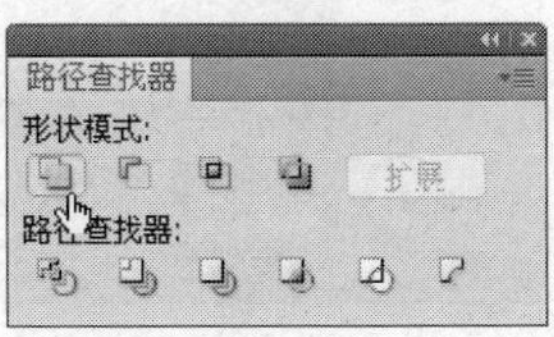

图 2-166

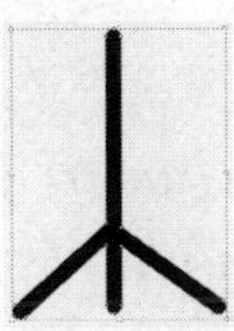
图 2-167

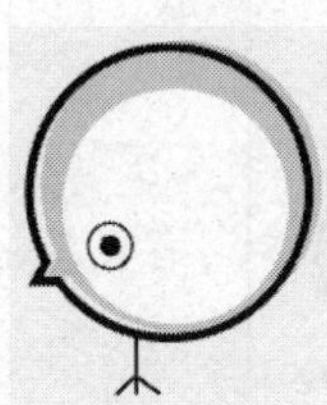
图 2-168

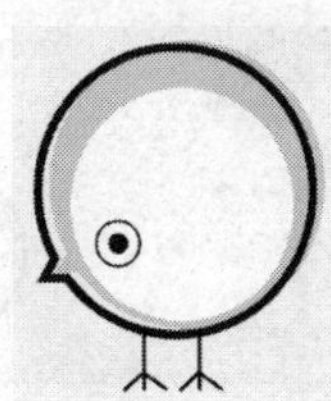
图 2-169

（9）选择“选择”工具，将需要的图形同时选取，按 Ctrl+G 组合键，将其编组，效果如图 2-170 所示。打开光盘中的“Ch02 > 素材 > 绘制可爱动物 > 01”文件，按 Ctrl+A 组合键，全选图形，复制并将其粘贴到正在编辑的页面中，按 Shift+Ctrl+[组合键将其置于底层，效果如图 2-171 所示。选择“选择”工具，拖曳动物图形到适当的位置，效果如图 2-172 所示。

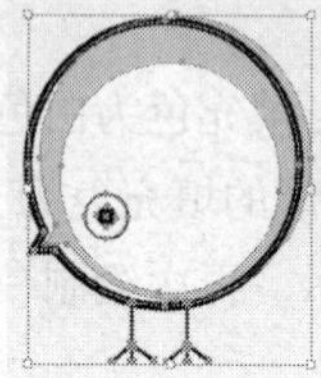

图 2-170

图 2-171

图 2-172

（10）选择“选择”工具，选中动物图形，选择“对象 > 变换 > 缩放”命令，在弹出的“比例缩放”对话框中进行设置，如图 2-173 所示，单击“复制”按钮，效果如图 2-174 所示。拖曳复制的动物图形到适当的位置，如图 2-175 所示。

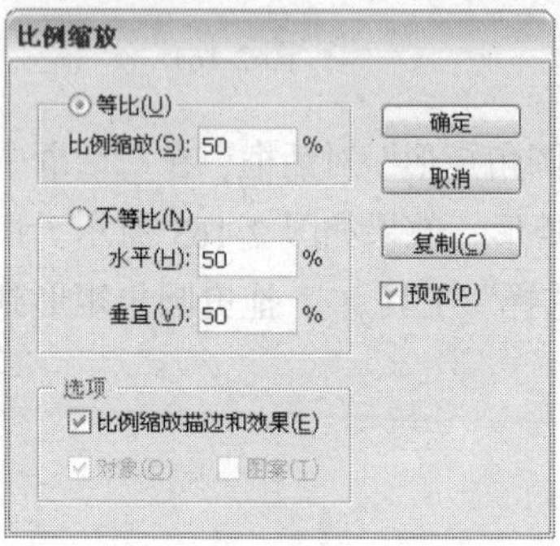

图 2-173

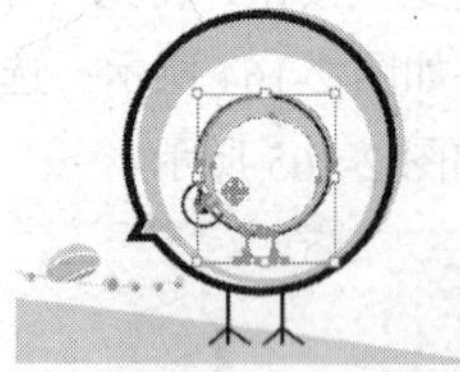

图 2-174

图 2-175

2. 添加文字

选择“文字”工具，输入需要的文字，效果如图 2-176 所示，选择“选择”工具，在属性栏中选择合适的字体并设置文字大小，效果如图 2-177 所示。可爱动物绘制完成，最终效果如图 2-178 所示。

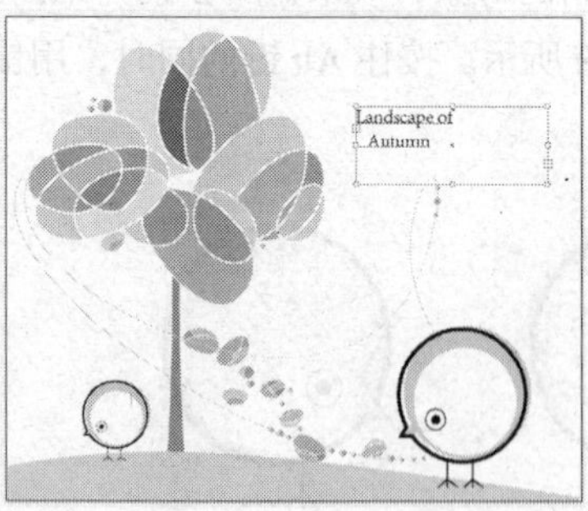

图 2-176

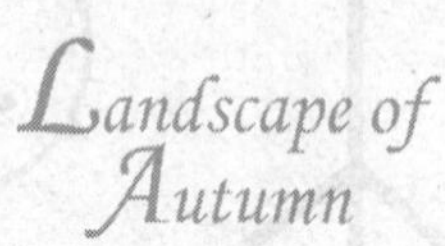

图 2-177

图 2-178

2.4.2 对象的选取

在 Illustrator CS5 中，提供了 5 种选择工具，包括“选择”工具、“直接选择”工具、“编组选择”工具、“魔棒”工具、“套索”工具。它们都位于工具箱的上方，如图 2-179 所示。

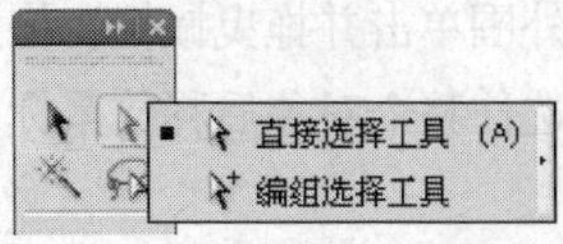

图 2-179

“选择”工具：通过单击路径上的一个点或一部分来选择整个路径。

“直接选择”工具：可以选择路径上独立的节点或线段，并显示出路径上的所有方向线以便于调整。

“编组选择”工具：可以单独选择组合对象中的个别对象。

“魔棒”工具：可以选择具有相同笔画或填充属性的对象。

“套索”工具：可以选择路径上独立的节点或线段，在直接选取“套索”工具拖动时，经过轨迹上的所有路径将被同时选中。

编辑一个对象之前，首先要选中这个对象。对象刚建立时一般呈选取状态，对象的周围出现矩形圈选框，矩形圈选框是由 8 个控制手柄组成的，对象的中心有一个“▪”形的中心标记，对象矩形圈选框的示意图如图 2-180 所示。

当选取多个对象时，可以多个对象共有 1 个矩形圈选框，多个对象的选取状态如图 2-181 所示。要取消对象的选取状态，只要在绘图页面上的其他位置单击即可。

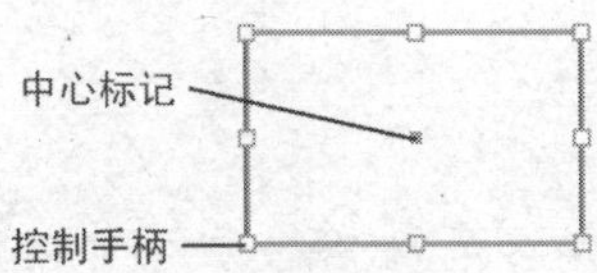

图 2-180

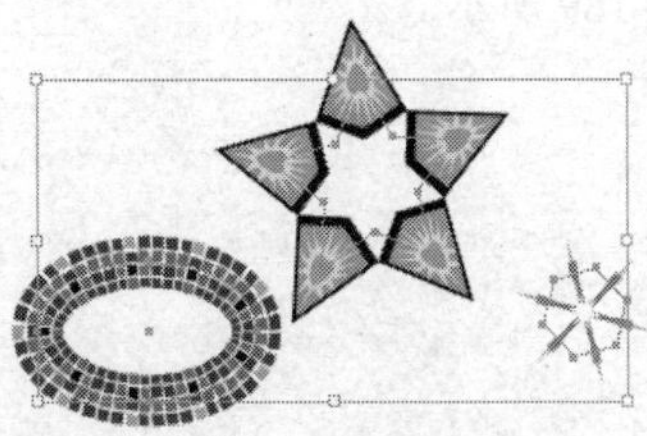
图 2-181

1. 使用选择工具选取对象

选择“选择”工具，当鼠标指针移动到对象或路径上时，指针变为“ ”，如图 2-182 所示；当鼠标移动到节点上时，指针变为“ ”，如图 2-183 所示；单击鼠标左键即可选取对象，指针变为“ ”，如图 2-184 所示。

图 2-182

图 2-183

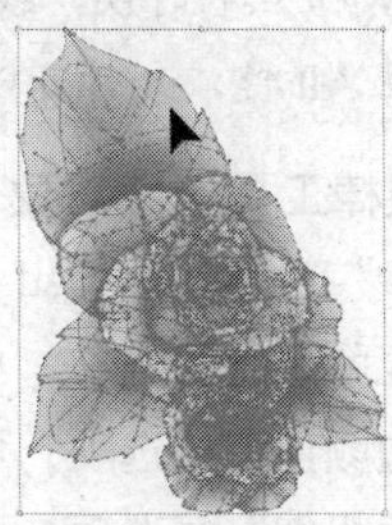
图 2-184

提示　按住 Shift 键，分别在要选取的对象上单击鼠标左键，即可连续选取多个对象。

可使用“选择”工具圈选对象。选择“选择”工具，用鼠标在绘图页面中要选取的对象外围单击并拖曳鼠标，拖曳后会出现一个蓝色的矩形圈选框，如图 2-185 所示，在矩形圈选框圈选住整个对象后释放鼠标，这时，被圈选的对象处于选取状态，如图 2-186 所示。

图 2-185

图 2-186

提示 用圈选的方法可以同时选取一个或多个对象。

2. 使用直接选择工具选取对象

选择“直接选择”工具，用鼠标单击对象可以选取整个对象，如图 2-187 所示。在对象的某个节点上单击，该节点将被选中，如图 2-188 所示。选中该节点不放，向下拖曳，将改变对象的形状，如图 2-189 所示。

图 2-187

图 2-188

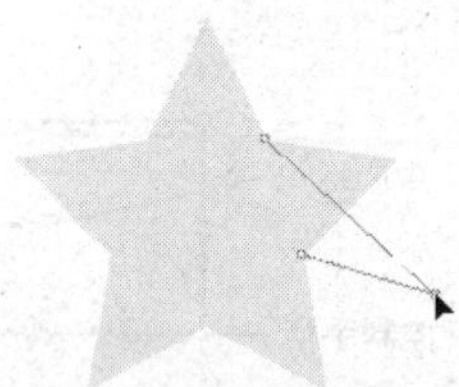

图 2-189

也可使用“直接选择”工具圈选对象，使用“直接选择”工具拖曳出一个矩形圈选框，在框中的所有对象将被同时选取。

提示 在移动节点的时候，按住 Shift 键，节点可以沿着 45° 角的整数倍方向移动；在移动节点的时候，按住 Alt 键，此时可以复制节点，这样就可以得到一段新路径。

3. 使用魔棒工具选取对象

双击“魔棒”工具，弹出“魔棒”控制面板，如图 2-190 所示。

图 2-190

勾选“填充颜色”复选项，可以使填充相同颜色的对象同时被选中；勾选“描边颜色”复选项，可以使填充相同描边的对象同时被选中；勾选“描边粗细”复选项，可以使填充相同笔画宽度的对象同时被选中；勾选“不透明度”复选项，可以使相同透明度的对象同时被选中；勾选“混合模式”复选项，可以使相同混合模式的对象同时被选中。

绘制 3 个图形，如图 2-191 所示，“魔棒”控制面板的设定如图 2-192 所示，使用“魔棒”工具，单击左边的对象，那么填充相同颜色的对象都会被选取，效果如图 2-193 所示。

图 2-191

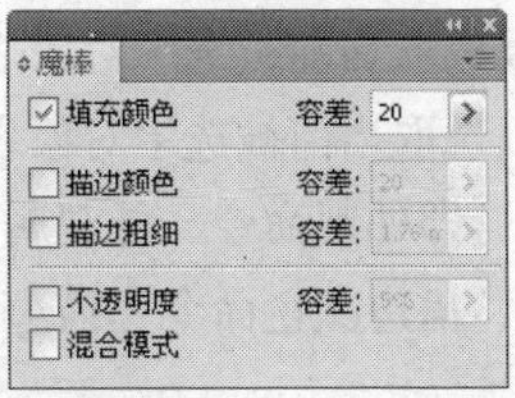

图 2-192

图 2-193

绘制 3 个图形，如图 2-194 所示，“魔棒”控制面板的设定如图 2-195 所示，使用“魔棒”工具，单击左边的对象，那么填充相同描边颜色的对象都会被选取，如图 2-196 所示。

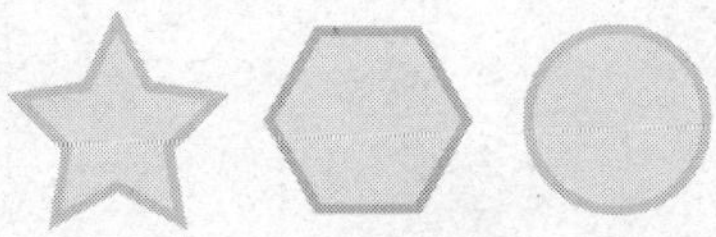

图 2-194

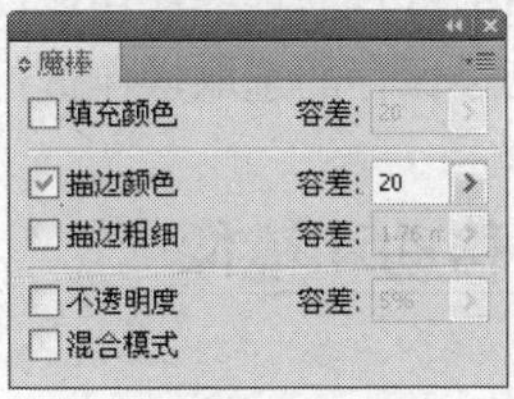

图 2-195

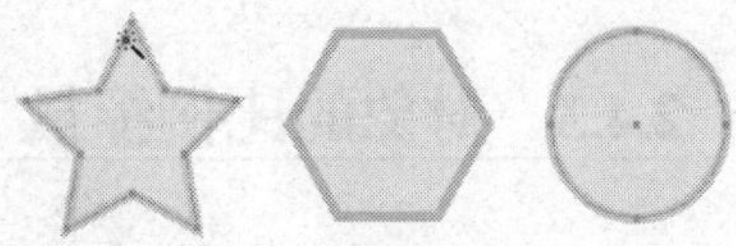

图 2-196

4．使用套索工具选取对象

选择“套索”工具，在对象的外围单击并按住鼠标左键，拖曳鼠标绘制一个套索圈，如图 2-197 所示，释放鼠标左键，对象被选取，效果如图 2-198 所示。

选择“套索”工具，在绘图页面中的对象外围单击并按住鼠标左键，拖曳鼠标在对象上绘制出一条套索线，绘制的套索线必须经过对象，效果如图 2-199 所示。套索线经过的对象将同时被选中，得到的效果如图 2-200 所示。

图 2-197

图 2-198

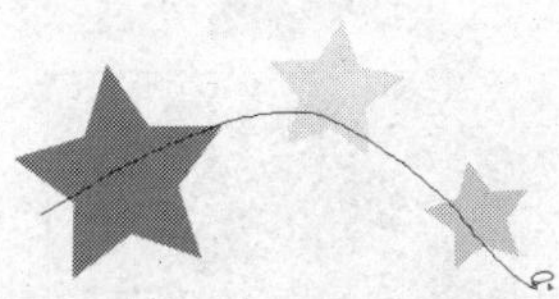

图 2-199

图 2-200

5．使用选择

Illustrator CS5 除了提供 5 种选择工具，还提供了一个“选择”菜单，如图 2-201 所示。

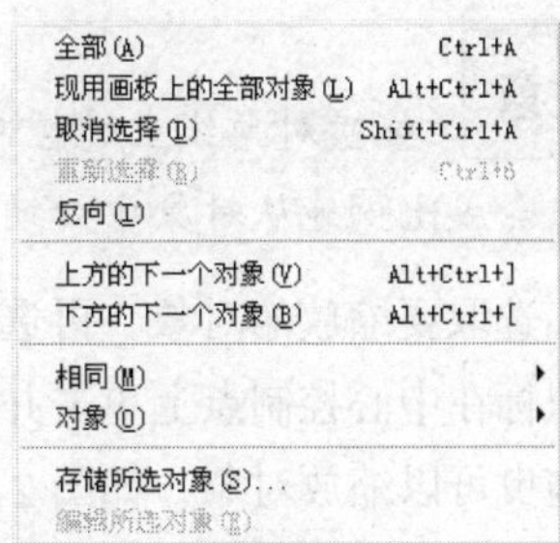

图 2-201

“全部”命令：可以将 Illustrator CS5 绘图页面上的所有对象同时选取，不包含隐藏和锁定的对象（组合键为 Ctrl+A）。

“现用画板上的全部对象”：可以将当前画板上的所有对象同时选取。

“取消选择”命令：可以取消所有对象的选取状态（组合键为 Shift+Ctrl+A）。

“重新选择”命令：可以重复上一次的选取操作（组合键为 Ctrl+6）。

“反向”命令：可以选取文档中除当前被选中的对象之外的所有对象。

“上方的下一个对象”命令：可以选取当前被选中对象之上的对象。

“下方的下一个对象”命令：可以选取当前被选中对象之下的对象。

“相同”子菜单下包含 11 个命令，即外观命令、外观属性命令、混合模式命令、填色和描边命令、填充颜色命令、不透明度命令、描边颜色命令、描边粗细命令、图形样式命令、符号实例命令、链接块系列命令。

“对象”子菜单下包含 10 个命令，即同一图层上的所有对象命令、方向手柄命令、没有对其像素网格命令、毛刷画笔描边命令、画笔描边命令、剪切蒙版命令、游离点命令、文本对象命令、Flash 动态文本、Flash 输入文本。

“存储所选对象”命令：可以将当前进行的选取操作进行保存。

“编辑所选对象”命令：可以对已经保存的选取操作进行编辑。

2.4.3 对象的比例缩放、移动和镜像

1. 对象的缩放

在 Illustrator CS5 中可以快速而精确地按比例缩放对象，使设计工作变得更轻松。下面就介绍对象的按比例缩放方法。

（1）使用工具箱中的工具比例缩放对象。

选取要比例缩放的对象，对象的周围出现控制手柄，如图 2-202 所示。用鼠标拖曳各个控制手柄可以缩放对象。拖曳对角线上的控制手柄缩放对象，如图 2-203 所示，成比例缩放对象的效果如图 2-204 所示。

图 2-202

图 2-203

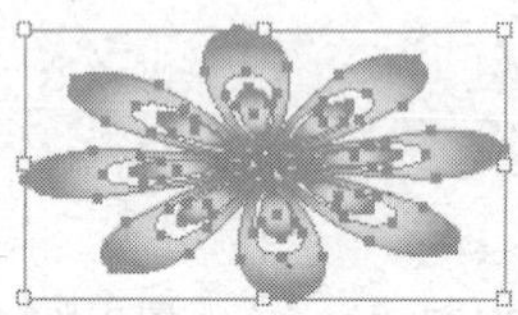

图 2-204

注意

拖曳对角线上的控制手柄时，按住 Shift 键，对象会成比例缩放。按住 Shift+Alt 组合键，对象会成比例地从对象中心缩放。

选取要缩放的对象，再选择“比例缩放”工具，对象的中心出现缩放对象的中心控制点，用鼠标在中心控制点上单击并拖曳可以移动中心控制点的位置，如图 2-205 所示。用鼠标在对象上拖曳可以缩放对象，如图 2-206 所示。缩放对象的效果如图 2-207 所示。

图 2-205

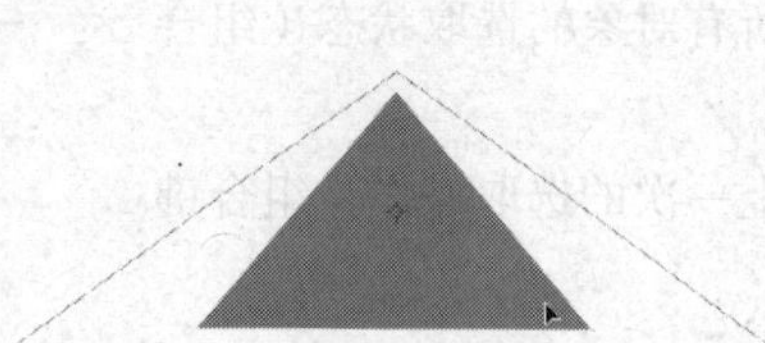

图 2-206

图 2-207

（2）使用“变换”控制面板成比例缩放对象。

选择“窗口 > 变换”命令（组合键为 Shift+F8），弹出“变换”控制面板，如图 2-208 所示。在控制面板中，“宽”选项可以设置对象的宽度，“高”选项可以设置对象的高度。改变宽度和高度值，就可以缩放对象。

（3）使用菜单命令缩放对象。

选择“对象 > 变换 > 缩放”命令，弹出“比例缩放”对话框，如图 2-209 所示。在对话框中，选择“等比”选项可以调节对象成比例缩放，“比例缩放”选项可以设置对象成比例缩放的百分比数值。选择“不等比”选项可以调节对象不成比例缩放，“水平”选项可以设置对象在水平方向上的缩放百分比，“垂直”选项可以设置对象在垂直方向上的缩放百分比。

图 2-208

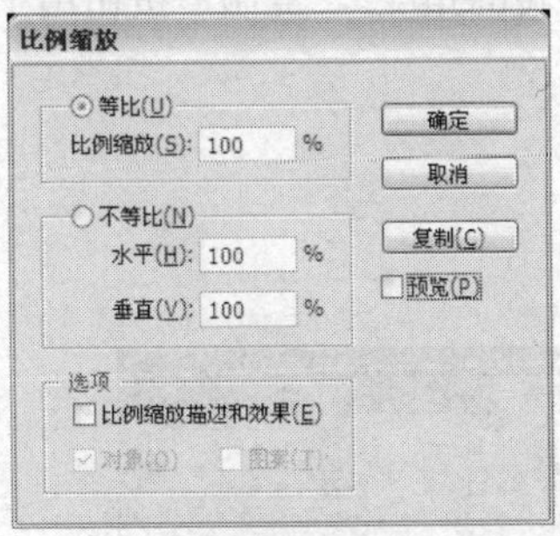

图 2-209

（4）使用鼠标右键的弹出式命令缩放对象。

在选取的要缩放的对象上单击鼠标右键，弹出快捷菜单，选择“对象 > 变换 > 缩放”命令，也可以对对象进行缩放。

提示　对象的移动、旋转、镜像和倾斜命令的操作也可以使用鼠标右键的弹出式命令来完成。

2．对象的移动

在 Illustrator CS5 中，可以快速而精确地移动对象。要移动对象，就要使被移动的对象处于选取状态。

（1）使用工具箱中的工具和键盘移动对象。

选取要移动的对象，效果如图 2-210 所示。在对象上单击并按住鼠标的左键不放，拖曳鼠标到需要放置对象的位置，如图 2-211 所示。释放鼠标左键，对象的移动操作就完成，效果如图 2-212 所示。

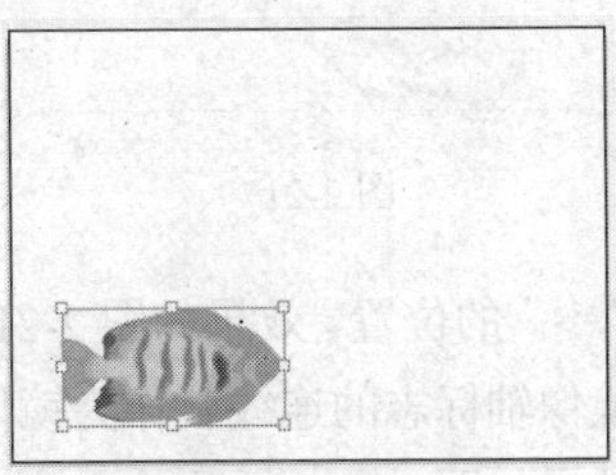

图 2-210

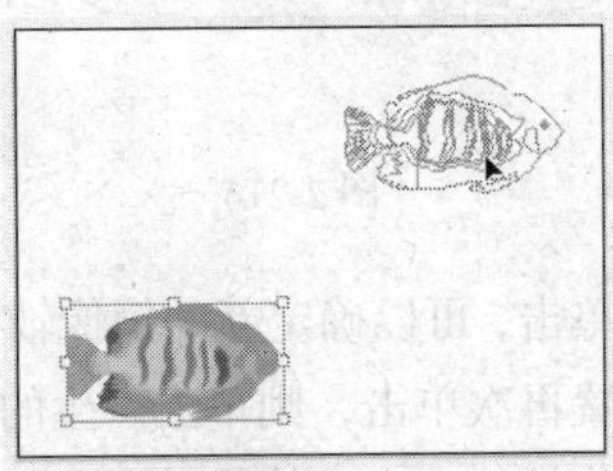

图 2-211

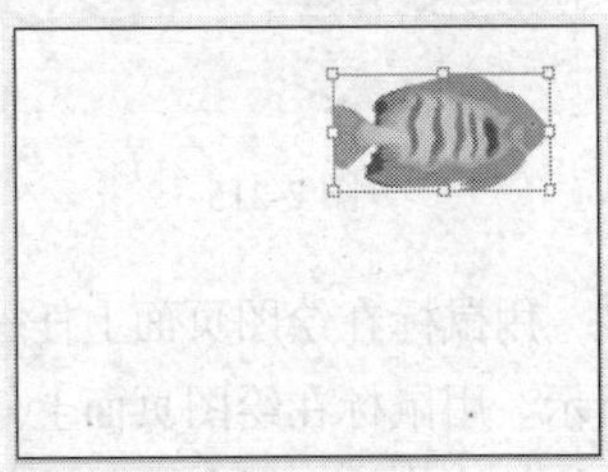

图 2-212

选取要移动的对象，用键盘上的“方向”键可以微调对象的位置。

（2）使用“变换”控制面板移动对象。

选择“窗口 > 变换”命令（组合键为 Shift+F8），弹出“变换”控制面板，如图 2-213 所示。在控制面板中，“X”选项可以设置对象在 X 轴的位置，“Y”选项可以设置对象在 Y 轴的位置。改变 X 轴和 Y 轴的数值，就可以移动对象。

（3）使用菜单命令移动对象。

选择“对象 > 变换 > 移动”命令（组合键为 Shift+Ctrl+M），弹出“移动”对话框，如图 2-214 所示。在对话框中，“水平”选项可以设置对象在水平方向上移动的数值，“垂直”选项可以设置对象在垂直方向上移动的数值。“距离”选项可以设置对象移动的距离，“角度”选项可以设置对象移动或旋转的角度。“复制”按钮用于复制出一个移动对象。

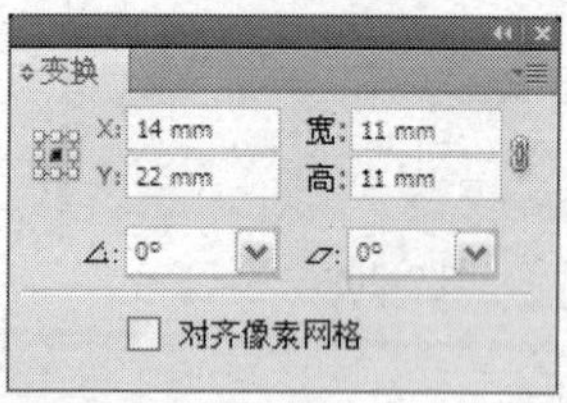

图 2-213

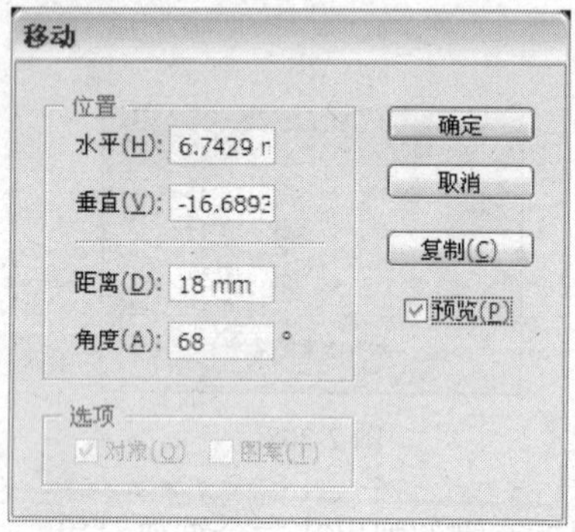

图 2-214

3．对象的镜像

在 Illustrator CS5 中可以快速而精确地进行镜像操作，以使设计和制作工作更加轻松有效。

（1）使用工具箱中的工具镜像对象。

选取要生成镜像的对象，效果如图 2-215 所示，选择“镜像”工具，用鼠标拖曳对象进行旋转，出现蓝色虚线，效果如图 2-216 所示，这样可以实现图形的旋转变换，也就是对象绕自身中心的镜像变换，镜像后的效果如图 2-217 所示。

图 2-215

图 2-216

图 2-217

用鼠标在绘图页面上任一位置单击，可以确定新的镜像轴标志“⟡”的位置，效果如图 2-218 所示。用鼠标在绘图页面上任一位置再次单击，则单击产生的点与镜像轴标志的连线就作为镜像变换的镜像轴，对象在与镜像轴对称的地方生成镜像，对象的镜像效果如图 2-219 所示。

图 2-218

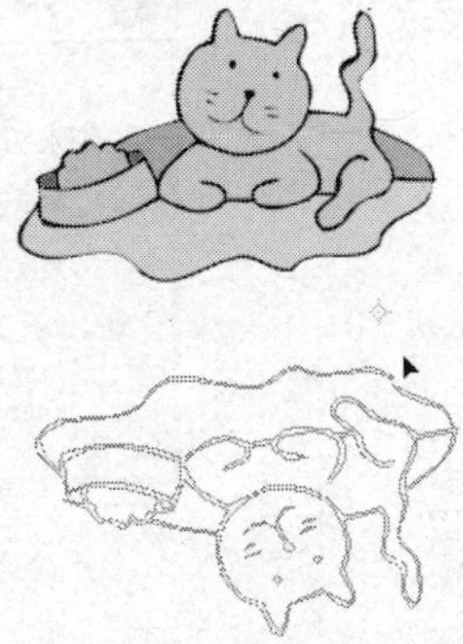

图 2-219

提示 使用“镜像”工具生成镜像对象的过程中，只能使对象本身产生镜像。要在镜像的位置生成一个对象的复制品，方法很简单，在拖曳鼠标时按住 Alt 键即可。“镜像”工具也可以用于旋转对象。

（2）使用“选择”工具镜像对象。

使用“选择”工具，选取要生成镜像的对象，效果如图 2-220 所示。按住鼠标左键直接拖曳控制手柄到相对的边，直到出现对象的蓝色虚线，效果如图 2-221 所示，释放鼠标左键就可以得到不规则的镜像对象，效果如图 2-222 所示。

图 2-220

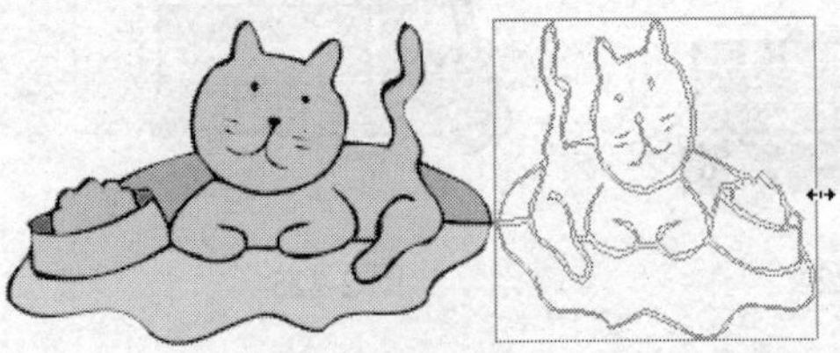

图 2-221

图 2-222

直接拖曳左边或右边中间的控制手柄到相对的边，直到出现对象的蓝色虚线，松开鼠标左键就可以得到原对象的水平镜像。直接拖曳上边或下边中间的控制手柄到相对的边，直到出现对象的蓝色虚线，释放鼠标左键就可以得到原对象的垂直镜像。

技巧 按住 Shift 键，拖曳边角上的控制手柄到相对的边，对象会成比例地沿对角线方向生成镜像图形。按住 Shift+Alt 组合键，拖曳边角上的控制手柄到相对的边，对象会成比例地从中心生成镜像图形。

（3）使用菜单命令镜像对象。

选择“对象 > 变换 > 对称”命令，弹出“镜像”对话框，如图 2-223 所示。在“轴”选项组中，选择“水平”单选项可以垂直镜像对象，选择“垂直”单选项可以水平镜像对象，选择“角度”单选项可以输入镜像角度的数值；在“选项”选项组中，选择“对象”选项，图案不会被镜像；选择“图案”选项，图案被镜像；“复制”按钮用于在原对象上复制一个镜像的对象。

图 2-223

2.4.4 对象的旋转和倾斜变形

1. 对象的旋转

（1）使用工具箱中的工具旋转对象。

使用“选择”工具选取要旋转的对象，将鼠标的指针移动到旋转控制手柄上，这时的指针变为旋转符号“”，效果如图 2-224 所示。按下鼠标左键，拖动鼠标旋转对象，旋转时对象会出现蓝色的虚线，指示旋转方向和角度，效果如图 2-225 所示。旋转到需要的角度后释放鼠标左键，旋转对象的效果如图 2-226 所示。

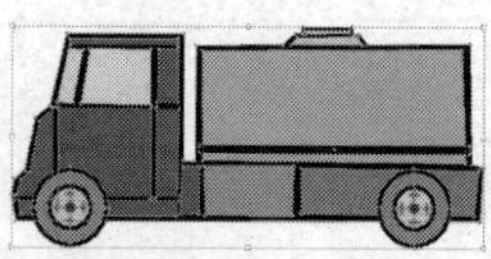

图 2-224

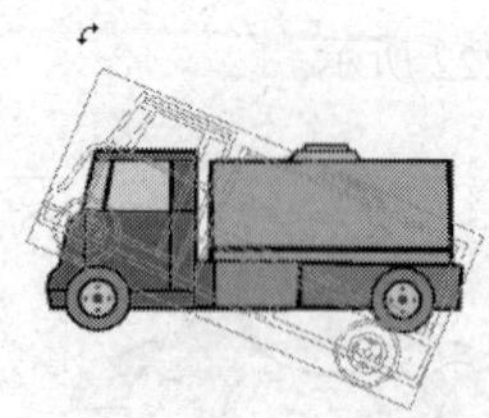

图 2-225

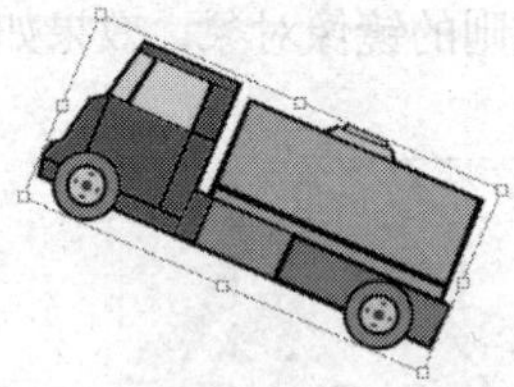

图 2-226

选取要旋转的对象，选择“自由变换”工具，对象的四周出现控制柄。用鼠标拖曳控制柄，就可以旋转对象。此工具与“选择”工具的使用方法类似。

选取要旋转的对象，选择“旋转”工具，对象的四周出现控制柄。用鼠标拖曳控制柄，就可以旋转对象。对象是围绕旋转中心来旋转的，Illustrator CS5 默认的旋转中心是对象的中心点。可以通过改变旋转中心来使对象旋转到新的位置，将鼠标移动到旋转中心上，按下鼠标左键拖曳旋转中心到需要的位置，如图 2-227 所示，鼠标拖曳图形进行旋转，如图 2-228 所示，改变旋转中心后旋转对象的效果如图 2-229 所示。

图 2-227

图 2-228

图 2-229

（2）使用“变换”控制面板旋转对象。

选择“窗口 > 变换”命令，弹出“变换”控制面板。“变换”控制面板的使用方法和“移动对象”中的使用方法相同，这里不再赘述。

（3）使用菜单命令旋转对象。

选择“对象 > 变换 > 旋转”命令或双击“旋转”工具，弹出“旋转”对话框，如图 2-230 所示。在对话框中，“角度”选项可以设置对象旋转的角度；勾选“对象”复选项，旋转的对象不是图案；勾选“图案”复选项，旋转的对象是图案；“复制”按钮用于在原对象上复制一个旋转对象。

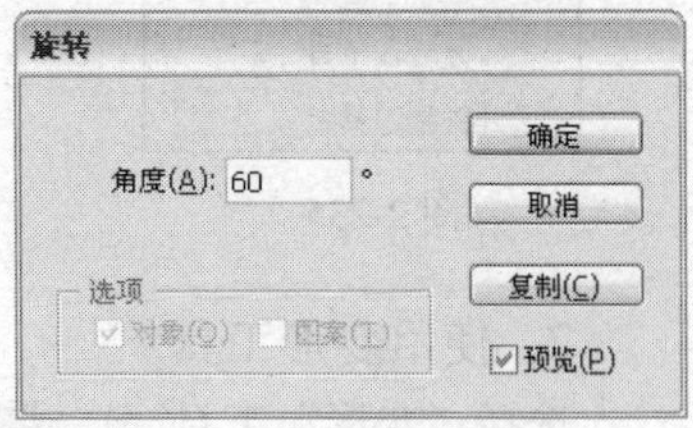

图 2-230

2．对象的倾斜

（1）使用工具箱中的工具倾斜对象。

选取要倾斜对象，效果如图 2-231 所示，选择“倾斜”工具，对象的四周出现控制柄。用鼠标拖曳控制柄或对象，倾斜时对象会出现蓝色的虚线指示倾斜变形的方向和角度，效果如图 2-232 所示。倾斜到需要的角度后释放鼠标左键即可，对象的倾斜效果如图 2-233 所示。

图 2-231

图 2-232

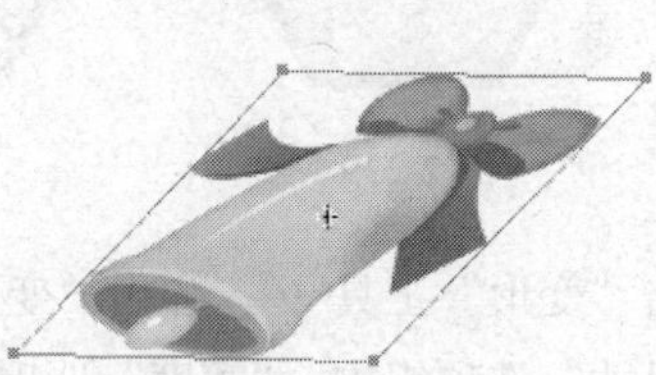
图 2-233

（2）使用“变换”控制面板倾斜对象。

选择“窗口 > 变换”命令，弹出“变换”控制面板。“变换”控制面板的使用方法和“移动”中的使用方法相同，这里不再赘述。

（3）使用菜单命令倾斜对象。

选择“对象 > 变换 > 倾斜”命令，弹出“倾斜”对话框，如图 2-234 所示。在对话框中，“倾斜角度”选项可以设置对象倾斜的角度。在“轴”选项组中，选择“水平”单选项，对象可以水平倾斜；选择“垂直”单选项，对象可以垂直倾斜；选择“角度”单选项，可以调节倾斜的角度。“复制”按钮用于在原对象上复制一个倾斜的对象。

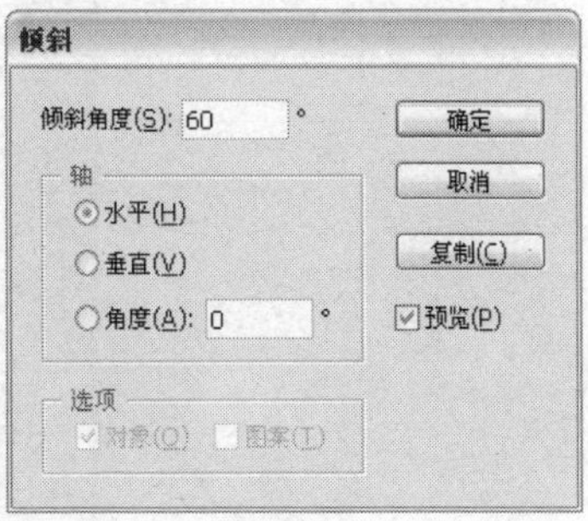

图 2-234

2.4.5　对象的扭曲变形

在 Illustrator CS5 中，可以使用变形工具组，如图 2-235 所示，对需要变形的对象进行扭曲变形。

1．使用宽度工具

选择“宽度”工具，将鼠标指针放到对象中适当的位置，如图 2-236 所示，在对象上拖曳鼠标，如图 2-237 所示，就可以进行调整宽度操作，效果如图 2-238 所示。

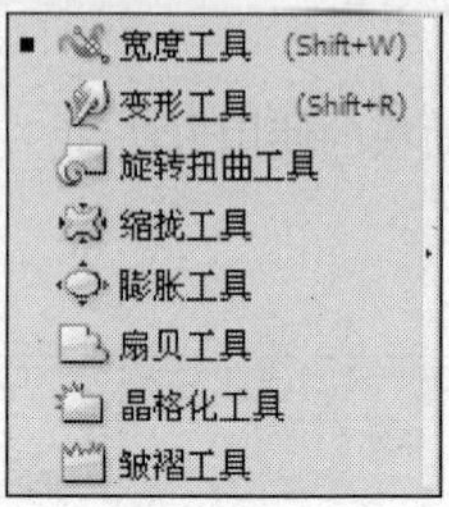

图 2-235

图 2-236

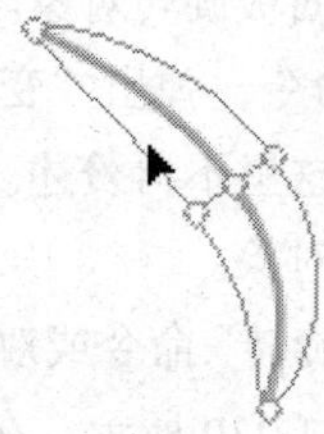
图 2-237

图 2-238

2．使用变形工具

选择“变形”工具，将鼠标指针放到对象中适当的位置，如图 2-239 所示，在对象上拖曳鼠标，如图 2-240 所示，就可以进行扭曲变形操作，效果如图 2-241 所示。

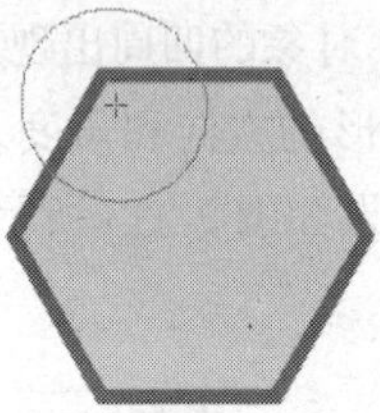
图 2-239

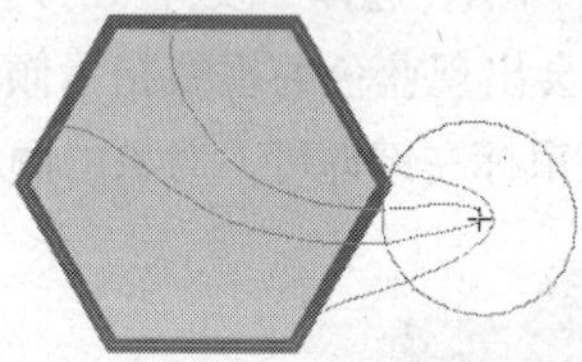
图 2-240

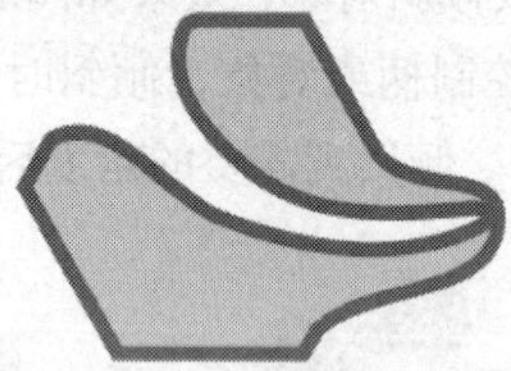
图 2-241

双击“变形”工具，弹出“变形工具选项”对话框，如图 2-242 所示。在对话框中的“全局画笔尺寸”选项组中，“宽度”选项可以设置画笔的宽度，“高度”选项可以设置画笔的高度，“角度”选项可以设置画笔的角度，“强度”选项可以设置画笔的强度。在“变形选项”选项组中，勾选“细节”复选项可以控制变形的细节程度，勾选“简化”复选项可以控制变形的简化程度。勾选“显示画笔大小”复选项，在对对象进行变形时会显示画笔的大小。

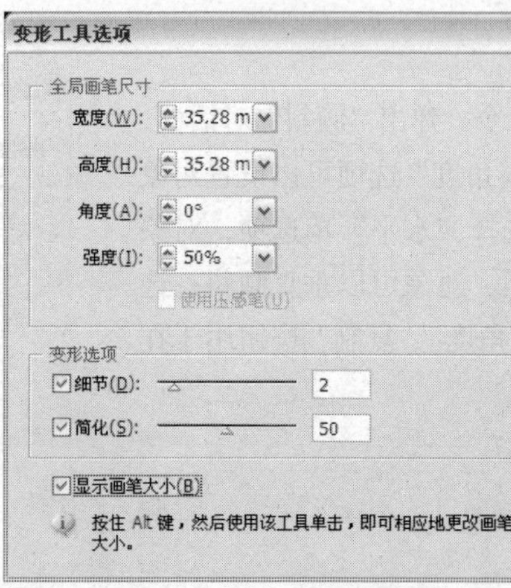

图 2-242

3．使用旋转扭曲工具

选择“旋转扭曲”工具，将鼠标指针放到对象中适当的位置，如图 2-243 所示，在对象上拖曳鼠标，如图 2-244 所示，就可以进行扭转变形操作，效果如图 2-245 所示。

图 2-243

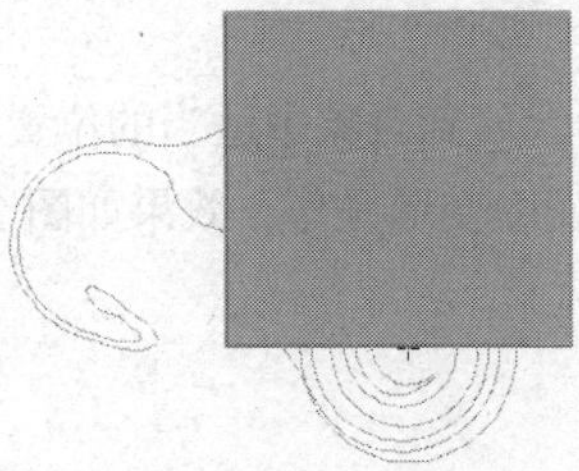

图 2-244

图 2-245

双击“旋转扭曲”工具，弹出“旋转扭曲工具选项”对话框，如图 2-246 所示。在“旋转扭曲选项”选项组中，“旋转扭曲速率”选项可以控制扭转变形的比例。对话框中其他选项的功能与“变形工具选项”对话框中的选项功能相同。

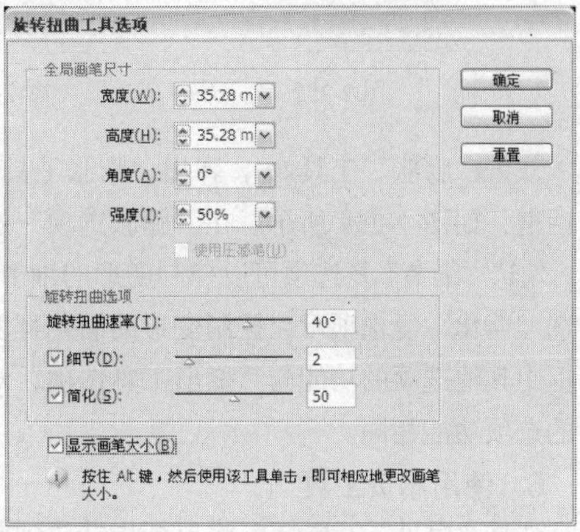

图 2-246

4．使用缩拢工具

选择“缩拢”工具，将鼠标指针放到对象中适当的位置，如图 2-247 所示，在对象上拖曳鼠标，如图 2-248 所示，就可以进行缩拢变形操作，效果如图 2-249 所示。

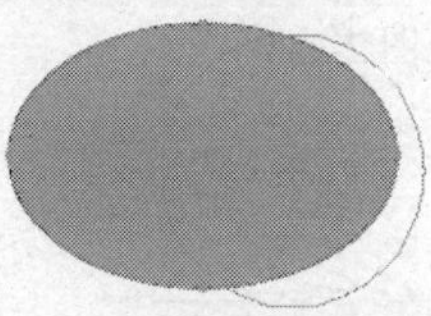

图 2-247

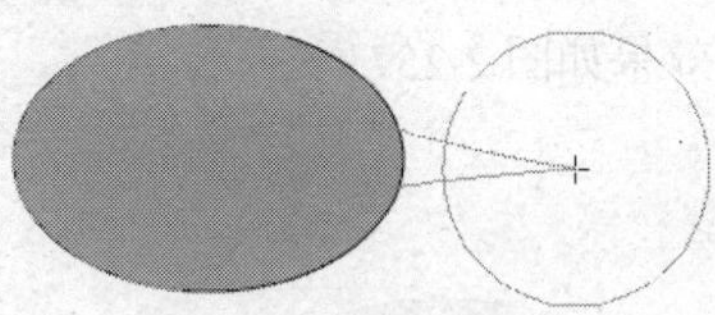

图 2-248

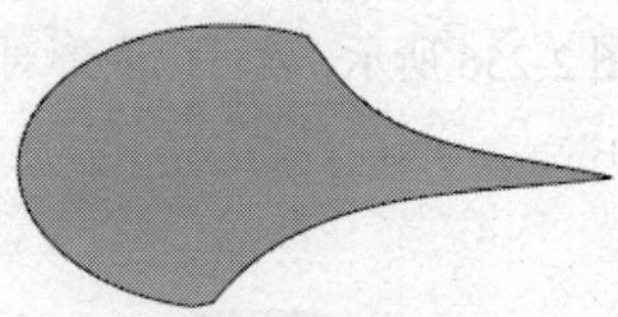

图 2-249

双击“缩拢”工具，弹出“收缩工具选项”对话框，如图 2-250 所示。在“收缩选项”选项组中，勾选“细节”复选项可以控制变形的细节程度，勾选“简化”复选项可以控制变形的简化程度。对话框中其他选项的功能与“变形工具选项”对话框中的选项功能相同。

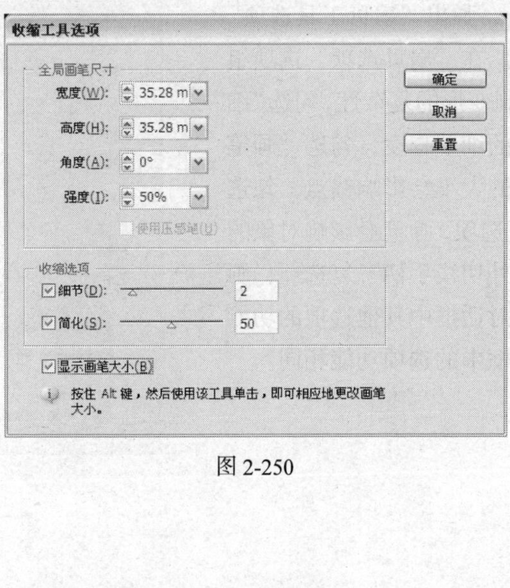

图 2-250

5．使用膨胀工具

选择“膨胀”工具，将鼠标指针放到对象中适当的位置，如图 2-251 所示，在对象上拖曳鼠标，如图 2-252 所示，就可以进行膨胀变形操作，效果如图 2-253 所示。

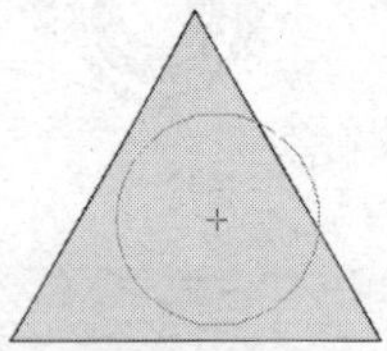
图 2-251

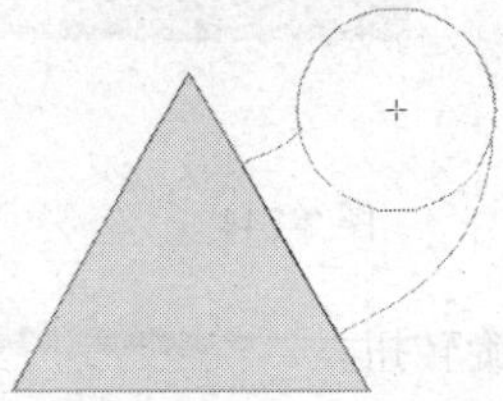
图 2-252

图 2-253

双击“膨胀”工具，弹出“膨胀工具选项”对话框，如图 2-254 所示。在“膨胀选项”选项组中，勾选“细节”复选项可以控制变形的细节程度，勾选“简化”复选项可以控制变形的简化程度。对话框中其他选项的功能与“变形工具选项”对话框中的选项功能相同。

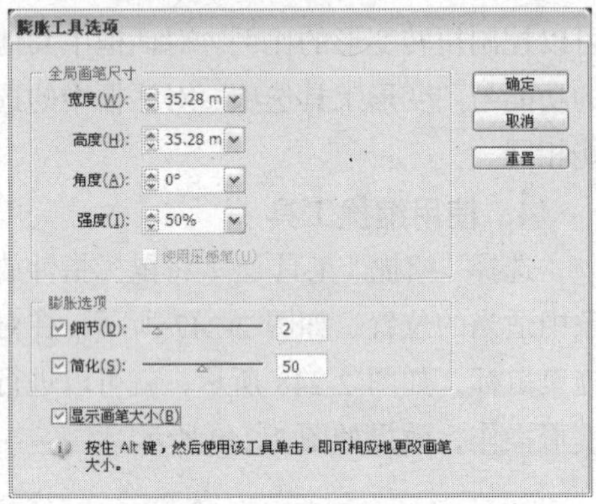

图 2-254

6．使用扇贝工具

选择“扇贝”工具，将鼠标指针放到对象中适当的位置，如图 2-255 所示，在对象上拖曳鼠标，如图 2-256 所示，就可以变形对象，效果如图 2-257 所示。

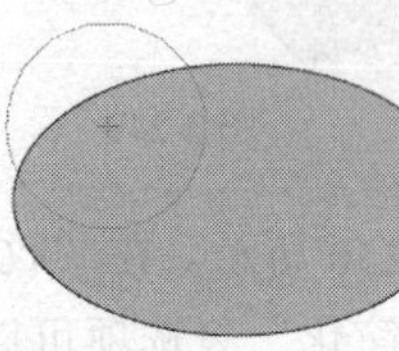
图 2-255

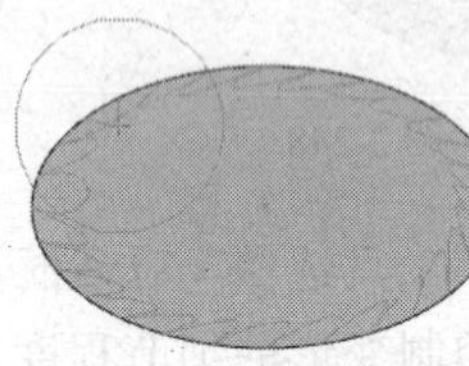
图 2-256

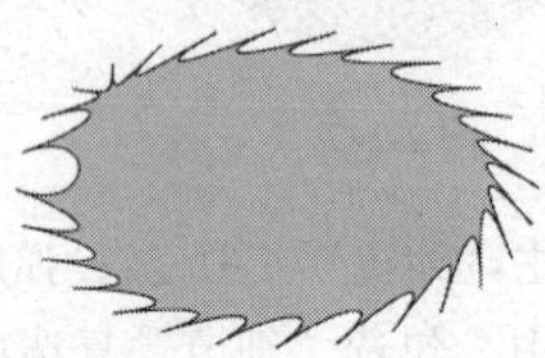
图 2-257

双击“扇贝”工具，弹出“扇贝工具选项”对话框，如图 2-258 所示。在“扇贝选项”选项组中，“复杂性”选项可以控制变形的复杂性，勾选“细节”复选项可以控制变形的细节程度，勾选“画笔影响锚点”复选项，画笔的大小会影响锚点，勾选“画笔影响内切线手柄”复选项，画笔会影响对象的内切线，勾选“画笔影响外切线手柄”复选项，画笔会影响对象的外切线。对话框中其他选项的功能与“变形工具选项”对话框中的选项功能相同。

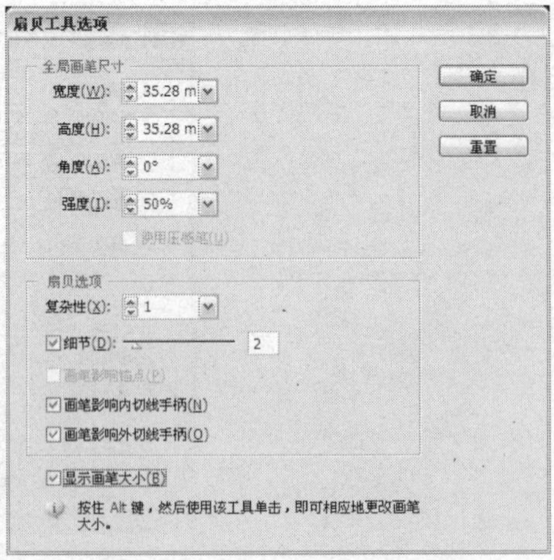

图 2-258

7．使用晶格化工具

选择“晶格化”工具，将鼠标指针放到对象中适当的位置，如图 2-259 所示，在对象上拖曳鼠标，如图 2-260 所示，就可以变形对象，效果如图 2-261 所示。

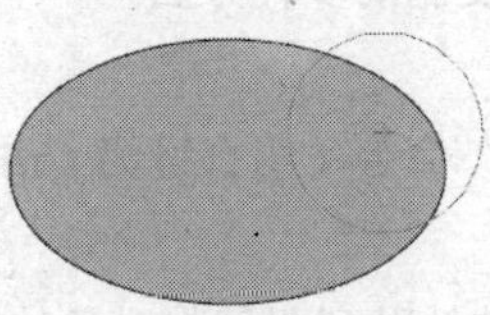
图 2-259

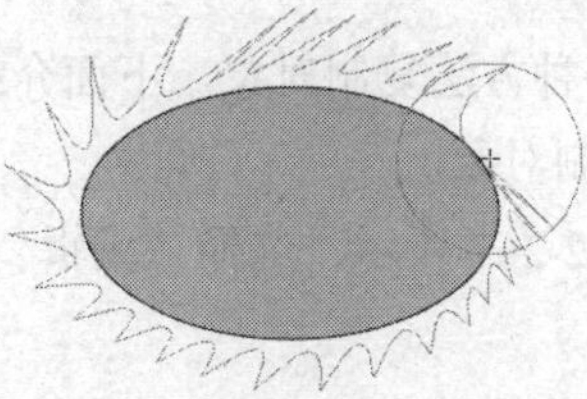
图 2-260

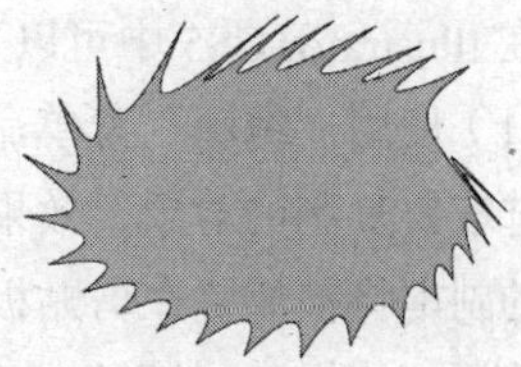
图 2-261

双击“晶格化”工具，弹出“晶格化工具选项”对话框，如图 2-262 所示。对话框中选项的功能与“扇贝工具选项”对话框中的选项功能相同。

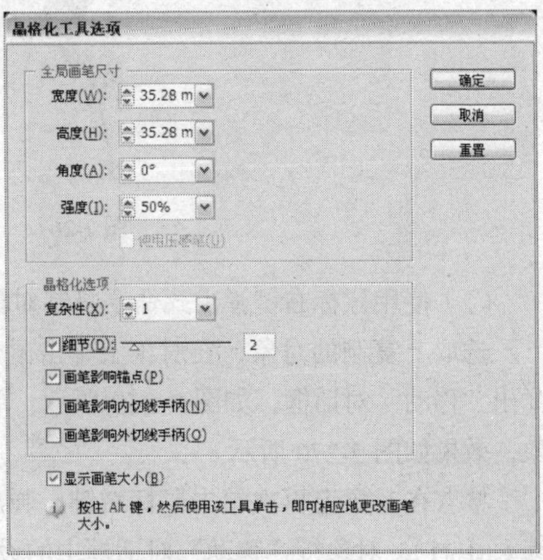

图 2-262

8．使用皱褶工具

选择“皱褶”工具，将鼠标指针放到对象中适当的位置，如图 2-263 所示，在对象上拖曳鼠标，如图 2-264 所示，就可以进行折皱变形操作，效果如图 2-265 所示。

双击“皱褶”工具，弹出“皱褶工具选项”对话框，如图 2-266 所示。在“皱褶选项”选项组中，“水平”选项可以控制变形的水平比例，“垂直”选项可以控制变形的垂直比例。对话框中其他选项的功能与“扇贝工具选项”对话框中的选项功能相同。

图 2-263

图 2-264

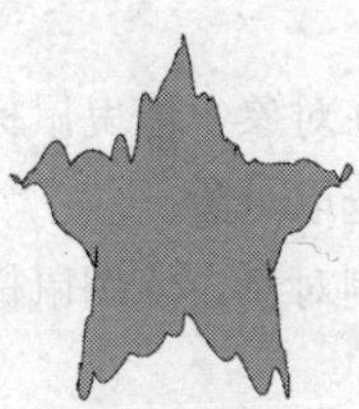
图 2-265

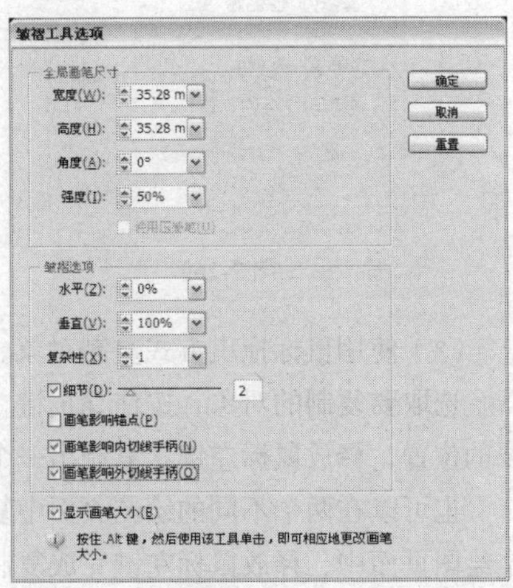

图 2-266

2.4.6 复制和删除对象

1．复制对象

在 Illustrator CS5 中可以采取多种方法复制对象。下面介绍对象复制的多种方法。

（1）使用“编辑”菜单命令复制对象。

选取要复制的对象，效果如图 2-267 所示，选择“编辑 > 复制”命令（组合键为 Ctrl+C），对象的副本将被放置在剪贴板中。

选择“编辑 > 粘贴”命令（组合键为 Ctrl+V），对象的副本将被粘贴到要复制对象的旁边，复制的效果如图 2-268 所示。

图 2-267

图 2-268

（2）使用鼠标右键弹出式命令复制对象。

选取要复制的对象，在对象上单击鼠标右键，弹出快捷菜单，选择“变换 > 移动”命令，弹出“移动”对话框，如图 2-269 所示，单击“复制”按钮，可以在选中的对象上面复制一个对象，效果如图 2-270 所示。

接着在对象上再次单击鼠标右键，弹出快捷菜单，选择“变换 > 再次变换”命令（组合键为 Ctrl+D），对象按“移动”对话框中的设置再次进行复制，效果如图 2-271 所示。

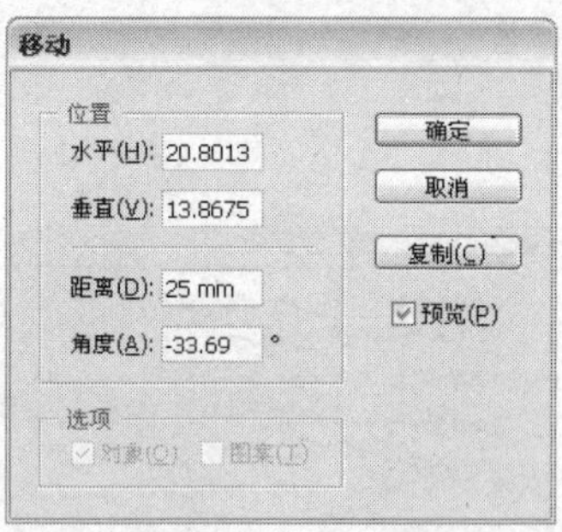

图 2-269

图 2-270

图 2-271

（3）使用鼠标拖曳方式复制对象。

选取要复制的对象，按住 Alt 键，在对象上拖曳鼠标，出现对象的蓝色虚线效果，移动到需要的位置，释放鼠标左键，复制出一个选取对象。

也可以在两个不同的绘图页面中复制对象，使用鼠标拖曳其中一个绘图页面中的对象到另一个绘图页面中，释放鼠标左键完成复制。

2．删除对象

在 Illustrator CS5 中，删除对象的方法很简单，下面，介绍删除不需要的对象的方法。

选中要删除的对象，选择“编辑 > 清除”命令（快捷键为 Delete），就可以将选中的对象删除。如果想删除多个或全部的对象，首先要选取这些对象，再执行“清除”命令。

2.4.7　撤销和恢复对对象的操作

在进行设计的过程中，可能会出现错误的操作，下面介绍撤销和恢复对对象的操作。

1．撤销对对象的操作

选择“编辑 > 还原”命令（组合键为 Ctrl+Z），可以还原上一次的操作。连续按组合键，可以连续还原原来操作的命令。

2．恢复对对象的操作

选择“编辑 > 重做”命令（组合键为 Shift+Ctrl+Z），可以恢复上一次的操作。如果连续按两次组合键，即恢复两步操作。

2.4.8　对象的剪切

选中要剪切的对象，选择“编辑 > 剪切”命令（组合键为 Ctrl+X），对象将从页面中删除并被放置在剪贴板中。

2.4.9　使用“路径查找器”控制面板编辑对象

在 Illustrator CS5 中编辑图形时，“路径查找器”控制面板是最常用的工具之一。它包含了一组功能强大的路径编辑命令。使用“路径查找器”控制面板可以将许多简单的路径经过特定的运算之后形成各种复杂的路径。

选择“窗口 > 路径查找器”命令（组合键为 Shift+Ctrl+F9），弹出“路径查找器”控制面板，如图 2-272 所示。

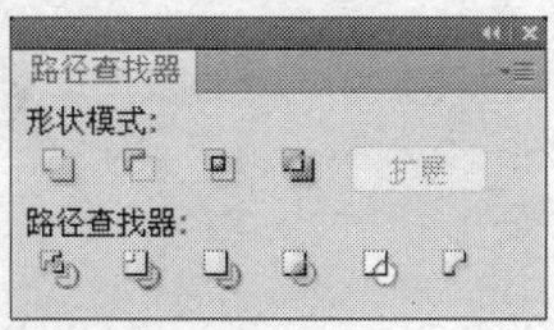

图 2-272

1．认识“路径查找器”控制面板的按钮

在“路径查找器”控制面板的“形状模式”选项组中有 5 个按钮，从左至右分别是“联集”按钮、“减去顶层”按钮、“交集”按钮、“差集”按钮和“扩展”按钮。前 4 个按钮可以通过不同的组合方式在多个图形间制作出对应的复合图形，而“扩展”按钮则可以把复合图形转变为复合路径。

在“路径查找器”选项组中有 6 个按钮，从左至右分别是“分割”按钮、“修边”按钮、“合并”按钮、“裁剪”按钮、“轮廓”按钮、“减去后方对象”按钮。这组按钮主要是把对象分解成各个独立的部分，或者删除对象中不需要的部分。

2．使用“路径查找器”控制面板

（1）联集按钮。

在绘图页面中绘制两个图形对象，如图 2-273 所示。选中两个对象，单击“联集”按钮，从而生成新的对象，新对象的填充和描边属性与位于顶部的对象的填充和描边属性相同，效果如图 2-274 所示。

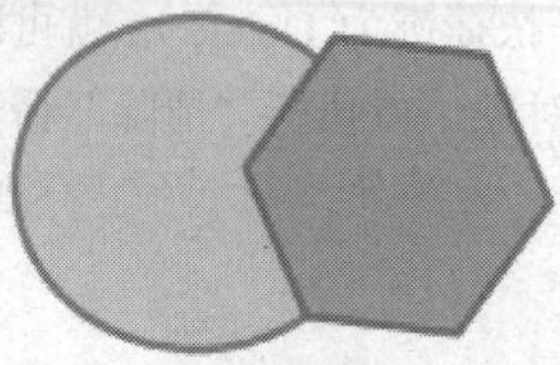

图 2-273

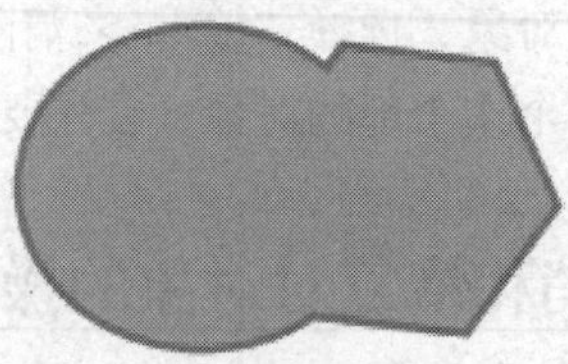

图 2-274

（2）减去顶层按钮 。

在绘图页面中绘制两个图形对象，如图 2-275 所示。选中这两个对象，单击“减去顶层”按钮 ，从而生成新的对象，减去顶层命令可以在最下层对象的基础上，将被上层的对象挡住的部分和上层的所有对象同时删除，只剩下最下层对象的剩余部分，效果如图 2-276 所示。

图 2-275

图 2-276

（3）交集按钮 。

在绘图页面中绘制两个图形对象，如图 2-277 所示。选中这两个对象，单击“交集”按钮 ，从而生成新的对象，交集命令可以将图形没有重叠的部分删除，而仅仅保留重叠部分。所生成的新对象的填充和描边属性与位于顶部的对象的填充和描边属性相同，效果如图 2-278 所示。

图 2-277

图 2-278

（4）差集按钮 。

在绘图页面中绘制两个图形对象，如图 2-279 所示。选中这两个对象，单击“差集”按钮 ，从而生成新的对象，差集命令可以删除对象间重叠的部分。所生成的新对象的填充和笔画属性与位于顶部的对象的填充和描边属性相同，效果如图 2-280 所示。

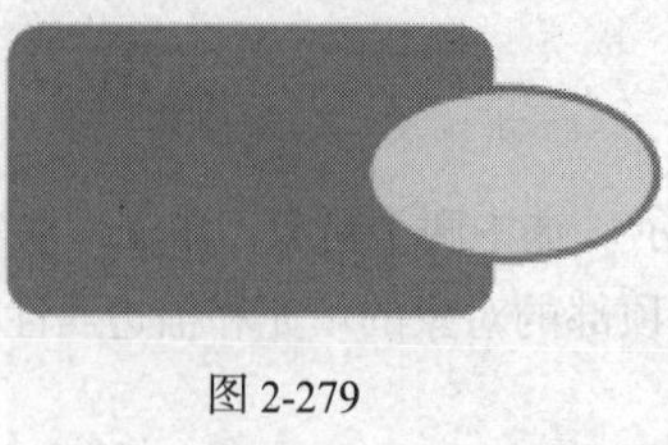

图 2-279

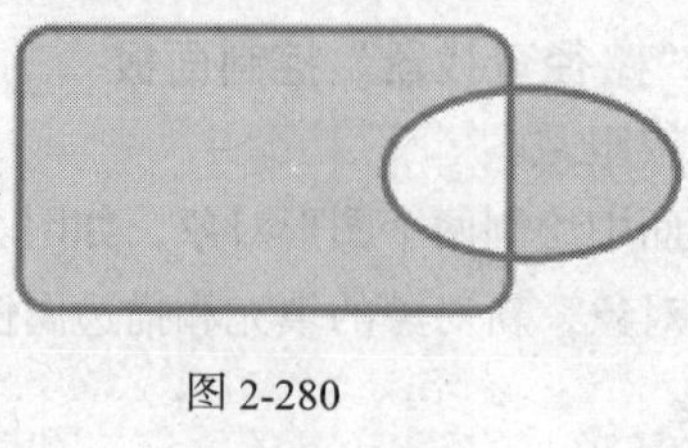

图 2-280

（5）分割按钮。

在绘图页面中绘制两个图形对象，如图 2-281 所示。选中这两个对象，单击“分割”按钮，从而生成新的对象，效果如图 2-282 所示，分割命令可以分离相互重叠的图形，而得到多个独立的对象。所生成的新对象的填充和笔画属性与位于顶部的对象的填充和描边属性相同。取消选取状态后的效果如图 2-283 所示。

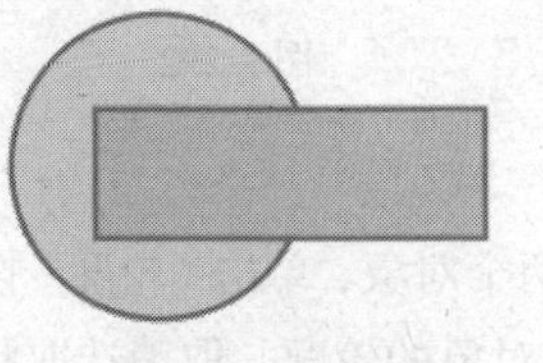
图 2-281

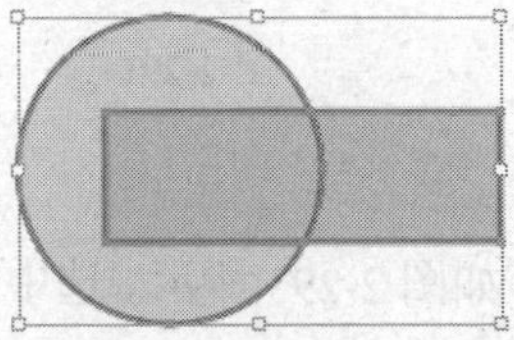
图 2-282

图 2-283

（6）修边按钮。

在绘图页面中绘制两个图形对象，如图 2-284 所示。选中这两个对象，单击“修边”按钮，从而生成新的对象，效果如图 2-285 所示，修边命令对于每个单独的对象而言，均被裁减分成包含有重叠区域的部分和重叠区域之外的部分，新生成的对象保持原来的填充属性。取消选取状态后的效果如图 2-286 所示。

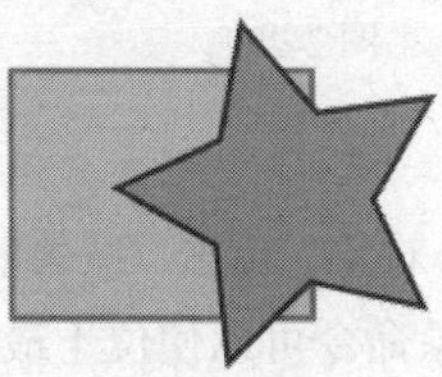
图 2-284

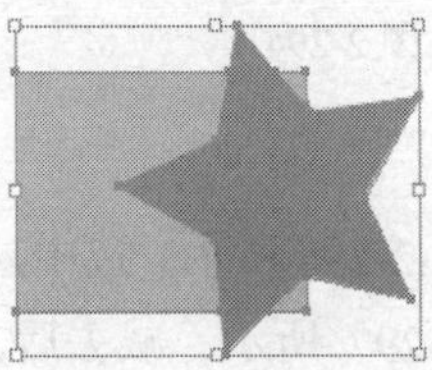
图 2-285

图 2-286

（7）合并按钮。

在绘图页面中绘制两个图形对象，如图 2-287 所示。选中这两个对象，单击“合并”按钮，从而生成新的对象，效果如图 2-288 所示。如果对象的填充和描边属性都相同，合并命令将把所有的对象组成一个整体后合为一个对象，但对象的描边色将变为没有；如果对象的填充和笔画属性都不相同，则合并命令就相当于“裁剪”按钮的功能。取消选取状态后的效果如图 2-289 所示。

图 2-287

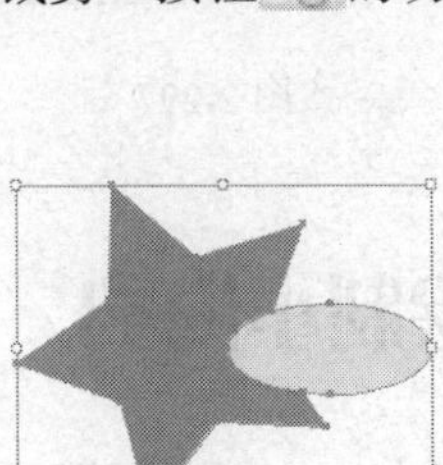
图 2-288

图 2-289

（8）裁剪按钮。

在绘图页面中绘制两个图形对象，如图 2-290 所示。选中这两个对象，单击“裁剪”按钮，从而生成新的对象，效果如图 2-291 所示。裁剪命令的工作原理和蒙版相似，对重叠的图形来说，修剪命令可以把所有放在最前面对象之外的图形部分修剪掉，同时最前面的对象本身将消失。取消选取状态后的效果如图 2-292 所示。

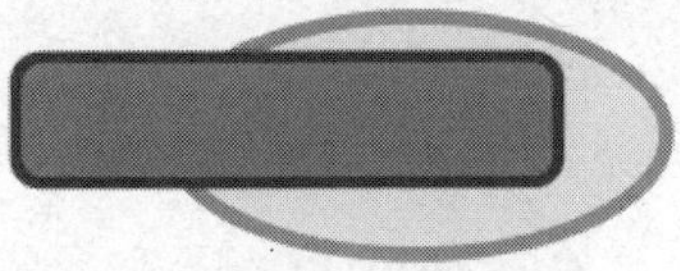

图 2-290

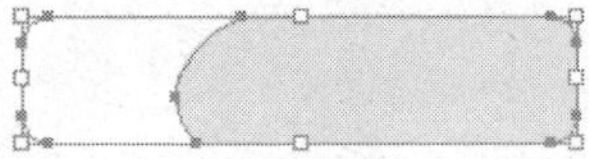

图 2-291

图 2-292

（9）轮廓按钮 。

在绘图页面中绘制两个图形对象，如图 2-293 所示。选中这两个对象，单击“轮廓”按钮 ，从而生成新的对象，效果如图 2-294 所示。轮廓命令勾勒出所有对象的轮廓。取消选取状态后的效果如图 2-295 所示。

图 2-293

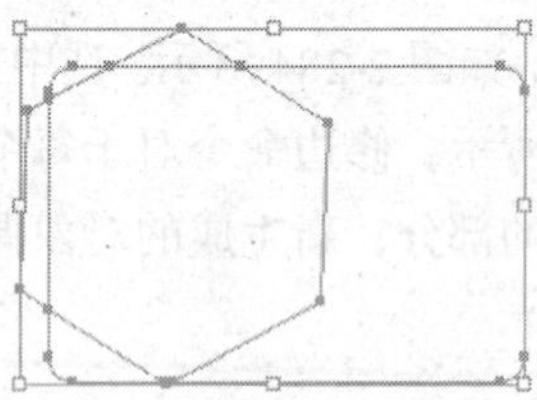

图 2-294

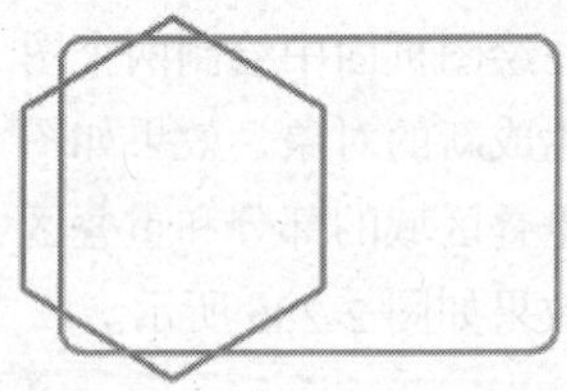

图 2-295

（10）减去后方对象按钮 。

在绘图页面中绘制两个图形对象，如图 2-296 所示。选中这两个对象，单击“减去后方对象”按钮 ，从而生成新的对象，效果如图 2-297 所示，减去后方对象命令可以使位于最底层的对象裁减去位于该对象之上的所有对象。取消选取状态后的效果如图 2-298 所示。

图 2-296

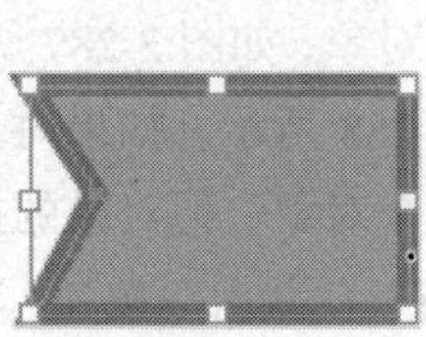

图 2-297

图 2-298

2.5 课堂练习——绘制小海豹

【练习知识要点】使用椭圆工具绘制小球。使用钢笔工具绘制小海豹。使用画笔面板添加装饰图形，如图 2-299 所示。

【效果所在位置】光盘/Ch02/效果/绘制小海豹.ai。

图 2-299

2.6 课后习题——制作请柬

【习题知识要点】使用矩形工具绘制请柬背景。使用钢笔工具、椭圆工具绘制山、枫叶、树。使用剪切蒙版命令添加蒙版效果。使用文字工具添加文字，如图 2-300 所示。

【效果所在位置】光盘/Ch02/效果/制作请柬.ai。

图 2-300

第3章 路径的绘制与编辑

本章将介绍 Illustrator CS5 中路径的相关知识以及钢笔工具的使用方法，介绍了运用各种方法进行路径的绘制和编辑。通过对本章的学习，读者可以运用强大的路径工具绘制出需要的自由曲线及图形。

课堂学习目标

- 认识路径和锚点
- 使用钢笔工具
- 编辑路径
- 使用路径命令

3.1 认识路径和锚点

路径是使用绘图工具创建的直线、曲线或几何形状对象，是组成所有线条和图形的基本元素。Illustrator CS5 提供了多种绘制路径的工具，如钢笔工具、画笔工具、铅笔工具、矩形工具、多边形工具等。路径可以由一个或多个路径组成，即由锚点连接起来的一条或多条线段组成。路径本身没有宽度和颜色，当对路径填加了描边后，路径才跟随描边的宽度和颜色具有了相应的属性。可以选择“图形样式”控制面板，为路径更改不同的样式。

3.1.1 路径

1. 路径的类型

为了满足绘图的需要，Illustrator CS5 中的路径又分为开放路径、闭合路径和复合路径 3 种类型。

开放路径的两个端点没有连接在一起，如图 3-1 所示。在对开放路径进行填充时，Illustrator CS5 会假定路径两端已经连接起来形成了闭合路径而对其进行填充。

闭合路径没有起点和终点，是一条连续的路径。可对其进行内部填充或描边填充，如图 3-2 所示。

复合路径是将几个开放或闭合路径进行组合而形成的路径，如图 3-3 所示。

图 3-1

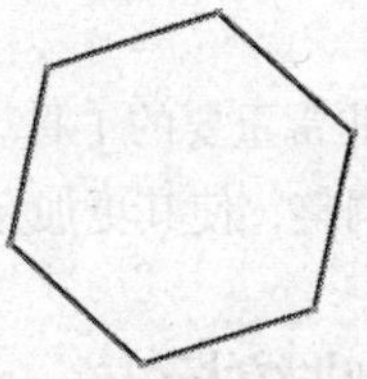
图 3-2

图 3-3

2. 路径的组成

路径由锚点和线段组成，可以通过调整路径上的锚点或线段来改变它的形状。在曲线路径上，每一个锚点有一条或两条控制线，在曲线中间的锚点有两条控制线，在曲线端点的锚点有一条控制线。控制线总是与曲线上锚点所在的圆相切，控制线呈现的角度和长度决定了曲线的形状。控制线的端点称为控制点，可以通过调整控制点来对整个曲线进行调整，如图 3-4 所示。

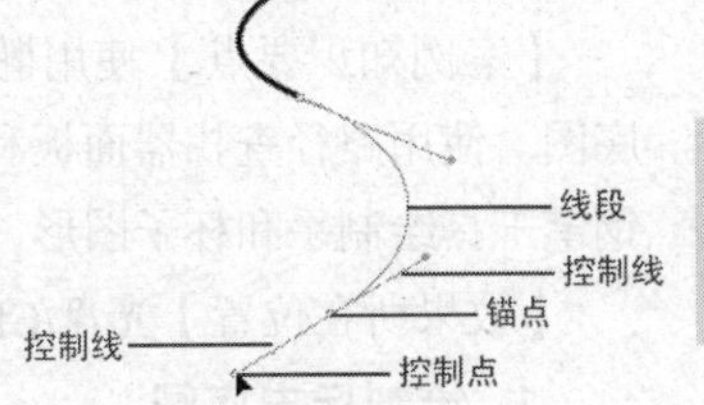

图 3-4

3.1.2 锚点

1. 锚点的基本概念

锚点是构成直线或曲线的基本元素。在路径上可任意添加和删除锚点。通过调整锚点可以调整路径的形状，也可以通过锚点的转换来进行直线与曲线之间的转换。

2．锚点的类型

Illustrator CS5 中的锚点分为平滑点和角点两种类型。

平滑点是两条平滑曲线连接处的锚点。平滑点可以使两条线段连接成一条平滑的曲线，平滑点使路径不会突然改变方向。每一个平滑点有两条相对应的控制线，如图 3-5 所示。

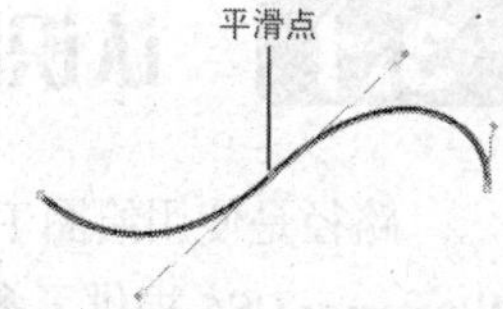

图 3-5

角点所处的地点，路径形状会急剧地改变。角点可分为 3 种类型。

直线角点：两条直线以一个很明显的角度形成的交点，这种锚点没有控制线，如图 3-6 所示。

曲线角点：两条方向各异的曲线相交的点，这种锚点有两条控制线，如图 3-7 所示。

复合角点：一条直线和一条曲线的交点，这种锚点有一条控制线，如图 3-8 所示。

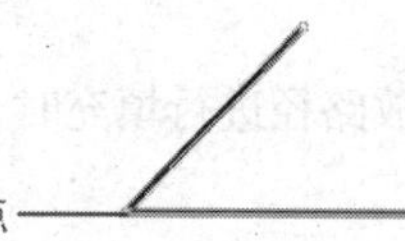

图 3-6

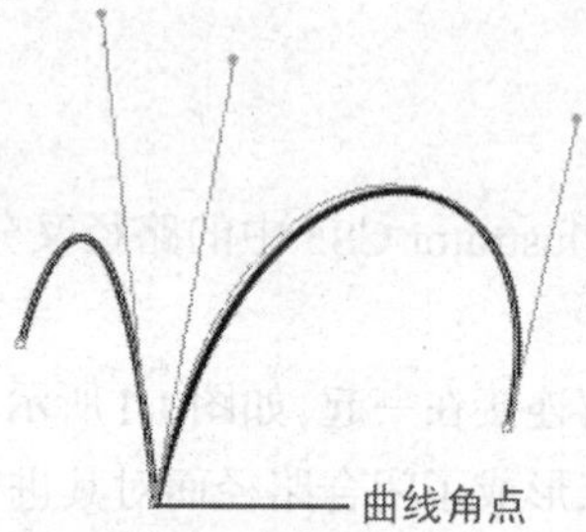

图 3-7

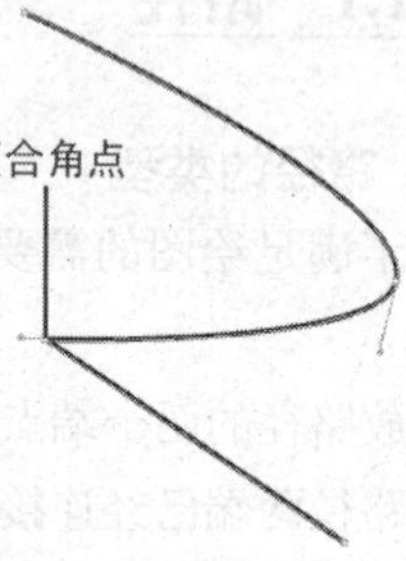

图 3-8

3.2 使用钢笔工具

Illustrator CS5 中的钢笔工具是一个非常重要的工具。使用钢笔工具可以绘制直线、曲线和任意形状的路径，可以对线段进行精确的调整，使其更加完美。

3.2.1 课堂案例——绘制咖啡馆标志

【案例学习目标】学习使用路径的绘制与编辑命令、路径查找器面板、复合路径命令和排序命令绘制咖啡馆标志。

【案例知识要点】使用椭圆工具和路径查找器命令绘制标志底图。使用路径查找器面板和复合路径命令绘制装饰图形。使用钢笔工具绘制手和杯子图形，咖啡馆标志效果如图 3-9 所示。

【效果所在位置】光盘/Ch03/效果/绘制咖啡馆标志.ai。

图 3-9

1．绘制标志底图

（1）按 Ctrl+N 组合键，新建一个文档，宽度为 297mm，高度为 210mm，颜色模式为 CMYK，单击“确定”按钮。

（2）选择“椭圆”工具，按住 Shift 键的同时，在页面中绘制一个圆形，如图 3-10 所示。设置图形填充色的 C、M、Y、K 值分别为 36、71、100、0，填充图形，并设置描边色为无，效果如图 3-11 所示。使用相同的方法在适当的位置再绘制一个圆形，设置其填充色的 C、M、Y、K 值分别为 0、80、15、0，填充图形，并设置描边色为无，效果如图 3-12 所示。

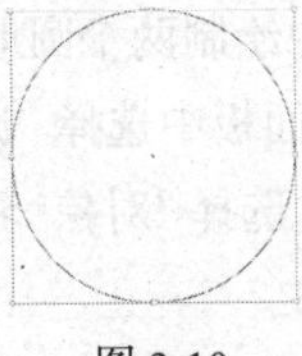

图 3-10

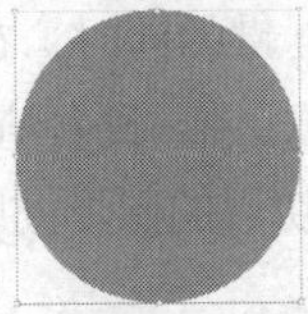

图 3-11

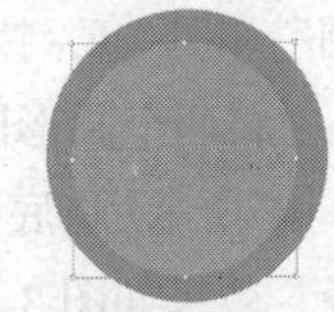

图 3-12

（3）选择“椭圆”工具，按住 Shift 键的同时，绘制两个圆形，如图 3-13 所示。选择“选择”工具，按住 Shift 键的同时，将两个圆形同时选取，如图 3-14 所示。选择“窗口 > 路径查找器”命令，弹出“路径查找器”面板，单击“减去顶层”按钮，如图 3-15 所示，剪切后的效果如图 3-16 所示。设置图形填充色的 C、M、Y、K 值分别为 3、54、88、0，填充图形，并设置描边色为无，效果如图 3-17 所示。

图 3-13

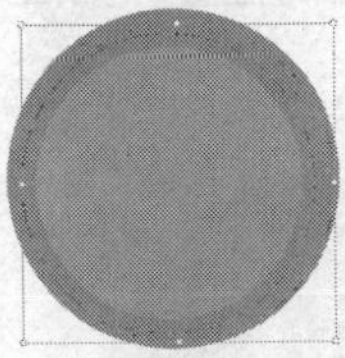

图 3-14

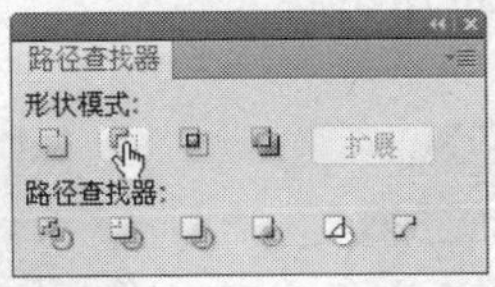

图 3-15

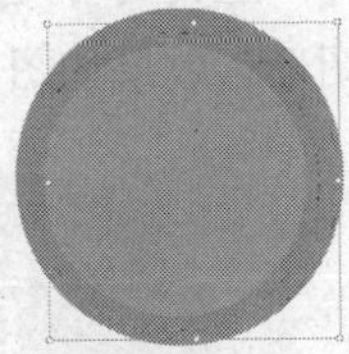

图 3-16

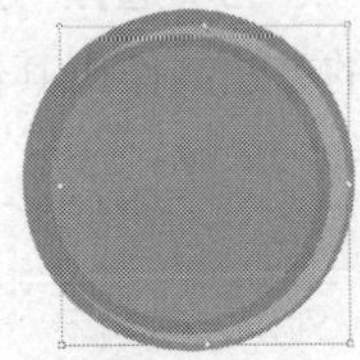

图 3-17

2. 绘制装饰图形

（1）选择“椭圆”工具，按住 Shift 键的同时，在页面中绘制一个圆形，设置图形填充色的 C、M、Y、K 值分别为 5、95、47、0，填充图形，并设置描边色为无，效果如图 3-18 所示。用相同的方法再绘制两个圆形，如图 3-19 所示。

（2）在“路径查找器”面板中单击“减去顶层”按钮，剪切后的效果如图 3-20 所示。选择“选择”工具，按住 Shift 键的同时，将底图和剪切后的图形同时选取，如图 3-21 所示。选择“对象 > 复合路径 > 建立”命令，建立复合路径，效果如图 3-22 所示。

图 3-18

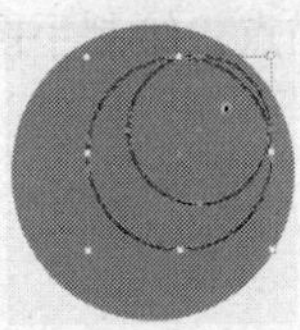

图 3-19

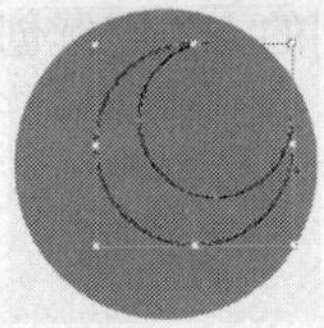

图 3-20

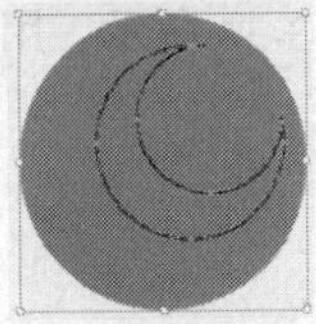

图 3-21

图 3-22

（3）选择“椭圆”工具，按住 Shift 键的同时，在页面中绘制两个圆形，如图 3-23 所示。选择“选择”工具，将两个圆形同时选取，在“路径查找器”面板中单击“联集”按钮，将两个图形合并成一个图形，如图 3-24 所示。设置图形填充色的 C、M、Y、K 值分别为 2、25、49、0，填充图形，并设置描边色为无，效果如图 3-25 所示。

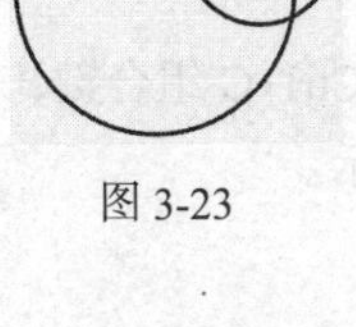

图 3-23

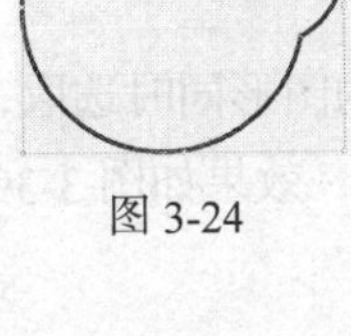

图 3-24

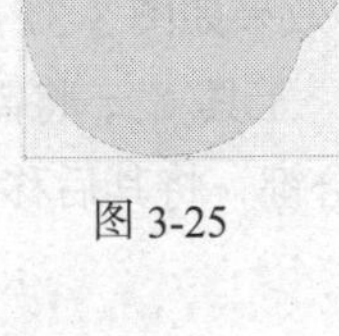

图 3-25

（4）选择“椭圆”工具，按住 Shift 键的同时，在页面中绘制两个圆形，如图 3-26 所示。选择“选择”工具，将两个圆形同时选取，在“路径查找器”面板中选择“减去顶层”按钮，剪切后的效果如图 3-27 所示。将底图和剪切后的图形同时选取，选择“对象 > 复合路径 > 建立”命令，建立复合路径，效果如图 3-28 所示。

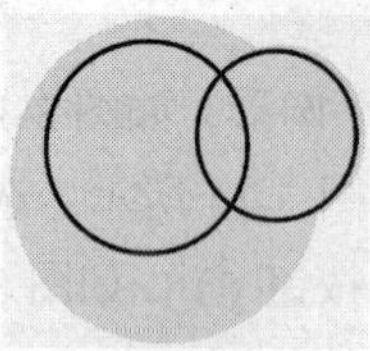
图 3-26

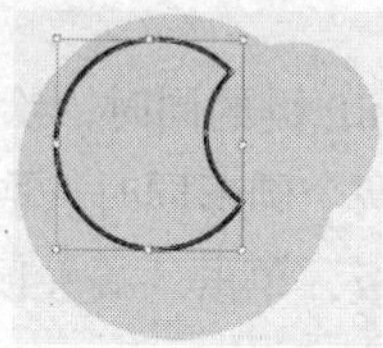
图 3-27

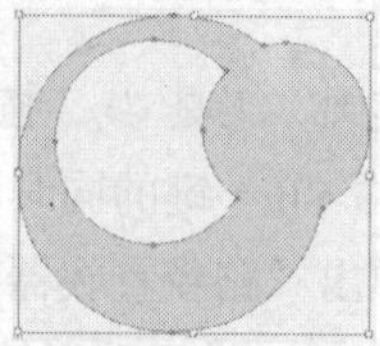
图 3-28

（5）选择“选择”工具，分别将制作的图形拖曳到适当的位置，如图 3-29 所示。用相同的方法制作出其他图形，效果如图 3-30 所示。

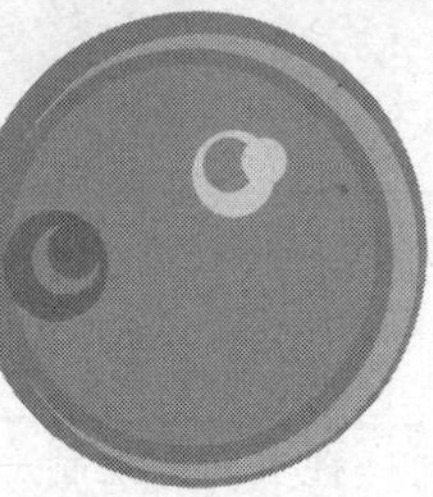
图 3-29

图 3-30

3. 绘制手和杯子图形

（1）选择“钢笔”工具，在页面中单击鼠标左键来确定曲线的起始锚点，如图 3-31 所示。向右下方拖曳鼠标创建第 2 个锚点，如图 3-32 所示；向右拖曳鼠标，出现控制线，线段的形状随之改变，效果如图 3-33 所示，松开鼠标。按住 Alt 键的同时，在第 2 个锚点上单击鼠标，删除锚点右侧的控制线，如图 3-34 所示。用相同的方法继续创建锚点，绘制手图形，如图 3-35 所示。

图 3-31

图 3-32

图 3-33

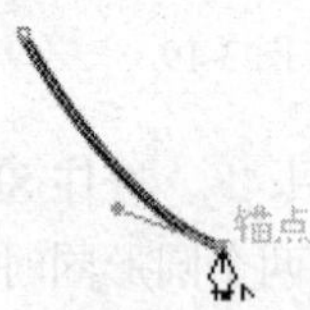

图 3-34

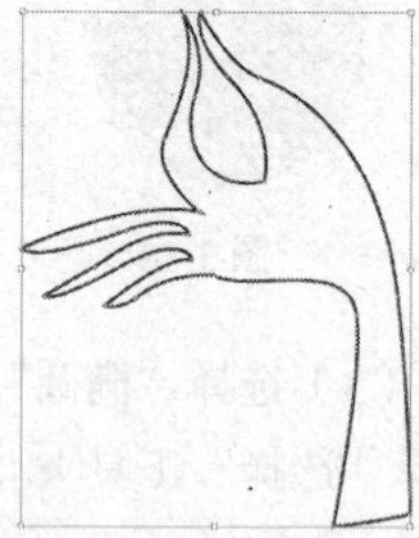
图 3-35

（2）选择“选择”工具，选取图形，设置图形填充色的 C、M、Y、K 值分别为 60、73、100、35，填充图形，并设置描边色为无，效果如图 3-36 所示。使用相同的方法绘制茶杯图形，并填充适当的颜色，效果如图 3-37 所示。

（3）选择“选择”工具，将需要的图形同时选取，按 Ctrl+G 组合键，将其编组，如图 3-38 所示。按 Ctrl+ [组合键，将其后移一层，效果如图 3-39 所示。

图 3-36

图 3-37

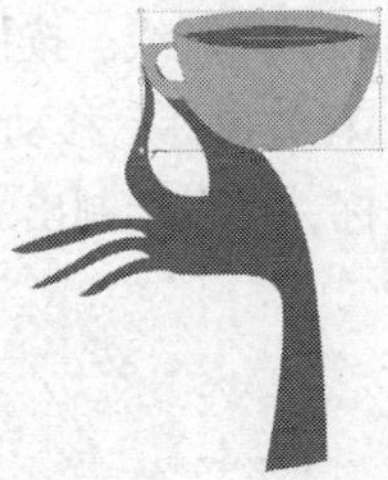

图 3-38

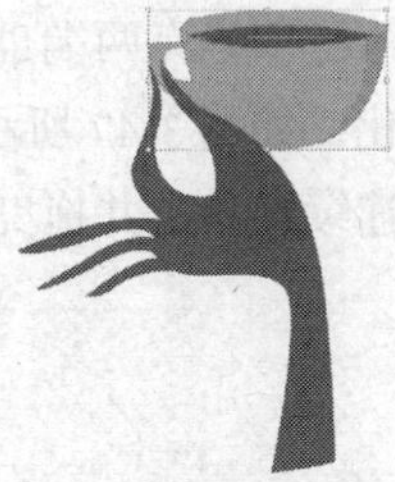

图 3-39

（4）选择“选择”工具，将需要的图形同时选取，拖曳到适当的位置，效果如图 3-40 所示。打开光盘中的“Ch03 > 素材 > 制作咖啡馆标志 > 01”文件，按 Ctrl+A 组合键，全选图形，复制并将其粘贴到正在编辑的页面中，效果如图 3-41 所示。咖啡馆标志绘制完成。

图 3-40

图 3-41

3.2.2 绘制直线

选择“钢笔”工具，在页面中单击鼠标确定直线的起点，如图 3-42 所示。移动鼠标到需要的位置，再次单击鼠标确定直线的终点，如图 3-43 所示。

在需要的位置再连续单击确定其他的锚点，就可以绘制出折线的效果，如图 3-44 所示。如果双击折线上的锚点，该锚点会被删除，折线的另外两个锚点将自动连接，如图 3-45 所示。

图 3-42

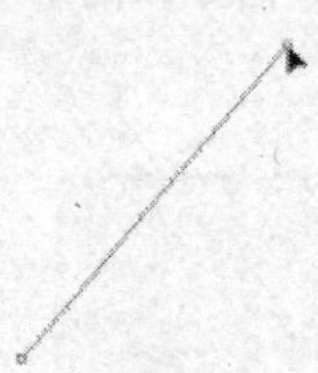

图 3-43

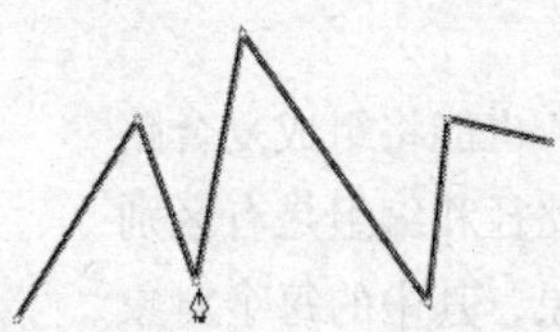

图 3-44

图 3-45

3.2.3 绘制曲线

选择“钢笔”工具。在页面中单击并按住鼠标左键拖曳鼠标来确定曲线的起点。起点的两端分别出现了一条控制线，释放鼠标，如图 3-46 所示。

移动鼠标到需要的位置，再次单击并按住鼠标左键拖曳鼠标，出现了一条曲线段。拖曳鼠标的同时，第 2 个锚点两端也出现了控制线。按住鼠标不放，随着鼠标的移动，曲线段的形状也随之发生变化，如图 3-47 所示。释放鼠标，移动鼠标继续绘制。

如果连续地单击并拖曳鼠标，可以绘制出一些连续平滑的曲线，如图 3-48 所示。

图 3-46

图 3-47

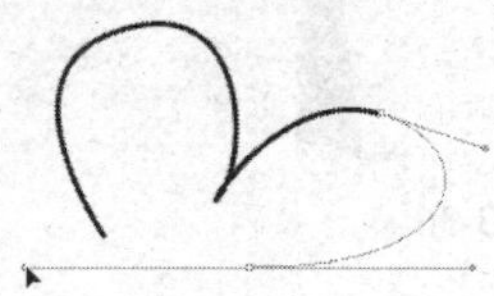
图 3-48

3.2.4 绘制复合路径

钢笔工具不但可以绘制单纯的直线或曲线，还可以绘制既包含直线又包含曲线的复合路径。

复合路径是指由两个或两个以上的开放或封闭路径所组成的路径。在复合路径中，路径间重叠在一起的公共区域被镂空，呈透明的状态，如图 3-49 和图 3-50 所示。

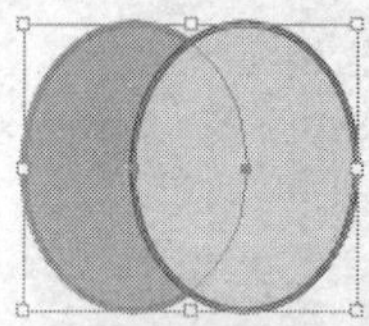
图 3-49

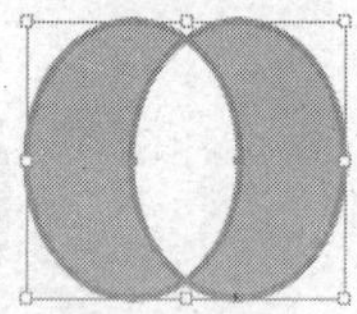
图 3-50

1. 制作复合路径

（1）使用命令制作复合路径。

绘制两个图形，并选中这两个图形对象，效果如图 3-51 所示。选择“对象 > 复合路径 > 建立”命令（组合键为 Ctrl+8），可以看到两个对象成为复合路径后的效果，如图 3-52 所示。

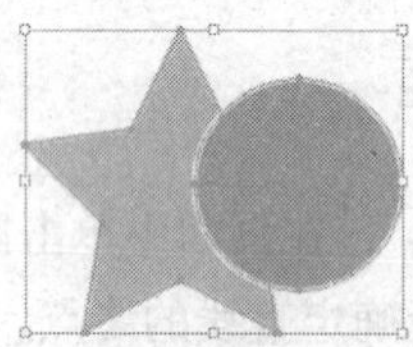
图 3-51

图 3-52

（2）使用弹出式菜单制作复合路径。

绘制两个图形，并选中这两个图形对象，用鼠标右键单击选中的对象，在弹出的菜单中选择“建立复合路径”命令，两个对象成为复合路径。

2. 复合路径与编组的区别。

虽然使用“编组选择”工具也能将组成复合路径的各个路径单独选中，但复合路径和编组是有区别的。编组是一组组合在一起的对象，其中的每个对象都是独立的，各个对象可以有不同的外观属性；而所有包含在复合路径中的路径都被认为是一条路径，整个复合路径中只能有一种填充和描边属性。复合路径与编组的差别如图 3-53 和图 3-54 所示。

图 3-53

图 3-54

3. 释放复合路径

（1）使用命令释放复合路径。

选中复合路径，选择“对象 > 复合路径 > 释放”命令（组合键为 Alt +Shift+Ctrl+8），可以释放复合路径。

（2）使用弹出式菜单制作复合路径。

选中复合路径，在绘图页面上单击鼠标右键，在弹出的菜单中选择“释放复合路径”命令，可以释放复合路径。

3.3 编辑路径

在 Illustrator CS5 的工具箱中包括了很多路径编辑工具，可以应用这些工具对路径进行变形、转换、剪切等编辑操作。

3.3.1 增加、删除、转换锚点

用鼠标按住“钢笔”工具 不放，将展开钢笔工具组，如图 3-55 所示。

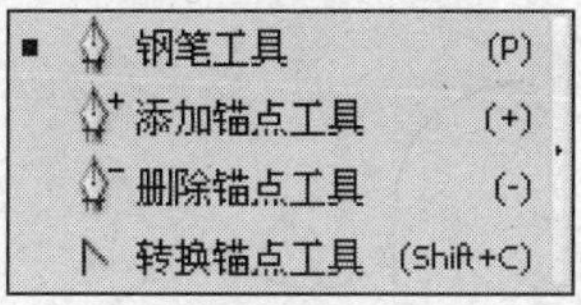

图 3-55

1. 添加锚点

绘制一段路径，如图 3-56 所示。选择“添加锚点”工具 ，在路径上面的任意位置单击，路径上就会增加一个新的锚点，如图 3-57 所示。

图 3-56

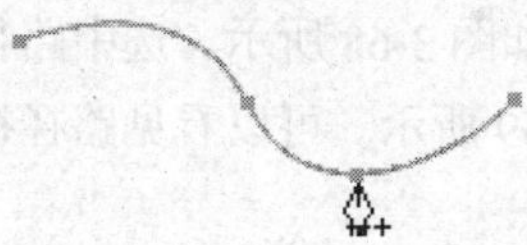

图 3-57

2. 删除锚点

绘制一段路径，如图 3-58 所示。选择“删除锚点”工具 ，在路径上面的任意一个锚点上单击，该锚点就会被删除，如图 3-59 所示。

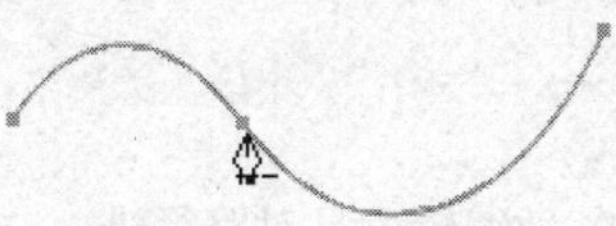

图 3-58

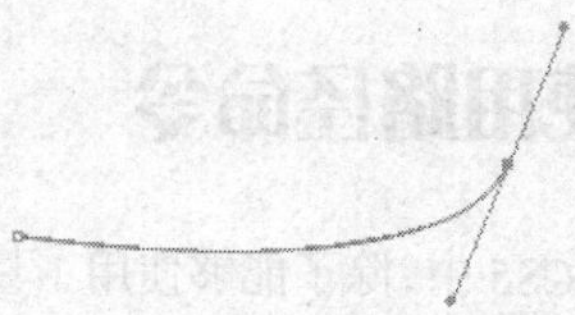

图 3-59

3. 转换锚点

绘制一段闭合的圆形路径，如图 3-60 所示。选择“转换锚点”工具 ，单击路径上的锚点，锚点就会被转换，如图 3-61 所示。拖曳锚点可以编辑路径的形状，效果如图 3-62 所示。

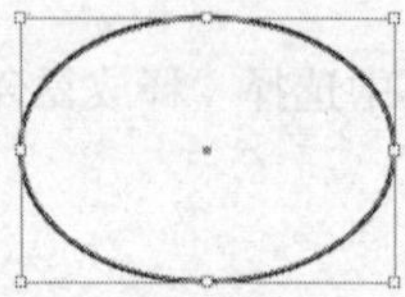
图 3-60

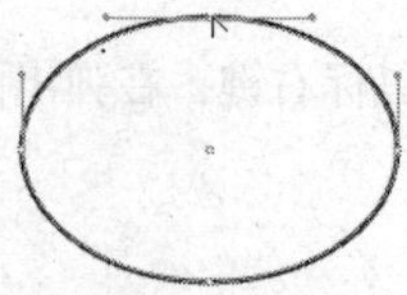
图 3-61

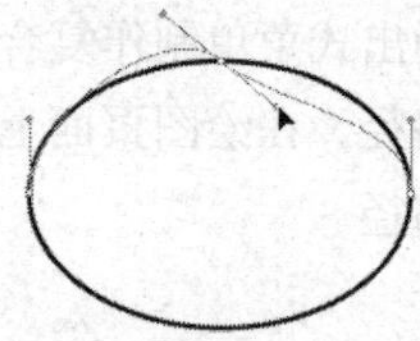
图 3-62

3.3.2 使用剪刀、美工刀工具

1. 剪刀工具

绘制一段路径，如图 3-63 所示。选择“剪刀”工具，单击路径上任意一点，路径就会从单击的地方被剪切为两条路径，如图 3-64 所示。按键盘上“方向”键中的“向下”键，移动剪切的锚点，即可看见剪切后的效果，如图 3-65 所示。

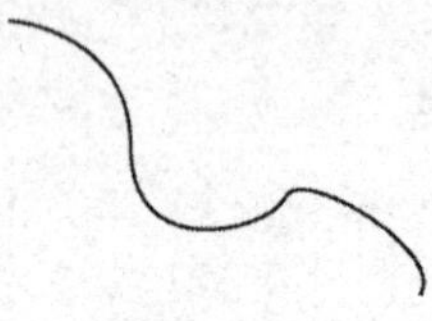
图 3-63

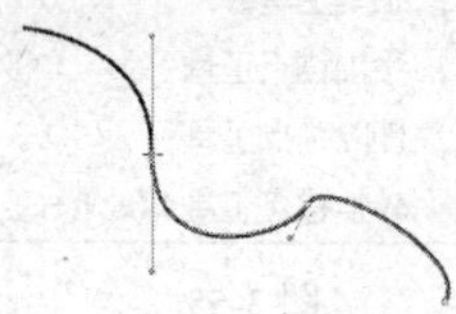
图 3-64

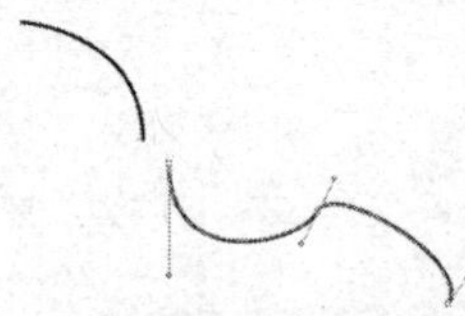
图 3-65

2. 美工刀工具

绘制一段闭合路径，如图 3-66 所示。选择“美工刀”工具，在需要的位置单击并按住鼠标左键从路径的上方至下方拖曳出一条线，如图 3-67 所示，释放鼠标左键，闭合路径被裁切为两个闭合路径，效果如图 3-68 所示。选中路径的右半部，按键盘上的“方向”键中的“向右”键，移动路径，如图 3-69 所示。可以看见路径被裁切为两部分，效果如图 3-70 所示。

图 3-66

图 3-67

图 3-68

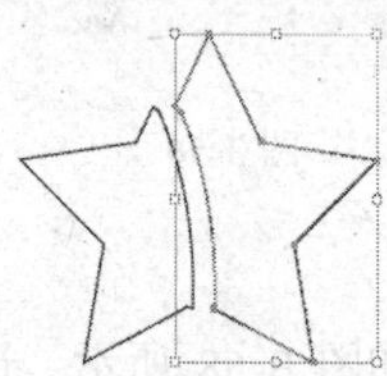
图 3-69

图 3-70

3.4 使用路径命令

在 Illustrator CS5 中，除了能够使用工具箱中的各种编辑工具对路径进行编辑，还可以应用路径菜单中的命令对路径进行编辑。选择“对象 > 路径”子菜单，其中包括 10 个编辑命令：“连接”命令、“平均”命令、“轮廓化描边”命令、“偏移路径”命令、“简化”命令、“添加锚点”命令、“移去锚点”、“分割下方对象”命令、“分割为网格”命令、“清理”命令，如图 3-71 所示。

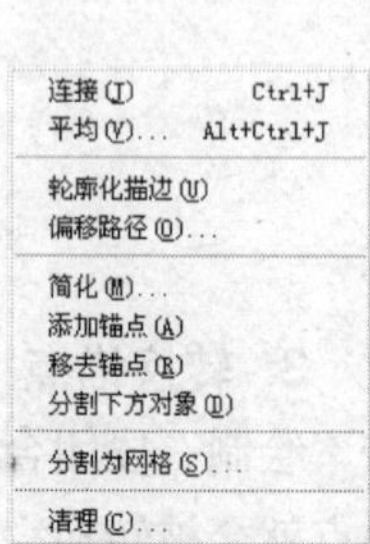

图 3-71

3.4.1　课堂案例——绘制家居标识

【案例学习目标】学习使用绘制路径和偏移路径命令绘制家居标识。

【案例知识要点】使用文字工具输入文字，使用创建轮廓命令将文字转换为轮廓路径，使用偏移路径命令创建外部路径，使用渐变工具填充文字，如图 3-72 所示。

【效果所在位置】光盘/Ch03/效果/绘制家居标识.ai。

图 3-72

1. 绘制标识图形

（1）选择"椭圆"工具，按住 Shift 键的同时，在页面中绘制一个圆形，如图 3-73 所示。设置图形填充色的 C、M、Y、K 值分别为 54、0、95、0，填充图形，并设置描边色为无，效果如图 3-74 所示。

（2）按 Ctrl+C 组合键，复制圆形，按 Ctrl+F 组合键，将复制的图形粘贴在前面。选择"选择"工具，按住 Alt+Shift 组合键的同时，拖曳右上角的控制手柄，等比例缩小图形，如图 3-75 所示。设置图形填充色的 C、M、Y、K 值分别为 29、0、69、0，填充图形，效果如图 3-76 所示。

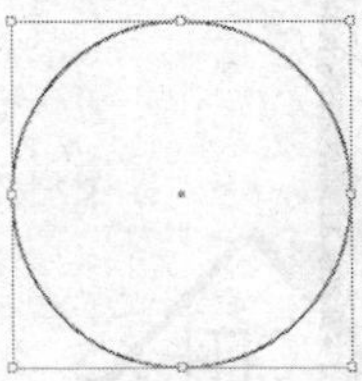

图 3-73

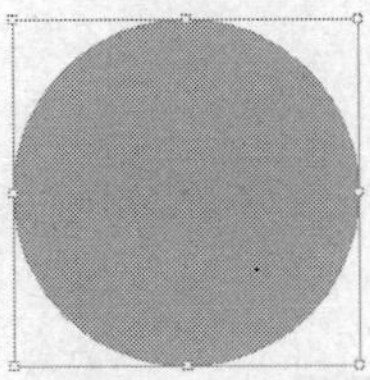

图 3-74

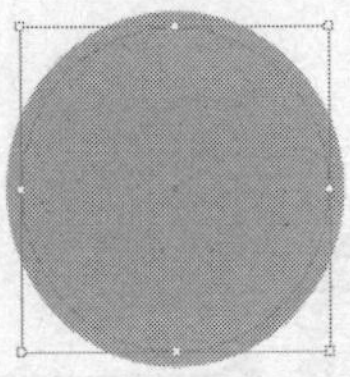

图 3-75

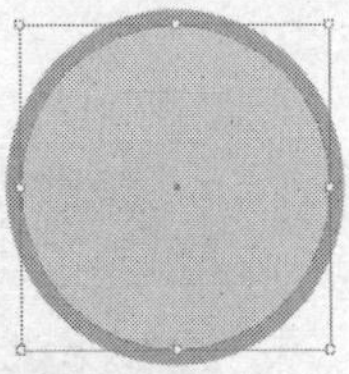

图 3-76

（3）选择"星形"工具，在页面中单击，弹出"星形"对话框，选项的设置如图 3-77 所示，单击"确定"按钮，在页面中显示星形。选择"选择"工具，将其拖曳到适当的位置，设置图形填充色的 C、M、Y、K 值分别为 0、0、100、0，填充图形，并设置描边色为无，效果如图 3-78 所示。按 Ctrl+Shift+ [组合键，将其置于底层，效果如图 3-79 所示。

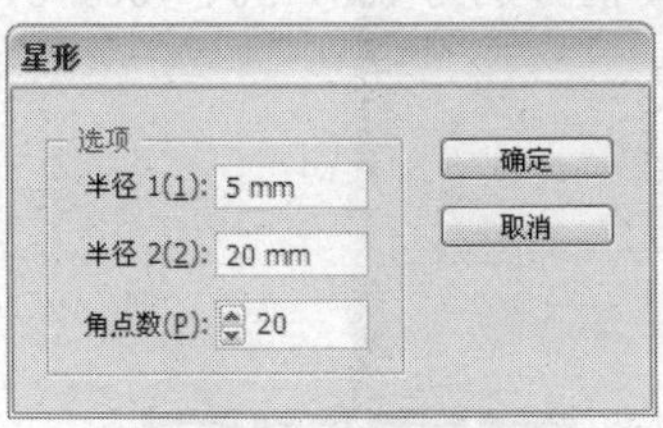

图 3-77

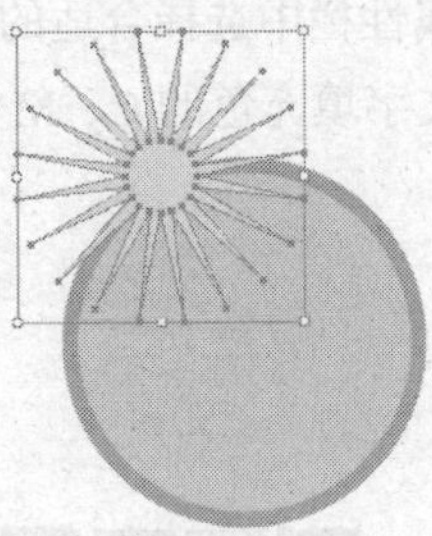

图 3-78

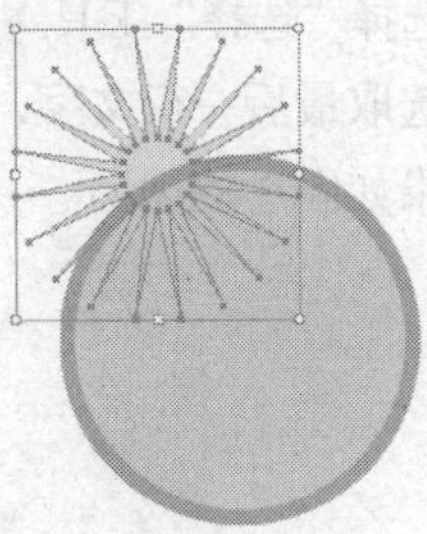

图 3-79

（4）选择"钢笔"工具，绘制一个图形，如图 3-80 所示。用相同的方法在上面再绘制一个图形，如图 3-81 所示。设置图形填充色的 C、M、Y、K 值分别为 100、50、100、0，填充图形，并设置描边色为无，效果如图 3-82 所示。用相同的方法绘制出其他图形，并填充相同的颜色，效果如图 3-83 所示。

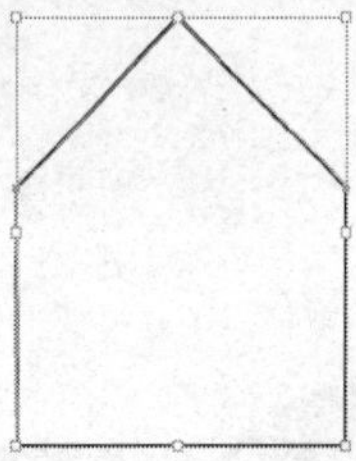

图 3-80

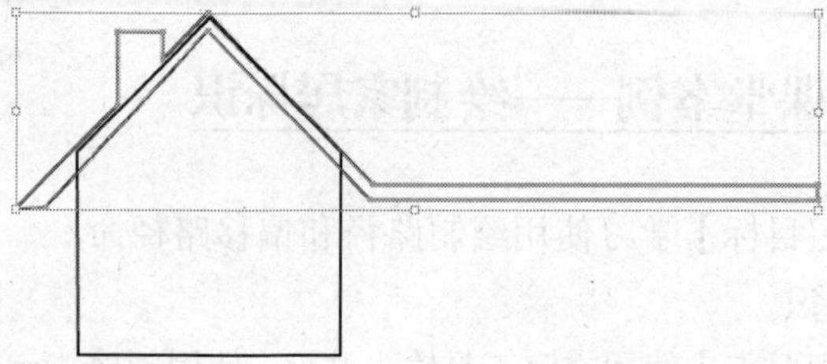

图 3-81

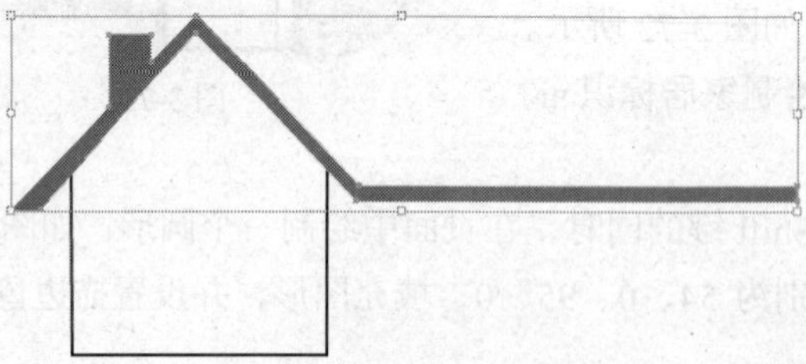

图 3-82

图 3-83

（5）选择“选择”工具，将绘制的图形同时选取，拖曳到适当的位置，如图 3-84 所示。将需要的图形选取，填充为白色，并设置描边色为无，效果如图 3-85 所示。

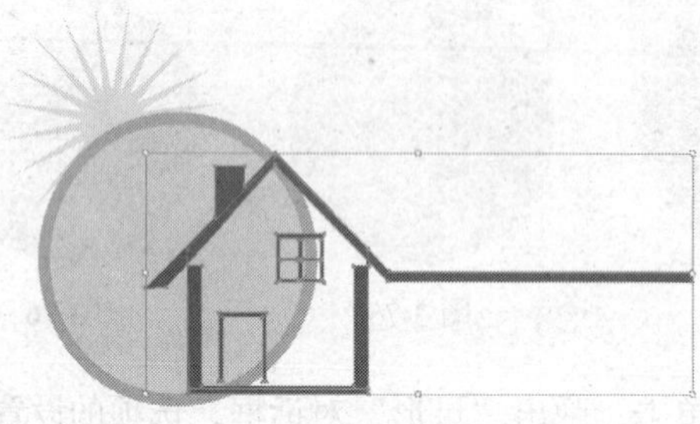

图 3-84

图 3-85

2. 添加标识文字

（1）选择“文字”工具，分别在页面中适当的位置单击鼠标，插入光标，分别输入需要的文字。选择“选择”工具，在属性栏中选择合适的字体并设置适当的文字大小，效果如图 3-86 所示。选取最后一行文字，设置文字填充色的 C、M、Y、K 值分别为 100、50、100、0，填充文字，效果如图 3-87 所示。

图 3-86

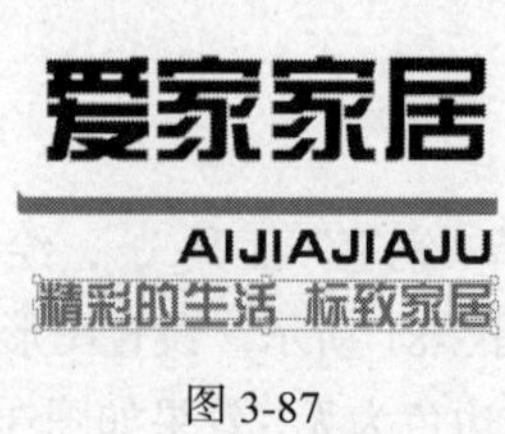

图 3-87

（2）选择“选择”工具，选中最上方的文字，选择“文字 > 创建轮廓”命令，将文字转换为轮廓路径，效果如图 3-88 所示。选择“对象 > 路径 > 偏移路径”命令，在弹出的“位移路径”对话框中进行设置，如图 3-89 所示，单击“确定”按钮，效果如图 3-90 所示。

图 3-88

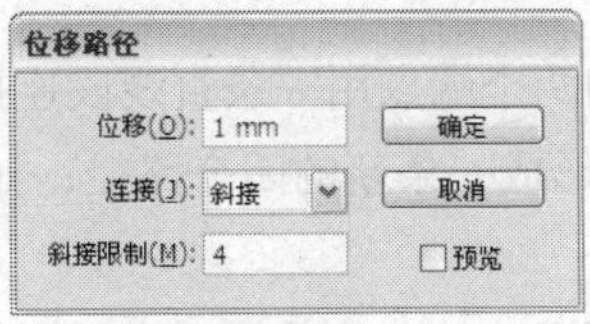

图 3-89

图 3-90

（3）保持文字的选取状态，设置填充色的 C、M、Y、K 值分别为 48、3、90、0，填充图形，设置描边色的 C、M、Y、K 值分别为 100、50、100、0，填充描边，效果如图 3-91 所示。单击黑色的文字，将其选取，选择“对象 > 取消编组”命令，取消文字的编组状态，如图 3-92 所示。

图 3-91

图 3-92

（4）选择“选择”工具，按住 Shift 键的同时，将黑色的文字同时选取，如图 3-93 所示。双击“渐变”工具，弹出“渐变”控制面板，将渐变色设为从黄色（其 C、M、Y、K 的值分别为 0、0、100、0）到浅绿色（其 C、M、Y、K 的值分别为 48、3、90、0），其他选项的设置如图 3-94 所示，文字被填充为渐变色，效果如图 3-95 所示。设置描边色的 C、M、Y、K 值分别为 100、50、100、0，填充描边，效果如图 3-96 所示。家居标识绘制完成，效果如图 3-97 所示。

图 3-93

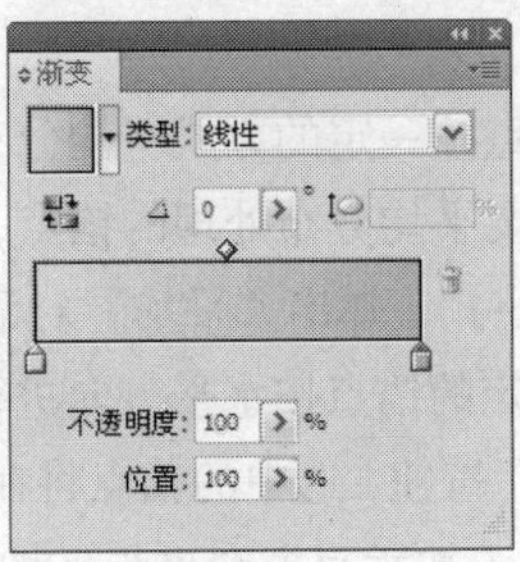

图 3-94

图 3-95

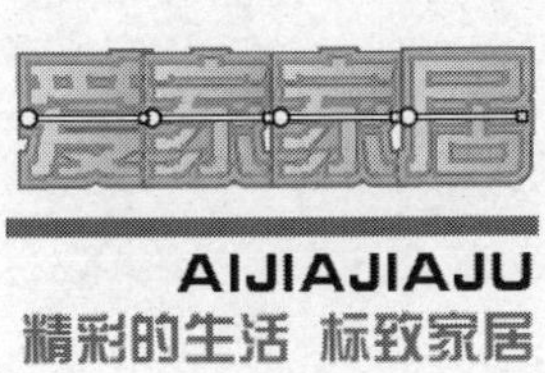

图 3-96

图 3-97

3.4.2 使用“连接”命令

“连接”命令可以将开放路径的两个端点用一条直线段连接起来，从而形成新的路径。如果连接的两个端点在同一条路径上，将形成一条新的闭合路径；如果连接的两个端点在不同的开放路径上，将形成一条新的开放路径。

选择“直接选择”工具，用圈选的方法选择要进行连接的两个端点，如图 3-98 所示。选择“对象 > 路径 > 连接”命令（组合键为 Ctrl+J），两个端点之间出现一条直线段，把开放路径连接起来，效果如图 3-99 所示。

图 3-98

图 3-99

提示 如果在两条路径间进行连接，这两条路径必须属于同一个组。文本路径中的终止点不能连接。

3.4.3 使用“平均”命令

“平均”命令可以将路径上的所有点按一定的方式平均分布，应用该命令可以制作对称的图案。

选择“直接选择”工具，选择要平均分布处理的锚点，如图 3-100 所示，选择“对象 > 路径 > 平均”命令（组合键为 Ctrl+Alt+J），弹出“平均”对话框，对话框中包括 3 个选项，如图 3-101 所示。“水平”单选项可以将选定的锚点按水平方向进行平均分布处理，在“平均”对话框中，选择“水平”单选项，单击“确定”按钮，选中的锚点将在水平方向进行对齐，效果如图 3-102 所示；“垂直”单选项可以将选定的锚点按垂直方向进行平均分布处理，图 3-103 所示为选择“垂直”单选项，单击“确定”按钮后，选中的锚点的效果；“两者兼有”单选项可以将选定的锚点按水平和垂直两种方向进行平均分布处理，图 3-104 所示为选择“两者兼有”单选项，单击“确定”按钮后，选中的锚点的效果。

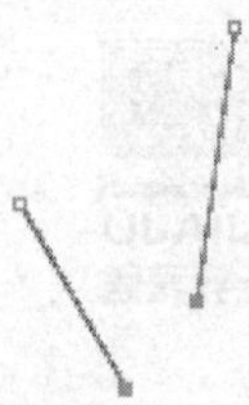
图 3-100

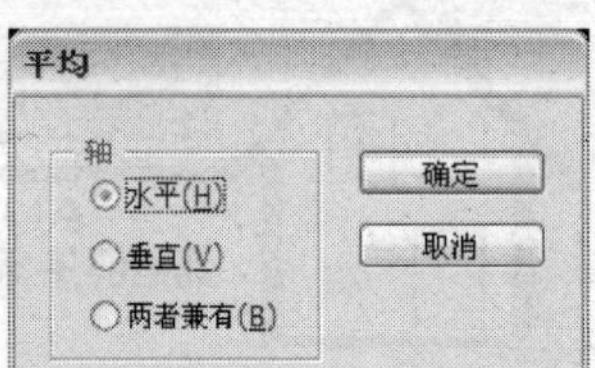

图 3-101

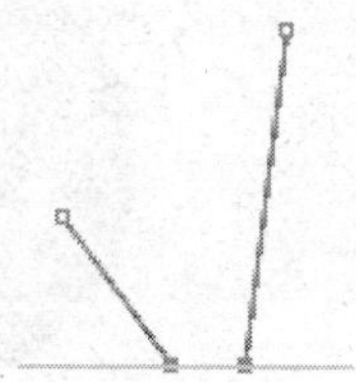
图 3-102

图 3-103

图 3-104

3.4.4　使用“轮廓化描边”命令

“轮廓化描边”命令可以在已有描边的两侧创建新的路径。可以理解为新路径由两条路径组成，这两条路径分别是原来对象描边两侧的边缘。不论对开放路径还是对闭合路径，使用“轮廓化描边”命令，得到的将是闭合路径。在 Illustrator CS5 中，渐变命令不能应用在对象的描边上，但应用“轮廓化描边”命令制作出新图形后，渐变命令就可以应用在原来的对象描边上。

使用“铅笔工具” 绘制出一条路径，选中路径对象，如图 3-105 所示。选择“对象 > 路径 >轮廓化描边”命令，创建对象的描边轮廓，效果如图 3-106 所示。应用渐变命令为描边轮廓填充渐变色，效果如图 3-107 所示。

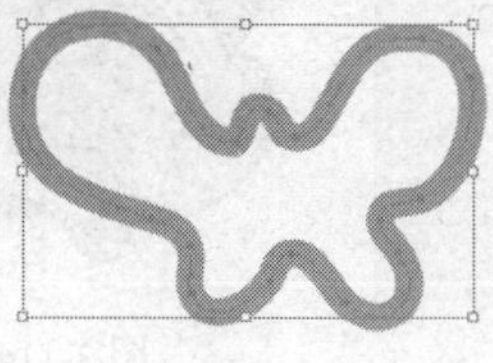
图 3-105

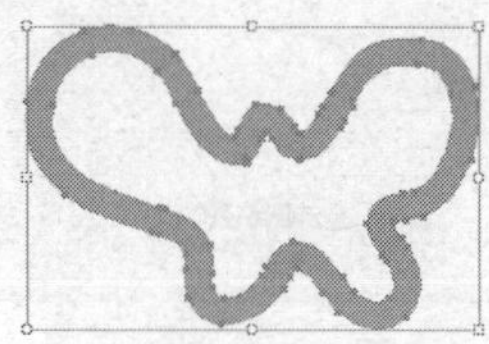
图 3-106

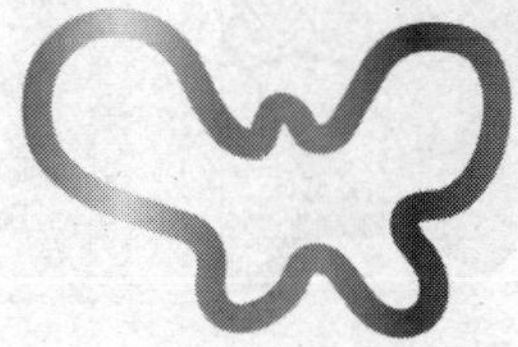
图 3-107

3.4.5　使用“偏移路径”命令

“偏移路径”命令可以围绕着已有路径的外部或内部勾画一条新的路径，新路径与原路径之间偏移的距离可以按需要设置。

选中要偏移的对象，如图 3-108 所示。选择“对象 > 路径 > 偏移路径”命令，弹出“位移路径”对话框，如图 3-109 所示。“位移”选项用来设置偏移的距离，设置的数值为正，新路径在原始路径的外部；设置的数值为负，新路径在原始路径的内部。“连接”选项可以设置新路径拐角上不同的连接方式。“斜接限制”选项会影响到连接区域的大小。

设置“位移”选项中的数值为正时，偏移效果如图 3-110 所示。设置“位移”选项中的数值为负时，偏移效果如图 3-111 所示。

图 3-108

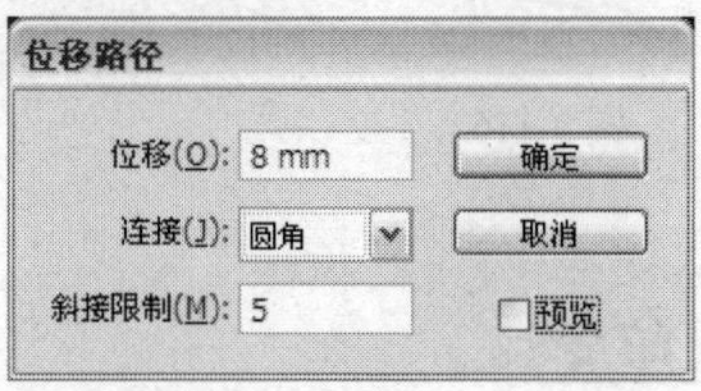

图 3-109

图 3-110

图 3-111

3.4.6　使用“简化”命令

“简化”命令可以在尽量不改变图形原始形状的基础上删去多余的锚点来简化路径，为修改和编辑路径提供了方便。

导入一幅EPS格式的图像。选中这幅图像，可以看见图像上存在着大量的锚点，效果如图3-112所示。

选择“对象 > 路径 > 简化”命令，弹出“简化”对话框，如图3-113所示。在对话框中，“曲线精度”选项可以设置路径简化的精度。“角度阈值”选项用来处理尖锐的角点。勾选“直线”复选项，将在每对锚点间绘制一条直线。勾选“显示原路径”复选项，在预览简化后的效果时，将显示出原始路径以作对比。单击“确定”按钮，进行简化后的路径与原始图像相比，外观更加平滑，路径上的锚点数目也减少了，效果如图3-114所示。

图 3-112

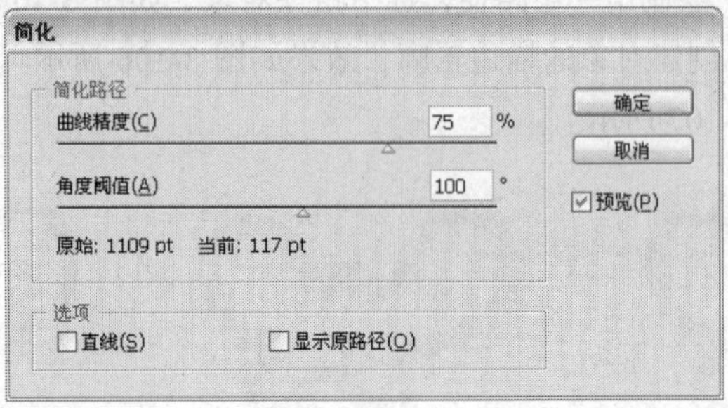

图 3-113

图 3-114

3.4.7 使用“添加锚点”命令

“添加锚点”命令可以给选定的路径增加锚点，执行一次该命令可以在两个相邻的锚点中间添加一个锚点。重复该命令，可以添加上更多的锚点。

选中要添加锚点的对象，如图3-115所示。选择“对象 > 路径 > 添加锚点”命令，添加锚点后的效果如图3-116所示。重复多次“添加锚点”命令，得到的效果如图3-117所示。

图 3-115

图 3-116

图 3-117

3.4.8 使用“分割下方对象”命令

“分割下方对象”命令可以使用已有的路径切割位于它下方的封闭路径。

（1）用开放路径分割对象。

选择一个对象作为被切割对象，如图3-118所示。制作一个开放路径作为切割对象，将其放在被切割对象之上，如图3-119所示。选择“对象 > 路径 > 分割下方对象”命令，切割后，移动对象得到新的切割后的对象，效果如图3-120所示。

图 3-118

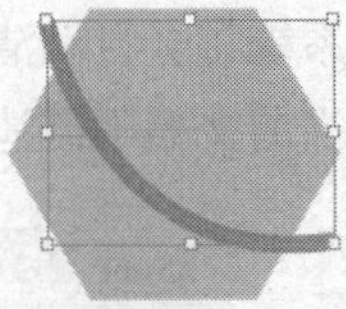

图 3-119

图 3-120

（2）用闭合路径分割对象。

选择一个对象作为被切割对象，如图 3-121 所示。制作一个闭合路径作为切割对象，将其放在被切割对象之上，如图 3-122 所示。选择“对象 > 路径 > 分割下方对象”命令。切割后，移动对象得到新的切割后的对象，效果如图 3-123 所示。

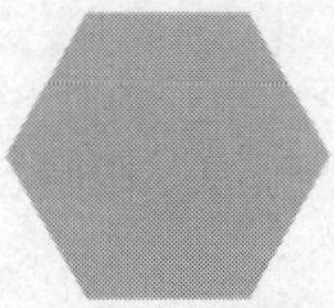

图 3-121

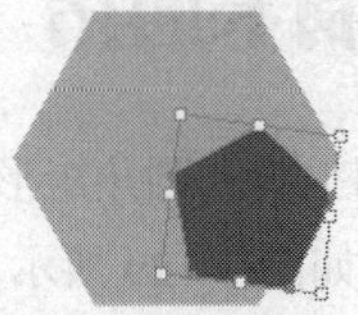

图 3-122

图 3-123

3.4.9　使用“分割为网格”命令

选择一个对象，如图 3-124 所示。选择“对象 > 路径 > 分割为网格”命令，弹出“分割为网格”对话框，如图 3-125 所示。在对话的“行”选项组中，“数量”选项可以设置对象的行数；“列”选项组中，“数量”选项可以设置对象的列数。单击“确定”按钮，效果如图 3-126 所示。

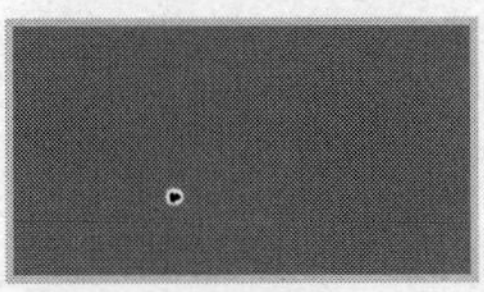

图 3-124

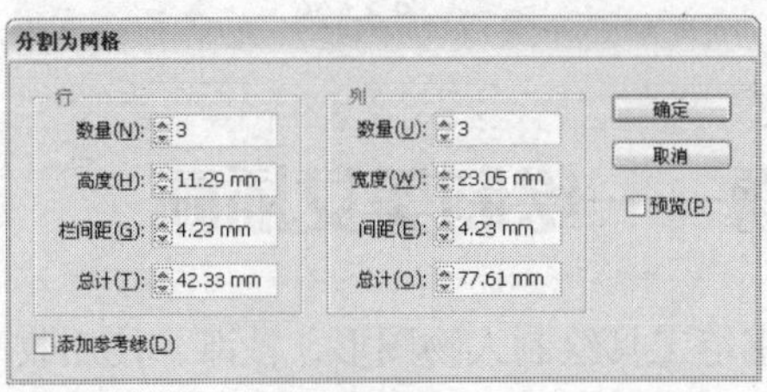

图 3-125

图 3-126

3.4.10　使用“清理”命令

“清理”命令可以为当前的文档删除 3 种多余的对象：游离点、未上色对象和空文本路径。

选择“对象 > 路径 > 清理”命令，弹出“清理”对话框，如图 3-127 所示。在对话框中，勾选“游离点”复选项，可以删除所有的游离点。游离点是一些可以有路径属性但不能打印的点，使用钢笔工具有时会导致游离点的产生。勾选“未上色对象”复选项，可以删除所有没有填充色和笔画色的对象，但不能删除蒙版对象。勾选“空文本路径”复选项，可以删除所有没有字符的文本路径。

设置完成后，单击“确定”按钮。系统将会自动清理当前文档。如果文档中没有上述类型的对象，就会弹出一个提示对话框，提示当前文档不需清理，如图 3-128 所示。

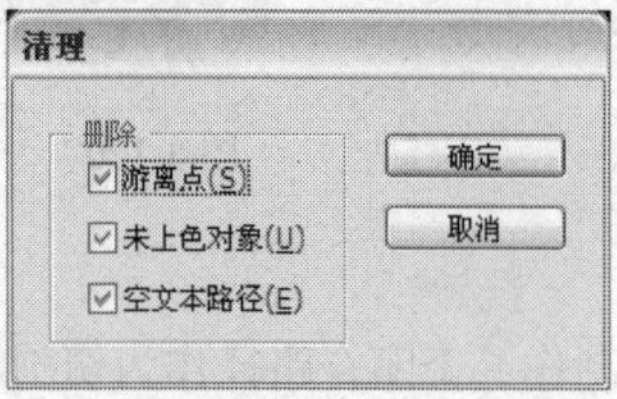

图 3-127

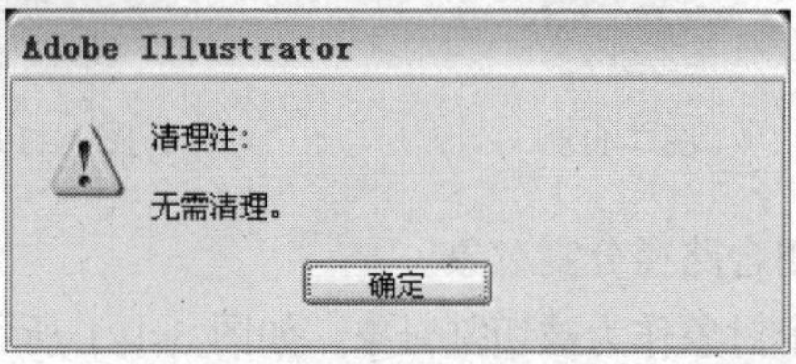

图 3-128

3.5 课堂练习——绘制卡通猪

【练习知识要点】使用钢笔工具、椭圆工具和圆角矩形工具绘制帽子、头、眼睛、耳朵、鼻子、腿图形，使用画笔面板为图形添加描边，如图 3-129 所示。

【效果所在位置】光盘/Ch03/效果/绘制卡通猪.ai。

图 3-129

3.6 课后习题——绘制美女插画

【习题知识要点】使用钢笔工具绘制人物图形、沙滩，使用收缩和膨胀命令绘制星形，如图 3-130 所示。

【效果所在位置】光盘/Ch03/效果/绘制美女插画.ai。

图 3-130

第4章 图像对象的组织

Illustrator CS5 功能包括编组、锁定与隐藏对象，对象的前后顺序、对齐与分布等许多特性。这些特性对组织图形对象而言是非常有用的。本章将主要介绍对象的排列、编组以及控制对象等内容。通过学习本章的内容可以高效、快速地对齐、分布、组合和控制多个对象，使对象在页面中更加有序，使工作更加得心应手。

课堂学习目标

- 对象的对齐和分布
- 对象和图层的顺序
- 编组
- 控制对象

4.1 对象的对齐和分布

应用“对齐”控制面板可以快速有效地对齐或分布多个图形。选择“窗口 > 对齐”命令，弹出“对齐”控制面板，如图 4-1 所示。单击控制面板右上方的图标，在弹出的菜单中选择“显示选项”命令，弹出“分布间距”选项组，如图 4-2 所示。单击“对齐”控制面板右下方的“对齐”按钮，弹出其下拉菜单，如图 4-3 所示。

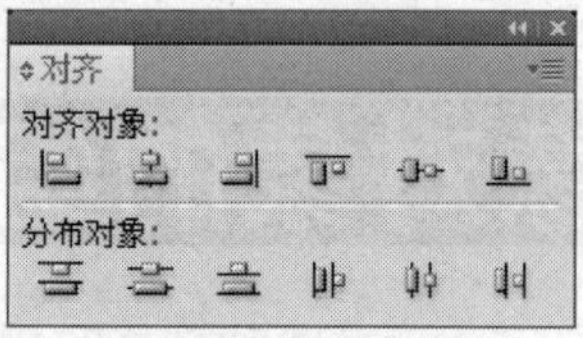

图 4-1

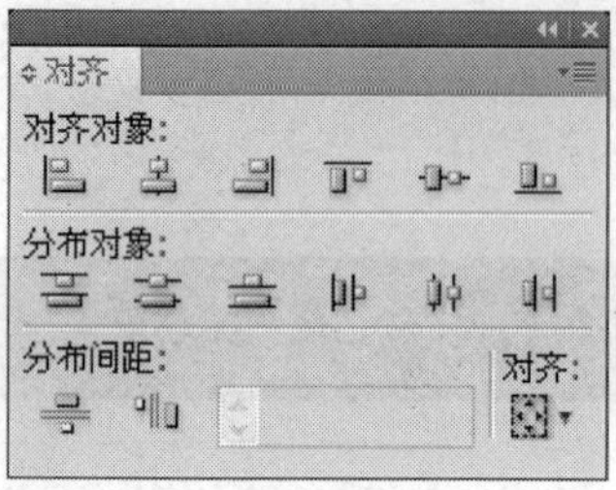

图 4-2

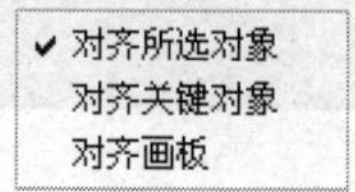

图 4-3

4.1.1 课堂案例——制作学习海报

【案例学习目标】学习使用符号库和对齐面板制作学习海报效果。

【案例知识要点】使用符号库命令添加装饰图形。使用对齐面板对齐符号图形。使用文字工具、创建轮廓命令、渐变工具和描边命令添加并制作宣传语，效果如图 4-4 所示。

图 4-4

【效果所在位置】光盘/Ch04/效果/制作学习海报.ai。

1. 绘制背景图形

（1）按 Ctrl+O 组合键，打开光盘中的“Ch04 > 素材 > 制作学习海报 > 01”文件，如图 4-5 所示。选择菜单“窗口 > 符号 > 庆祝”命令，弹出“庆祝”控制面板，效果如图 4-6 所示。选择“五彩纸屑”符号，如图 4-7 所示，并将其拖曳到页面中，效果如图 4-8 所示。

图 4-5

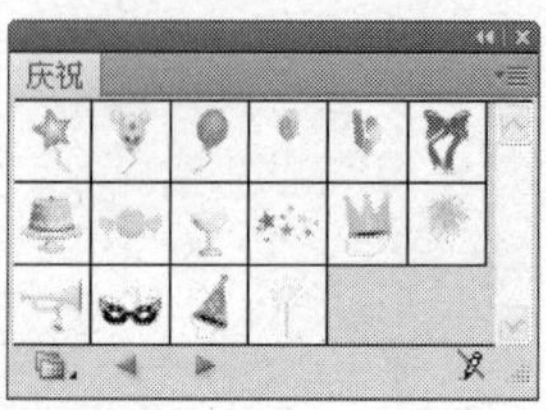

图 4-6

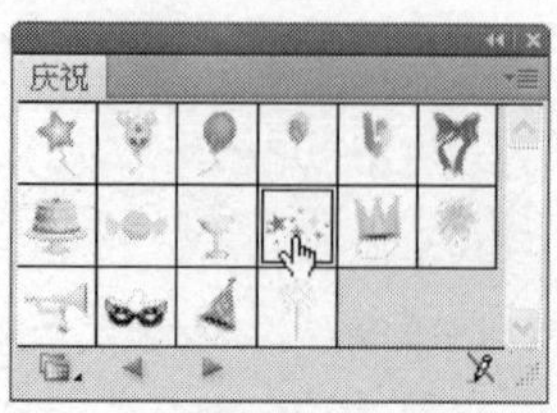

图 4-7

图 4-8

（2）选择“选择”工具，将符号图形拖曳到适当位置，并调整其大小和角度，效果如图 4-9 所示。按住 Alt 键的同时，用鼠标向上拖曳图形进行复制，并调整其大小和角度，效果如图 4-10 所示。

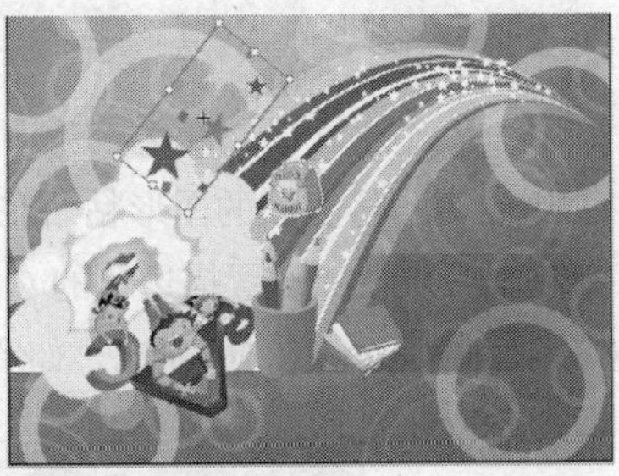
图 4-9

图 4-10

（3）选择“选择”工具，按住 Shift 键的同时，将符号图形同时选取，如图 4-11 所示。选择“窗口 > 对齐”命令，弹出“对齐”面板，单击“水平居中分布”按钮，如图 4-12 所示，效果如图 4-13 所示。

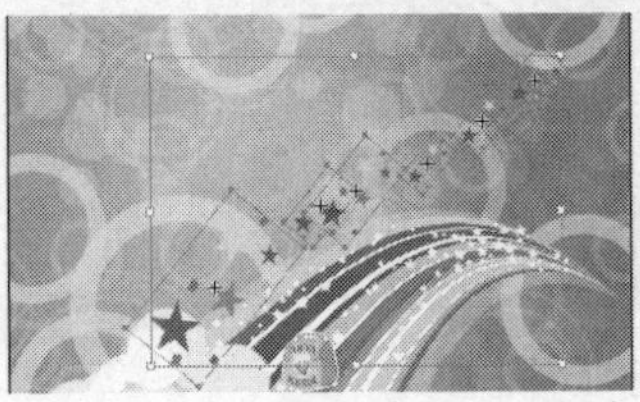
图 4-11

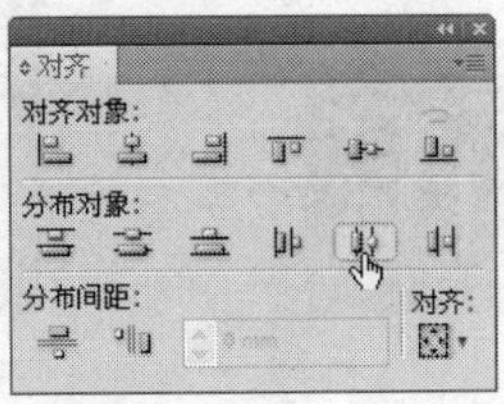

图 4-12

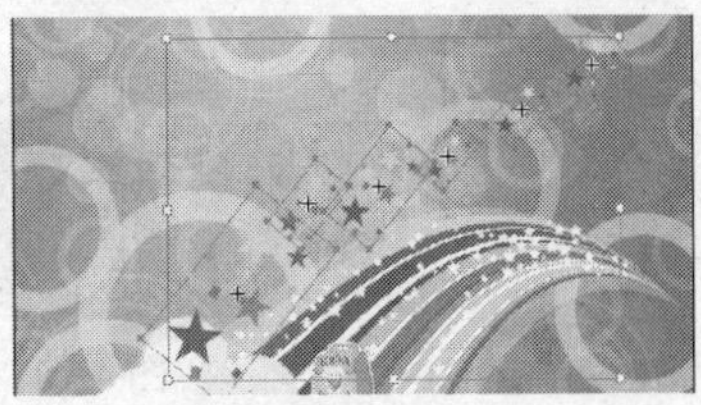
图 4-13

（4）选择“文字”工具，在页面中分别输入需要的文字，选择“选择”工具，在属性栏中分别选择合适的字体并分别设置适当的文字大小，效果如图 4-14 所示。选取最上方的文字，选择“文字 > 创建轮廓”命令，将文字转换为轮廓图形，效果如图 4-15 所示。

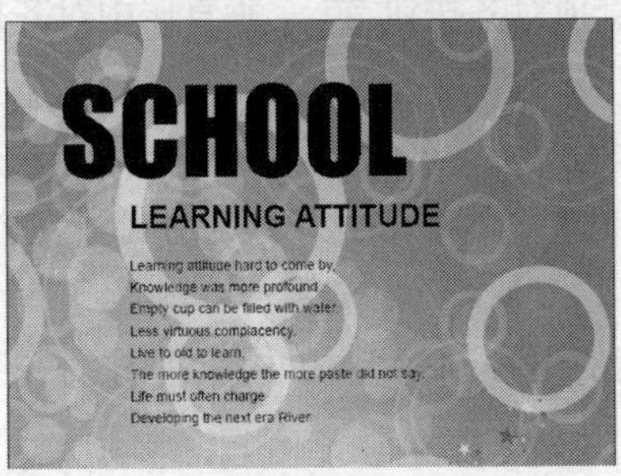

图 4-14

图 4-15

（5）双击“渐变”工具，弹出“渐变”控制面板，在色带上设置 3 个渐变滑块，分别将渐变滑块的位置设为 0、58、100，并设置 C、M、Y、K 的值分别为：0（0、0、100、0）、58（0、100、0、0）、100（70、100、0、0），其他选项的设置如图 4-16 所示，图形被填充为渐变色，并设置描边色为白色，在属性栏中将“描边粗细”选项设为 3pt，效果如图 4-17 所示。

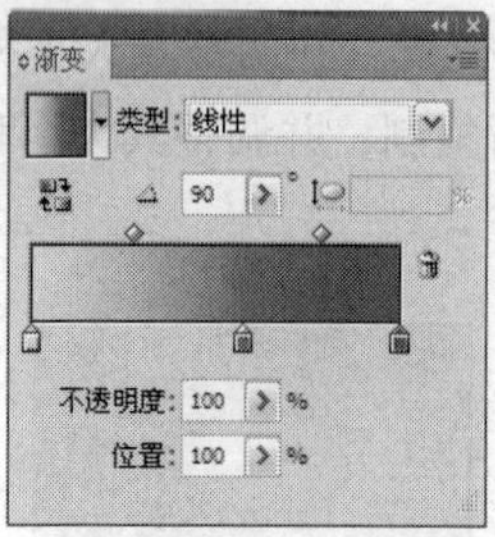

图 4-16

图 4-17

（6）按 Ctrl+C 组合键，复制图形。按 Ctrl+F 组合键，将复制的图形粘贴在前面。按 Ctrl+ [组合键，后移一层。在属性栏中将“描边粗细”选项设为 6pt，设置描边色的 C、M、Y、K 值分别为 0、40、100、0，填充描边，效果如图 4-18 所示。学习海报制作完成，如图 4-19 所示。

图 4-18

图 4-19

4.1.2 对齐对象

“对齐”控制面板中的“对齐对象”选项组中包括 6 种对齐命令按钮：水平左对齐按钮、水平居中对齐按钮、水平右对齐按钮、垂直顶对齐按钮、垂直居中对齐按钮、垂直底对齐按钮。

1. 水平左对齐

以最左边对象的左边边线为基准线，选取对象的左边缘都和这条线对齐（最左边对象的位置不变）。

选取要对齐的对象，如图 4-20 所示。单击“对齐”控制面板中的“水平左对齐”按钮，所有选取的对象将都向左对齐，如图 4-21 所示。

2. 水平居中对齐

以选定对象的中点为基准点对齐，所有对象在垂直方向的位置保持不变（多个对象进行水平居中对齐时，以中间对象的中点为基准点进行对齐，中间对象的位置不变）。

选取要对齐的对象，如图 4-22 所示。单击“对齐”控制面板中的“水平居中对齐”按钮，所有选取的对象都将水平居中对齐，如图 4-23 所示。

图 4-20

图 4-21

图 4-22

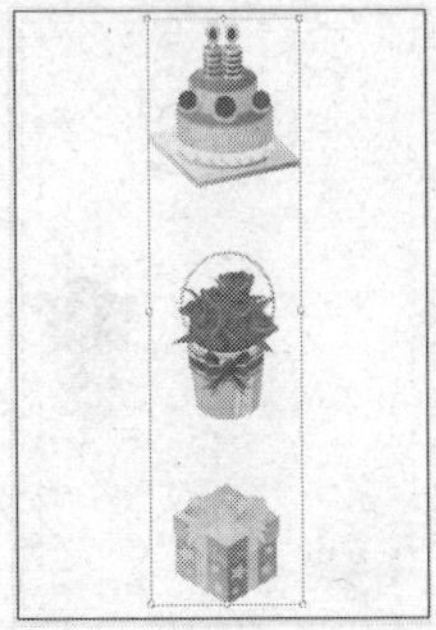
图 4-23

3. 水平右对齐

以最右边对象的右边边线为基准线，选取对象的右边缘都和这条线对齐（最右边对象的位置不变）。

选取要对齐的对象，如图 4-24 所示。单击“对齐”控制面板中的“水平右对齐”按钮，所有选取的对象都将水平向右对齐，如图 4-25 所示。

4. 垂直顶对齐

以多个要对齐对象中最上面对象的上边线为基准线，选定对象的上边线都和这条线对齐（最上面对象的位置不变）。

选取要对齐的对象，如图 4-26 所示。单击“对齐”控制面板中的“垂直顶对齐”按钮，所有选取的对象都将向上对齐，如图 4-27 所示。

图 4-24

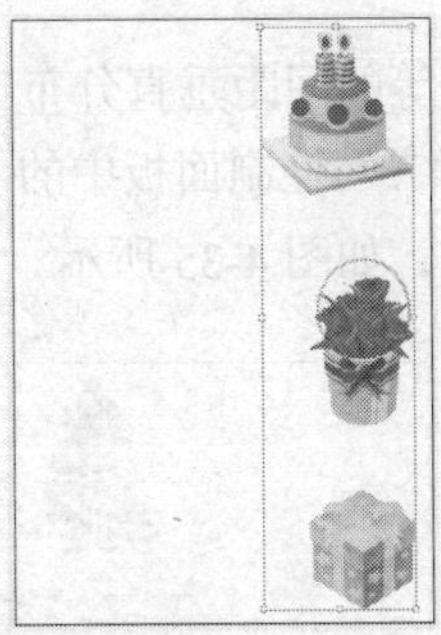
图 4-25

图 4-26

图 4-27

5. 垂直居中对齐

以多个要对齐对象的中点为基准点进行对齐，所有对象进行垂直移动，水平方向上的位置不变（多个对象进行垂直居中对齐时，以中间对象的中点为基准点进行对齐，中间对象的位置不变）。

选取要对齐的对象，如图 4-28 所示。单击“对齐”控制面板中的“垂直居中对齐”按钮，所有选取的对象都将垂直居中对齐，如图 4-29 所示。

6. 垂直底对齐

以多个要对齐对象中最下面对象的下边线为基准线，选定对象的下边线都和这条线对齐（最下面对象的位置不变）。

选取要对齐的对象，如图 4-30 所示。单击“对齐”控制面板中的“垂直底对齐”按钮，所有选取的对象都将垂直向底对齐，如图 4-31 所示。

图 4-28

图 4-29

图 4-30

图 4-31

4.1.3 分布对象

“对齐”控制面板中的“分布对象”选项组包括 6 种分布命令按钮：垂直顶分布按钮、垂直居中分布按钮、垂直底分布按钮、水平左分布按钮、水平居中分布按钮、水平右分布按钮。

1. 垂直顶分布

以每个选取对象的上边线为基准线，使对象按相等的间距垂直分布。

选取要分布的对象，如图 4-32 所示。单击“对齐”控制面板中的“垂直顶分布”按钮，所有选取的对象将按各自的上边线，等距离垂直分布，如图 4-33 所示。

2. 垂直居中分布

以每个选取对象的中线为基准线，使对象按相等的间距垂直分布。

选取要分布的对象，如图 4-34 所示。单击“对齐”控制面板中的“垂直居中分布”按钮，所有选取的对象将按各自的中线，等距离垂直分布，如图 4-35 所示。

图 4-32

图 4-33

图 4-34

图 4-35

3. 垂直底分布

以每个选取对象的下边线为基准线，使对象按相等的间距垂直分布。

选取要分布的对象，如图 4-36 所示。单击“对齐”控制面板中的“垂直底分布”按钮，所有选取的对象将按各自的下边线，等距离垂直分布，如图 4-37 所示。

4. 水平左分布

以每个选取对象的左边线为基准线，使对象按相等的间距水平分布。

选取要分布的对象，如图 4-38 所示。单击“对齐”控制面板中的“水平左分布”按钮，所有选取的对象将按各自的左边线，等距离水平分布，如图 4-39 所示。

图 4-36

图 4-37

图 4-38

图 4-39

5. 水平居中分布

以每个选取对象的中线为基准线，使对象按相等的间距水平分布。

选取要分布的对象，如图 4-40 所示。单击“对齐”控制面板中的“水平居中分布”按钮，所有选取的对象将按各自的中线，等距离水平分布，如图 4-41 所示。

6. 水平右分布

以每个选取对象的右边线为基准线，使对象按相等的间距水平分布。

选取要分布的对象，如图 4-42 所示。单击“对齐”控制面板中的“水平右分布”按钮，所有选取的对象将按各自的右边线，等距离水平分布，如图 4-43 所示。

图 4-40

图 4-41

图 4-42

图 4-43

7. 垂直分布间距

要精确指定对象间的距离，需选择“对齐”控制面板中的“分布间距”选项组，其中包括“垂直分布间距”按钮和“水平分布间距”按钮。

选取要对齐的多个对象，如图 4-44 所示。再单击被选取对象中的任意一个对象，该对象将作为其他对象进行分布时的参照，如图 4-45 所示。在“对齐”控制面板右下方的数值框中将距离数值设为 10mm，如图 4-46 所示。

单击“对齐”控制面板中的“垂直分布间距”按钮。所有被选取的对象将以参照图像按设置的数值等距离垂直分布，效果如图 4-47 所示。

图 4-44

图 4-45

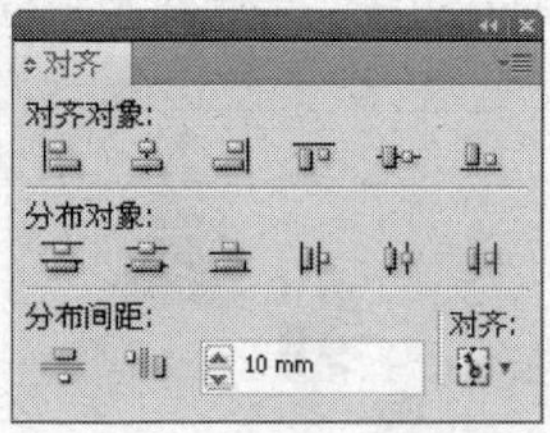

图 4-46

图 4-47

8. 水平分布间距

选取要对齐的对象，如图 4-48 所示。再单击被选取对象中的任意一个对象，该对象将作为其他对象进行分布时的参照，如图 4-49 所示。在“对齐”控制面板右下方的数值框中将距离数值设为 3mm，如图 4-50 所示。

单击“对齐”控制面板中的“水平分布间距”按钮，所有被选取的对象将以花朵的图像作为参照按设置的数值等距离水平分布，效果如图 4-51 所示。

图 4-48

图 4-49

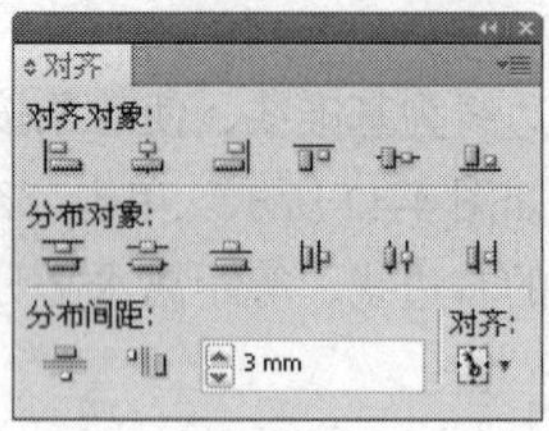

图 4-50

图 4-51

4.1.4 用网格对齐对象

选择“视图 > 显示网格”命令（组合键为 Ctrl+ " 键），页面上显示出网格，效果如图 4-52 所示。

用鼠标单击图像并按住鼠标向右拖曳，使图像的左边线和上方图像的左边线垂直对齐，如图 4-53 所示。用鼠标单击下方图像并按住鼠标向左拖曳，使图像的左边线和上方图像的左边线垂直对齐，如图 4-54 所示。

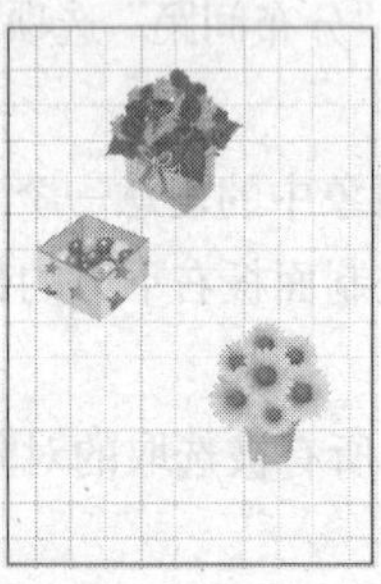

图 4-52

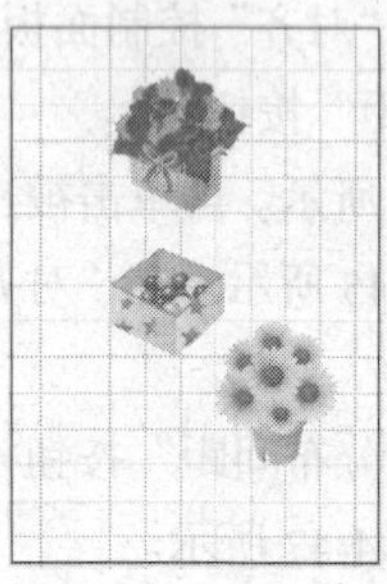

图 4-53

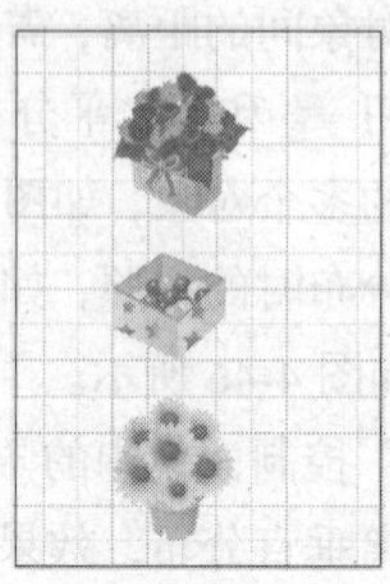

图 4-54

4.1.5　用辅助线对齐对象

选择“视图 > 显示标尺”命令（组合键为 Ctrl+R），如图 4-55 所示。页面上显示出标尺，效果如图 4-56 所示。

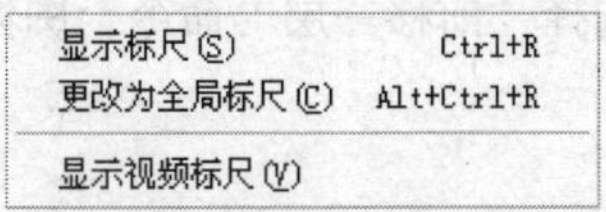

图 4-55

图 4-56

选择“选择”工具，单击页面左侧的标尺，按住鼠标不放并向右拖曳，拖曳出一条垂直的辅助线，将辅助线放在要对齐对象的左边线上，如图 4-57 所示。

用鼠标单击下方图像并按住鼠标不放向左拖曳，使图像的左边线和上方图像的左边线垂直对齐，如图 4-58 所示。释放鼠标，对齐后的效果如图 4-59 所示。

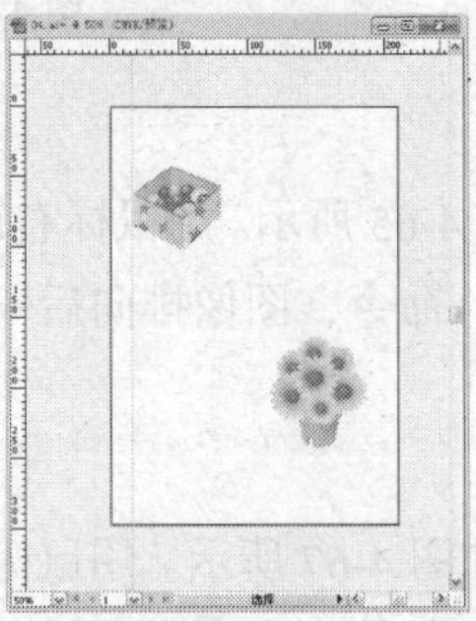

图 4-57

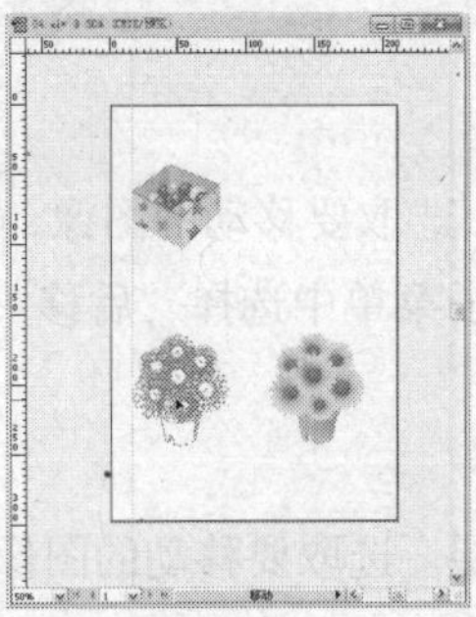

图 4-58

图 4-59

4.2　对象和图层的顺序

对象之间存在着堆叠的关系，后绘制的对象一般显示在先绘制的对象之上，在实际操作中，可以根据需要改变对象之间的堆叠顺序。通过改变图层的排列顺序也可以改变对象的排序。

4.2.1　对象的顺序

选择“对象 > 排列”命令，其子菜单包括 5 个命令：置于顶层、前移一层、后移一层、置于底层、发送至当前图层，使用这些命令可以改变图形对象的排序。对象间堆叠的效果如图 4-60 所示。

选中要排序的对象，用鼠标右键单击页面，在弹出的快捷菜单中也可选择“排列”命令，还可以应用组合键命令来对对象进行排序。

图 4-60

1. 置于顶层

将选取的图像移到所有图像的顶层。选取要移动的图像，如图 4-61 所示。用鼠标右键单击页面，弹出其快捷菜单，在“排列”命令的子菜单中选择“置于顶层”命令，图像排到顶层，效果如图 4-62 所示。

2. 前移一层

将选取的图像向前移过一个图像。选取要移动的图像，如图 4-63 所示。用鼠标右键单击页面，弹出其快捷菜单，在“排列”命令的子菜单中选择“前移一层”命令，图像排向前一层，效果如图 4-64 所示。

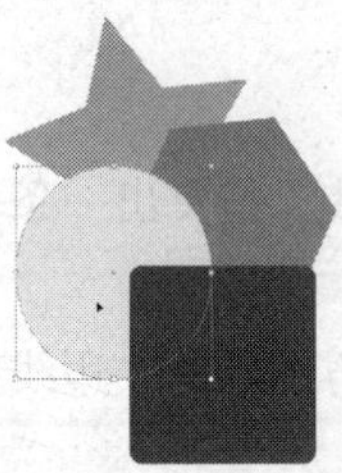

图 4-61

图 4-62

图 4-63

图 4-64

3. 后移一层

将选取的图像向后移过一个图像。选取要移动的图像，如图 4-65 所示。用鼠标右键单击页面，弹出其快捷菜单，在“排列”命令的子菜单中选择“后移一层”命令，图像排向后一层，效果如图 4-66 所示。

4. 置于底层

将选取的图像移到所有图像的底层。选取要移动的图像，如图 4-67 所示。用鼠标右键单击页面，弹出其快捷菜单，在“排列”命令子菜单中选择“置于底层”命令，图像将排到最后面，效果如图 4-68 所示。

图 4-65

图 4-66

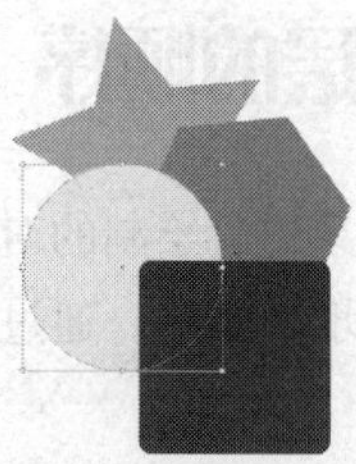

图 4-67

图 4-68

5. 发送至当前图层

选择“图层”控制面板，在“图层 1”上新建“图层 2”，如图 4-69 所示。选取要发送到当前图层的图像，如图 4-70 所示，这时“图层 1”变为当前图层，如图 4-71 所示。

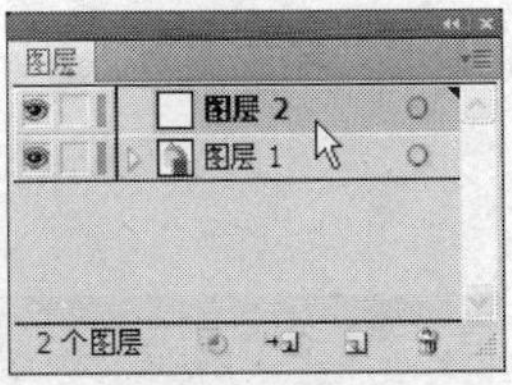

图 4-69

图 4-70

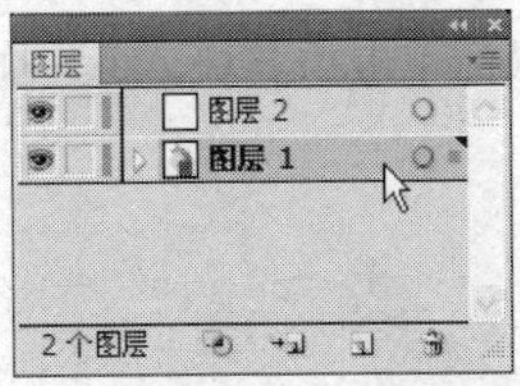

图 4-71

用鼠标单击“图层 2”，使“图层 2”成为当前图层，如图 4-72 所示。用鼠标右键单击页面，弹出其快捷菜单，在“排列”命令的子菜单中选择“发送至当前图层”命令。方形就被发送到当前图层，即“图层 2”中，页面效果如图 4-73 所示，“图层”控制面板效果如图 4-74 所示。

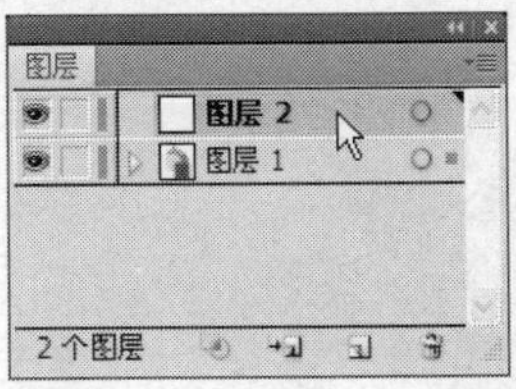

图 4-72

图 4-73

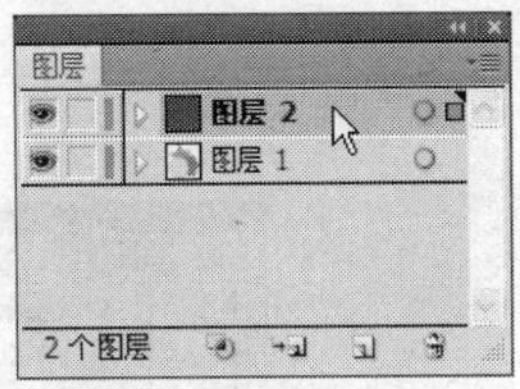

图 4-74

4.2.2 使用图层控制对象

1. 通过改变图层的排列顺序改变图像的排序

页面中图像的排列顺序，如图 4-75 所示。“图层”控制面板中排列的顺序，如图 4-76 所示。圆形在“图层 3”中，星形在“图层 2”中，三角形在“图层 1”中。

提示 在“图层”控制面板中图层的顺序越靠上，该图层中包含的图像在页面中的排列顺序越靠前。

如想使星形排列在圆形之上，选中“图层 3”并按住鼠标左键不放，将“图层 3”向下拖曳至“图层 2”的下方，如图 4-77 所示。释放鼠标后，星形就排列到圆形的前面，效果如图 4-78 所示。

图 4-75

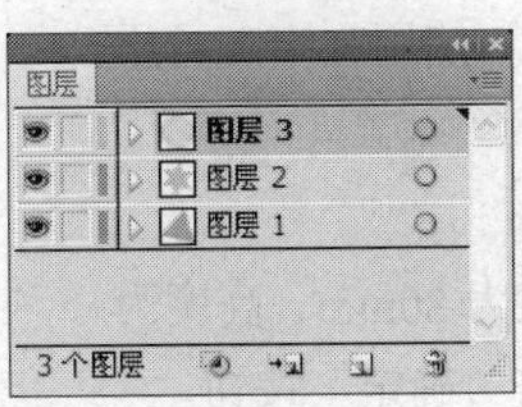

图 4-76

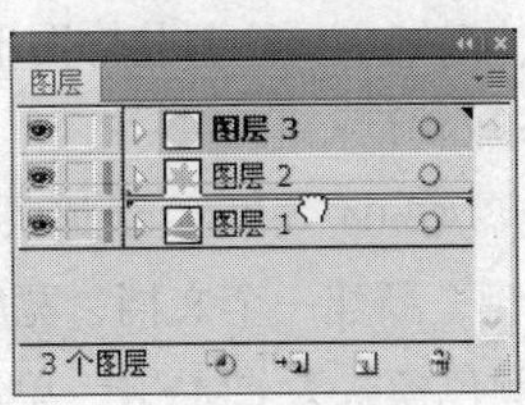

图 4-77

图 4-78

2. 在图层之间移动图像

选取要移动的三角形，如图 4-79 所示。在“图层 1”的右侧出现一个彩色小方块，如图 4-80 所示。用鼠标单击小方块，将它拖曳到“图层 3”上，如图 4-81 所示，释放鼠标。

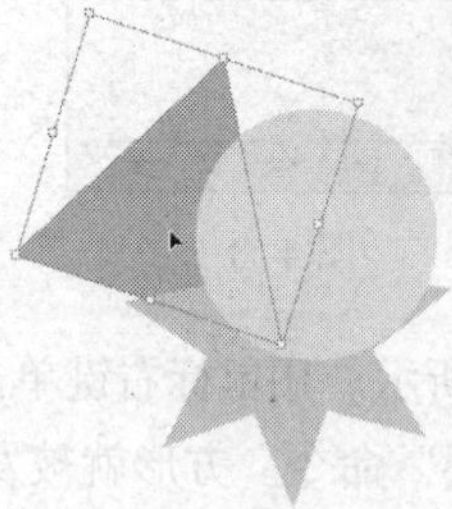
图 4-79

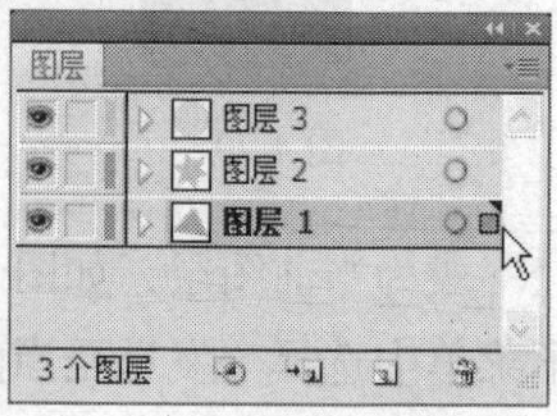

图 4-80

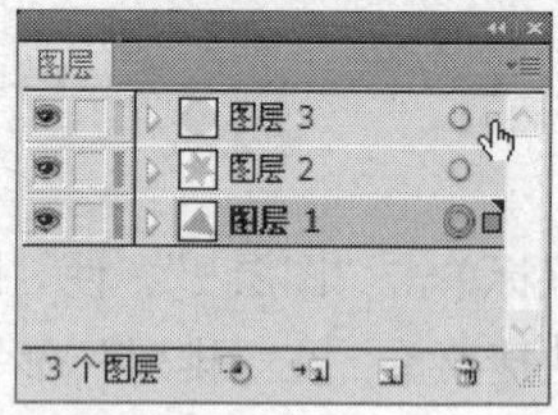

图 4-81

页面中的三角形随着“图层”控制面板中彩色小方块的移动，也移动到了页面的最前面。移动后，“图层”控制面板如图 4-82 所示，图形对象的效果如图 4-83 所示。

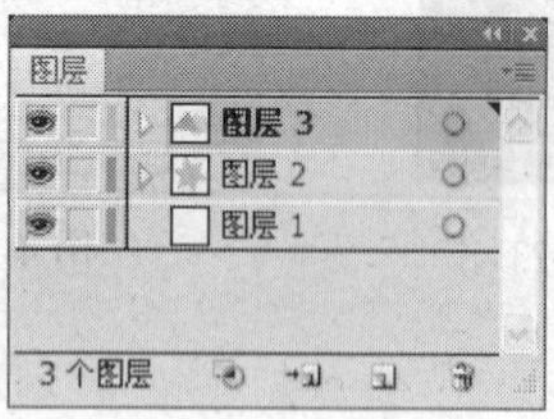

图 4-82

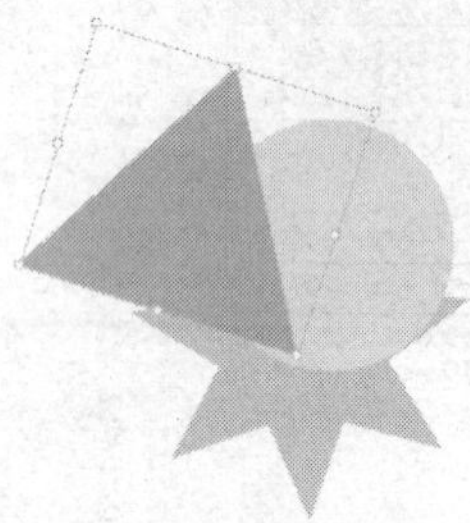
图 4-83

4.3 编组

在绘制图形的过程中，可以将多个图形进行编组，从而组合成一个图形组，还可以将多个编组组合成一个新的编组。

4.3.1 课堂案例——绘制邮票

【案例学习目标】学习使用绘制图形、编组命令绘制邮票。

【案例知识要点】使用矩形工具、椭圆工具、路径查找器命令绘制边框，使用椭圆工具、钢笔工具绘制装饰图形。使用文字工具添加文字。邮票效果如图 4-84 所示。

图 4-84

【效果所在位置】光盘/Ch04/效果/绘制邮票.ai。

（1）按 Ctrl+N 组合键，新建一个文档，宽度为 80mm，高度为 100mm，取向为竖向，颜色模式为 CMYK，单击“确定”按钮。

（2）选择“矩形”工具，在页面中绘制一个矩形，如图 4-85

所示。设置图形填充色的 C、M、Y、K 值分别为 0、90、100、0，填充图形，并设置描边色为无，效果如图 4-86 所示。

图 4-85

图 4-86

（3）选择“椭圆”工具，按住 Shift 键的同时，在矩形下方绘制一个圆形，如图 4-87 所示。选择“选择”工具，按住 Alt+Shift 键的同时，水平向右拖曳圆形到适当的位置，复制图形，如图 4-88 所示。连续按 Ctrl+D 组合键，复制出多个圆形，效果如图 4-89 所示。

图 4-87

图 4-88

图 4-89

（4）选择“选择”工具，将下方的圆形同时选取，按住 Alt+Shift 键的同时，垂直向上拖曳圆形到适当的位置，复制图形，如图 4-90 所示。将所有的图形同时选取，如图 4-91 所示。选择“窗口 > 路径查找器”命令，弹出“路径查找器”面板，单击“减去顶层”按钮，剪切后的效果如图 4-92 所示。用相同的方法制作左右两侧的效果，如图 4-93 所示。

图 4-90

图 4-91

图 4-92

图 4-93

（5）选择“矩形”工具，在适当的位置绘制一个矩形，填充图形为白色，并设置描边色为无，效果如图 4-94 所示。选择“选择”工具，将两个图形同时选取，在“路径查找器”面板中单击“水平居中对齐”按钮和“垂直居中对齐”按钮，对齐后的效果如图 4-95 所示。

（6）选择“矩形”工具，在页面中绘制一个矩形，设置图形填充色的 C、M、Y、K 值分别为 0、90、100、0，填充图形，并设置描边色为无，效果如图 4-96 所示。用相同的方法再绘制一个矩形并填充相同的颜色和描边，效果如图 4-97 所示。

图 4-94

图 4-95

图 4-96

图 4-97

（7）将两个矩形同时选取，双击“混合”工具，在弹出的对话框中进行设置，如图 4-98 所示，单击“确定”按钮，在两个矩形上单击鼠标，生成混合，效果如图 4-99 所示。

图 4-98

图 4-99

（8）选择“椭圆”工具，在页面空白处绘制一个椭圆形，设置图形填充色的 C、M、Y、K 值分别为 10、100、50、0，填充图形，并设置描边色的 C、M、Y、K 值分别为 0、52、50、0，填充描边，效果如图 4-100 所示。

（9）选择“旋转”工具，按住 Alt 键的同时，在椭圆底部单击，弹出“旋转”对话框，选项的设置如图 4-101 所示，单击“复制”按钮，效果如图 4-102 所示。连续按 Ctrl+D 组合键，复制出多个椭圆形，效果如图 4-103 所示。

图 4-100

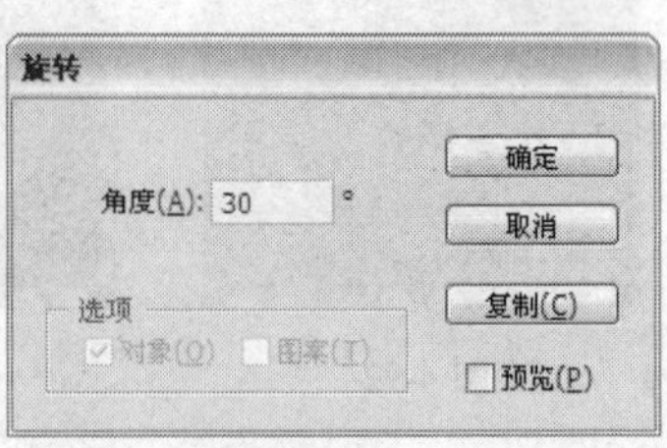

图 4-101

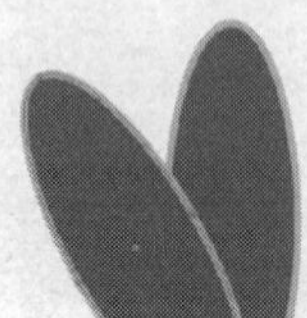

图 4-102

图 4-103

（10）选择“选择”工具，将所有的椭圆形同时选取，按 Ctrl+G 组合键，将图形编组，如图 4-104 所示。选择“矩形”工具，在编组图形下方绘制一个矩形，设置图形填充色的 C、M、

Y、K 值分别为 10、100、50、0，填充图形，并设置描边色为无，效果如图 4-105 所示。按 Ctrl+[组合键，后移一层，效果如图 4-106 所示。

图 4-104

图 4-105

图 4-106

（11）选择“椭圆”工具，按住 Shift 键的同时，在编组图形上方绘制一个圆形，填充为白色，并设置描边色的 C、M、Y、K 值分别为 0、52、50、0，填充描边，如图 4-107 所示。选择“钢笔”工具，在适当的位置绘制一个图形，设置图形填充色的 C、M、Y、K 值分别为 17、98、64、5，填充图形，并设置描边色为无，效果如图 4-108 所示。

（12）选择“椭圆”工具，绘制一个圆形并填充相同的颜色，如图 4-109 所示。用相同的方法再绘制两个圆形，填充为白色，并分别在属性栏中设置“不透明度”为 70%、39%，效果如图 4-110 所示。

图 4-107

图 4-108

图 4-109

图 4-110

（13）选择“选择”工具，将左侧的眉毛和眼睛图形同时选取，按住 Alt 键的同时，拖曳到右侧，复制图形，效果如图 4-111 所示。选择“钢笔”工具，绘制嘴图形并填充与眼睛相同的颜色，效果如图 4-112 所示。

（14）选择“选择”工具，将所有的图形同时选取，按 Ctrl+G 组合键，将图形编组，如图 4-113 所示。拖曳到适当的位置，效果如图 4-114 所示。

图 4-111

图 4-112

图 4-113

图 4-114

（15）选择“选择”工具，复制图形并调整其大小，如图 4-115 所示。在属性栏中将“不透明度”选项设为 40%，效果如图 4-116 所示。按 Ctrl+ [组合键，后移一层，效果如图 4-117 所示。用相同的方法制作右侧的效果，如图 4-118 所示。

图 4-115

图 4-116

图 4-117

图 4-118

（16）选择“钢笔”工具，绘制一个图形，设置图形填充色的 C、M、Y、K 值分别为 17、98、64、5，填充图形，并设置描边色为无，效果如图 4-119 所示。再绘制一个图形，填充为白色并设置描边色为无，效果如图 4-120 所示。

（17）选择“选择”工具，将两个图形同时选取，选择“对象 > 复合路径 > 建立”命令，建立复合路径，效果如图 4-121 所示。复制复合路径，并镜像图形，调整其大小，效果如图 4-122 所示。

图 4-119

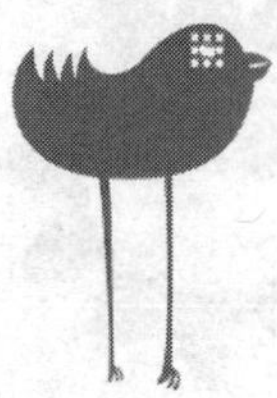
图 4-120

图 4-121

图 4-122

（18）选择“钢笔”工具，绘制一个心形，填充与小鸡相同的颜色，并设置描边色为无，效果如图 4-123 所示。选择“选择”工具，复制多个图形并分别调整其大小，效果如图 4-124 所示。将需要的图形同时选取，按 Ctrl+G 组合键，将图形编组，效果如图 4-125 所示。

图 4-123

图 4-124

图 4-125

（19）选择“选择”工具，将编组图形拖曳到适当的位置，效果如图 4-126 所示。复制图形并调整其位置和大小，如图 4-127 所示。选择“文字”工具，在页面中单击插入光标，输入需要的文字。选择“选择”工具，在属性栏中选择合适的字体并设置文字的大小，设置文字填充色的 C、M、Y、K 值分别为 0、0、0、51，填充文字，效果如图 4-128 所示。邮票绘制完成。

图 4-126

图 4-127

图 4-128

4.3.2　编组

使用“编组”命令，可以将多个对象组合在一起使其成为一个对象。使用“选择”工具，选取要编组的图像，编组之后，单击任何一个图像，其他图像都会被一起选取。

1. 创建组合

选取要编组的对象，选择“对象 > 编组”命令（组合键为 Ctrl+G），将选取的对象组合。组合后的图像，选择其中的任何一个图像，其他的图像也会同时被选取，如图 4-129 所示。

将多个对象组合后，其外观并没有变化，当对任何一个对象进行编辑时，其他对象也随之产生相应的变化。如果需要单独编辑组合中的个别对象，而不改变其他对象的状态，可以应用“编组选择”工具进行选取。选择“编组选择”工具，用鼠标单击要移动的对象并按住鼠标左键不放，拖曳对象到合适的位置，效果如图 4-130 所示，其他的对象并没有变化。

图 4-129

图 4-130

提示　“编组”命令还可以将几个不同的组合进行进一步的组合，或在组合与对象之间进行进一步的组合。在几个组之间进行组合时，原来的组合并没有消失，它与新得到的组合是嵌套的关系。组合不同图层上的对象，组合后所有的对象将自动移动到最上边对象的图层中，并形成组合。

2. 取消组合

选取要取消组合的对象，如图 4-131 所示。选择“对象 > 取消编组”命令（组合键为 Shift+Ctrl+G），取消组合的图像。取消组合后的图像，都可通过单击鼠标选取任意一个图像，如图 4-132 示。

图 4-131

图 4-132

进行一次“取消编组”命令只能取消一层组合，例如，两个组合使用“编组”命令得到一个新的组合。应用“取消编组”命令取消这个新组合后，得到两个原始的组合。

4.4 控制对象

在 Illustrator CS5 中，控制对象的方法非常灵活有效，包括锁定和解锁对象、隐藏和显示对象等方法。

4.4.1 锁定对象

锁定对象可以防止操作时误选对象，也可以防止当多个对象重叠在一起的时候，选择一个对象时，其他对象也连带被选取。

锁定对象包括 3 个部分：所选对象、上方所有图稿、其他图层。

1. 锁定选择

选取要锁定的多角星形，如图 4-133 所示。选择“对象 > 锁定 > 所选对象”命令（组合键为 Ctrl+2），将多角星形锁定。锁定后，当其他图像移动时，多角星形不会随之移动，如图 4-134 所示。

2. 锁定上方所有图稿的图像

选取三角形，如图 4-135 所示。选择“对象 > 锁定 > 上方所有图稿”命令，三角形之上的椭圆形和多角星形被锁定。当移动三角形的时候，椭圆形和多角星形不会随之移动，如图 4-136 所示。

图 4-133

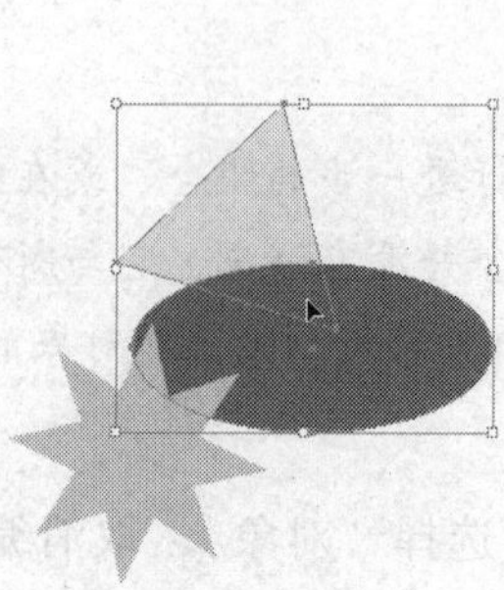

图 4-134

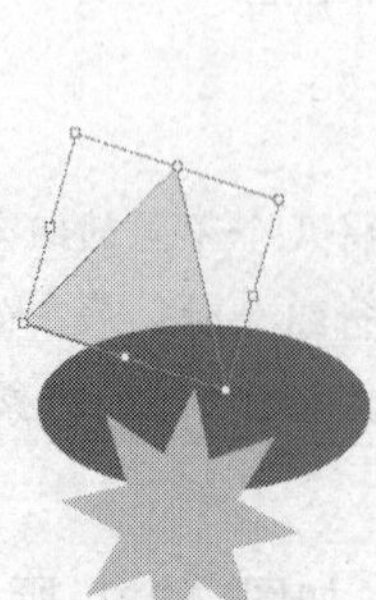

图 4-135

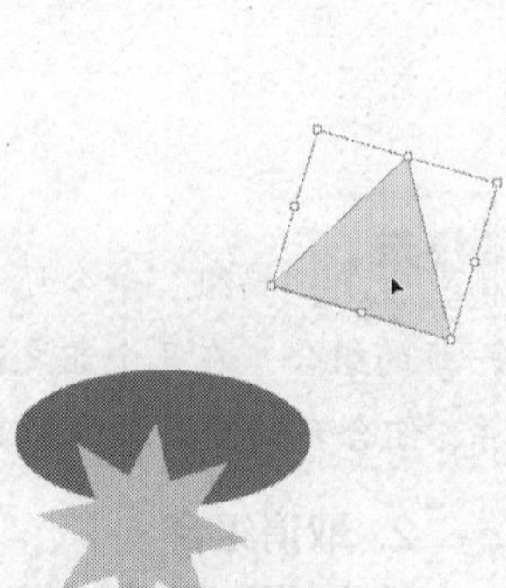

图 4-136

3. 锁定其他图层

三角形、椭圆形、多角星形分别在不同的图层上，如图 4-137 所示。选取椭圆形，如图 4-138 所示。选择“对象 > 锁定 > 其他图层”命令，在“图层”控制面板中，除了椭圆形所在的图层，其他图层都被锁定了。被锁定图层的左边将会出现一个锁头的图标，如图 4-139 所示。锁定图层中的图像在页面中也都被锁定了。

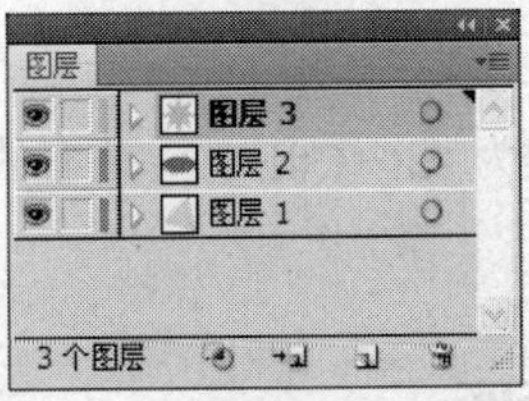

图 4-137

图 4-138

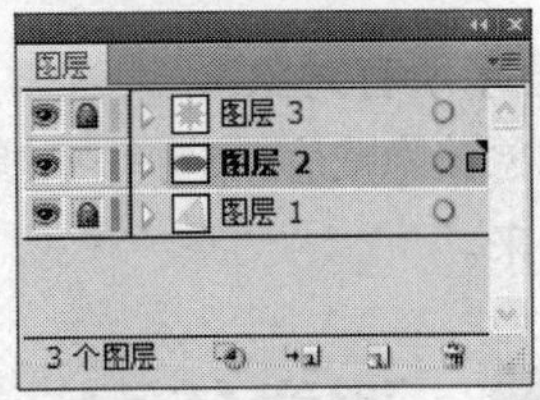

图 4-139

4. 解除锁定

选择“对象 > 全部解锁”命令（组合键为 Alt +Ctrl+2），被锁定的图像就会被取消锁定。

4.4.2　隐藏对象

可以将当前不重要或已经做好的图像隐藏起来，避免妨碍其他图像的编辑。

隐藏图像包括 3 个部分：所选对象、上方所有图稿、其他图层。

1. 隐藏选择

选取要隐藏的三角形，如图 4-140 所示。选择“对象 > 隐藏 > 所选对象”命令（组合键为 Ctrl+3），三角形被隐藏起来，效果如图 4-141 所示。

2. 隐藏上方所有图稿的图像

选取三角形，如图 4-142 所示。选择“对象 > 隐藏 > 上方所有图稿”命令，三角形之上的椭圆形和多角星形被隐藏，如图 4-143 所示。

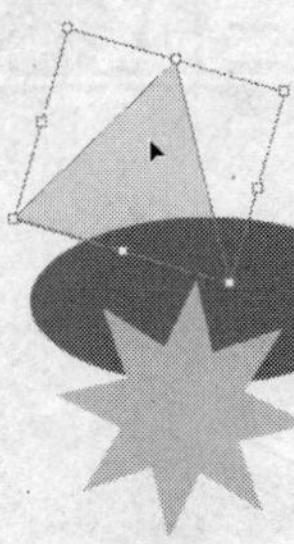

图 4-140

图 4-141

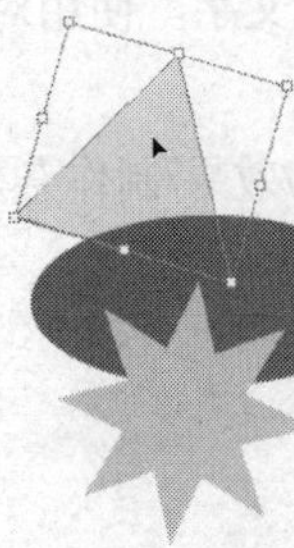

图 4-142

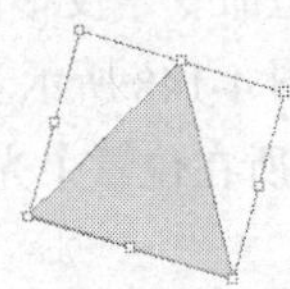

图 4-143

3. 隐藏其他图层

选取椭圆形，如图 4-144 所示。选择“对象 > 隐藏 > 其他图层”命令，在“图层”控制面板中，除了椭圆形所在的图层，其他图层都被隐藏了，即眼睛图标消失，如图 4-145 所示。其他图层中的图像在页面中也都被隐藏了，效果如图 4-146 所示。

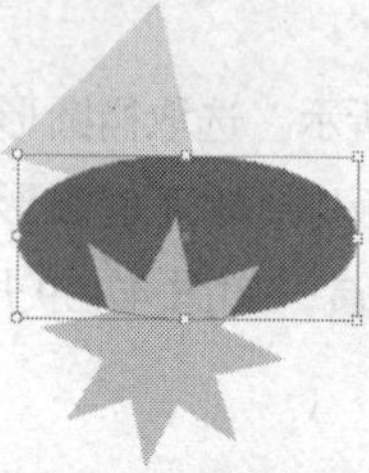

图 4-144

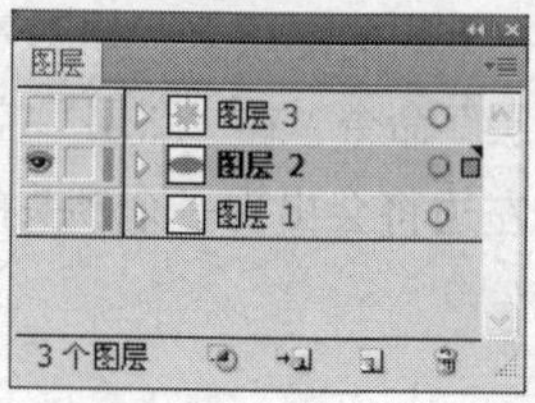

图 4-145

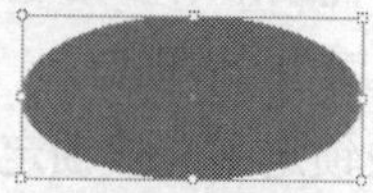

图 4-146

4. 显示所有对象

当对象被隐藏后，选择“对象 > 显示全部”命令（组合键为 Alt +Ctrl+3），所有的对象将会被显示出来。

4.5 课堂练习——绘制美丽风景插画

【练习知识要点】使用钢笔工具、椭圆工具、渐变工具绘制背景、海、树、帆船效果。使用不透明度命令制作装饰图形的透明效果，如图 4-147 所示。

【效果所在位置】光盘/Ch04/效果/绘制美丽风景插画.ai。

图 4-147

4.6 课后习题——制作杂志封面

【习题知识要点】使用置入命令置入封面图片。使用文字工具、描边命令、投影命令编辑文字。使用对齐命令将文字对齐，如图 4-148 所示。

【效果所在位置】光盘/Ch04/效果/制作杂志封面.ai。

图 4-148

第5章 颜色填充与描边

使用颜色的填充命令可以填充图形的颜色和描边。使用“描边”控制面板可以对描边进行编辑。使用“渐变”控制面板可以对图形进行线性和径向渐变的填充。使用工具箱中的网格工具，可以对图形进行网格渐变填充。利用“符号”控制面板可以对图形添加符号。通过本章的学习，读者可以利用颜色填充和描边功能，绘制出漂亮的图形效果，还可将需要重复应用的图形制作成符号，以提高工作效率。

课堂学习目标

- 色彩模式
- 颜色填充
- 渐变填充
- 图案填充
- 渐变网格填充
- 编辑描边
- 使用符号

5.1 色彩模式

Illustrator CS5 中提供了 RGB、CMYK、Web 安全 RGB、HSB 和灰度 5 种色彩模式。最常用的是 CMYK 模式和 RGB 模式，其中 CMYK 是默认的色彩模式。不同的色彩模式调配颜色的基本色不尽相同。

5.1.1 RGB 模式

RGB 模式源于有色光的三原色原理。它是一种加色模式，就是通过红、绿、蓝 3 种颜色相叠加而产生更多的颜色。同时，RGB 也是色光的彩色模式。在编辑图像时，RGB 色彩模式应是最佳的选择。因为它可以提供全屏幕的多达 24 位的色彩范围。“RGB 色彩模式”控制面板如图 5-1 所示，可以在控制面板中设置 RGB 颜色。

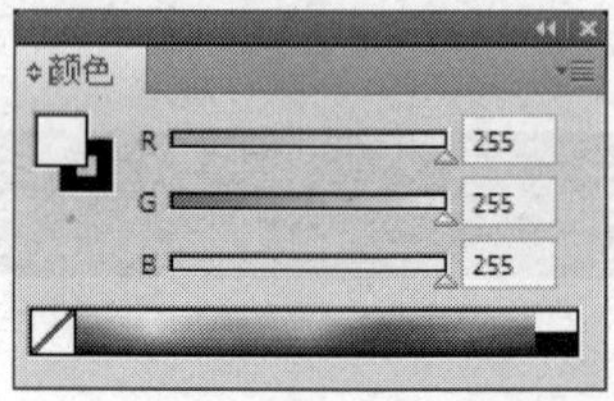

图 5-1

5.1.2 CMYK 模式

CMYK 模式主要应用在印刷领域。它通过反射某些颜色的光并吸收另外一些颜色的光来产生不同的颜色，是一种减色模式。CMYK 代表了印刷上用的 4 种油墨：C 代表青色，M 代表洋红色，Y 代表黄色，K 代表黑色。“CMYK 色彩模式”控制面板如图 5-2 所示，可以在控制面板中设置 CMYK 颜色。

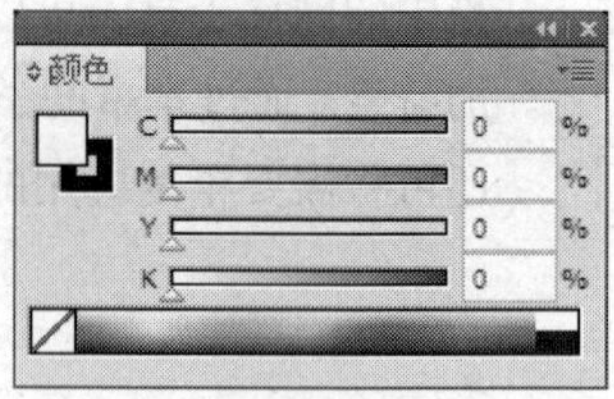

图 5-2

CMYK 模式是图片、插图和其他作品最常用的一种印刷方式。这是因为在印刷中通常都要进行四色分色，出四色胶片，然后再进行印刷。

5.1.3 灰度模式

灰度模式又叫 8 位深度图。每个像素用 8 位二进制码表示，能产生 2^8（即 256）级灰色调。当一个彩色文件被转换为灰度模式文件时，所有的颜色信息都将从文件中丢失。

灰度模式的图像中存在 256 种灰度级，灰度模式只有 1 个亮度调节滑杆，0 代表白色，100 代表黑色。灰度模式经常应用在成本相对低廉的黑白印刷中。另外，将彩色模式转换为双色调模式或位图模式时，必须先转换为灰度模式，然后由灰度模式转换为双色调模式或位图模式。“灰度模式”控制面板如图 5-3 所示，可以在其中设置灰度值。

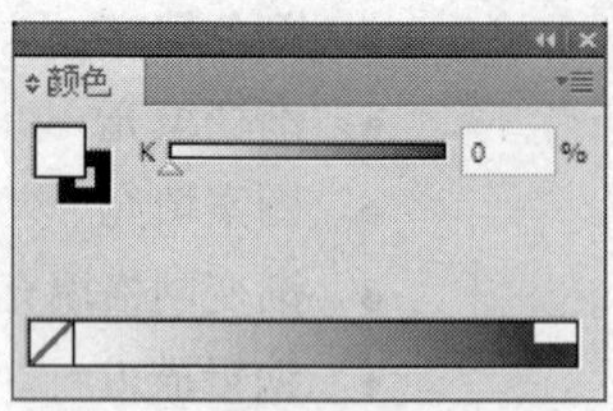

图 5-3

5.2 颜色填充

Illustrator CS5 中用于填充的内容包括“色板”控制面板中的单色对象、图案对象或渐变对象，以及“颜色”控制面板中的自定义颜色。另外，“色板库”提供了多种外挂的色谱、渐变对象和图案对象。

5.2.1　填充工具

应用工具箱中的“填色”和“描边”工具，可以指定所选对象的填充颜色和描边颜色。当单击按钮（快捷键为 X）时，可以切换填色显示框和描边显示框的位置；按 Shift + X 组合键时，可使选定对象的颜色在填充和描边填充之间切换。

在“填色”和“描边”下面有 3 个按钮，它们分别是填充“颜色”按钮、“渐变”按钮和“无”按钮。当选择渐变填充时它不能用于图形的描边上。

5.2.2　“颜色”控制面板

Illustrator 通过“颜色”控制面板设置对象的填充颜色。单击“颜色”控制面板右上方的图标，在弹出式菜单中选择当前取色时使用的颜色模式。无论选择哪一种颜色模式，控制面板中都将显示出相关的颜色内容，如图 5-4 所示。

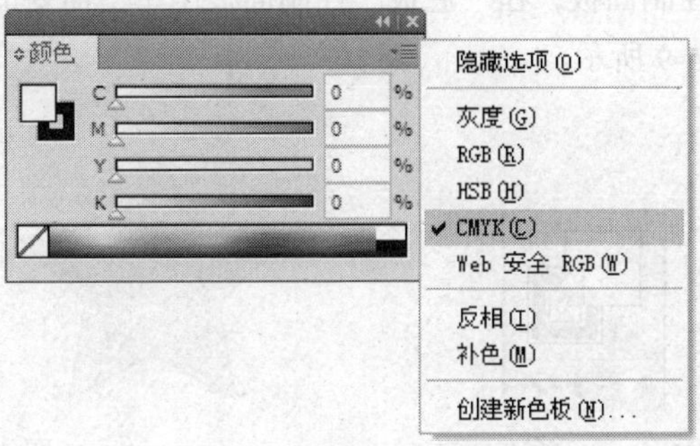

图 5-4

选择“窗口 > 颜色”命令，弹出“颜色”控制面板。“颜色”控制面板上的按钮用来进行填充颜色和描边颜色之间的互相切换，操作方法与工具箱中按钮的使用方法相同。

将光标移动到取色区域，光标变为吸管形状，单击就可以选取颜色。拖曳各个颜色滑块或在各个数值框中输入有效的数值，可以调配出更精确的颜色，如图 5-5 所示。

更改或设定对象的描边颜色时，单击选取已有的对象，在“颜色”控制面板中切换到描边颜色，选取或调配出新颜色，这时新选的颜色被应用到当前选定对象的描边中，如图 5-6 所示。

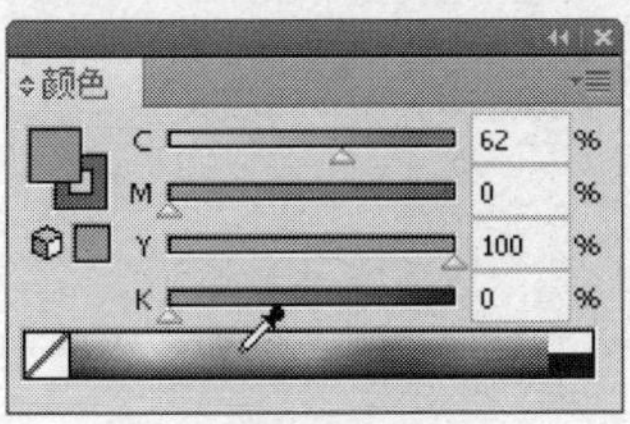

图 5-5

图 5-6

5.2.3 “色板”控制面板

选择“窗口 > 色板”命令，弹出“色板”控制面板，在“色板”控制面板中单击需要的颜色或样本，可以将其选中，如图 5-7 所示。

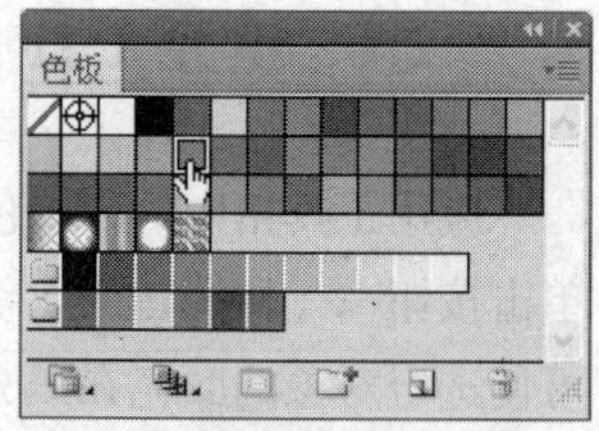

图 5-7

在“色板”控制面板的下方有两组颜色组，分别是：“灰度”颜色组和“印刷色”颜色组。通过使用任意的颜色组，可以很方便的填充颜色。

“色板”控制面板提供了多种颜色和图案，并且允许添加并存储自定义的颜色和图案。单击“色板库菜单”按钮，可以打开 Illustrator 的色板库；单击“显示色板类型菜单”按钮，可以使所有的样本显示出来；单击“色板选项”按钮，可以打开“色板”选项对话框；单击“新建颜色组 ”按钮，可以新建颜色组；“新建色板”按钮用于定义和新建一个新的样本；“删除色板”按钮可以将选定的样本从“色板”控制面板中删除。

使用“星形”工具，绘制一个五角星，单击填色按钮，如图 5-8 所示。选择“窗口 > 色板”命令，弹出“色板”控制面板，在“色板”控制面板中单击需要的颜色或图案，来对五角星内部进行填充，效果如图 5-9 所示。

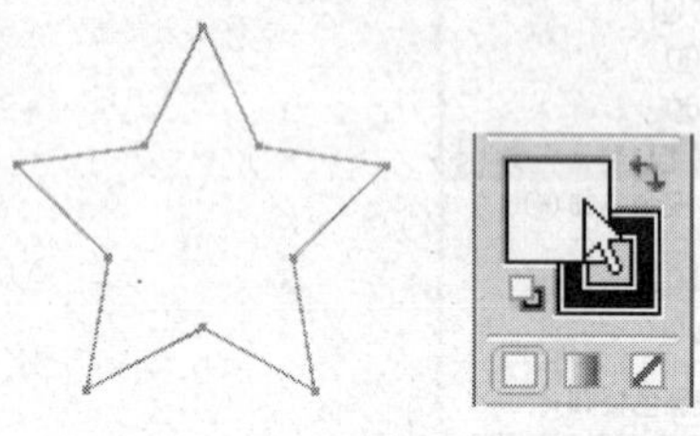

图 5-8

图 5-9

选择“窗口 > 色板库”命令，可以调出更多的色板库。引入外部色板库，增选的多个色板库都将显示在同一个“色板”控制面板中。

在“色板”控制面板左上角的方块标有斜红杠，表示无颜色填充。双击“色板”控制面板中的颜色缩略图的时候会弹出“色板选项”对话框，可以设置其颜色属性，如图 5-10 所示。

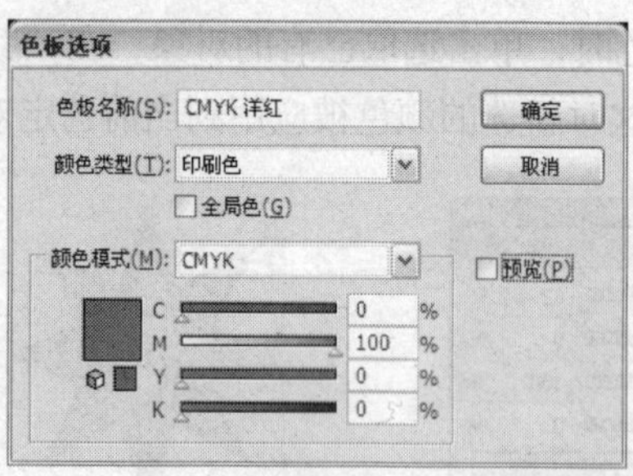

图 5-10

单击“色板”控制面板右上方的按钮，将弹出下拉菜单，选择其中的“新建色板”命令，可以将选中的某一颜色或样本添加到“色板”控制面板中，如图 5-11 所示；单击“新建色板”按钮 ，也可以添加新的颜色或样本到“色板”控制面板中，如图 5-12 所示。

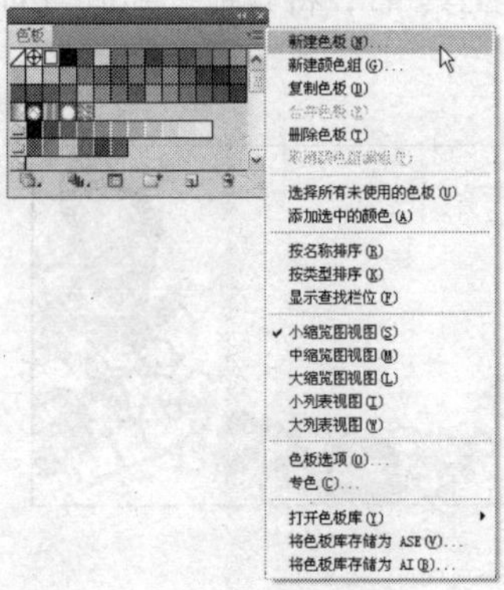

图 5-11

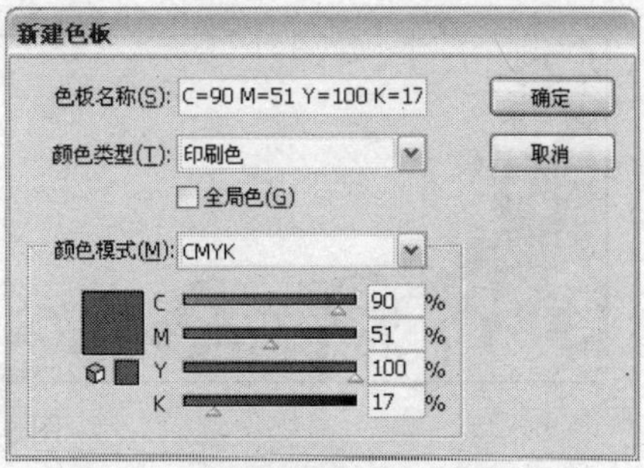

图 5-12

Illustrator CS5 除了“色板”控制面板中默认的样本外，在其“色板库”中还提供了多种色板。选择“窗口 > 色板库”命令，可以看到，在其子菜单中包括了不同的样本可供选择使用。

当选择“窗口 > 色板库 > 其他库”命令时，弹出对话框，可以将其他文件中的色板样本、渐变样本和图案样本导入到“色板”控制面板中。

5.3 渐变填充

渐变填充是指两种或多种不同颜色在同一条直线上逐渐过渡填充。建立渐变填充有多种方法，可以使用“渐变”工具 ，也可以使用“渐变”控制面板和“颜色”控制面板来设置选定对象的渐变颜色，还可以使用“色板”控制面板中的渐变样本。在“渐变”控制面板中包括线性渐变和径向渐变两种渐变类型。

5.3.1 课堂案例——制作英语小海报

【案例学习目标】学习使用图形工具、渐变工具绘制福字效果。

【案例知识要点】使用矩形网格工具、颜色面板绘制网格背景，使用文字工具、填充命令为海报添加宣传文字。使用文字工具、创建轮廓命令和渐变面板制作装饰文字。英语小海报效果如图 5-13 所示。

【效果所在位置】光盘/Ch05/效果/制作英语小海报.ai。

图 5-13

（1）按 Ctrl+O 组合键，打开光盘中的“Ch05 > 素材 > 制作英语小海报 > 01”文件，如图 5-14 所示。选择“矩形网格”工具，在页面中单击鼠标，在弹出的对话框中进行设置，如图 5-15 所示，单击“确定”按钮，绘制网格。选择“选择”工具，将其拖曳到适当的位置，效果如图 5-16 所示。

图 5-14

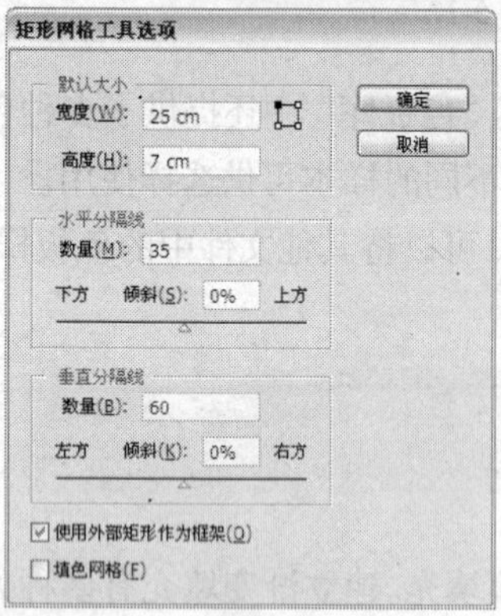

图 5-15

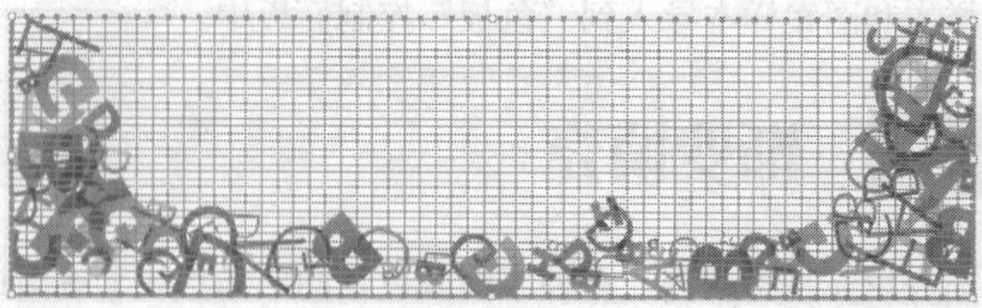

图 5-16

（2）选择“窗口 > 颜色”命令，弹出“颜色”面板，设置如图 5-17 所示，填充网格描边，如图 5-18 所示。按 Ctrl+ [组合键，后移一层，取消选取状态，效果如图 5-19 所示。

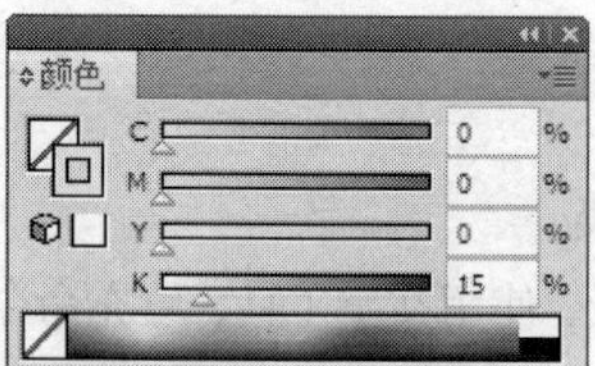

图 5-17

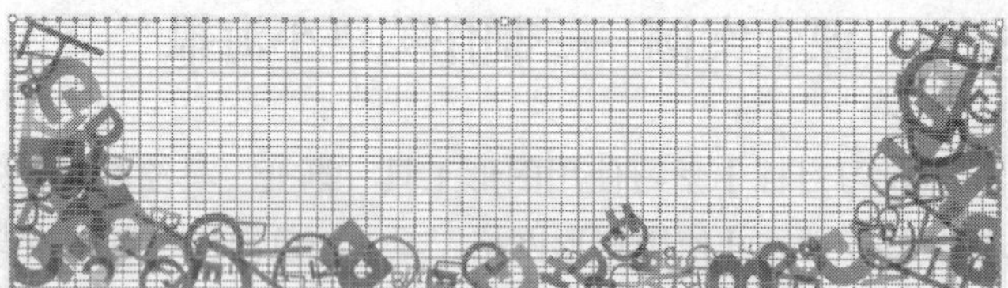

图 5-18

图 5-19

（3）选择“文字”工具，在页面中分别输入需要的文字，选择“选择”工具，在属性栏中分别选择合适的字体、字形，并分别设置适当的文字大小，效果如图 5-20 所示。将文字同时选取，设置文字填充色的 C、M、Y、K 值分别为 0、0、0、50，填充文字，效果如图 5-21 所示。

图 5-20

图 5-21

（4）选择“文字”工具T，在页面中分别输入需要的文字，选择“选择”工具，在属性栏中分别选择合适的字体，并分别设置适当的文字大小，效果如图 5-22 所示。

图 5-22

（5）将输入的文字选取，选择“文字 > 创建轮廓”命令，将文字转换为轮廓图形，效果如图 5-23 所示。选取文字“A”，双击“渐变”工具，弹出“渐变”控制面板，在色带上设置 2 个渐变滑块，分别将渐变滑块的位置设为 0、100，并设置 C、M、Y、K 的值分别为：0（0、64、26、0）、100（0、100、0、0），其他选项的设置如图 5-24 所示，图形被填充为渐变色，并设置描边色为白色，在属性栏中将“描边粗细”选项设为 3pt，效果如图 5-25 所示。

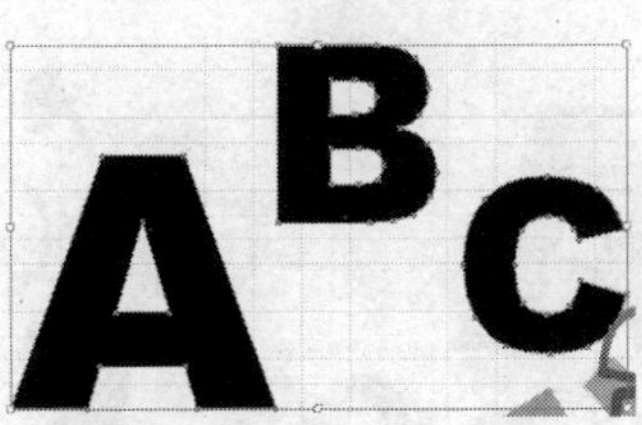

图 5-23

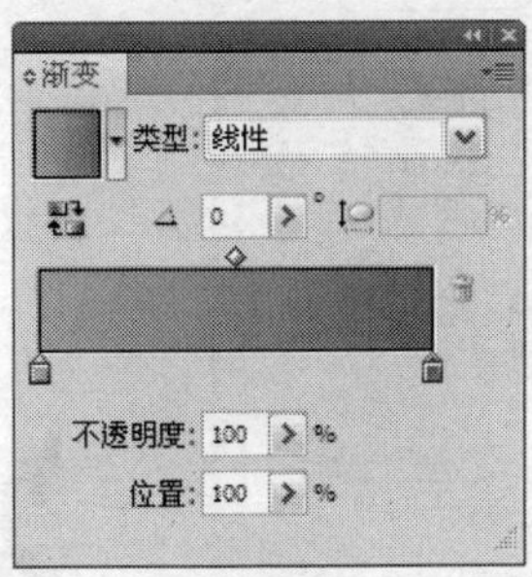

图 5-24

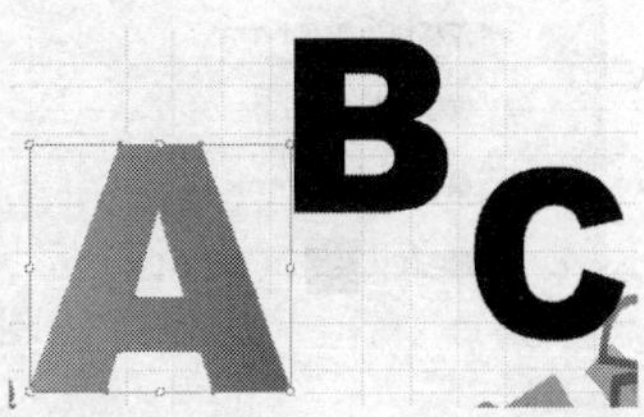

图 5-25

（6）选取文字“B”，双击“渐变”工具，弹出“渐变”控制面板，在色带上设置 2 个渐变滑块，分别将渐变滑块的位置设为 0、100，并设置 C、M、Y、K 的值分别为：0（16、0、11、0）、100（100、0、0、0），其他选项的设置如图 5-26 所示，图形被填充为渐变色，并设置描边色为白色，在属性栏中将“描边粗细”选项设为 3pt，效果如图 5-27 所示。

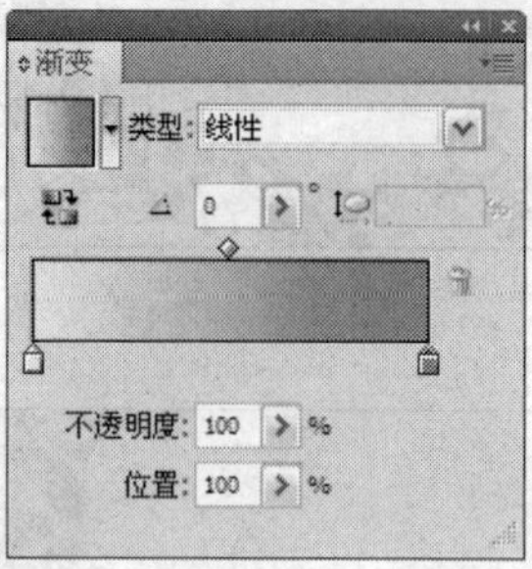

图 5-26

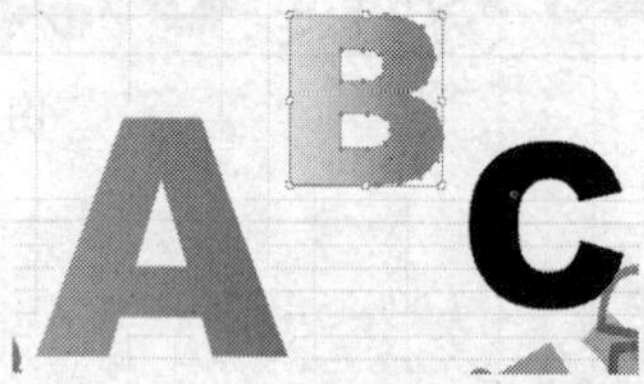

图 5-27

（7）选取文字“C”，双击“渐变”工具，弹出“渐变”控制面板，在色带上设置 2 个渐变滑块，分别将渐变滑块的位置设为 0、100，并设置 C、M、Y、K 的值分别为：0（0、23、100、0）、100（0、100、100、0），其他选项的设置如图 5-28 所示，图形被填充为渐变色，并设置描边色为白色，在属性栏中将“描边粗细”选项设为 3pt，效果如图 5-29 所示。

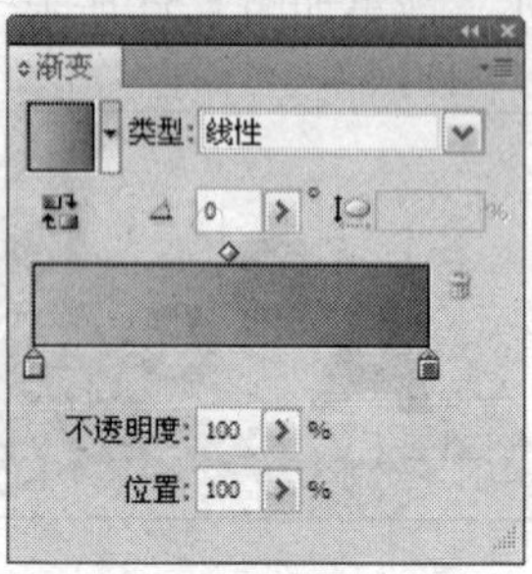

图 5-28

图 5-29

（8）选择“选择”工具，将 3 个文字同时选取，选择“效果 > 风格化 > 投影”命令，在弹出的对话框中进行设置，如图 5-30 所示，单击“确定”按钮，效果如图 5-31 所示。取消选取状态，英语小海报制作完成，如图 5-32 所示。

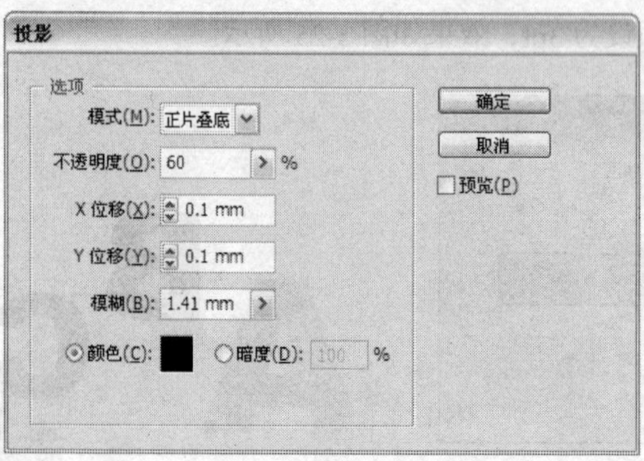

图 5-30

图 5-31

图 5-32

5.3.2　创建渐变填充

使用“星形”工具，绘制一个五角星，如图 5-33 所示。单击工具箱下部的“渐变”按钮，对五角星进行渐变填充，效果如图 5-34 所示。选择“渐变”工具，在图形中需要的位置单击设定渐变的起点并按住鼠标左键拖曳，再次单击确定渐变的终点，如图 5-35 所示，渐变填充的效果如图 5-36 所示。

在“色板”控制面板中单击需要的渐变样本，对五角星进行渐变填充，效果如图 5-37 所示。

图 5-33

图 5-34

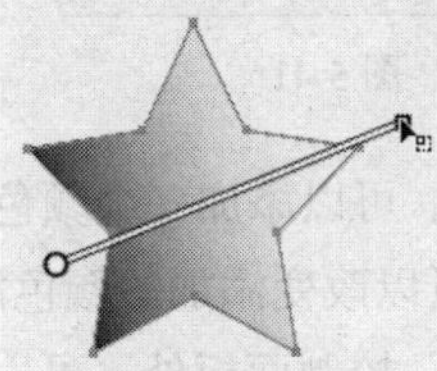

图 5-35

图 5-36

图 5-37

5.3.3　渐变控制面板

在“渐变”控制面板中可以设置渐变参数，可选择“线性”或“径向”渐变，设置渐变的起始、中间和终止颜色，还可以设置渐变的位置和角度。

选择“窗口 > 渐变”命令，弹出“渐变”控制面板，如图 5-38 所示。从“类型”选项的下拉列表中可以选择“径向”或“线性”渐变方式，如图 5-39 所示。

在“角度”选项的数值框中显示当前的渐变角度，重新输入数值后按 Enter 键，可以改变渐变的角度，如图 5-40 所示。

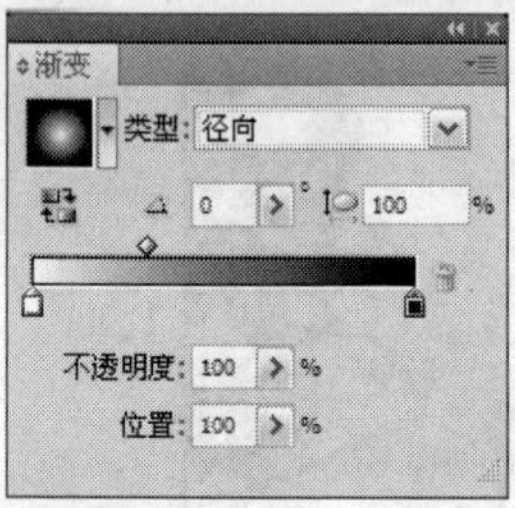

图 5-38

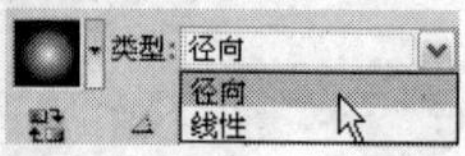

图 5-39

图 5-40

单击“渐变”控制面板下面的颜色滑块，在“位置”选项的数值框中显示出该滑块在渐变颜色中的颜色位置的百分比，如图 5-41 所示，拖动该滑块，改变该颜色的位置，将改变颜色的渐变梯度，如图 5-42 所示。

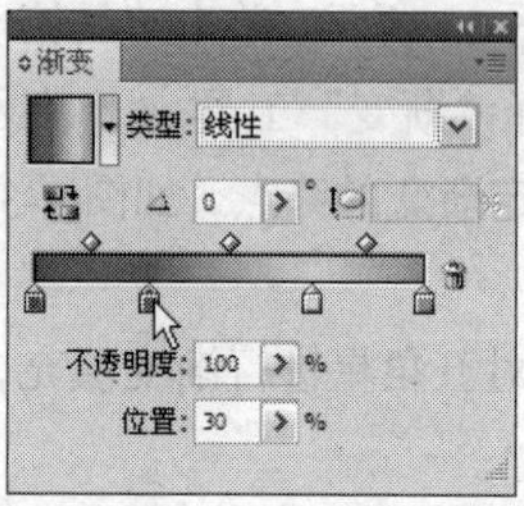

图 5-41

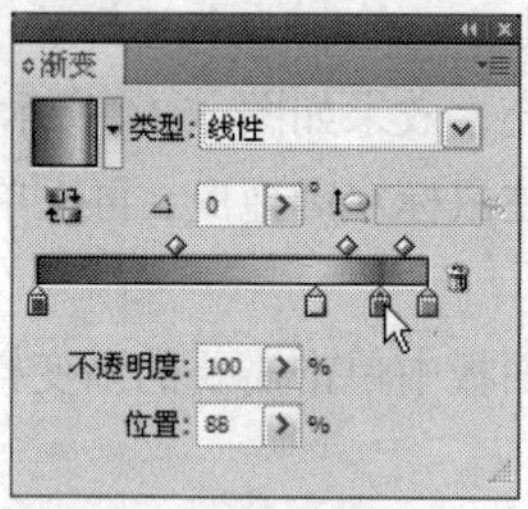

图 5-42

在渐变色谱条底边单击，可以添加一个颜色滑块，如图 5-43 所示，在“颜色”控制面板中调配颜色，如图 5-44 所示，可以改变添加的颜色滑块的颜色，如图 5-45 所示。用鼠标按住颜色滑块不放并将其拖出到“渐变”控制面板外，可以直接删除颜色滑块。

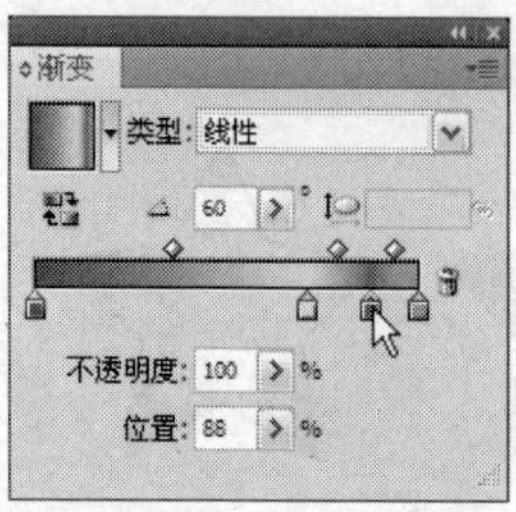

图 5-43

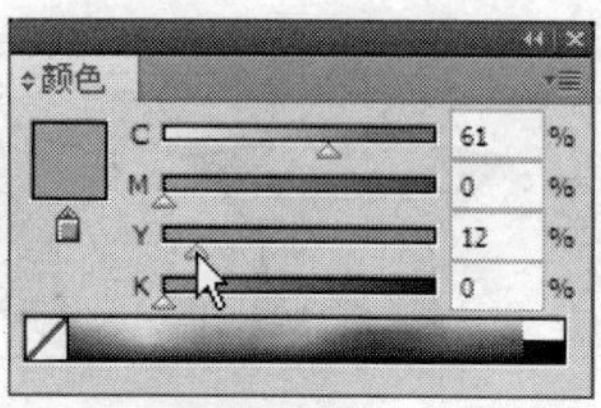

图 5-44

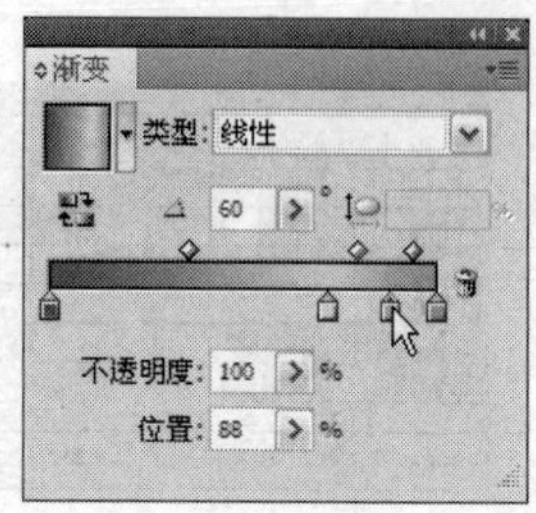

图 5-45

提示 双击渐变色谱条上的颜色滑块，弹出颜色面板，可以快速选取所需的颜色。

5.3.4 渐变填充的样式

1. 线性渐变填充

线性渐变填充是一种比较常用的渐变填充方式，通过“渐变”控制面板，可以精确地指定线性渐变的起始和终止颜色，还可以调整渐变方向。通过调整中心点的位置，可以生成不同的颜色渐变效果。当需要绘制线性渐变填充图形时，可按以下步骤操作。

选择绘制好的图形，如图 5-46 所示。双击“渐变”工具或选择“窗口 > 渐变”命令（组合键为 Ctrl+F9），弹出“渐变”控制面板。在“渐变”控制面板色谱条中，显示程序默认的白色到黑色的线性渐变样式，如图 5-47 所示。在“渐变”控制面板的“类型”选项的下拉列表中选择“线性”渐变类型，如图 5-48 所示，图形将被线性渐变填充，效果如图 5-49 所示。

图 5-46

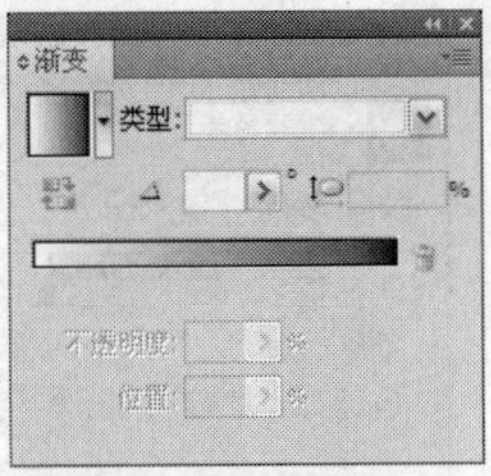

图 5-47

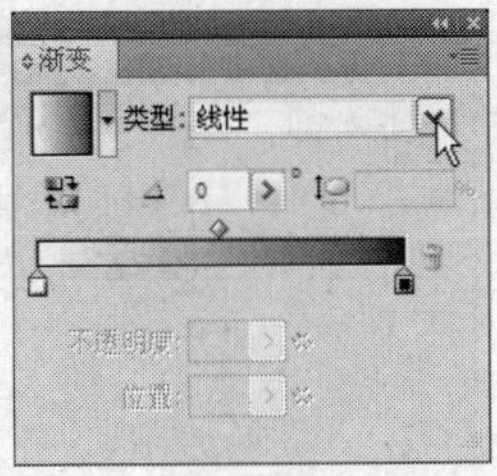

图 5-48

图 5-49

单击“渐变”控制面板中的起始颜色游标，如图 5-50 所示。然后在“颜色”控制面板中调配所需的颜色，设置渐变的起始颜色。再单击终止颜色游标，如图 5-51 所示，设置渐变的终止颜色，效果如图 5-52 所示，图形的线性渐变填充效果如图 5-53 所示。

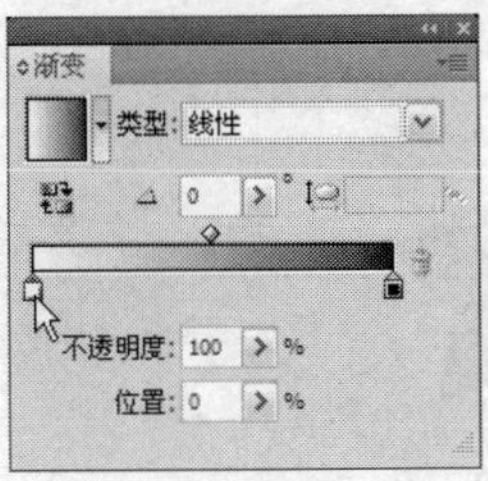

图 5-50

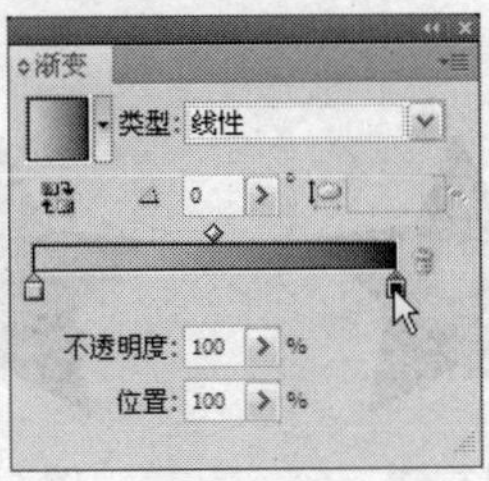

图 5-51

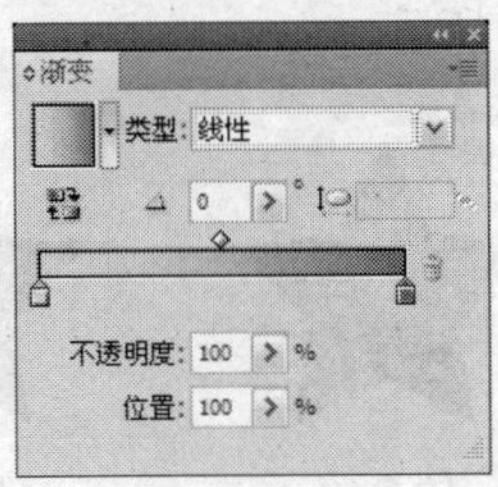

图 5-52

图 5-53

拖动色谱条上边的控制滑块，可以改变颜色的渐变位置，如图 5-54 所示。“位置”数值框中的数值也会随之发生变化，设置“位置”数值框中的数值也可以改变颜色的渐变位置，图形的线性渐变填充效果也将改变，如图 5-55 所示。

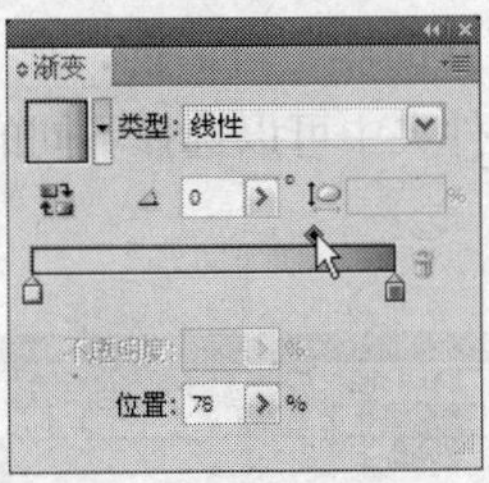

图 5-54

图 5-55

如果要改变颜色渐变的方向，可选择“渐变”工具直接在图形中拖曳即可。当需要精确地改变渐变方向时，可通过“渐变”控制面板中“角度”选项来控制图形的渐变方向。

2．径向渐变填充

径向渐变填充是 Illustrator CS5 的另一种渐变填充类型，与线性渐变填充不同，它是从起始颜色以圆的形式向外发散，逐渐过渡到终止颜色。它的起始颜色和终止颜色，以及渐变填充中心点的位置都是可以改变的。使用径向渐变填充可以生成多种渐变填充效果。

选择绘制好的图形，如图 5-56 所示。双击“渐变”工具或选择“窗口 > 渐变”命令（组合键为 Ctrl+F9），弹出“渐变”控制面板。在“渐变”控制面板色谱条中，显示程序默认的白色到黑色的线性渐变样式，如图 5-57 所示。在“渐变”控制面板的“类型”选项的下拉列表中选择“径向”渐变类型，如图 5-58 所示，图形将被径向渐变填充，效果如图 5-59 所示。

图 5-56

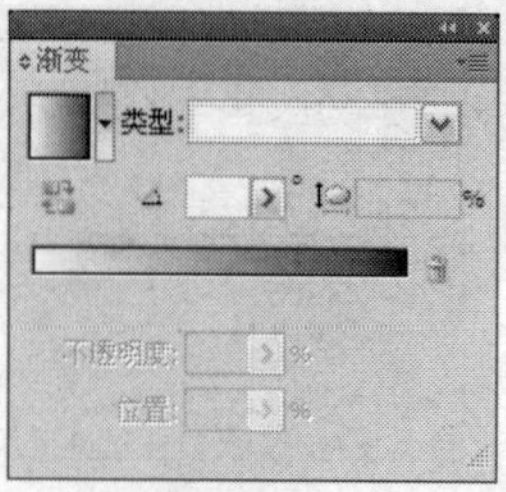

图 5-57

图 5-58

图 5-59

单击“渐变”控制面板中的起始颜色游标或终止颜色游标，然后在“颜色”控制面板中调配颜色，即可改变图形的渐变颜色，效果如图 5-60 所示。拖动色谱条上边的控制滑块，可以改变颜色的中心渐变位置，效果如图 5-61 所示。使用“渐变”工具绘制，可改变径向渐变的中心位置，效果如图 5-62 所示。

图 5-60

图 5-61

图 5-62

5.3.5 使用渐变库

除了在“色板”控制面板中提供的渐变样式外，Illustrator CS5 还提供了一些渐变库。选择“窗口 > 色板库 > 其他库”命令，弹出“选择要打开的库”对话框，在“色板 > 渐变”文件夹内包含了系统提供的渐变库，如图 5-63 所示，在文件夹中可以选择不同的渐变库，选择后单击“打开”按钮，渐变库的效果如图 5-64 所示。

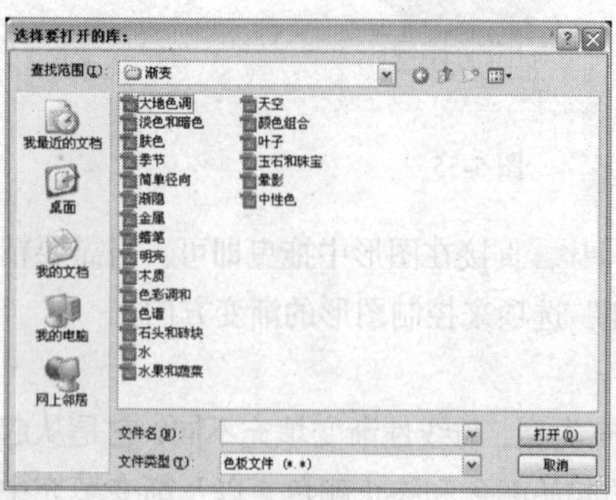

图 5-63

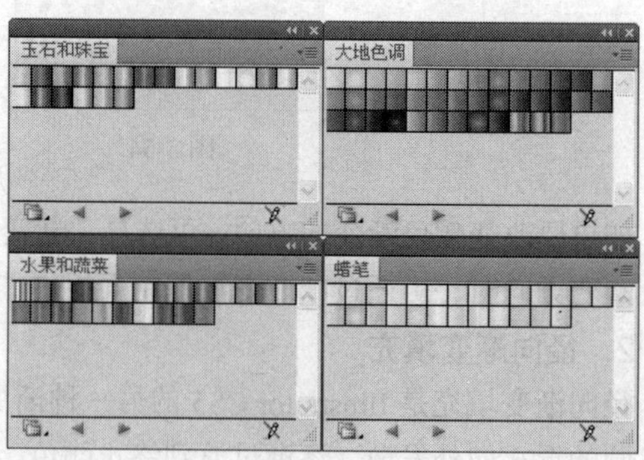

图 5-64

5.4 图案填充

图案填充是绘制图形的重要手段，使用合适的图案填充可以使绘制的图形更加生动形象。

5.4.1 使用图案填充

选择“窗口 > 色板库 > 图案”命令，可以选择自然、装饰等多种图案填充图形，如图 5-65 所示。

使用“星形”工具，绘制一个五角星，如图 5-66 所示。在工具箱下方选择描边按钮，再在“自然_叶子”控制面板中选择需要的图案，如图 5-67 所示。图案填充到五角星的描边上，效果如图 5-68 所示。

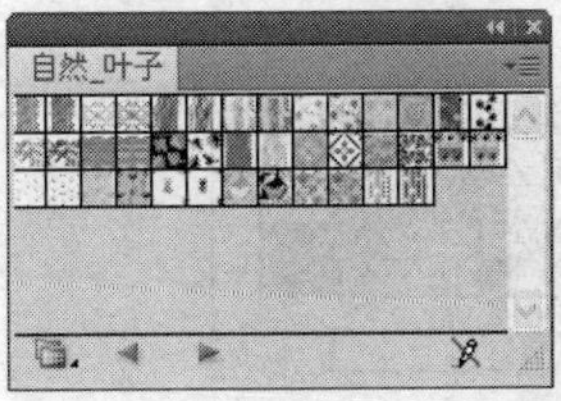

图 5-65

图 5-66

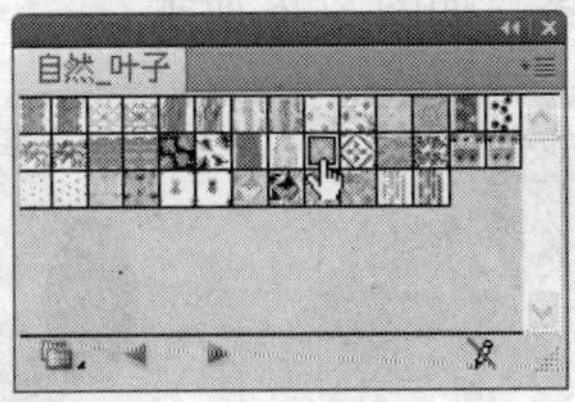

图 5-67

图 5-68

在工具箱下方选择填充按钮，在“自然_叶子”控制面板中单击选择需要的图案，如图 5-69 所示。图案填充到五角星的内部，效果如图 5-70 所示。

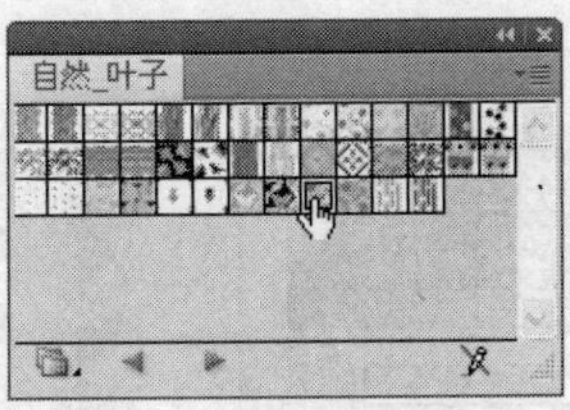

图 5-69

图 5-70

5.4.2 创建图案填充

在 Illustrator CS5 中可以将基本图形定义为图案，作为图案的图形不能包含图案和位图。

使用“多边形”工具，绘制 4 个多边形，同时选取 4 个多边形，效果如图 5-71 所示。

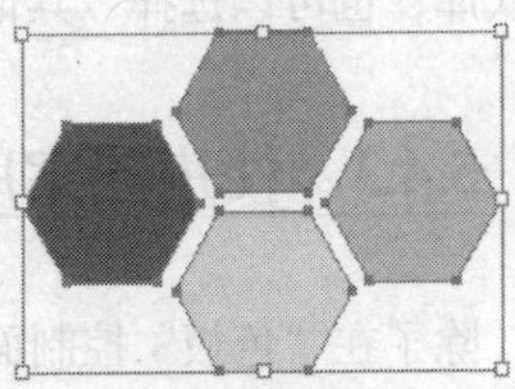
图 5-71

选择“编辑 > 定义图案”命令，弹出“新建色板”对话框，如图 5-72 所示设置，单击“确定”按钮，定义的图案就添加到“色板”控制面板中了，效果如图 5-73 所示。

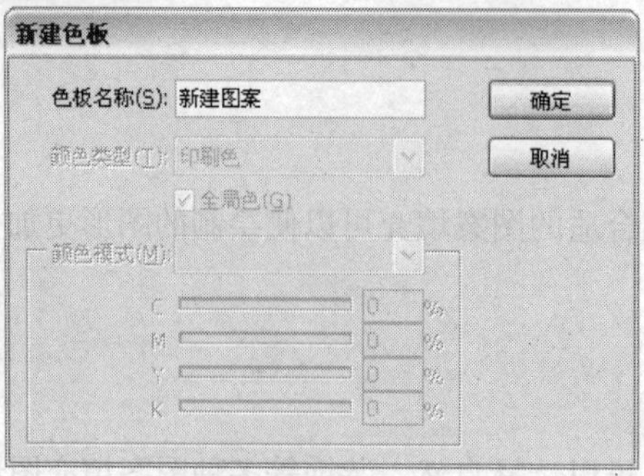

图 5-72

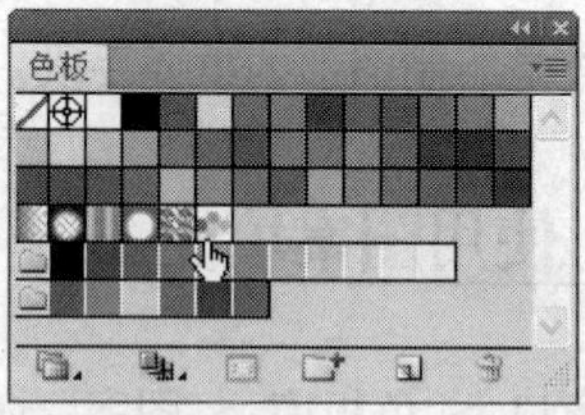

图 5-73

在“色板”控制面板中单击新定义的图案，并将其拖曳到页面上，效果如图 5-74 所示。选择“对象 > 取消编组”命令，取消图案组合，可以重新编辑图案，效果如图 5-75 所示。选择“对象 > 编组”命令，将新编辑的图案组合，将图案拖曳到“色板”控制面板中，在“色板”控制面板中添加了新定义的图案，如图 5-76 所示。

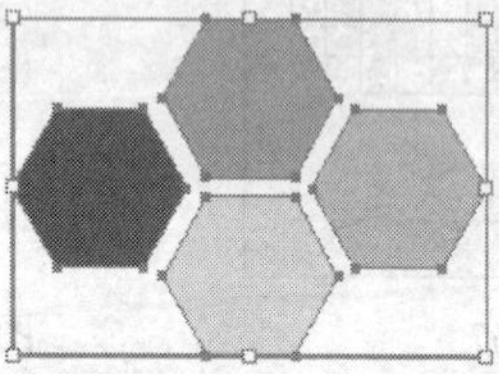

图 5-74

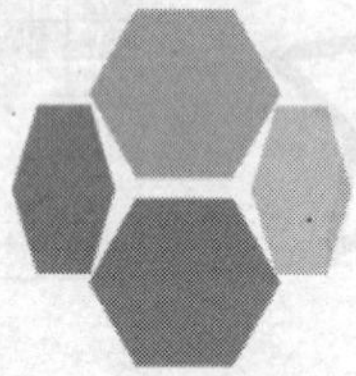

图 5-75

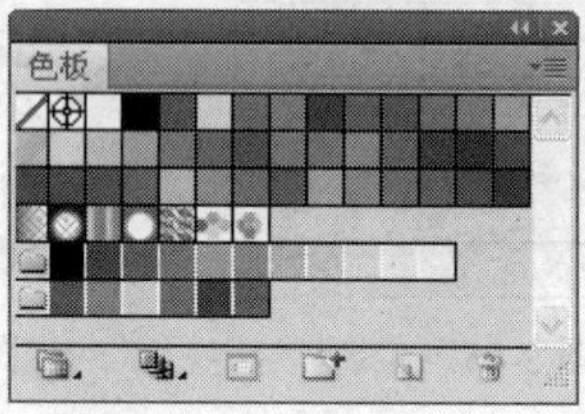

图 5-76

绘制一个图形，效果如图 5-77 所示。在“色板”控制面板中单击新定义的图案，如图 5-78 所示，图案填充效果如图 5-79 所示。

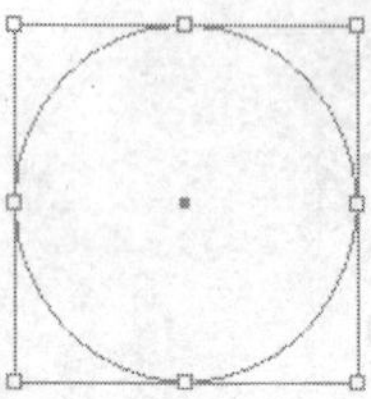

图 5-77

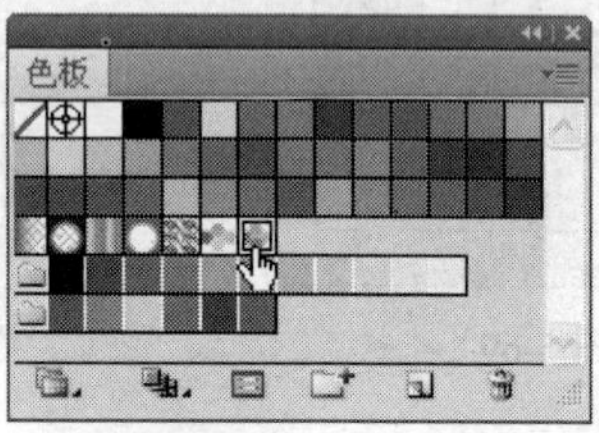

图 5-78

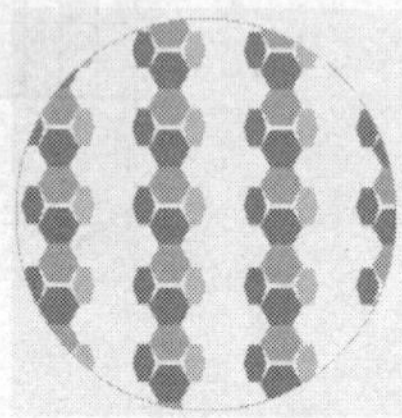

图 5-79

Illustrator 自带一些图案库。选择“窗口 > 图形样式库”子菜单下的各种样式，加载不同的样式库；也可以选择“其他库”命令来加载外部样式库。

5.4.3 使用图案库

除了在“色板”控制面板中提供的图案外，Illustrator CS5 还提供了一些图案库。选择“窗口 > 色板库 > 其他库”命令，弹出“选择要打开的库”对话框，在“色板 > 图案”文件夹包含了系统提供的渐变库，如图 5-80 所示，在文件夹中可以选择不同的图案库，选择后单击“打开”按钮，图案库的效果如图 5-81 所示。

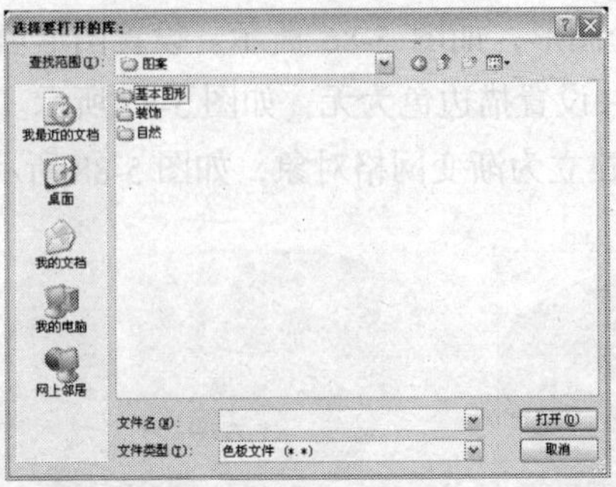

图 5-80

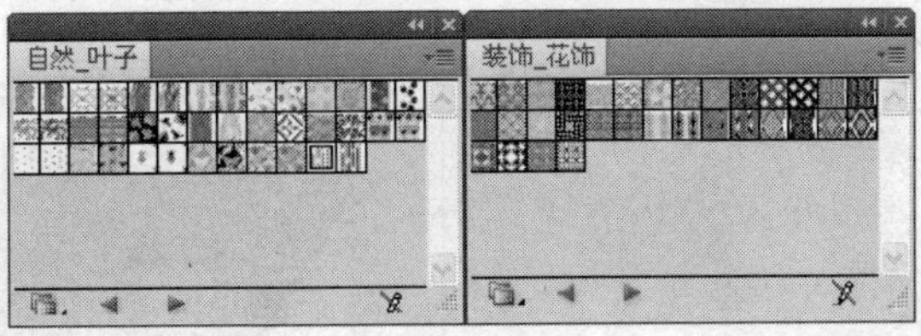

图 5-81

5.5 渐变网格填充

应用渐变网格功能可以制作出图形颜色细微之处的变化，并且易于控制图形颜色。使用渐变网格可以对图形应用多个方向、多种颜色的渐变填充。

5.5.1 课堂案例——绘制特效标签

【案例学习目标】学习使用钢笔工具、网格工具、文字工具和透明度面板绘制特效标签。

【案例知识要点】使用矩形工具和渐变工具制作背景图和投影效果。使用钢笔工具和网格工具绘制标签主体。使用钢笔工具、椭圆工具和透明度面板绘制装饰图形。使用文字工具添加宣传文字。特效标签效果如图 5-82 所示。

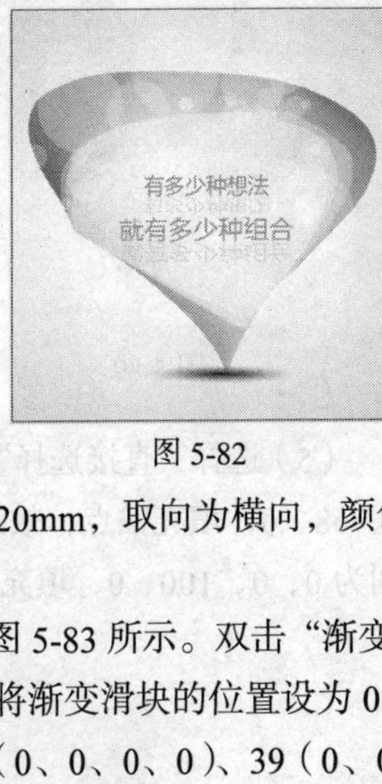

图 5-82

【效果所在位置】光盘/Ch05/效果/绘制特效标签.ai。

1. 绘制背景

（1）按 Ctrl+N 组合键，新建一个文档，宽度为 210mm，高度为 220mm，取向为横向，颜色模式为 CMYK，单击“确定”按钮。

（2）选择“矩形”工具，绘制一个与页面大小相等的矩形，如图 5-83 所示。双击“渐变”工具，弹出“渐变”控制面板，在色带上设置 4 个渐变滑块，分别将渐变滑块的位置设为 0、7、39、100，并设置 C、M、Y、K 的值分别为：0（0、0、0、0）、7（0、0、0、0）、39（0、0、0、40）、100（0、0、0、100），其他选项的设置如图 5-84 所示，图形被填充为渐变色。再选择“渐变”工具，在图片上拖曳渐变色，并设置描边色为无，效果如图 5-85 所示。

图 5-83

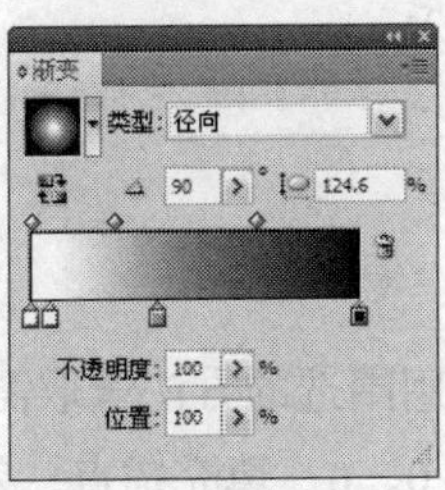

图 5-84

图 5-85

（3）选择“钢笔”工具，在适当的位置绘制一个图形，如图 5-86 所示。设置图形填充色的 C、M、Y、K 值分别为 0、42、18、0，填充图形，并设置描边色为无，如图 5-87 所示。选择“网格”工具，在图形的中间区域单击鼠标，将图形建立为渐变网格对象，如图 5-88 所示。

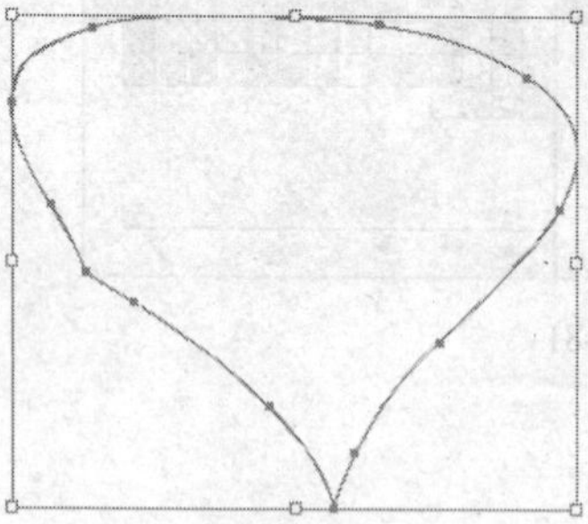
图 5-86

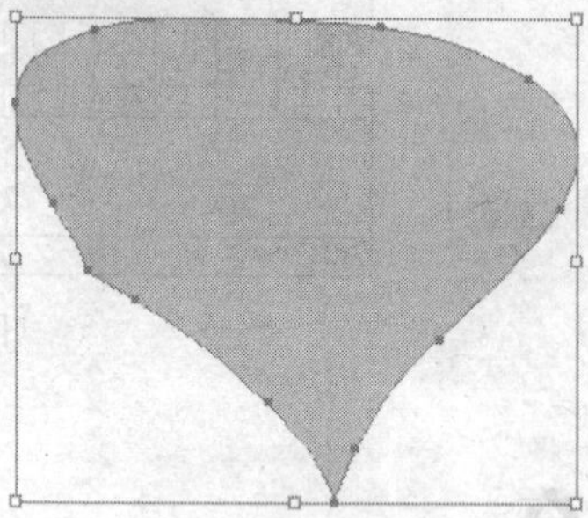
图 5-87

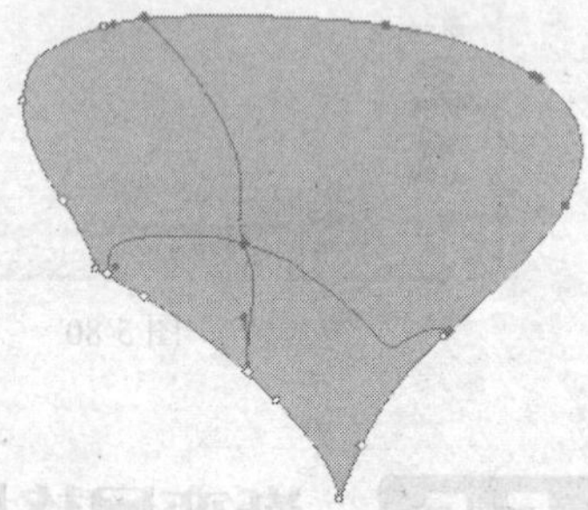
图 5-88

（4）选择“直接选择”工具，选中网格中间的锚点，填充为白色，效果如图 5-89 所示。用圈选的方法选取需要的锚点，如图 5-90 所示。设置填充色的 C、M、Y、K 值分别为 65、0、25、0，填充锚点，效果如图 5-91 所示。

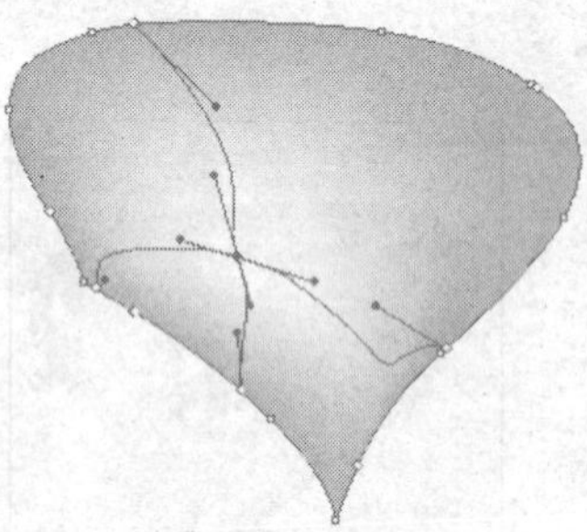
图 5-89

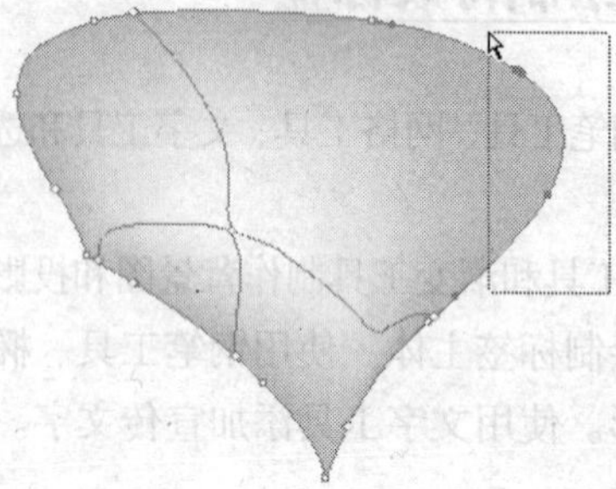
图 5-90

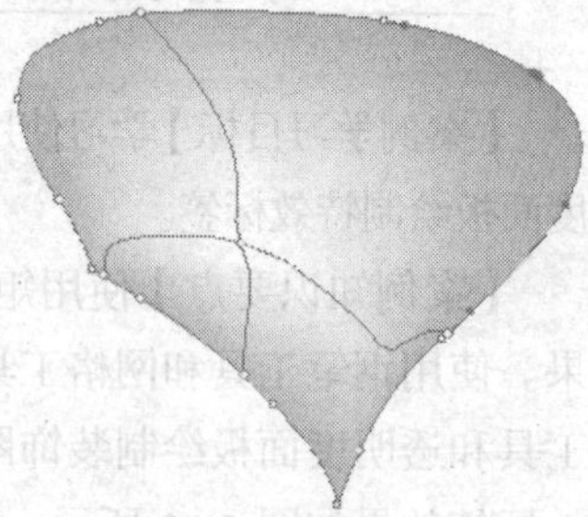
图 5-91

（5）选择“直接选择”工具，选中需要的锚点，设置填充色的 C、M、Y、K 值分别为 20、0、68、0，填充锚点，效果如图 5-92 所示。选中需要的锚点，设置填充色的 C、M、Y、K 值分别为 0、0、100、0，填充锚点，效果如图 5-93 所示。

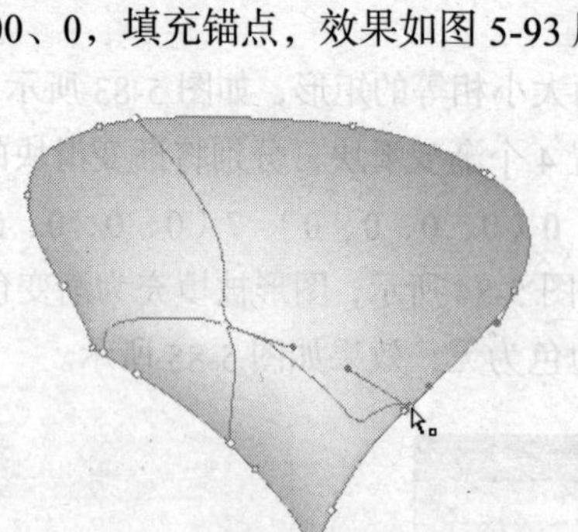
图 5-92

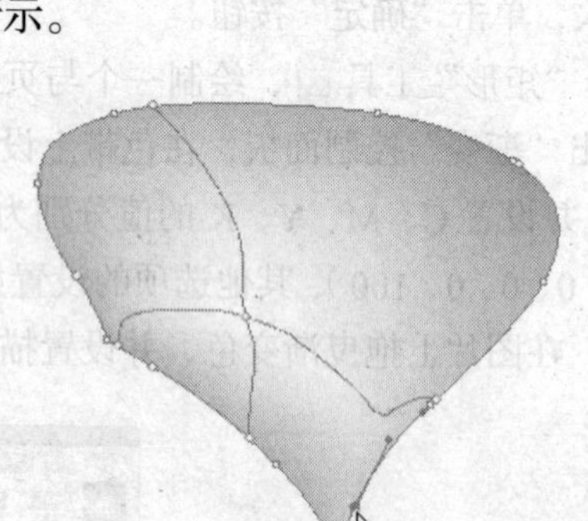
图 5-93

（6）选择“直接选择”工具，用圈选的方法选取需要的锚点，如图 5-94 所示。设置填充色的 C、M、Y、K 值分别为 27、67、0、0，填充锚点，效果如图 5-95 所示。

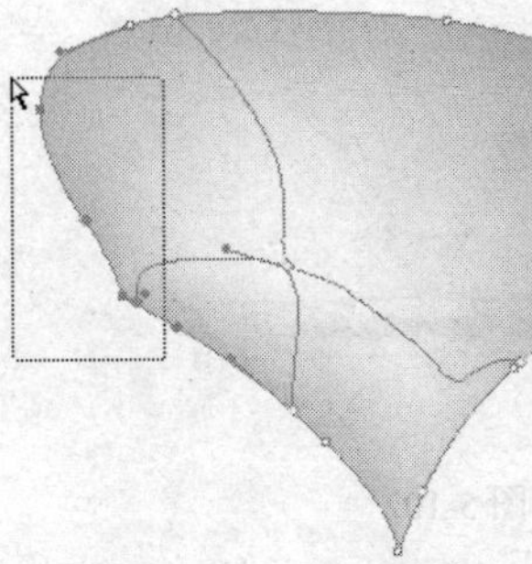

图 5-94

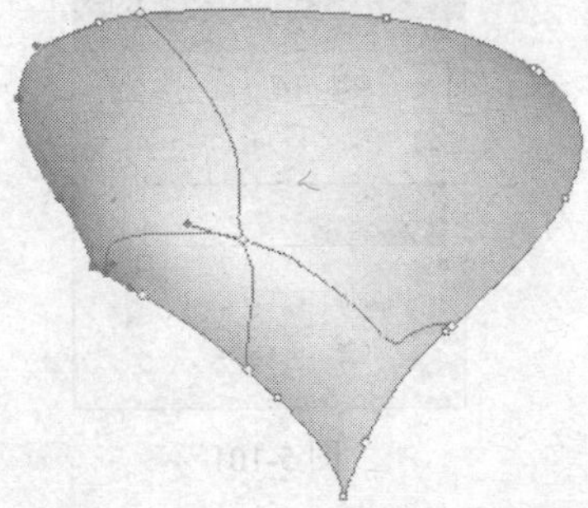

图 5-95

（7）选择“选择”工具，按 Ctrl+C 组合键，复制图形，按 Ctrl+F 组合键，将复制的图形粘贴在前面，如图 5-96 所示。选择“窗口 > 透明度”命令，弹出“透明度”面板，选项的设置如图 5-97 所示，效果如图 5-98 所示。

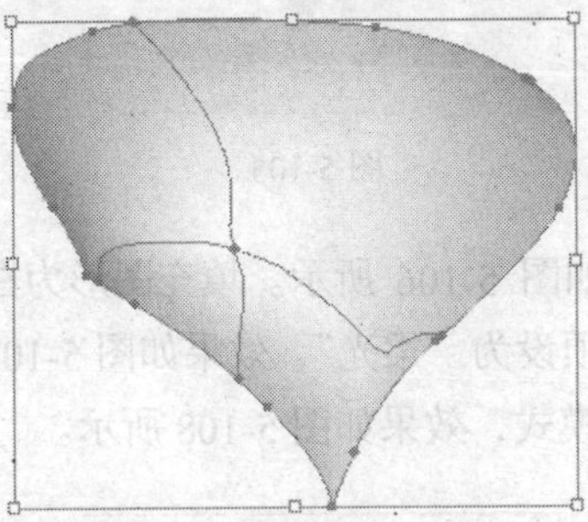

图 5-96

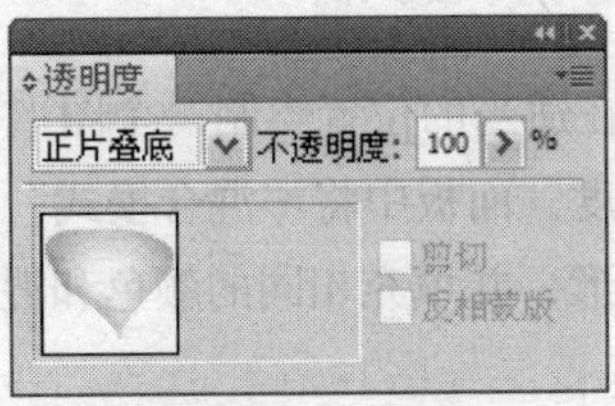

图 5-97

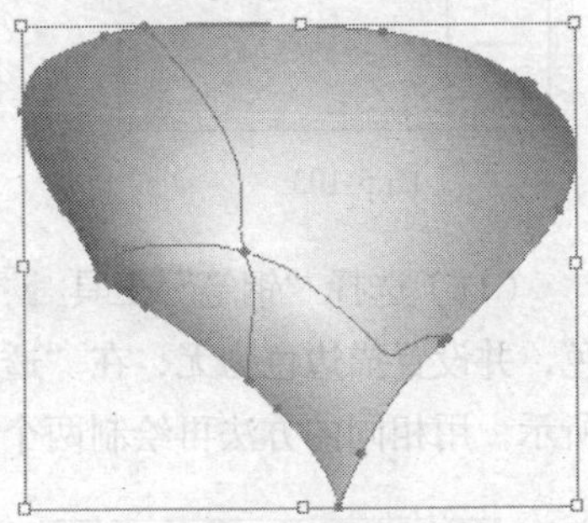

图 5-98

（8）选择“选择”工具，将两个图形同时选取，拖曳到适当的位置，如图 5-99 所示。选择“钢笔”工具，图形下方绘制一个新的图形，如图 5-100 所示。

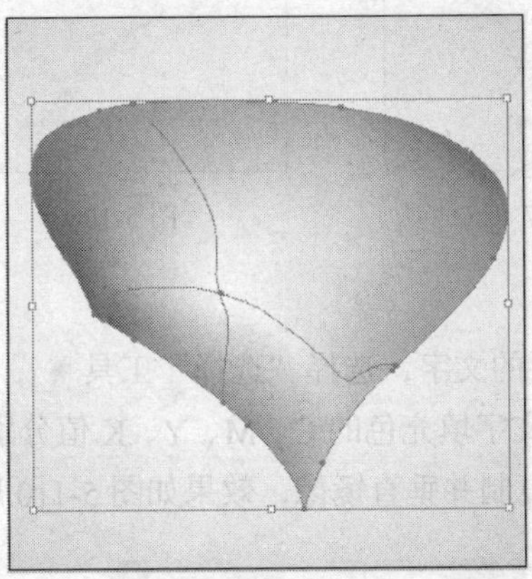

图 5-99

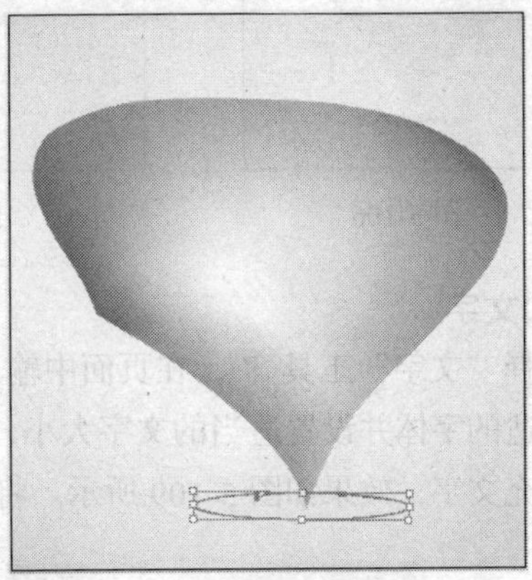

图 5-100

（9）双击“渐变”工具，弹出“渐变”控制面板，在色带上设置 2 个渐变滑块，分别将渐变滑块的位置设为 0、100，并设置 C、M、Y、K 的值分别为：0（0、0、0、100）、100（0、0、0、0），其他选项的设置如图 5-101 所示，图形被填充为渐变色，并设置描边色为无，效果如图 5-102 所示。

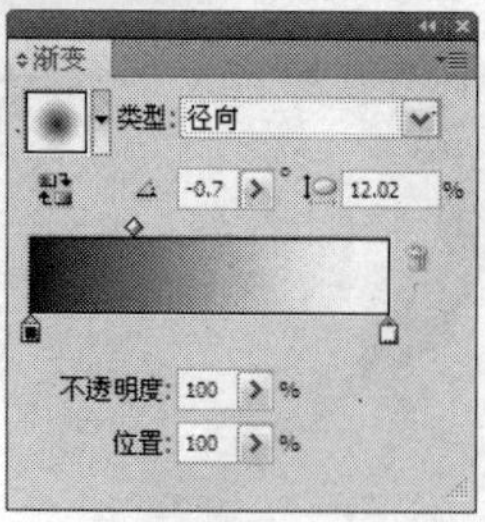

图 5-101

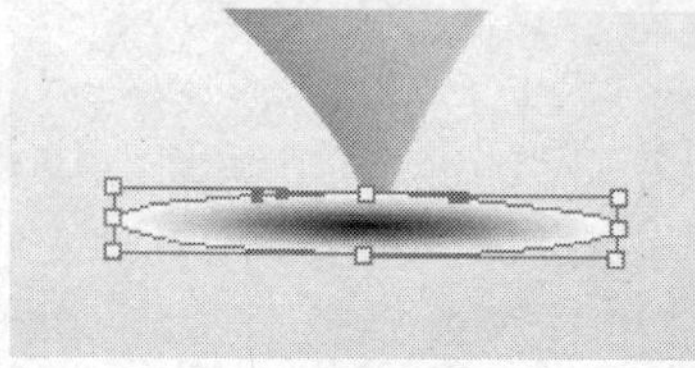

图 5-102

（10）选择“选择”工具，选取图形，在“透明度”面板中进行设置，如图 5-103 所示，效果如图 5-104 所示。连续按 Ctrl+ [组合键，将其后移至网格图形后面，效果如图 5-105 所示。

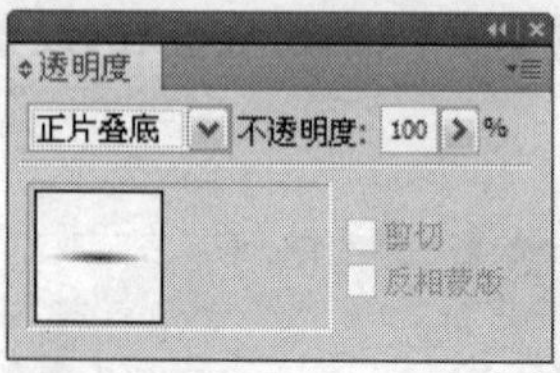

图 5-103

图 5-104

图 5-105

（11）选择“钢笔”工具，在适当的位置绘制一个图形，如图 5-106 所示。填充图形为白色，并设置描边色为无，在“透明度”面板中将“混合模式”选项设为“柔光”，效果如图 5-107 所示。用相同的方法再绘制两个图形，并填充相同的颜色和混合模式，效果如图 5-108 所示。

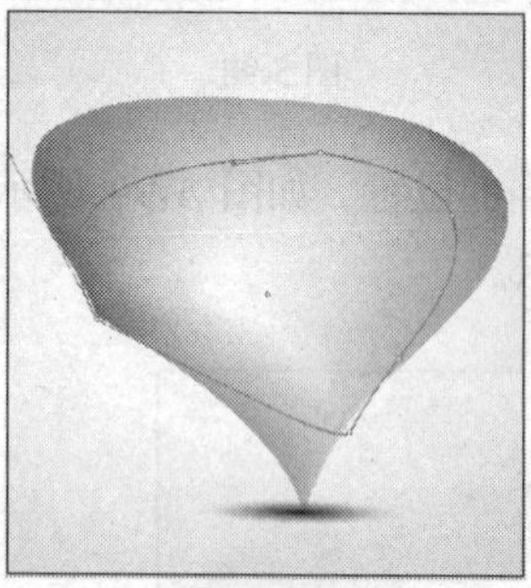

图 5-106

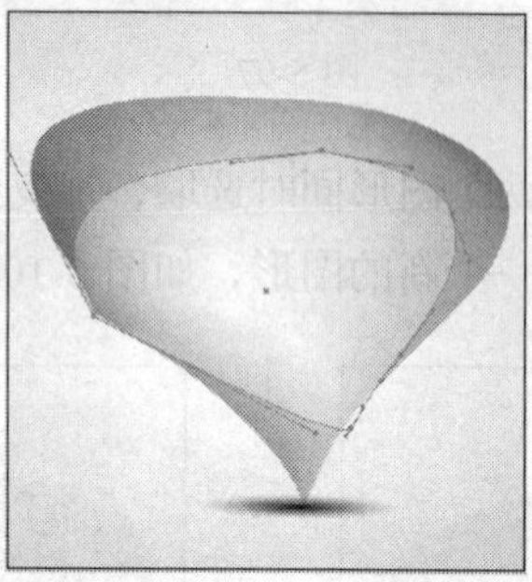

图 5-107

图 5-108

2. 添加文字

（1）选择“文字”工具，在页面中输入需要的文字，选择“选择”工具，在属性栏中分别选择合适的字体并设置适当的文字大小，设置文字填充色的 C、M、Y、K 值分别为 10、62、100、0，填充文字，效果如图 5-109 所示。将文字复制并垂直镜像，效果如图 5-110 所示。

图 5-109

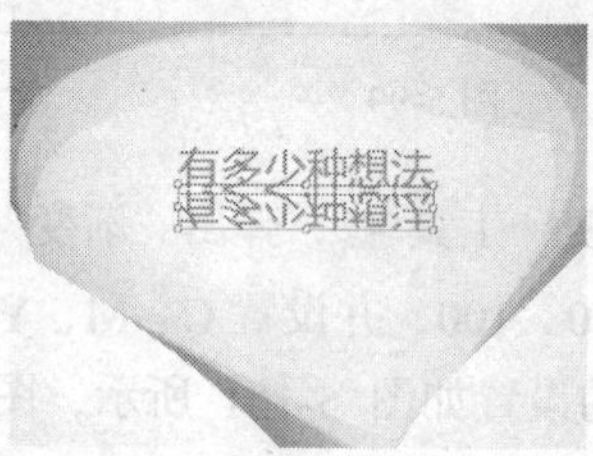

图 5-110

（2）在“透明度”面板中将“不透明度”选项设为 17%，效果如图 5-111 所示。用相同的方法输入并编辑下方的文字，效果如图 5-112 所示。

图 5-111

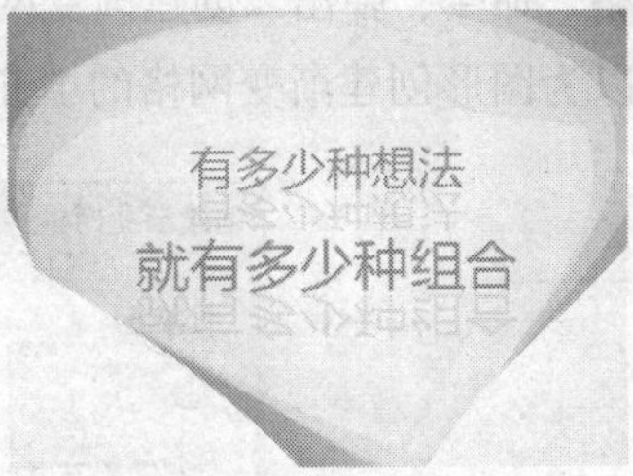

图 5-112

（3）选择“椭圆”工具，按住 Shift 键的同时，在页面中绘制一个圆形，填充为白色并设置描边色为无，在“属性栏”中将“不透明度”选项设为 30%，效果如图 5-113 所示。用相同的方法绘制其他装饰圆形，效果如图 5-114 所示。特效标签绘制完成。

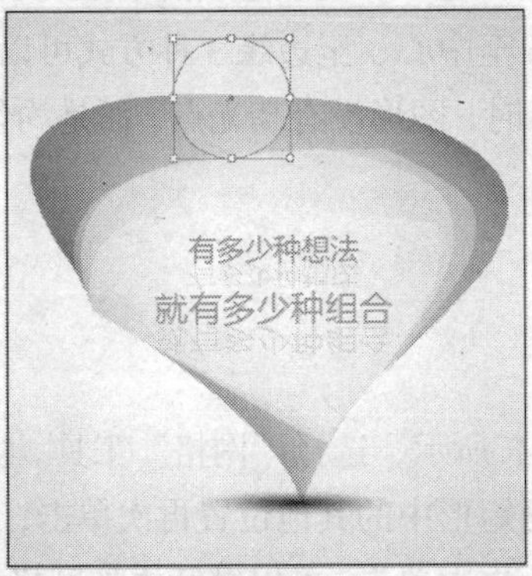

图 5-113

图 5-114

5.5.2 建立渐变网格

1. 使用网格工具建立渐变网格

使用“多边形”工具绘制一个多边形并保持其被选取状态，效果如图 5-115 所示。选择“网格”工具，在多边形中单击，将多边形建立为渐变网格对象，在多边形中增加了横竖两条线交叉形成的网格，如图 5-116 所示，继续在多边形中单击，可以增加新的网格，效果如图 5-117 所示。

在网格中横竖两条线交叉形成的点就是网格点，而横、竖线就是网格线。

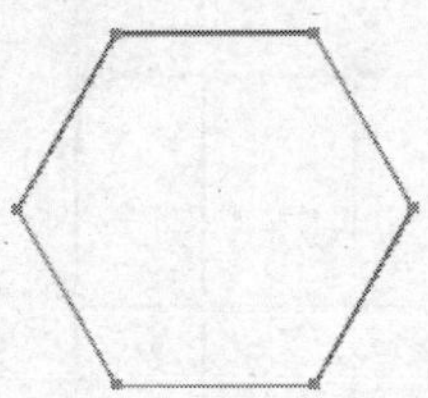
图 5-115

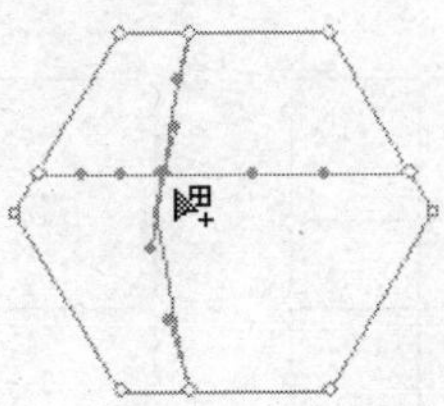
图 5-116

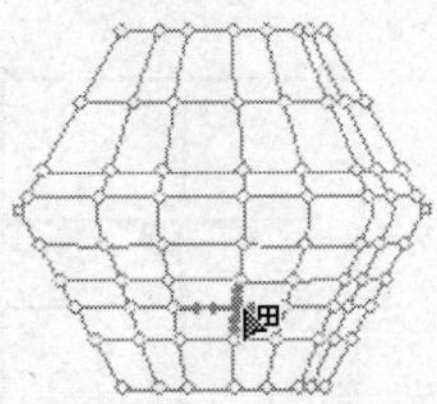
图 5-117

2. 使用“创建渐变网格”命令创建渐变网格

使用“多边形”工具绘制一个多边形并保持其被选取状态，效果如图 5-118 所示。选择“对象 > 创建渐变网格”命令，弹出“创建渐变网格”对话框，如图 5-119 所示，设置数值后，单击“确定”按钮，可以为图形创建渐变网格的填充，效果如图 5-120 所示。

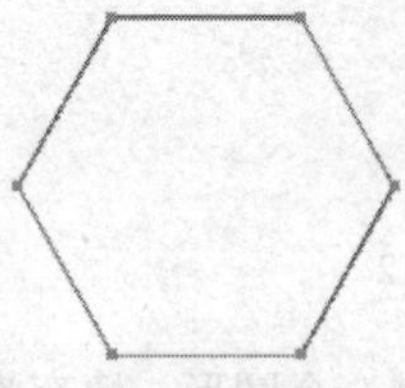
图 5-118

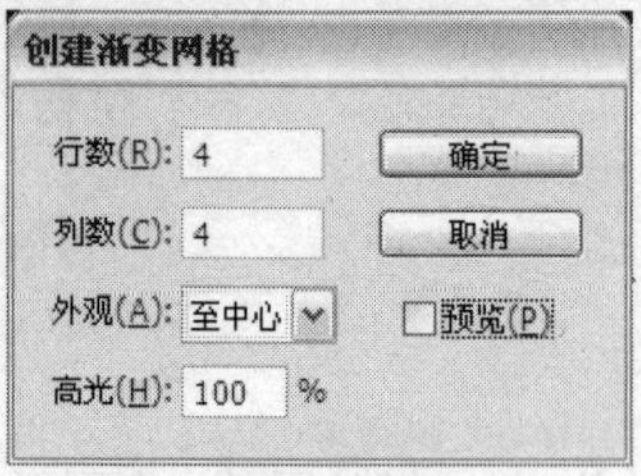

图 5-119

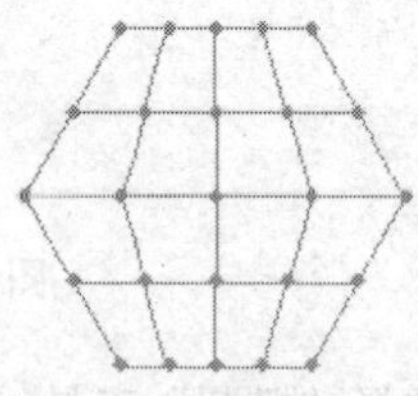
图 5-120

在“创建渐变网格”对话框中，“行数”选项的数值框中可以输入水平方向网格线的行数；“列数”选项的数值框中可以输入垂直方向网格线的列数；在“外观”选项的下拉列表中可以选择创建渐变网格后图形高光部位的表现方式，有至淡色、至中心、至边缘 3 种方式可以选择；“高光”选项的数值框中可以设置高光处的强度，当数值为 0 时，图形没有高光点，而是均匀的颜色填充。

5.5.3 编辑渐变网格

1. 添加网格点

选择“圆角矩形”工具绘制图形，如图 5-121 所示，选择“网格”工具在圆角矩形中单击，建立渐变网格对象，如图 5-122 所示，在圆角矩形中的其他位置再次单击，可以添加网格点，如图 5-123 所示，同时添加了网格线。在网格线上再次单击，可以继续添加网格点，如图 5-124 所示。

图 5-121

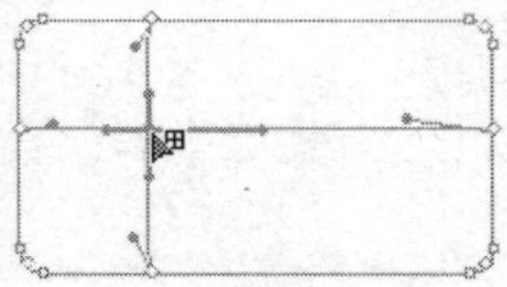
图 5-122

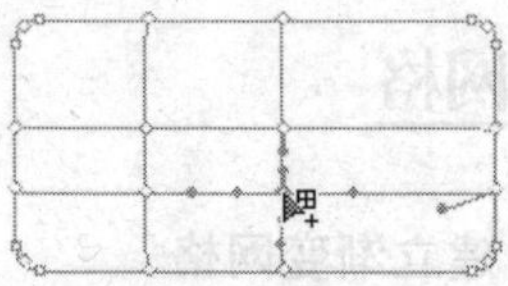
图 5-123

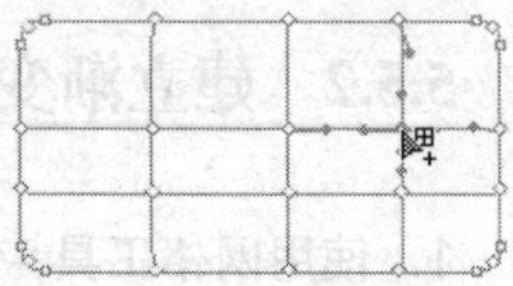
图 5-124

2. 删除网格点

使用“网格”工具或“直接选择”工具单击选中网格点，如图 5-125 所示，再按 Delete 键，即可将网格点删除，效果如图 5-126 所示。

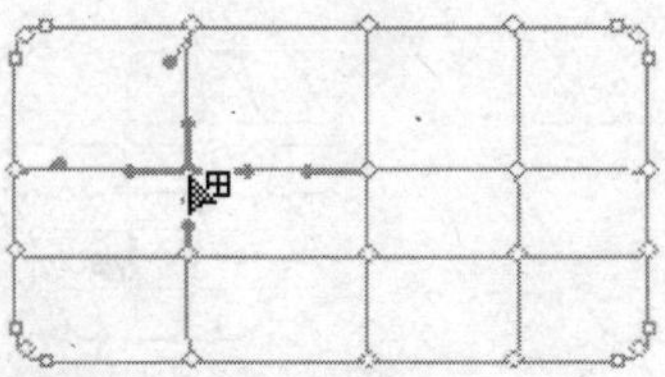
图 5-125

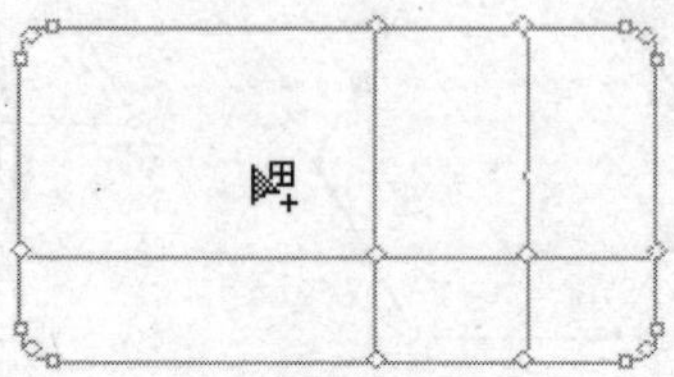
图 5-126

3. 编辑网格颜色

使用“直接选择”工具单击选中网格点，如图 5-127 所示，在“色板”控制面板中单击需要的颜色块，如图 5-128 所示，可以为网格点填充颜色，效果如图 5-129 所示。

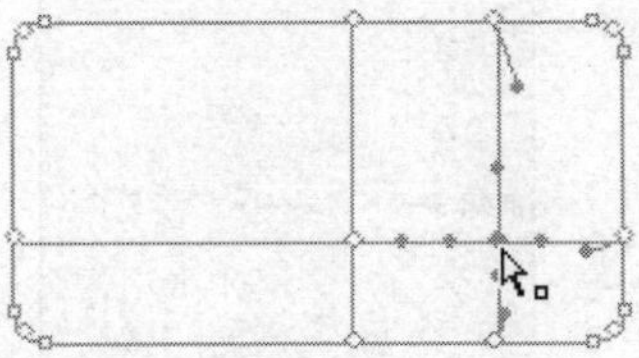

图 5-127

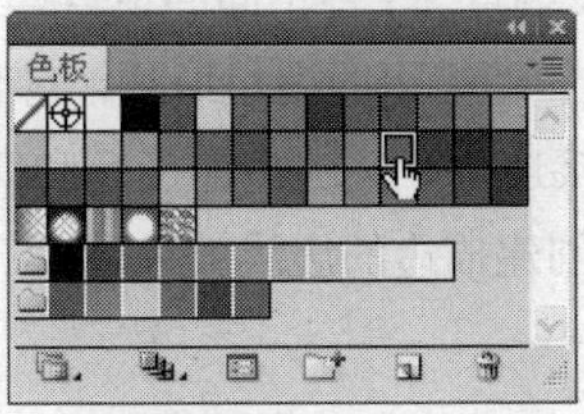

图 5-128

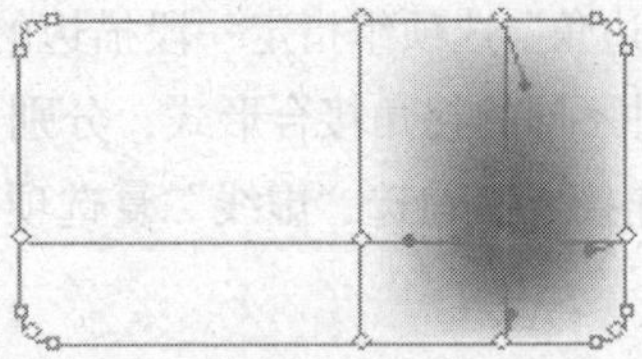

图 5-129

使用“直接选择”工具单击选中网格，如图 5-130 所示，在“色板”控制面板中单击需要的颜色块，如图 5-131 所示，可以为网格填充颜色，效果如图 5-132 所示。

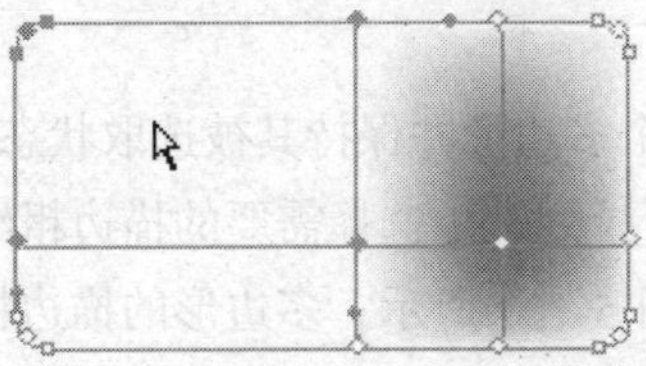

图 5-130

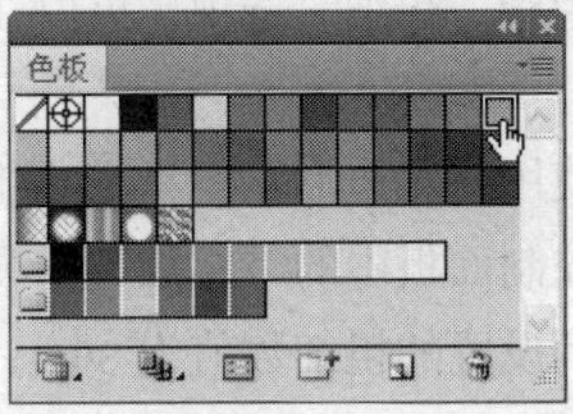

图 5-131

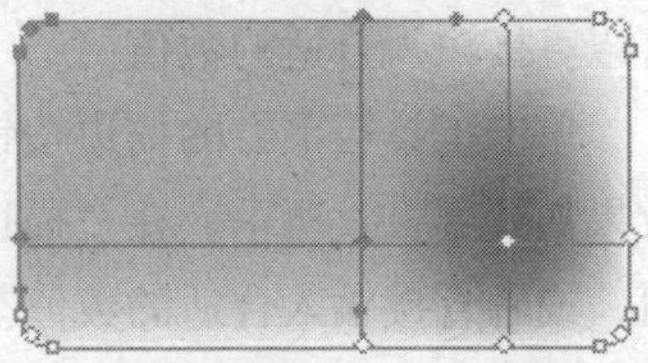

图 5-132

使用“网格”工具在网格点上单击并按住鼠标左键拖曳网格点，可以移动网格点，效果如图 5-133 所示。拖曳网格点的控制手柄可以调节网格线，效果如图 5-134 所示。

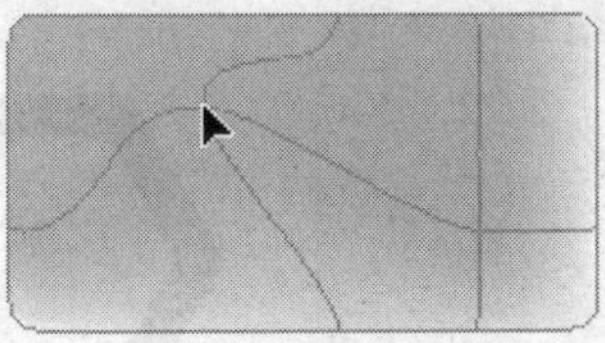

图 5-133

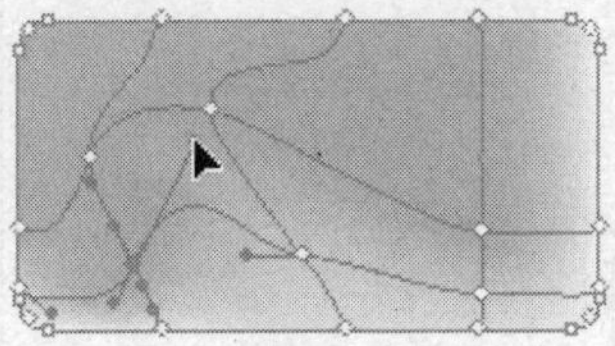

图 5-134

5.6 编辑描边

描边其实就是对象的描边线，对描边进行填充时，还可以对其进行一定的设置，如更改描边的形状、粗细以及设置为虚线描边等。

“图形样式”控制面板是 Illustrator CS5 中比较重要的控制面板，在“图形样式”控制面板中提供了多种已经预设好的填充和描边填充图案，可供用户选择使用。

5.6.1 使用“描边”控制面板

选择“窗口 > 描边”命令（组合键为 Ctrl+F10），弹出“描边”控制面板，如图 5-135 所示。“描边”控制面板主要用来设置对象描边的属性，如粗细、形状等。

在“描边”控制面板中，“粗细”选项设置描边的宽度。“限制”选项设置斜角的长度，它将决定描边沿路径改变方向时伸展的长度。“端点”选项组指定描边各线段的首端和尾端的形状样式，它有平头端点、圆头端点和方头端点3 种不同的顶点样式。“边角”选项组指定一段描边的拐点，即描边的拐角形状，它有 3 种不同的拐角接合形式，分别为斜接连接、圆角连接和斜角连接。勾选“虚线”复选项可以创建描边的虚线效果。

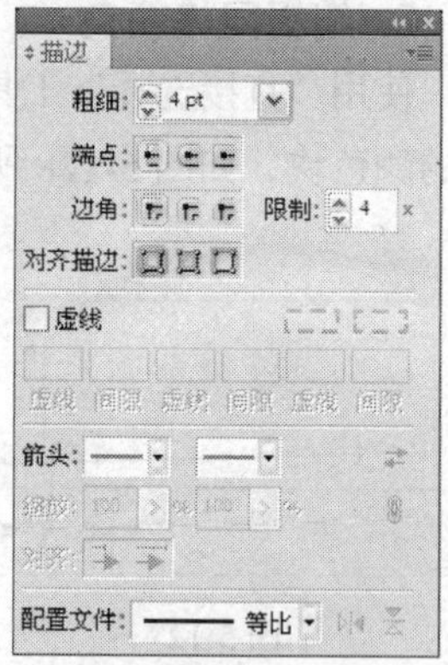

图 5-135

5.6.2 设置描边的粗细

当需要设置描边的宽度时，要用到“粗细”选项，可以在其下拉列表中选择合适的粗细，也可以直接输入合适的数值。

单击工具箱下方的描边按钮，使用“多边形”工具绘制一个多边形并保持其被选取状态，效果如图 5-136 所示。在“描边”控制面板中的“粗细”选项的下拉列表中选择需要的描边粗细值，或者直接输入合适的数值。本例设置的粗细数值为 30pt，如图 5-137 所示；多边形的描边粗细被改变，效果如图 5-138 所示。

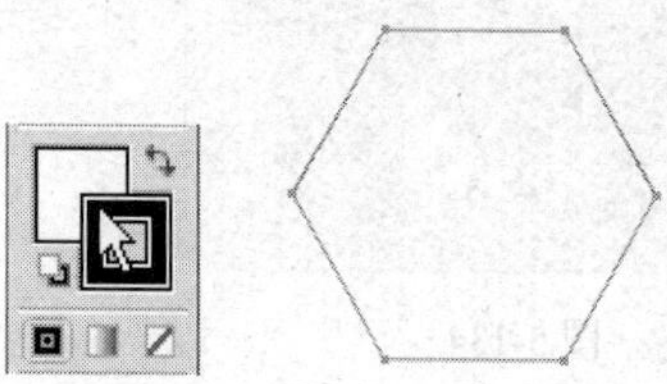

图 5-136

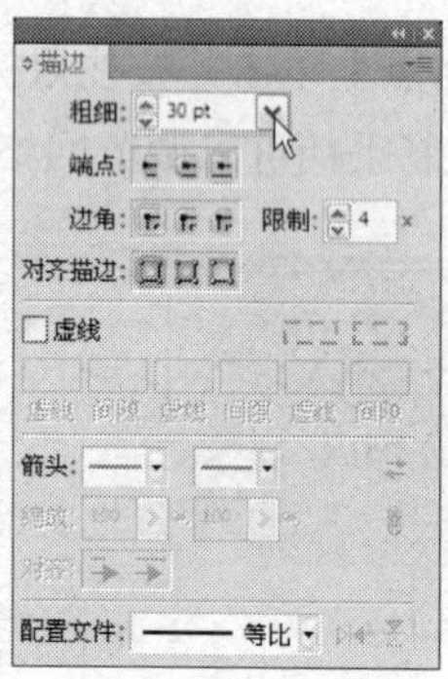

图 5-137

图 5-138

当要更改描边的单位时，可选择“编辑 > 首选项 > 单位和显示性能”命令，弹出“首选项”对话框，如图 5-139 所示。可以在“描边”选项的下拉列表中选择需要的描边单位。

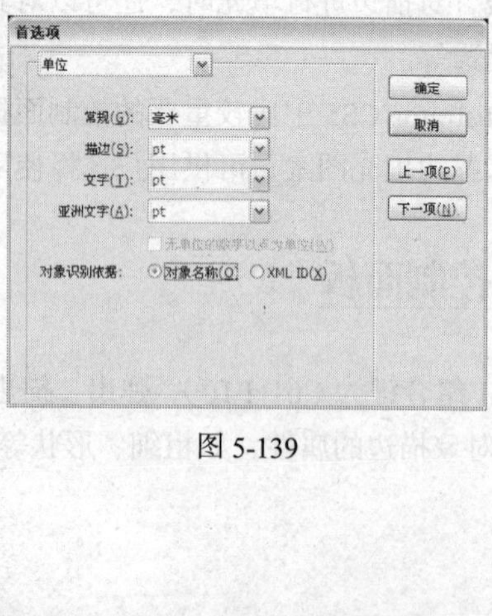

图 5-139

5.6.3　设置描边的填充

保持多边形被选取的状态，效果如图 5-140 所示。在“色板”控制面板中单击选取所需的填充样本，对象描边的填充效果如图 5-141 所示。

提示　不能使用渐变填充样本对描边进行填充。

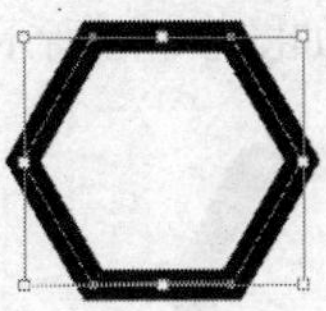

图 5-140

图 5-141

保持多边形被选取的状态，效果如图 5-142 所示。在“颜色”控制面板中调配所需的颜色，如图 5-143 所示，或双击工具箱下方的“描边填充”按钮，弹出“拾色器”对话框，如图 5-144 所示。在对话框中可以调配所需的颜色，对象描边的颜色填充效果如图 5-145 所示。

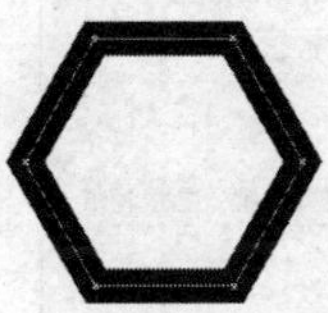

图 5-142

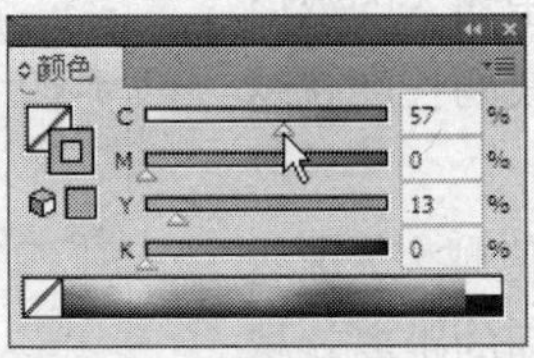

图 5-143

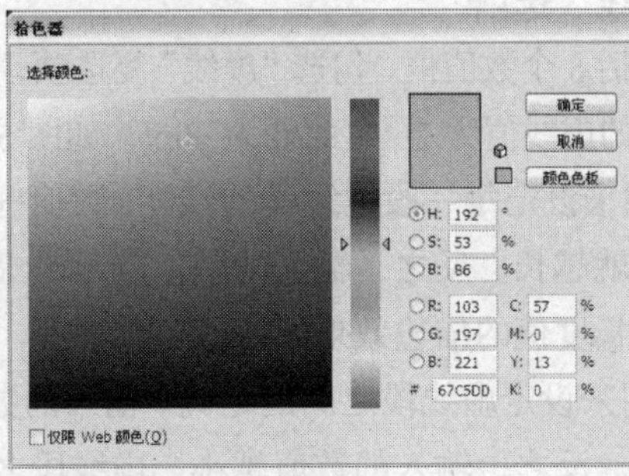

图 5-144

图 5-145

5.6.4　编辑描边的样式

1．设置“斜接限制”选项

“斜接限制”选项可以设置描边沿路径改变方向时的伸展长度。可以在其下拉列表中选择所需的数值，也可以在数值框中直接输入合适的数值，分别将“斜接限制”选项设置为 2 和 20 时的对象描边效果如图 5-146 所示。

图 5-146

2．设置“端点”和“边角”选项

端点是指一段描边的首端和末端，可以为描边的首端和末端选择不同的顶点样式来改变描边顶点的形状。使用“钢笔”工具绘制一段描边，单击“描边”控制面板中的 3 个不同端点样式的按钮，选定的端点样式会应用到选定的描边中，如图 5-147 所示。

图 5-147

边角是指一段描边的拐点，边角样式就是指描边拐角处的形状。该选项有斜接连接、圆角连接和斜角连接 3 种不同的转角边角样式。绘制多边形的描边，单击“描边”控制面板中的 3 个不同边角样式按钮，选定的边角样式会应用到选定的描边中，如图 5-148 所示。

图 5-148

3. 设置“虚线”选项

虚线选项里包括 6 个数值框，勾选“虚线”复选项，数值框被激活，第 1 个数值框默认的虚线值为 2pt，此处为 30pt，如图 5-149 所示。

“虚线”选项用来设定每一段虚线段的长度，数值框中输入的数值越大，虚线的长度就越长。反之，输入的数值越小，虚线的长度就越短。设置不同虚线长度值的描边效果如图 5-150 所示。

“间隙”选项用来设定虚线段之间的距离，输入的数值越大，虚线段之间的距离越大。反之，输入的数值越小，虚线段之间的距离就越小。设置不同虚线间隙的描边效果如图 5-151 所示。

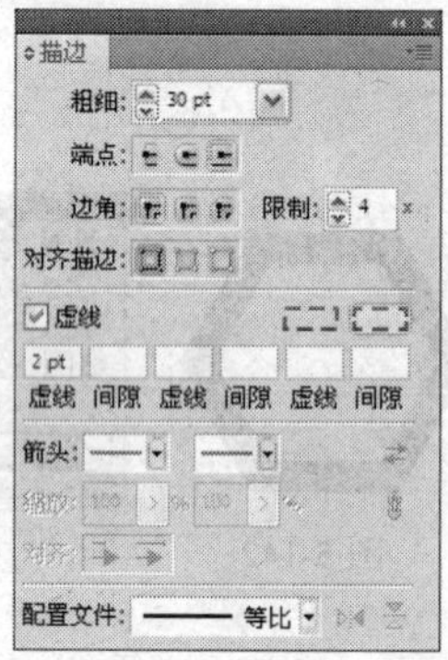

图 5-149

图 5-150

图 5-151

4. 设置“箭头”选项

在“描边”控制面板中有两个可供选择的下拉列表按钮，左侧的是“起始点箭头”，右侧的是“终点的箭头”。选中要添加箭头的曲线，如图 5-152 所示。单击“起始箭头”按钮，弹出“起始箭头”下拉列表框，单击需要的箭头样式，如图 5-153 所示，曲线的起始点会出现选择的箭头，效果如图 5-154 所示。单击“终点的箭头”按钮，弹出“终点的箭头”下拉列表框，单击需要的箭头样式，如图 5-155 所示，曲线的终点会出现选择的箭头，效果如图 5-156 所示。

图 5-152

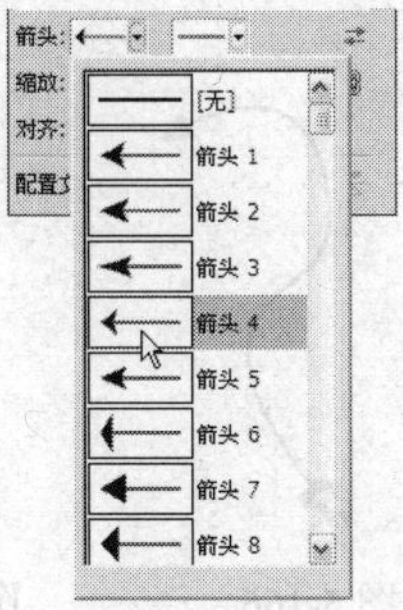

图 5-153

图 5-154

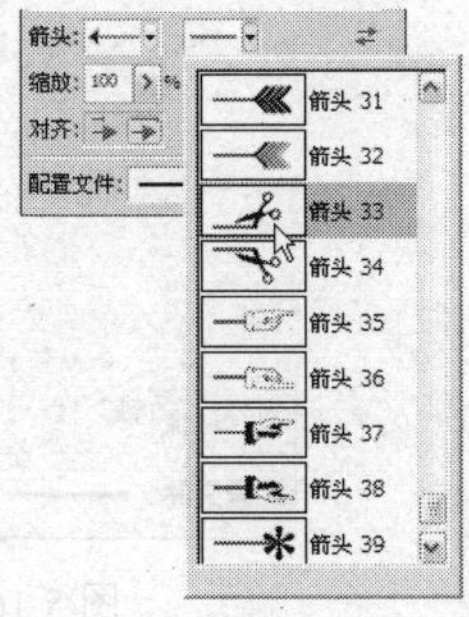

图 5-155

图 5-156

“互换箭头起始处和结束处”按钮可以互换起始箭头和终点箭头。选中曲线，如图 5-157 所示。在“描边”控制面板中单击“互换箭头起始处和结束处”按钮，如图 5-158 所示，效果如图 5-159 所示。

图 5-157

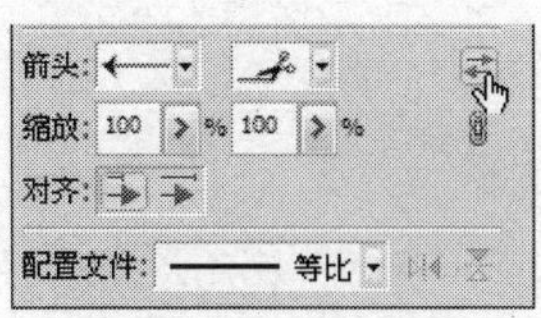

图 5-158

图 5-159

在“缩放”选项中，左侧的是“箭头起始处的缩放因子”按钮，右侧的是“箭头结束处的缩放因子”按钮，设置需要的数值，可以缩放曲线的起始箭头和结束箭头的大小。选中要缩放的曲线，如图 5-160 所示。单击“箭头起始处的缩放因子”按钮，将“箭头起始处的缩放因子”设置为 200，如图 5-161 所示，效果如图 5-162 所示。单击“箭头结束处的缩放因子”按钮，将“箭头结束处的缩放因子”设置为 200，效果如图 5-163 所示。

单击“缩放”选项右侧的“链接箭头起始处和结束处缩放”按钮，可以同时改变起始箭头和结束箭头的大小。

图 5-160

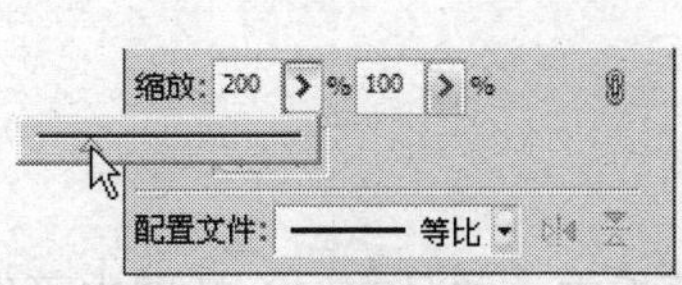

图 5-161

图 5-162

图 5-163

在“对齐”选项中，左侧的是“将箭头提示扩展到路径终点外”按钮，右侧的是“将箭头提示放置于路径终点处”按钮，这两个按钮分别可以设置箭头在终点以外和箭头在终点处。选中曲线，如图 5-164 所示。单击“将箭头提示扩展到路径终点外”按钮，如图 5-165 所示，效果如图 5-166 所示。单击“将箭头提示放置于路径终点处”按钮，箭头在终点处显示，效果如图 5-167 所示。

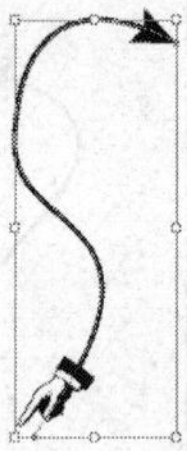
图 5-164

图 5-165

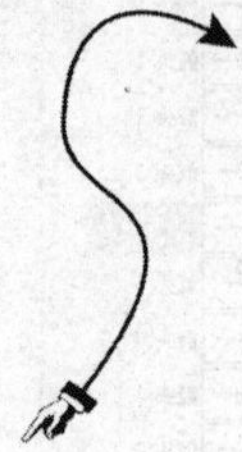
图 5-166

图 5-167

在“配置文件”选项中，单击“变量宽度配置文件”按钮，弹出宽度配置文件下拉列表，如图 5-168 所示。在下拉列表中选中任意一个宽度配置文件可以改变曲线描边的形状。选中曲线，如图 5-169 所示。单击“变量宽度配置文件”按钮，在弹出的下拉列表中选中任意一个宽度配置文件，如图 5-170 所示，效果如图 5-171 所示。

图 5-168

图 5-169

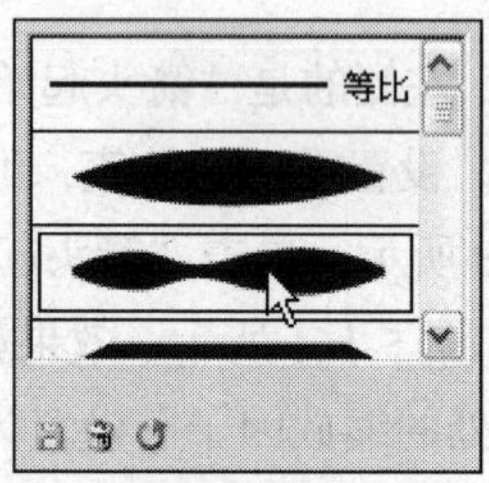

图 5-170

图 5-171

在“配置文件”选项右侧有两个按钮分别是“纵向翻转”按钮和“横向翻转”按钮。选中“纵向翻转”按钮，可以改变曲线描边的左右位置。“横向翻转”按钮，可以改变曲线描边的上下位置。

5.7 使用符号

符号是一种能存储在“符号”控制面板中，并且在一个插图中可以多次重复使用的对象。Illustrator CS5 提供了“符号”控制面板，专门用来创建、存储和编辑符号。

当需要在一个插图中多次制作同样的对象，并需要对对象进行多次类似的编辑操作时，可以使用符号来完成。这样，可以大大提高效率，节省时间。例如，在一个网站设计中多次应用到一个按钮的图样，这时就可以将这个按钮的图样定义为符号范例，这样可以对按钮符号进行多次重复使用。利用符号体系工具组中的相应工具可以对符号范例进行各种编辑操作。默认设置下的“符号”控制面板如图 5-172 所示。

在插图中如果应用了符号集合，那么当使用选择工具选取符号范例时，则把整个符号集合同时选中。此时被选中的符号集合只能被移动，而不能被编辑。如图 5-173 所示为应用到插图中的符号范例与符号集合。

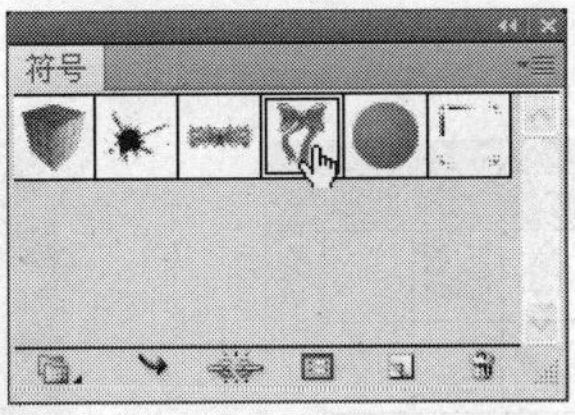

图 5-172

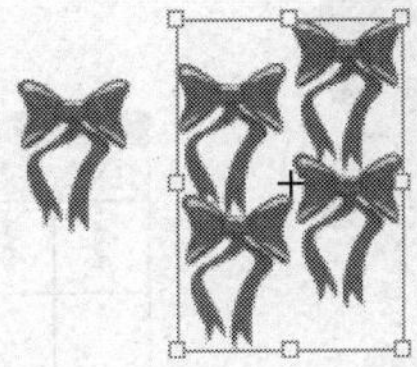
图 5-173

提示　在 Illustrator CS5 中的各种对象，如普通的图形、文本对象、复合路径、渐变网格等均可以被定义为符号。

5.7.1　课堂案例——绘制海底世界

【案例学习目标】学习使用渐变工具和符号命令绘制海底世界。

【案例知识要点】使用渐变工具绘制背景效果。使用自然界面板和艺术纹理面板添加符号图形。使用透明度面板改变图形的混合模式。海底世界效果如图 5-174 所示。

图 5-174

【效果所在位置】光盘/Ch05/效果/绘制海底世界.ai。

（1）按 Ctrl+O 组合键，打开光盘中的“Ch05 > 素材 > 制作海底世界 > 01”文件，选择“选择”工具，选取图形，如图 5-175 所示。双击“渐变”工具，弹出“渐变”控制面板，在色带上设置 2 个渐变滑块，分别将渐变滑块的位置设为 0、100，并设置 C、M、Y、K 的值分别为：0（100、0、0、0）、100（100、100、2、0），将上方的渐变滑块设为 80%，其他选项的设置如图 5-176 所示，图形被填充为渐变色，效果如图 5-177 所示。

图 5-175

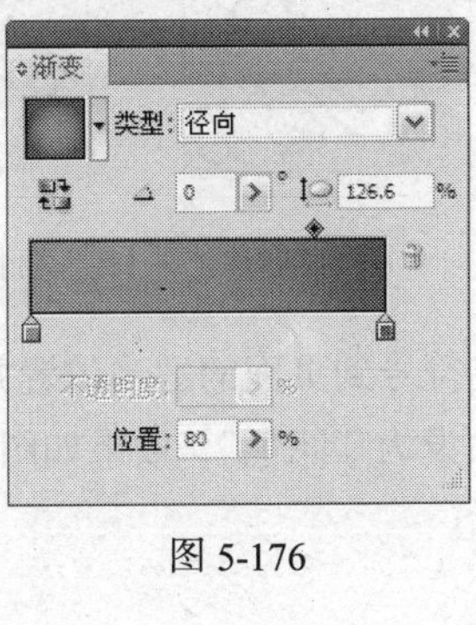

图 5-176

图 5-177

（2）按 Ctrl+O 组合键，打开光盘中的“Ch05 > 素材 > 制作海底世界 > 02”文件，选择“选择”工具，选取图形并将其复制到 01 文件中，拖曳到适当的位置，如图 5-178 所示。选择“窗口 > 符号库 > 自然”命令，弹出“自然”面板，选取需要的符号，如图 5-179 所示，拖曳符号到页面的适当位置并调整其大小，效果如图 5-180 所示。

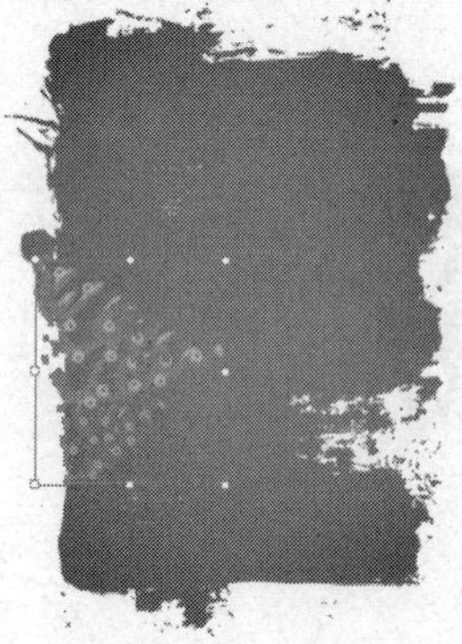
图 5-178

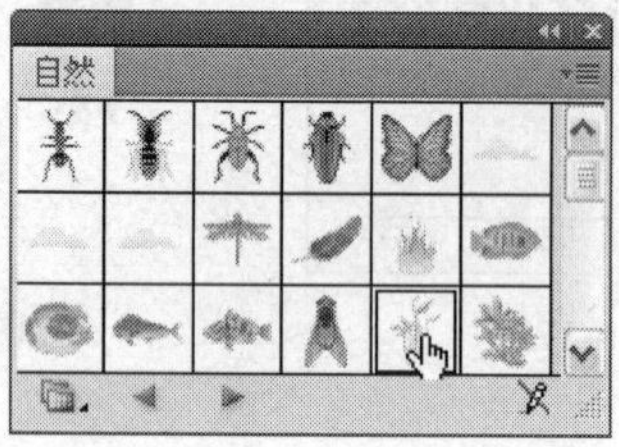

图 5-179

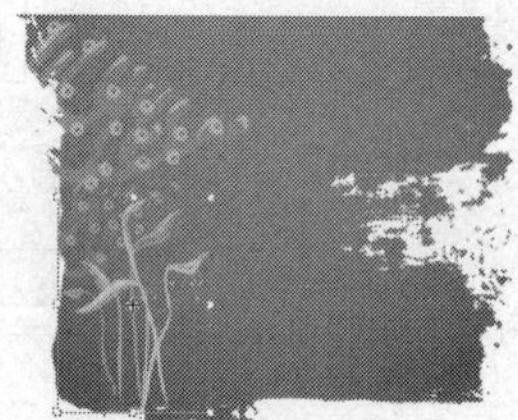
图 5-180

（3）选择“窗口 > 透明度”命令，弹出“透明度”面板，选项的设置如图 5-181 所示，效果如图 5-182 所示。复制符号图形并调整其大小和位置，效果如图 5-183 所示。

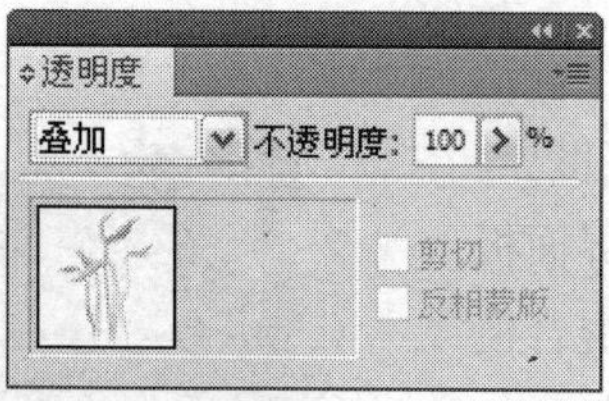

图 5-181

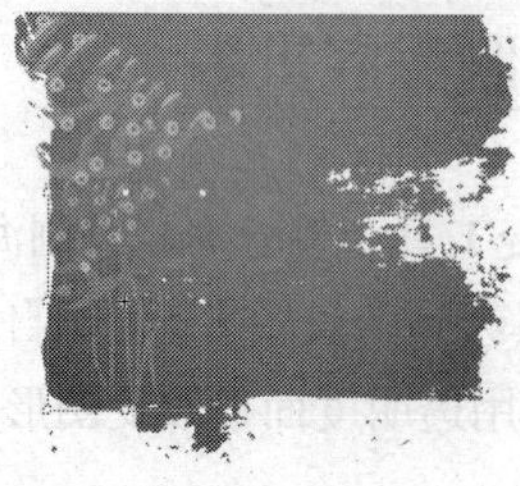
图 5-182

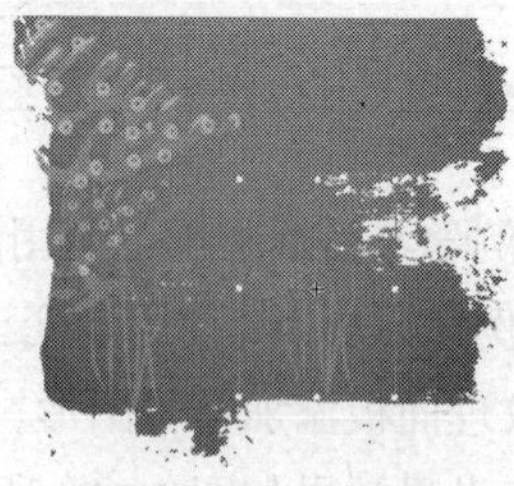
图 5-183

（4）选择“窗口 > 符号库 > 艺术纹理”命令，弹出“艺术纹理”面板，选取需要的符号，如图 5-184 所示，拖曳符号到页面中，效果如图 5-185 所示。在属性栏中单击“断开链接”按钮，断开符号链接，效果如图 5-186 所示。设置图形的填充色为无，设置描边色的 C、M、Y、K 值分别为 41、59、64、0，填充描边，效果如图 5-187 所示。

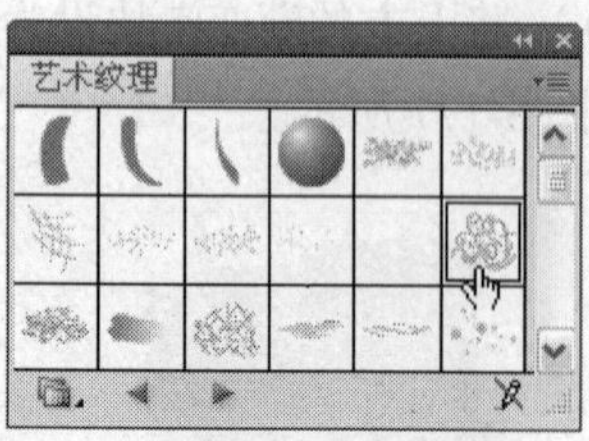

图 5-184

图 5-185

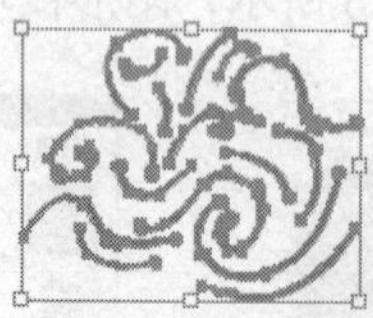
图 5-186

图 5-187

（5）选择“选择”工具，拖曳符号到页面的适当位置并调整其大小，效果如图 5-188 所示。在“透明度”面板中将混合模式选项设为“滤色”，效果如图 5-189 所示。复制多个图形，并调整其位置和大小，效果如图 5-190 所示。

图 5-188

图 5-189

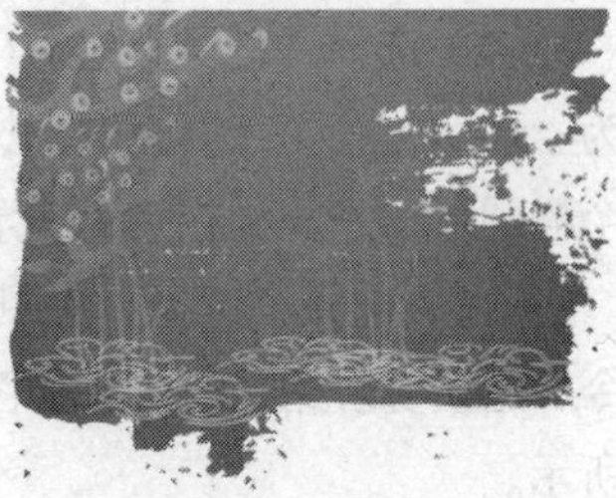

图 5-190

（6）在“自然”面板中，选取需要的符号，如图 5-191 所示，拖曳符号到页面的适当位置并调整其大小和角度，效果如图 5-192 所示。

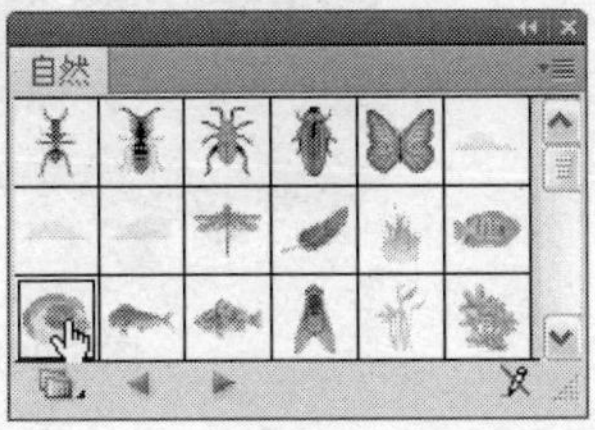

图 5-191

图 5-192

（7）选择“选择”工具，选取符号复制并调整其大小、位置和角度，效果如图 5-193 所示。在“透明度”面板中将混合模式选项设为“强光”，如图 5-194 所示，效果如图 5-195 所示。

图 5-193

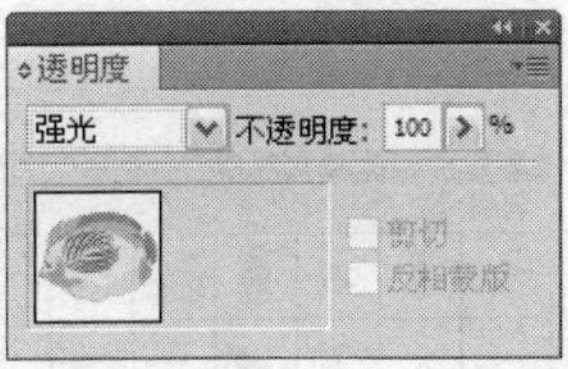

图 5-194

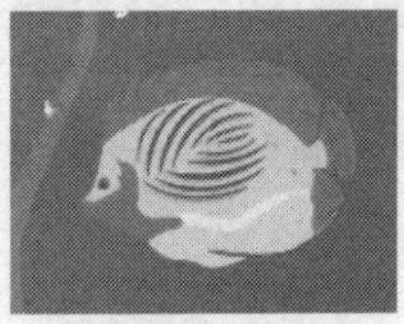

图 5-195

（8）在“自然”面板中，选取需要的符号，如图 5-196 所示，拖曳符号到页面的适当位置并调整其大小和角度，效果如图 5-197 所示。

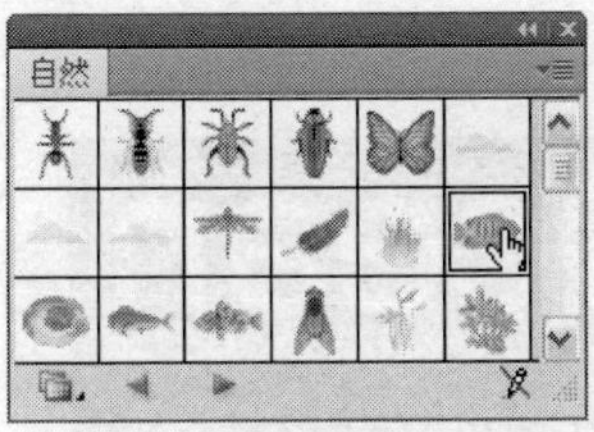

图 5-196

图 5-197

（9）选择“椭圆”工具，在页面中绘制一个椭圆形，设置填充色的 C、M、Y、K 值分别为 25、0、6、0，填充图形，并设置描边色为无，效果如图 5-198 所示。用相同的方法再绘制一个椭圆形，填充为白色并设置描边色为无，旋转到适当的角度，效果如图 5-199 所示。

（10）选择“选择”工具，将两个椭圆形同时选取，选择“对象 > 复合路径 > 建立”命令，建立复合路径，效果如图 5-200 所示。拖曳到适当的位置，并复制多个图形，效果如图 5-201 所示。

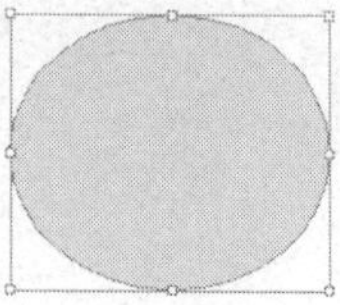

图 5-198

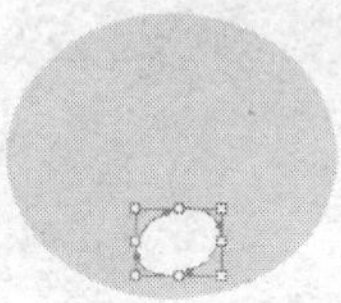

图 5-199

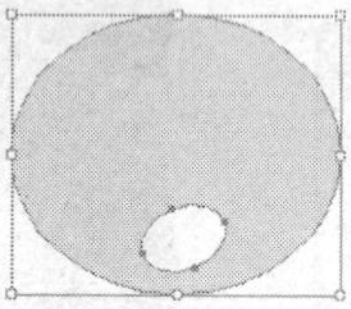

图 5-200

图 5-201

（11）选择“文字”工具，分别在页面中输入需要的文字。选择“选择”工具，在属性栏中选择合适的字体并设置适当的文字大小，填充文字为白色，效果如图 5-202 所示。在“自然”面板中，选取需要的符号，如图 5-203 所示，拖曳符号到页面的适当位置并调整其大小和角度，效果如图 5-204 所示。

图 5-202

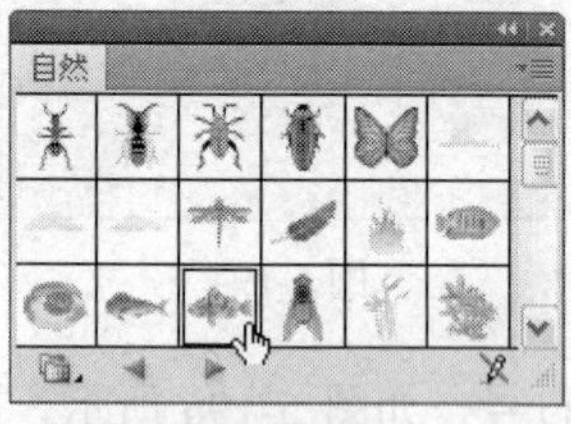

图 5-203

图 5-204

（12）在“自然”面板中，选取需要的符号，如图 5-205 所示，拖曳符号到页面的适当位置并调整其大小和角度，效果如图 5-206 所示。

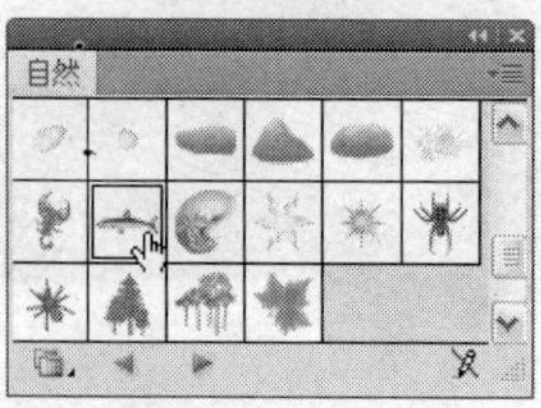

图 5-205

图 5-206

（13）选择“选择”工具，选取需要的鱼符号，拖曳到适当的位置并调整其大小和角度，如图 5-207 所示。连续按 Ctrl+ [组合键，后移图形，效果如图 5-208 所示。海底世界绘制完成，效果如图 5-209 所示。

图 5-207

图 5-208

图 5-209

5.7.2　“符号”控制面板

“符号”控制面板具有创建、编辑和存储符号的功能。单击控制面板右上方的图标，弹出其下拉菜单，如图 5-210 所示。

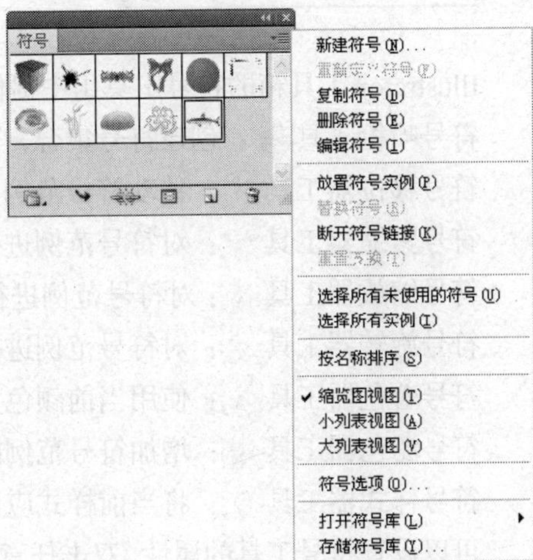

图 5-210

在“符号”控制面板下边有以下 6 个按钮。

“符号库菜单”按钮：包括了多种符合库，可以选择调用。

“放置符号实例”按钮：将当前选中的一个符号范例放置在页面的中心。

“断开符号链接”按钮：将添加到插图中的符号范例与“符号”控制面板断开链接。

“符号选项”按钮：单击该按钮，可以打开“符号选项”对话框，并进行设置。

“新建符号”按钮：单击该按钮可以将选中的要定义为符号的对象添加到“符号”控制面板中作为符号。

“删除符号”按钮：单击该按钮可以删除“符号”控制面板中被选中的符号。

5.7.3　创建和应用符号

1. 创建符号

单击“新建符号”按钮可以将选中的要定义为符号的对象添加到“符号”控制面板中作为符号。

将选中的对象直接拖曳到“符号”控制面板中，弹出“符号选项”对话框，单击“确定”按钮，可以创建符号，如图 5-211 所示。

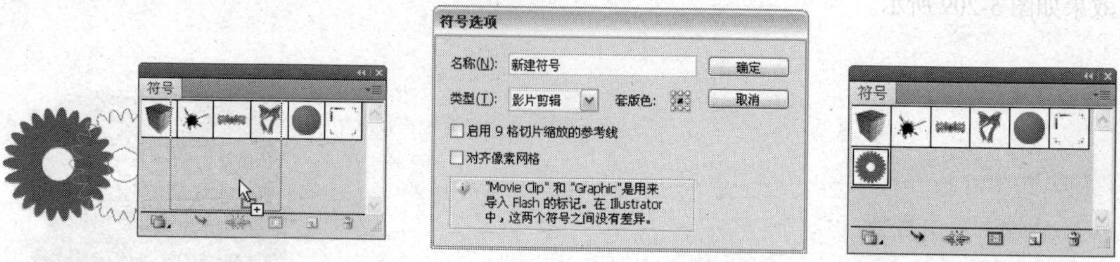

图 5-211

2. 应用符号

在“符号”控制面板中选中需要的符号，直接将其拖曳到当前插图中，得到一个符号范例，如图 5-212 所示。

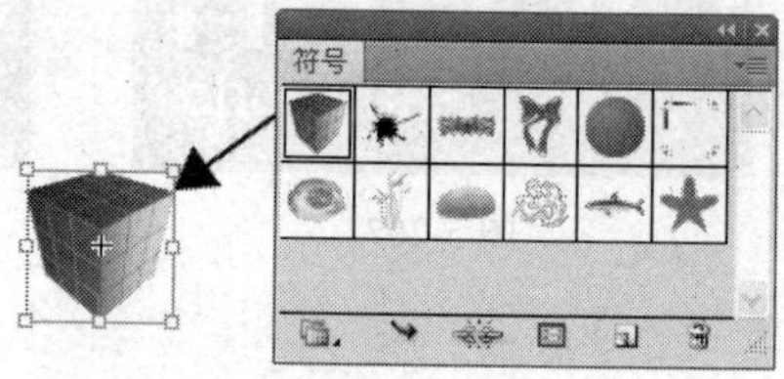

图 5-212

选择“符号喷枪”工具可以同时创建多个符号范例，并且可以将它们作为一个符号集合。

5.7.4 使用符号工具

Illustrator 工具箱的符号工具组中提供了 8 个符号工具，展开的符号工具组如图 5-213 所示。

符号喷枪工具：创建符号集合，可以将“符号”控制面板中的符号对象应用到插图中。

符号移位器工具：移动符号范例。

符号紧缩器工具：对符号范例进行缩紧变形。

符号缩放器工具：对符号范例进行放大操作。按住 Alt 键，可以对符号范例进行缩小操作。

符号旋转器工具：对符号范例进行旋转操作。

符号着色器工具：使用当前颜色为符号范例填色。

符号滤色器工具：增加符号范例的透明度。按住 Alt 键，可以减小符号范例的透明度。

符号样式器工具：将当前样式应用到符号范例中。

可以设置符号工具的属性，双击任意一个符号工具将弹出“符号工具选项”对话框，如图 5-214 所示。

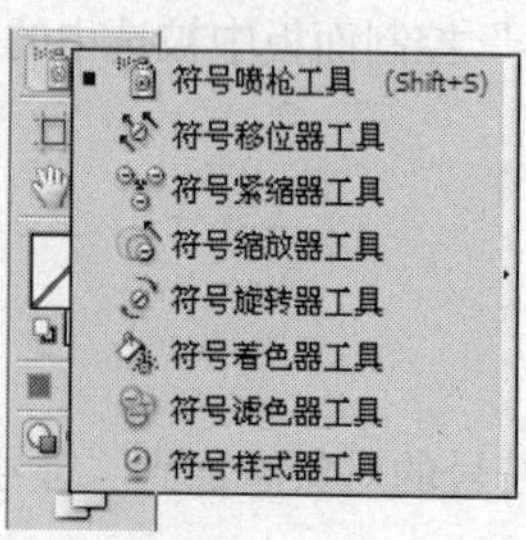

图 5-213

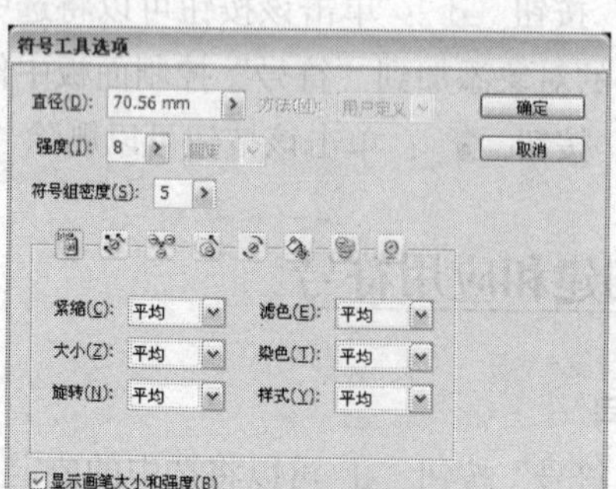

图 5-214

“直径”选项：设置笔刷直径的数值。这时的笔刷指的是选取符号工具后，鼠标指针的形状。

“强度”选项：设定拖曳鼠标时，符号范例随鼠标变化的速度，数值越大，被操作的符号范例变化得越快。

“符号组密度”选项：设定符号集合中包含符号范例的密度，数值越大，符号集合所包含的符号范例数目就越多。

“显示画笔大小和强度”复选框：勾选该复选框，在使用符号工具时可以看到笔刷，不勾选该复选框则隐藏笔刷。

使用符号工具应用符号的具体操作如下。

选择“符号喷枪”工具，鼠标指针将变成一个中间有喷壶的圆形，如图 5-215 所示。在“符号”控制面板中选取一种需要的符号对象，如图 5-216 所示。

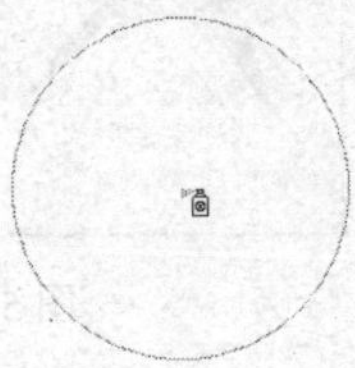

图 5-215

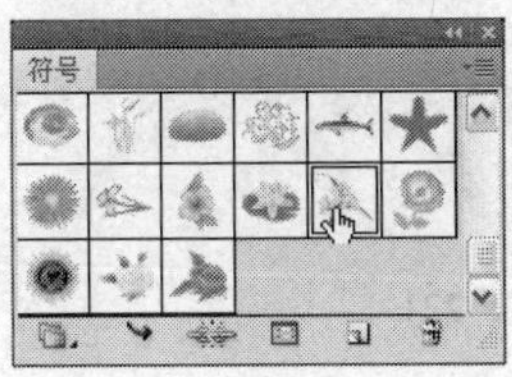

图 5-216

在页面上按下鼠标左键不放并拖曳鼠标，符号喷枪工具将沿着鼠标拖曳的轨迹喷射出多个符号范例，这些符号范例将组成一个符号集合，如图 5-217 所示。

使用“选择”工具选中符号集合，再选择“符号移位器”工具，将鼠标指针移到要移动的符号范例上，按下鼠标左键不放并拖曳鼠标，在鼠标指针之中的符号范例随着鼠标移动，如图 5-218 所示。

图 5-217

图 5-218

使用“选择”工具选中符号集合，选择“符号紧缩器”工具，将鼠标指针移到要使用符号紧缩器工具的符号范例上，按下鼠标左键不放并拖曳鼠标，符号范例被紧缩，如图 5-219 所示。

使用“选择”工具选中符号集合，选择“符号缩放器”工具，将鼠标指针移到要调整的符号范例上，按下鼠标左键不放并拖曳鼠标，在鼠标指针之中的符号范例变大，如图 5-220 所示。按住 Alt 键，则可缩小符号范例。

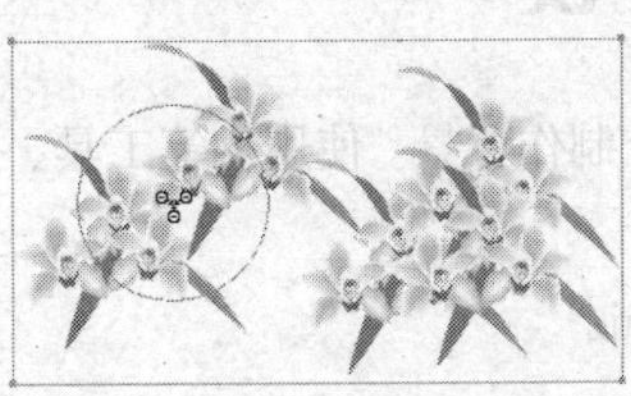

图 5-219

图 5-220

使用“选择”工具选中符号集合，选择“符号旋转器”工具，将鼠标指针移到要旋转的符号范例上，按下鼠标左键不放并拖曳鼠标，在鼠标指针之中的符号范例发生了旋转，如图 5-221 所示。

在“色板”控制面板或“颜色”控制面板中设定一种颜色作为当前色，使用“选择”工具选中符号集合，选择“符号着色器”工具，将鼠标指针移到要填充颜色的符号范例上，按下鼠标左键不放并拖曳鼠标，在鼠标指针中的符号范例被填充上当前色，如图 5-222 所示。

图 5-221

图 5-222

使用“选择”工具选中符号集合，选择“符号滤色器”工具，将鼠标指针移到要改变透明度的符号范例上，按下鼠标左键不放并拖曳鼠标，在鼠标指针中的符号范例的透明度被增大，如图 5-223 所示。如果同时按住 Alt 键，可以减小符号范例的透明度。

使用“选择”工具选中符号集合，选择“符号样式器”工具，在“图形样式”控制面板中选中一种样式，将鼠标指针移到要改变样式的符号范例上，按下鼠标左键不放并拖曳鼠标，在鼠标指针中的符号范例被改变样式，如图 5-224 所示。

使用“选择”工具选中符号集合，选择“符号喷枪”工具，按住 Alt 键，在要删除的符号范例上按下鼠标左键不放并拖曳鼠标，鼠标指针经过的区域中的符号范例被删除，如图 5-225 所示。

图 5-223

图 5-224

图 5-225

5.8 课堂练习——绘制电子锁

【练习知识要点】使用混合工具、剪切蒙版命令制作背景。使用钢笔工具、描边命令制作汽车钥匙。使用文字工具添加文字，如图 5-226 所示。

【效果所在位置】光盘/Ch05/效果/绘制电子锁.ai。

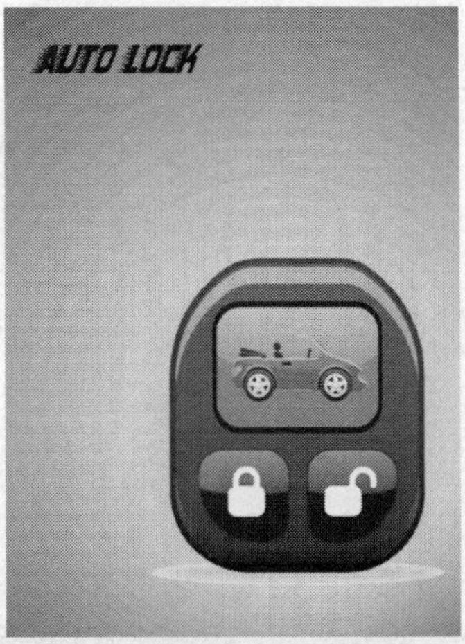

图 5-226

5.9 课后习题——绘制中秋插画

【习题知识要点】使用混合工具制作山效果。使用钢笔工具绘制松树、鹤。使用符号库命令添加装饰图形，如图 5-227 所示。

【效果所在位置】光盘/Ch05/效果/绘制中秋插画.ai。

图 5-227

第6章 文本的编辑

Illustrator CS5 提供了强大的文本编辑和图文混排功能。文本对象和一般图形对象一样可以进行各种变换和编辑，同时还可以通过应用各种外观和样式属性，制作出绚丽多彩的文本效果。Illustrator CS5 支持多个国家的语言，对于汉字等双字节编码具有竖排功能。

课堂学习目标

- 创建文本
- 编辑文本
- 设置字符格式
- 设置段落格式
- 将文本转化为轮廓
- 分栏和链接文本
- 图文混排

6.1 创建文本

当准备创建文本时，用鼠标按住“文字工具” T 不放，弹出文字展开式工具栏，单击工具栏后面的按钮 |，可使文字的展开式工具栏从工具箱中分离出来，如图 6-1 所示。

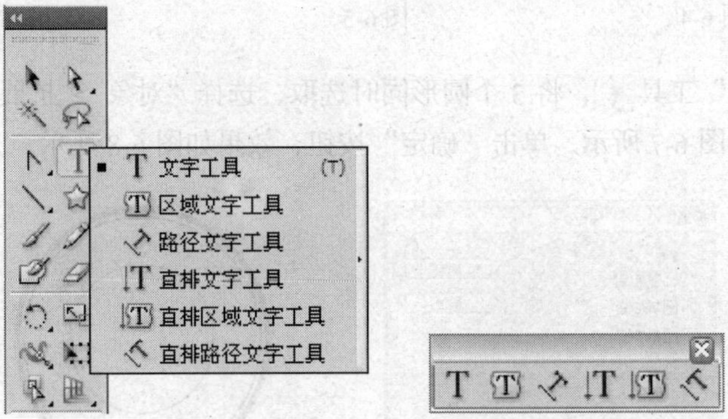

图 6-1

在工具栏中共有 6 种文字工具，使用它们可以输入各种类型的文字，以满足不同的文字处理需要。6 种文字工具依次为文字工具 T、区域文字工具、路径文字工具、直排文字工具、直排区域文字工具、直排路径文字工具。

文字可以直接输入，也可通过选择“文件 > 置入”命令从外部置入。单击各个文字工具，会显示文字工具对应的光标，如图 6-2 所示。从当前文字工具的光标样式可以知道创建文字对象的样式。

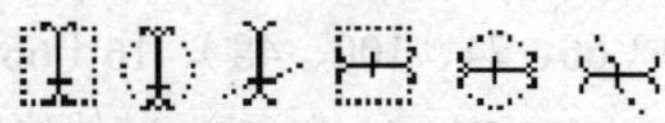

图 6-2

6.1.1 课堂案例——绘制咖啡标识

【案例学习目标】学习使用绘图工具、路径工具和路径文字工具绘制咖啡标识。

【案例知识要点】使用椭圆工具、扩展命令和渐变填充工具绘制标识轮廓。使用钢笔工具和渐变填充工具绘制咖啡豆和叶子图形。使用星形工具绘制装饰星形。使用文字工具和路径文字工具添加标识文字。咖啡标识效果如图 6-3 所示。

图 6-3

【效果所在位置】光盘/ Ch06 /效果/绘制咖啡标识.ai。

1. 绘制标识轮廓

（1）选择“椭圆”工具，按住 Shift 键的同时，在页面中绘制一个圆形，在属性栏中将“描边粗细”选项设为 6.5pt，如图 6-4 所示。按 Ctrl+C 组合键，复制圆形，按 Ctrl+F 组合键，将复制的圆形粘贴在前面。选择“选择”工具，按住 Alt+Shift 组合键的同时，拖曳右上角的控制手柄，等比例缩小图形，并在属性栏中将“描边粗细”选项设为 2pt，如图 6-5 所示。用相同的方法绘制另一个同心圆，如图 6-6 所示。

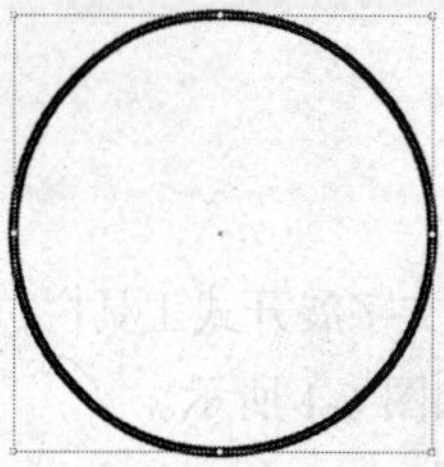

图 6-4

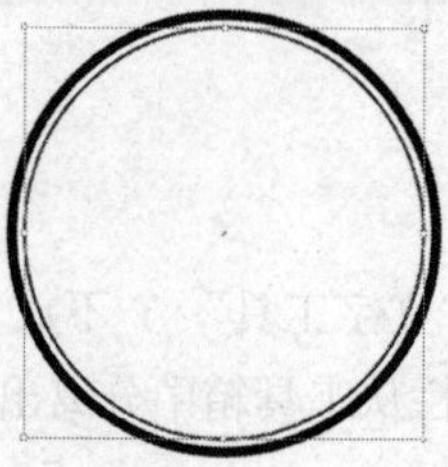

图 6-5

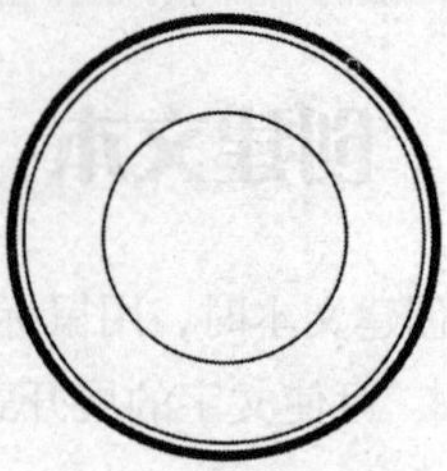

图 6-6

（2）选择"选择"工具，将 3 个圆形同时选取，选择"对象 > 扩展"命令，在弹出的对话框中进行设置，如图 6-7 所示，单击"确定"按钮，效果如图 6-8 所示。

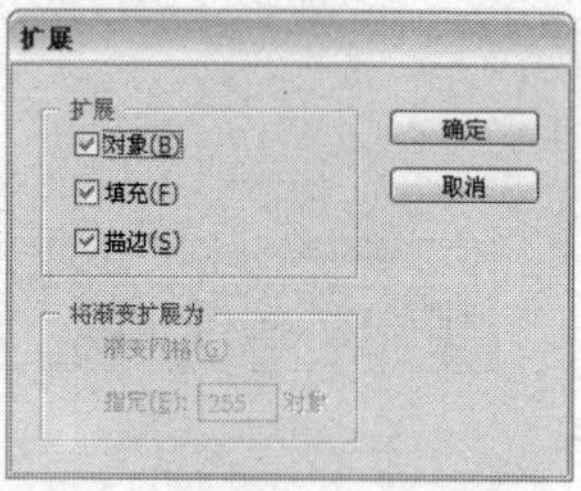

图 6-7

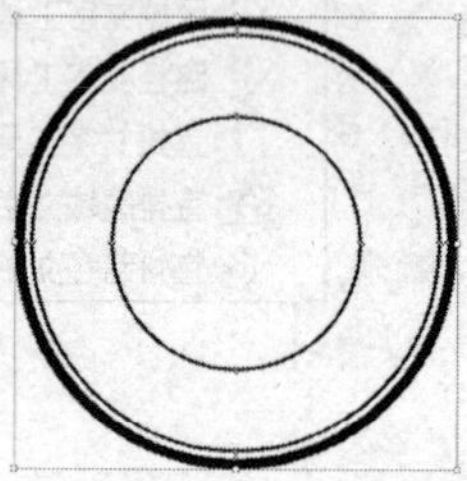

图 6-8

（3）保持图形的选取状态。双击"渐变"工具，弹出"渐变"控制面板，在色带上设置 5 个渐变滑块，分别将渐变滑块的位置设为 9、16、50、78、91，并设置 C、M、Y、K 的值分别为：9（66、74、100、48）、16（66、74、100、48）、50（25、52、65、0）、78（66、74、100、48）、91（66、74、100、48），其他选项的设置如图 6-9 所示，图形被填充为渐变色，效果如图 6-10 所示。

图 6-9

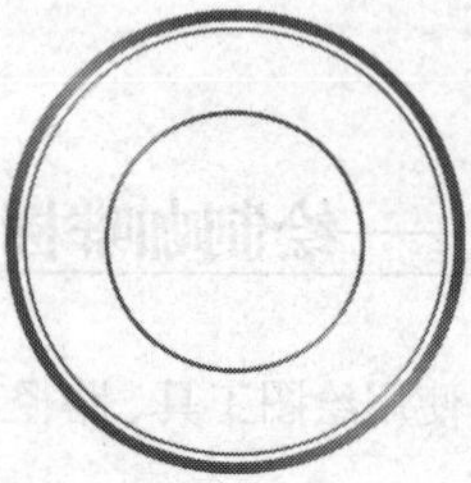

图 6-10

（4）选择"椭圆"工具，按住 Shift 键的同时，在页面中绘制一个圆形，并填充相同的渐变色，设置描边色为无，效果如图 6-11 所示。原位复制圆形，并等比例缩小图形，效果如图 6-12 所示。

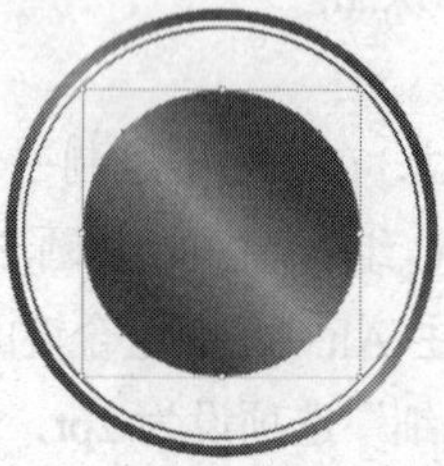

图 6-11

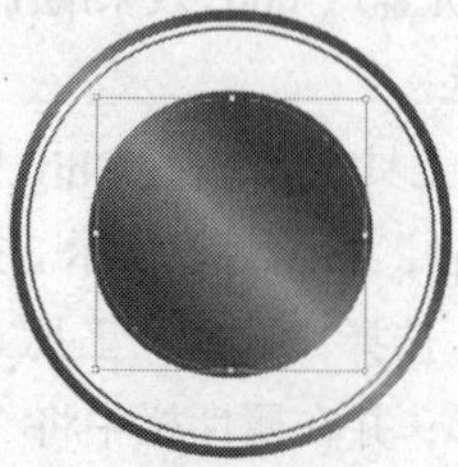

图 6-12

（5）选择“矩形”工具，在适当的位置绘制一个矩形，如图 6-13 所示。选择“选择”工具，将矩形和复制的圆形同时选取，选择“窗口 > 路径查找器”命令，弹出“路径查找器”面板，单击“减去顶层”按钮，剪切后的效果如图 6-14 所示。

（6）将剪切后的图形与下方的圆形同时选取，选择“对象 > 复合路径 > 建立”命令，建立复合路径，效果如图 6-15 所示。

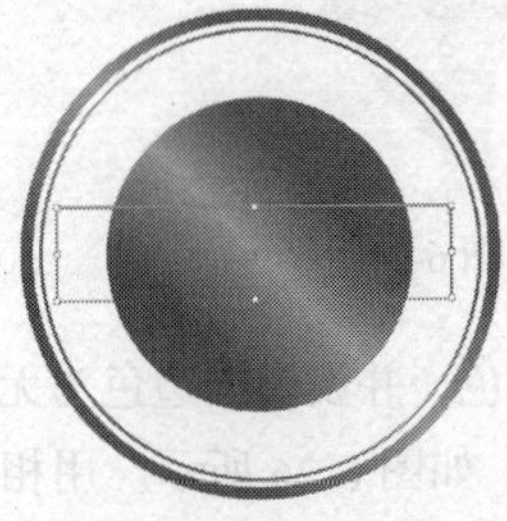

图 6-13

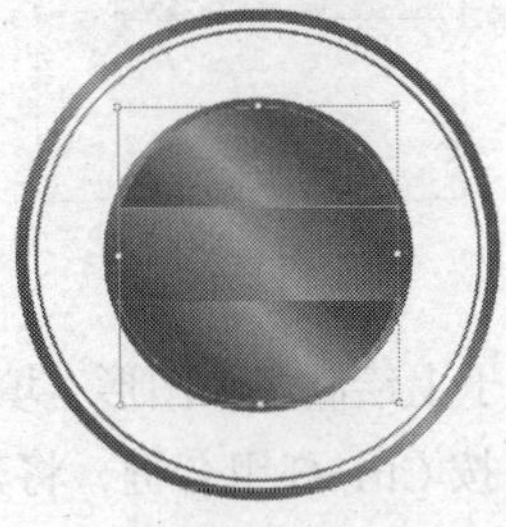

图 6-14

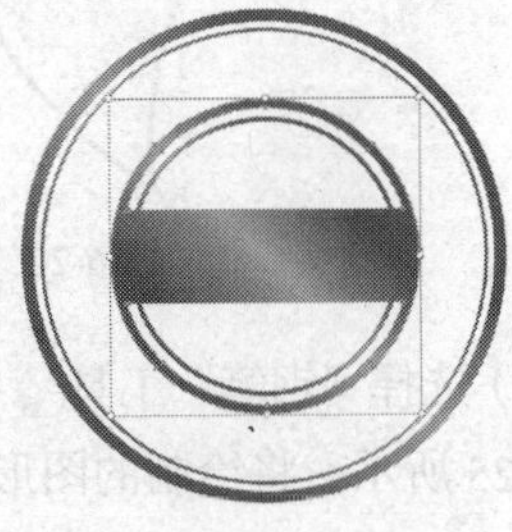

图 6-15

2．绘制咖啡豆、叶子和星形

（1）选择“钢笔”工具，绘制图形，如图 6-16 所示。双击“渐变”工具，弹出“渐变”控制面板，在色带上设置 2 个渐变滑块，分别将渐变滑块的位置设为 7、93，并设置 C、M、Y、K 的值分别为：7（66、74、100、48）、93（78、79、93、67），其他选项的设置如图 6-17 所示，图形被填充为渐变色，并设置描边色为无，效果如图 6-18 所示。

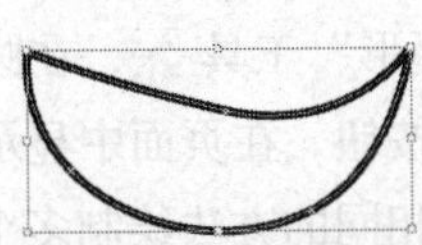

图 6-16

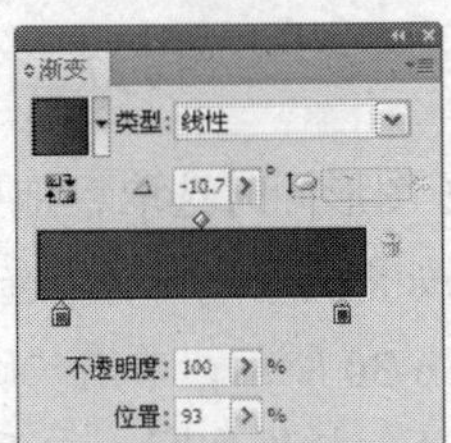

图 6-17

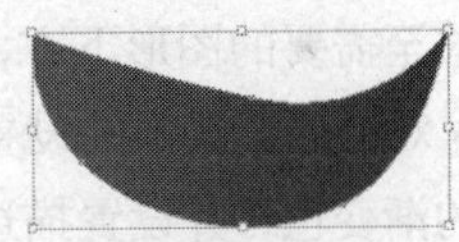

图 6-18

（2）用相同的方法再绘制两个图形，并填充与圆环相同的渐变色，效果如图 6-19 所示。用相同的方法绘制另一个图形，如图 6-20 所示。选择“选择”工具，将两个图形同时选取，拖曳到适当的位置，效果如图 6-21 所示。

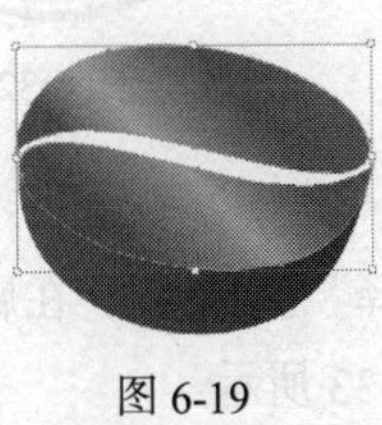

图 6-19

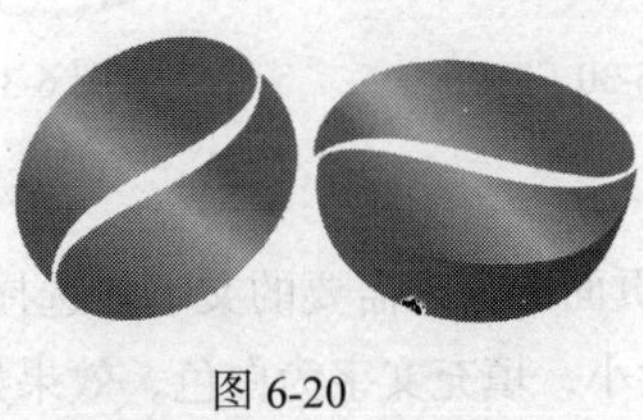

图 6-20

图 6-21

（3）选择“钢笔”工具，绘制图形，如图 6-22 所示。双击“渐变”工具，弹出“渐变”控制面板，在色带上设置 3 个渐变滑块，分别将渐变滑块的位置设为 3、24、97，并设置 C、M、

Y、K 的值分别为：3（48、4、88、0）、24（48、4、88、0）、97（67、27、84、0），其他选项的设置如图 6-23 所示，图形被填充为渐变色，并设置描边色为无，效果如图 6-24 所示。

图 6-22

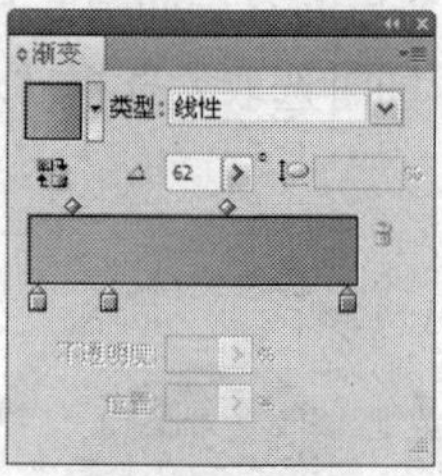

图 6-23

图 6-24

（4）选择“钢笔”工具，在叶子上绘制多个图形，填充为白色，并设置描边色为无，效果如图 6-25 所示。将绘制的图形选取，按 Ctrl+G 组合键，将其编组，如图 6-26 所示。用相同的方法绘制另一个叶子图形，如图 6-27 所示。选择“选择”工具，将需要的叶子图形选取，按 Ctrl+[组合键，将其后移一层，效果如图 6-28 所示。

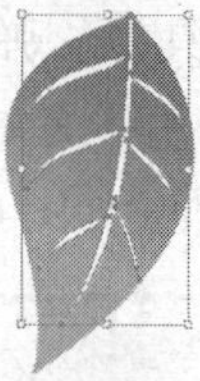

图 6-25

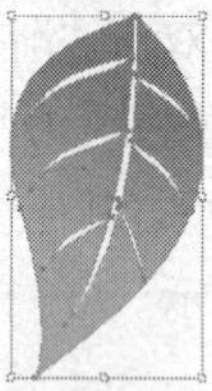

图 6-26

图 6-27

图 6-28

（5）选择“选择”工具，将叶子图形同时选取，拖曳到适当的位置，连续按 Ctrl+ [组合键，将其后移至需要的图形下方，效果如图 6-29 所示。选择“星形”工具，在圆环中单击，弹出“星形”对话框，选项的设置如图 6-30 所示，单击“确定”按钮，在页面中显示星形，填充与圆环相同的渐变色，并设置描边色为无，效果如图 6-31 所示。相同的方法绘制多个星形，并分别调整其角度和位置，效果如图 6-32 所示。

图 6-29

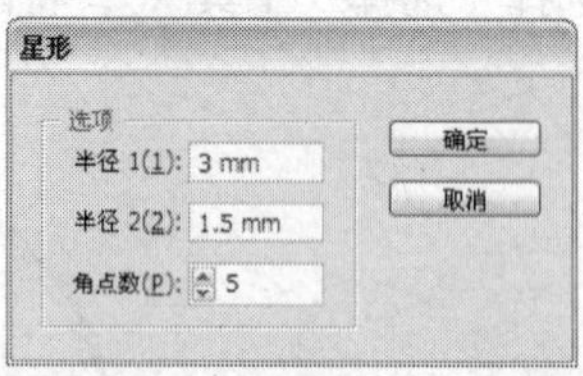

图 6-30

图 6-31

图 6-32

3. 添加标识文字

（1）选择“文字”工具，在页面中输入需要的文字。选择“选择”工具，在属性栏中选择合适的字体并设置适当的文字大小，填充文字为白色，效果如图 6-33 所示。

（2）选择“椭圆”工具，按住 Shift 键的同时，在页面中绘制一个圆形，如图 6-34 所示。选择“路径文字”工具，在路径上单击，插入光标，输入需要的文字，在属性栏中选择合适的字体并设置适当的文字大小，设置文字填充色的 C、M、Y、K 值分别为 48、4、88、0，填充文字，效果如图 6-35 所示。用相同的方法制作下面的路径文字，效果如图 6-36 所示。咖啡标识制作完成。

图 6-33

图 6-34

图 6-35

图 6-36

6.1.2　文本工具的使用

利用“文字”工具 T 和“直排文字”工具 IT 可以直接输入沿水平方向和直排方向排列的文本。

1．输入点文本

选择“文字”工具 T 或“直排文字”工具 IT，在绘图页面中单击鼠标，出现插入文本光标，切换到需要的输入法并输入文本，如图 6-37 所示。

提示　当输入文本需要换行时，按 Enter 键开始新的一行。

结束文字的输入后，单击“选择”工具即可选中所输入的文字，这时文字周围将出现一个选择框，文本上的细线是文字基线的位置，效果如图 6-38 所示。

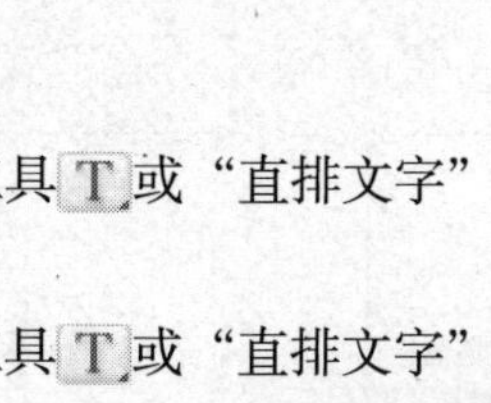

图 6-37

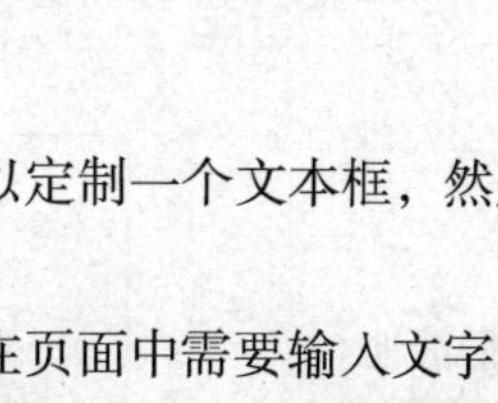

图 6-38

2．输入文本块

使用“文字”工具 T 或“直排文字”工具 IT 可以定制一个文本框，然后在文本框中输入文字。

选择“文字”工具 T 或“直排文字”工具 IT，在页面中需要输入文字的位置单击并按住鼠标左键拖曳，如图 6-39 所示。当绘制的文本框的大小符合需要时，释放鼠标，页面上会出现一个蓝色边框的矩形文本框，矩形文本框左上角会出现插入光标。

可以在矩形文本框中输入文字，输入的文字将在指定的区域内排列，如图 6-40 所示。当输入的文字到矩形文本框的边界时，文字将自动换行，文本块的效果如图 6-41 所示。

图 6-39

图 6-40

图 6-41

6.1.3 区域文本工具的使用

在 Illustrator CS5 中，还可以创建任意形状的文本对象。

绘制一个填充颜色的图形对象，如图 6-42 所示。选择“文字”工具 T 或“区域文字”工具 T，当鼠标指针移动到图形对象的边框上时，指针将变成“Ⓘ”形状，如图 6-43 所示，在图形对象上单击，图形对象的填色和描边属性被取消，图形对象转换为文本路径，并且在图形对象内出现一个闪烁的插入光标。

图 6-42

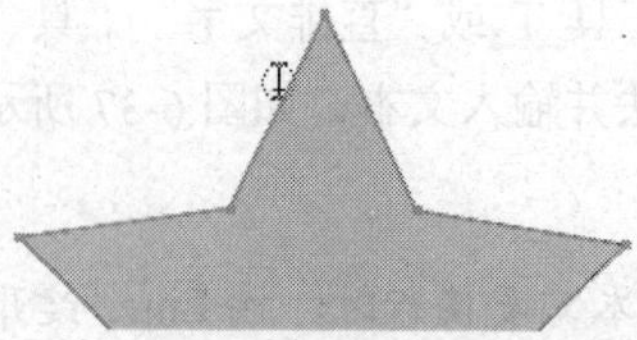

图 6-43

在插入光标处输入文字，输入的文本会按水平方向在该对象内排列。如果输入的文字超出了文本路径所能容纳的范围，将出现文本溢出的现象，这时文本路径的右下角会出现一个红色“⊞”号标志的小正方形，效果如图 6-44 所示。

使用“选择”工具 选中文本路径，拖曳文本路径周围的控制点来调整文本路径的大小，可以显示所有的文字，效果如图 6-45 所示。

使用“直排文字”工具 IT 或“直排区域文字”工具 IT 与使用“文字”工具 T 的方法是一样的，但“直排文字”工具 IT 或“直排区域文字”工具 IT 在文本路径中可以创建竖排的文字，如图 6-46 所示。

图 6-44

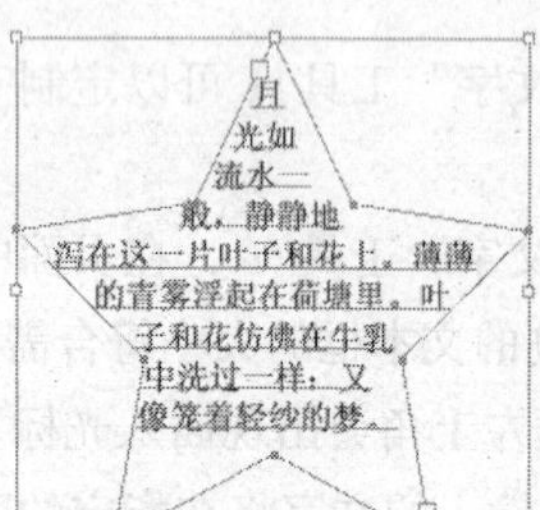

图 6-45

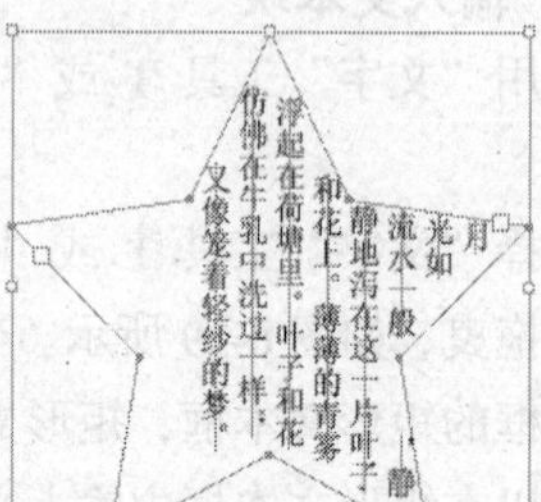

图 6-46

6.1.4　路径文本工具的使用

使用“路径文字”工具和“直排路径文字”工具，可以在创建文本时，让文本沿着一个开放或闭合路径的边缘进行水平或垂直方向的排列，路径可以是规则或不规则的。如果使用这两种工具，原来的路径将不再具有填色或描边的属性。

1．创建路径文本

（1）沿路径创建水平方向文本。

使用“钢笔”工具，在页面上绘制一个任意形状的开放路径，如图 6-47 所示。使用“路径文字”工具，在绘制好的路径上单击，路径将转换为文本路径，文本插入点将位于文本路径的左侧，如图 6-48 所示。

图 6-47

图 6-48

在光标处输入所需要的文字，文字将会沿着路径排列，文字的基线与路径是平行的，效果如图 6-49 所示。

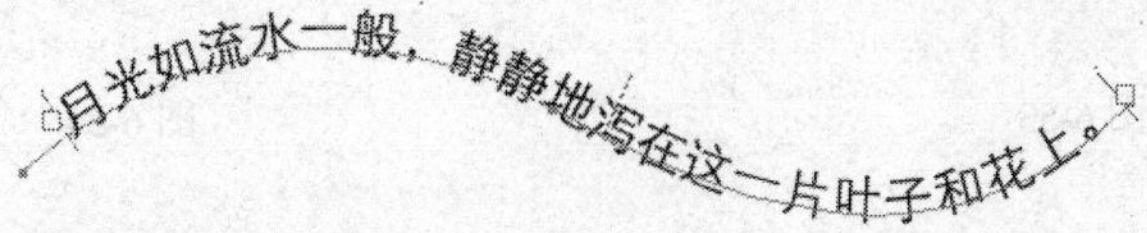

图 6-49

（2）沿路径创建垂直方向文本。

使用“钢笔”工具，在页面上绘制一个任意形状的开放路径，使用“直排路径文字”工具在绘制好的路径上单击，路径将转换为文本路径，文本插入点将位于文本路径的左侧，如图 6-50 所示。

在光标处输入所需要的文字，文字将会沿着路径排列，文字的基线与路径是直排的，效果如图 6-51 所示。

图 6-50

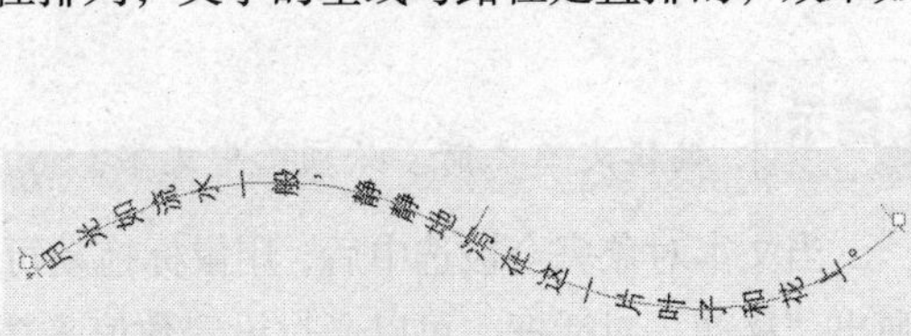

图 6-51

2．编辑路径文本

如果对创建的路径文本不满意，可以对其进行编辑。

选择“选择”工具或“直接选择”工具，选取要编辑的路径文本。这时在文本开始处会出现一个“I”形的符号，如图 6-52 所示。

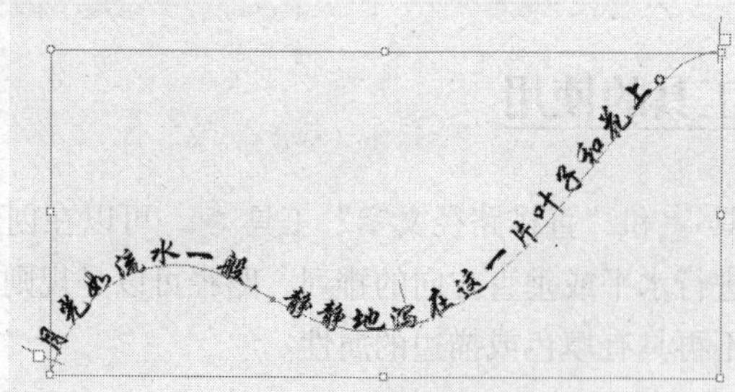

图 6-52

拖曳文字中部的“I”形符号，可沿路径移动文本，效果如图 6-53 所示。还可以按住“I”形的符号向路径相反的方向拖曳，文本会翻转方向，效果如图 6-54 所示。

图 6-53

图 6-54

6.2 编辑文本

文本对象可以任意调整，还可以通过改变文本框的形状来编辑文本。使用“选择”工具单击文本，可以选中文本对象。完全选中的文本块包括内部文字与文本框。文本块被选中的时候，文字中的基线就会显示出来，如图 6-55 所示。

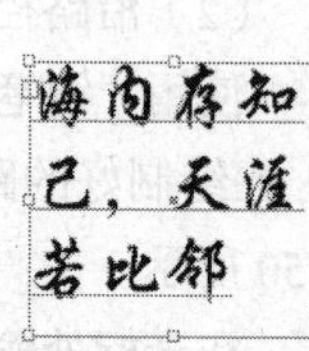

图 6-55

提示 编辑文本之前，必须选中文本。

当文本对象完全被选中后，用鼠标拖动可以移动其位置。选择“对象 > 变换 > 移动”命令，弹出“移动”对话框，可以通过设置数值来精确移动文本对象。

选择“选择”工具，单击文本框上的控制点并拖动，可以改变文本框的大小，如图 6-56 所示，释放鼠标，效果如图 6-57 所示。

使用“比例缩放”工具可以对选中的文本对象进行缩放，如图 6-58 所示。选择“对象 > 变换 > 缩放”命令，弹出“比例缩放”对话框，可以通过设置数值精确缩放文本对象，效果如图 6-59 所示。

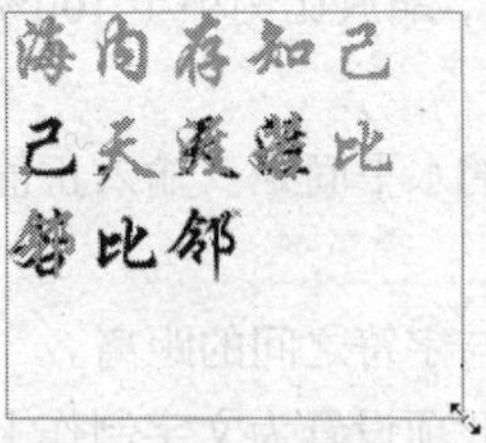

图 6-56

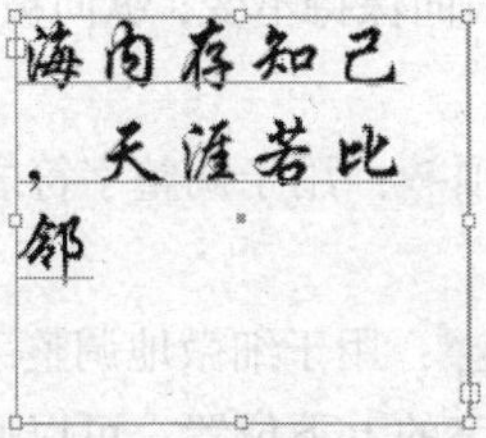

图 6-57

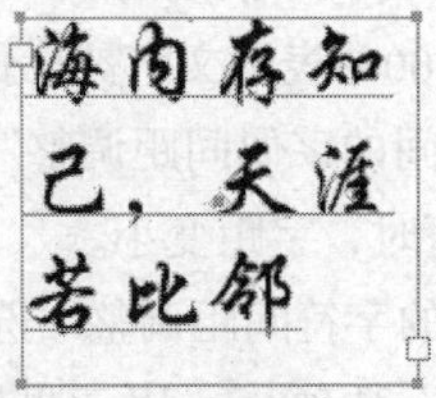

图 6-58

图 6-59

编辑部分文字时，先选择“文字”工具T，移动鼠指针标到文本上，单击插入光标并按住鼠标左键拖曳，即可选中部分文本。选中的文本将反白显示，效果如图 6-60 所示。

使用“选择”工具在文本区域内双击，进入文本编辑状态。在文本编辑状态下，双击一句话即可选中这句话；按 Ctrl+A 组合键，可以选中整个段落，如图 6-61 所示。

选择“对象 > 路径 > 清理”命令，弹出“清理”对话框，如图 6-62 所示，勾选“空文本路径”复选项可以删除空的文本路径。

图 6-60

图 6-61

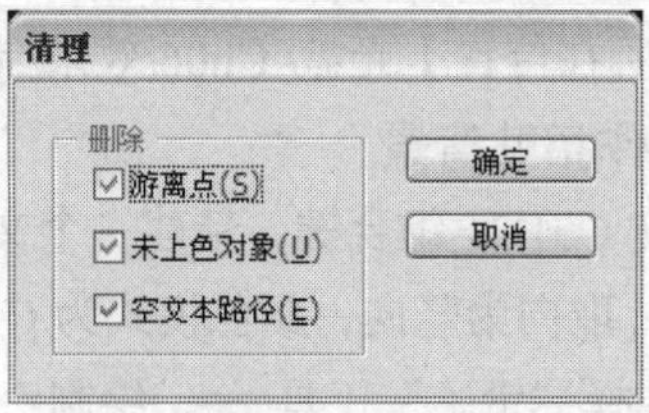

图 6-62

提示　在其他的软件中复制文本，再在 Illustrator CS5 中选择“编辑 > 粘贴” 命令，可以将其他软件中的文本复制到 Illustrator CS5 中。

6.3　设置字符格式

在 Illustrator CS5 中，可以设定字符的格式。这些格式包括文字的字体、字号、颜色、字符间距等。

选择“窗口 > 文字 > 字符”命令（组合键为 Ctrl+T），弹出“字符”控制面板，如图 6-63 所示。

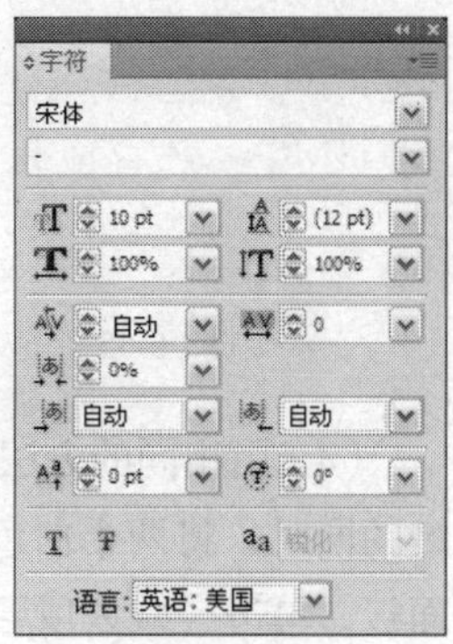

图 6-63

字体选项：单击选项文本框右侧的按钮，可以从弹出的下拉列表中选择一种需要的字体。

“设置字体大小”选项：用于控制文本的大小，单击数值框左侧的上、下微调按钮，可以逐级调整字号大小的数值。

“设置行距”选项：用于控制文本的行距，定义文本中行与行之间的距离。

“水平缩放”选项：可以使文字的纵向大小保持不变，横向被缩放，缩放比例小于 100%表示文字被压扁，大于 100%表示文字被拉伸。

“垂直缩放”选项：可以使文字尺寸横向保持不变，纵向被缩放，缩放比例小于 100%表示文字被压扁，大于 100%表示文字被拉长。

“设置两个字符间的字偶间距调整”选项：用于调整字符之间的水平间距。输入正值时，字距变大，输入负值时，字距变小。

“设置所选字符的字符间距调整”选项：用于细微地调整字符与字符之间的距离。

“设置基线偏移”选项：用于调节文字的上下位置。可以通过此项设置为文字制作上标或下标。正值时表示文字上移，负值时表示文字下移。

6.3.1 课堂案例——制作百货招贴

【案例学习目标】学习使用绘图工具、字符命令制作百货招贴。

【案例知识要点】使用钢笔工具、网格工具、路径查找器面板和渐变工具制作招贴背景。使用文字工具和字符面板添加文字。使用混合工具制作文字的混合效果。百货招贴效果如图 6-64 所示。

图 6-64

【效果所在位置】光盘/ Ch06/效果/制作百货招贴.ai。

1. 制作招贴背景

（1）按 Ctrl+N 组合键，新建一个文档，宽度为 150mm，高度为 210mm，取向为竖向，颜色模式为 CMYK，单击“确定”按钮。

（2）选择“钢笔”工具，绘制一个图形，如图 6-65 所示。设置图形填充色的 C、M、Y、K 值分别为 31、23、21、0，填充图形，并设置描边色为无，效果如图 6-66 所示。

（3）按 Ctrl+C 组合键，复制图形，按 Ctrl+F 组合键，将复制的图形粘贴在前面。选择“选择”工具，按住 Alt+Shift 组合键的同时，拖曳右上角的控制手柄，等比例缩小图形，如图 6-67 所示。填充图形为白色，效果如图 6-68 所示。

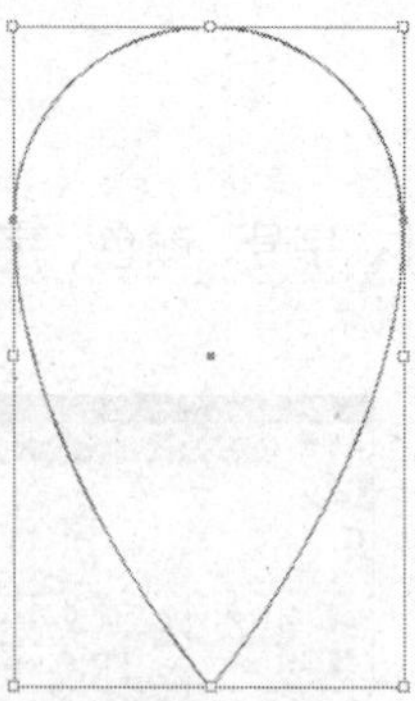
图 6-65

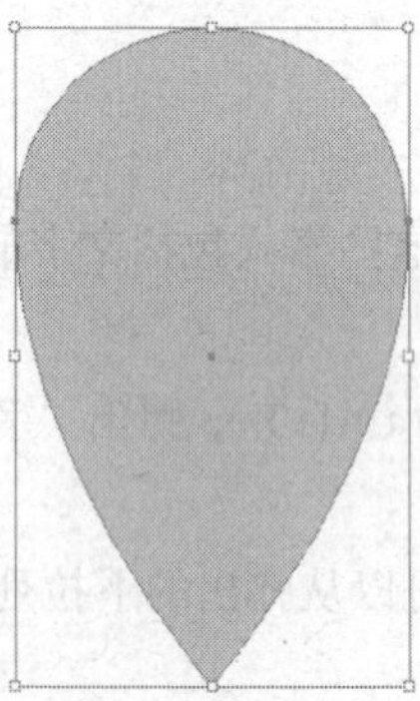
图 6-66

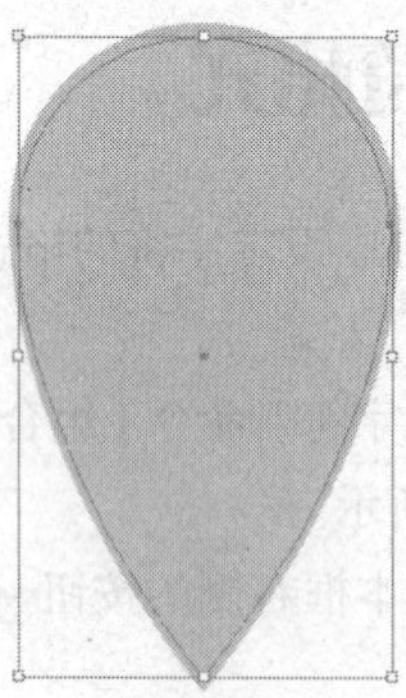
图 6-67

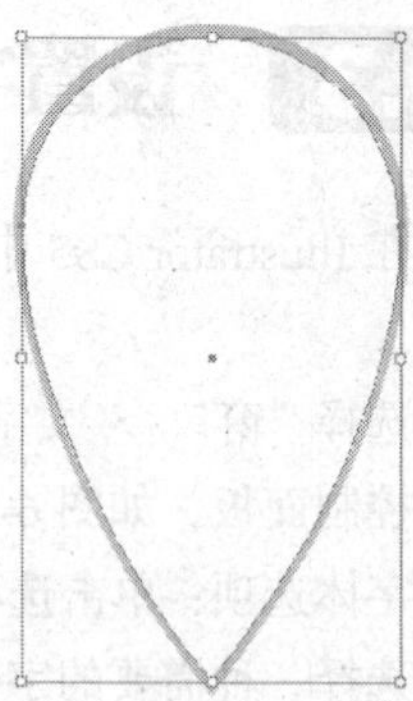
图 6-68

（4）用相同的方法复制并等比例缩小图形，如图 6-69 所示。选择“选择”工具，按住 Shift 键的同时，将两个白色图形同时选取。选择“窗口 > 路径查找器”命令，弹出“路径查找器”面板，单击“减去顶层”按钮，剪切后的效果如图 6-70 所示。

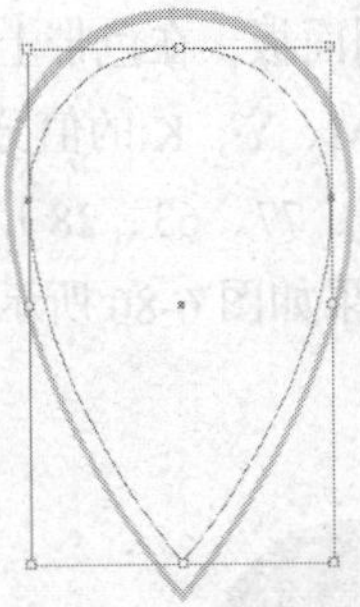
图 6-69

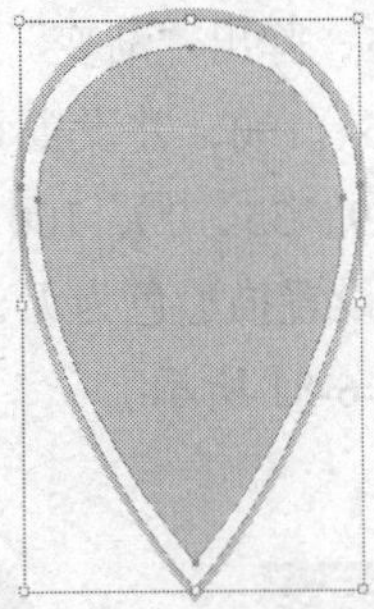
图 6-70

（5）选取底部的图形，按 Ctrl+C 组合键，复制图形，按 Ctrl+V 组合键，粘贴图形，并拖曳到页面空白处。选择“网格”工具，在复制的图形上单击添加网格点，如图 6-71 所示。选择“直接选择”工具，选取需要的节点，设置填充色的 C、M、Y、K 值分别为 76、0、3、0，填充图形，效果如图 6-72 所示。

（6）再次选取需要的节点，设置填充色的 C、M、Y、K 值分别为 100、0、3、0，填充图形，效果如图 6-73 所示。再次选取需要的节点，设置填充色的 C、M、Y、K 值分别为 100、43、3、0，填充图形，效果如图 6-74 所示。再次选取需要的节点，设置填充色的 C、M、Y、K 值分别为 100、100、3、0，填充图形，效果如图 6-75 所示。

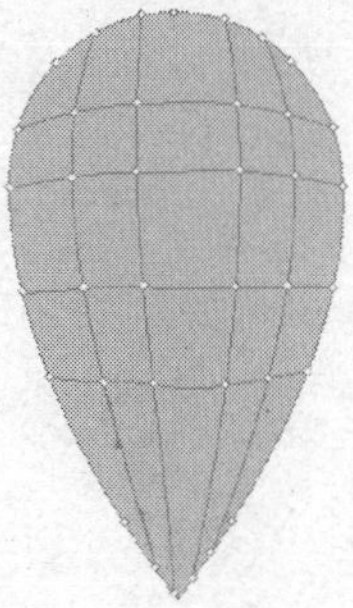
图 6-71

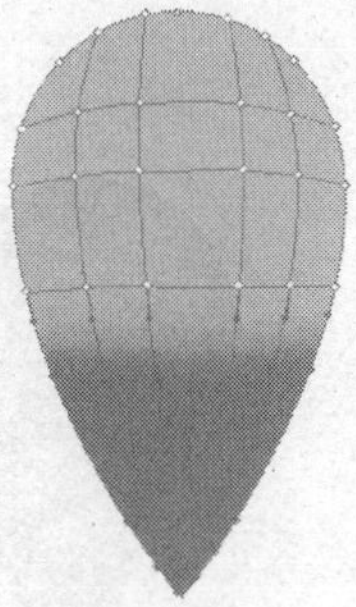
图 6-72

图 6-73

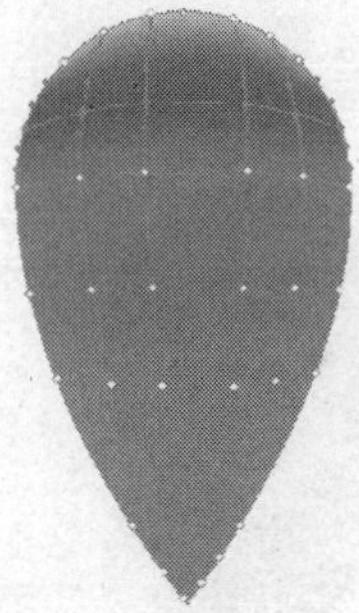
图 6-74

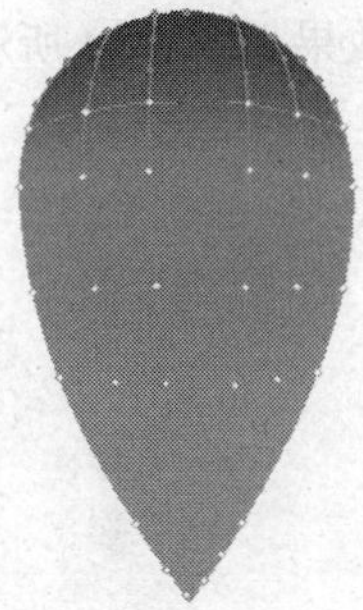
图 6-75

（7）选择“选择”工具，拖曳图形到适当的位置，并调整其大小，效果如图 6-76 所示。按 Ctrl+ [组合键，将其后移一位，效果如图 6-77 所示。选择“钢笔”工具，在适当的位置绘制一个图形，效果如图 6-78 所示。

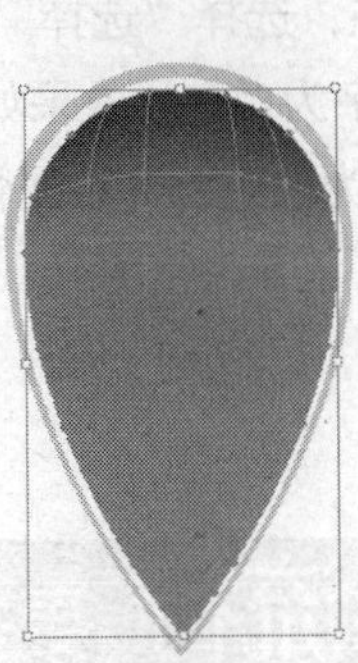
图 6-76

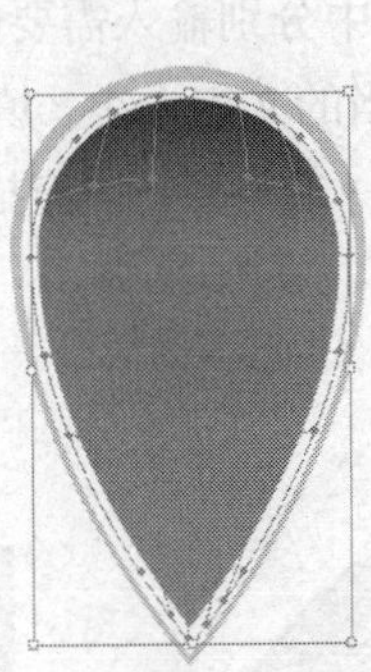
图 6-77

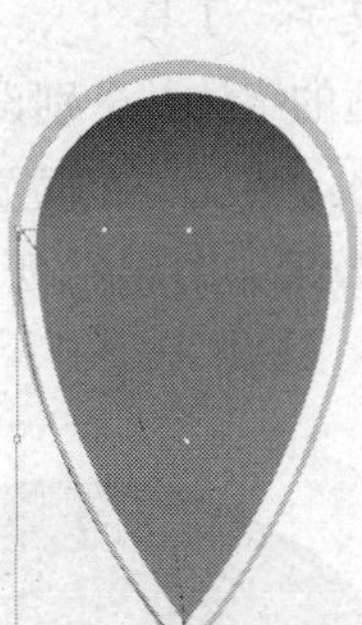
图 6-78

（8）双击“渐变”工具，弹出“渐变”控制面板，在色带上设置 4 个渐变滑块，分别将渐变滑块的位置设为 28、69、85、100，并设置 C、M、Y、K 的值分别为：28（21、15、15、0）、69（0、0、0、0）、85（49、39、35、0）、100（68、77、63、28），其他选项的设置如图 6-79 所示，图形被填充为渐变色，并设置描边色为无，效果如图 6-80 所示。用相同的方法绘制右侧的图形，并填充渐变色，效果如图 6-81 所示。

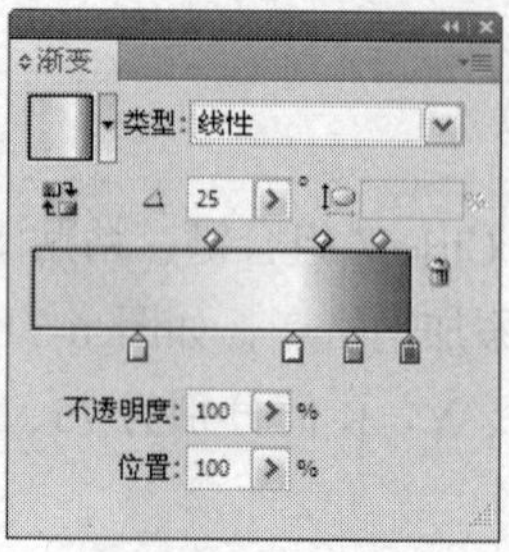

图 6-79

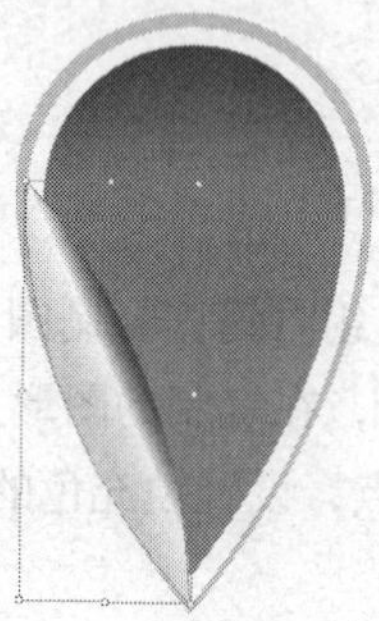

图 6-80

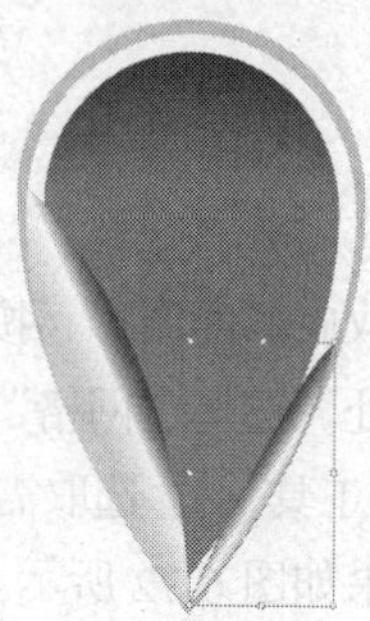

图 6-81

（9）选择“选择”工具，选取左侧的图形，复制图形并拖曳到适当的位置，设置图形填充色的 C、M、Y、K 值分别为 71、63、59、13，填充图形，效果如图 6-82 所示。在属性栏中将“不透明度”选项设为 48%，效果如图 6-83 所示。连续按 Ctrl+ [组合键，将图形后移至适当的位置，效果如图 6-84 所示。

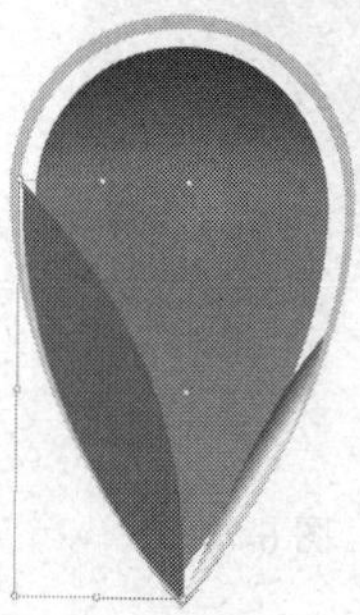

图 6-82

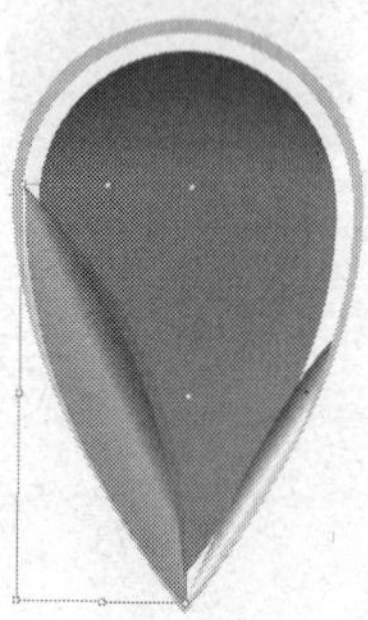

图 6-83

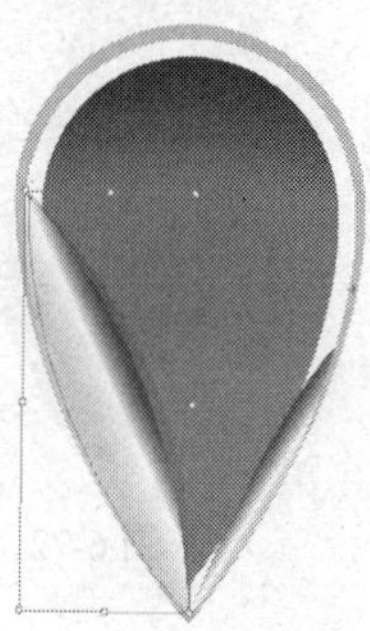

图 6-84

2．添加宣传文字

（1）选择“文字”工具，在页面中分别输入需要的文字，选择“选择”工具，在属性栏中分别选择合适的字体并分别设置适当的文字大小，填充文字为白色，效果如图 6-85 所示。选择“钢笔”工具，在适当的位置绘制一条路径，填充描边色为白色，并在属性栏中设置“描边粗细”为 0.5pt，效果如图 6-86 所示。

图 6-85

图 6-86

（2）选择“文字”工具T，在页面中输入需要的文字，如图 6-87 所示。选择“选择”工具，按 Ctrl+T 组合键，弹出“字符”面板，选项的设置如图 6-88 所示，文字效果如图 6-89 所示。

图 6-87

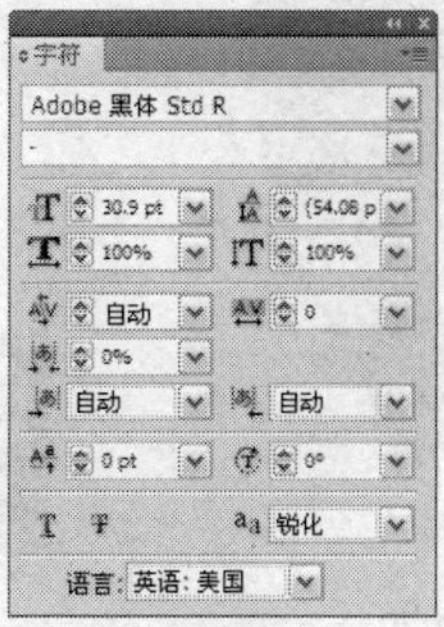

图 6-88

图 6-89

（3）设置文字填充色的 C、M、Y、K 值分别为 0、39、100、0，填充文字，效果如图 6-90 所示。选择“选择”工具，按住 Alt 键的同时，用鼠标向下方拖曳文字到适当的位置，复制文字，并缩小文字，如图 6-91 所示。

图 6-90

图 6-91

（4）设置文字填充色的 C、M、Y、K 值分别为 0、100、0、0，填充文字，并填充描边色为白色，在属性栏中将“描边粗细”选项设为 0.25pt，效果如图 6-92 所示。将两个文字同时选取，双击“混合”工具，在弹出的对话框中进行设置，如图 6-93 所示，单击“确定”按钮，在两个文字上单击鼠标，生成混合，效果如图 6-94 所示。

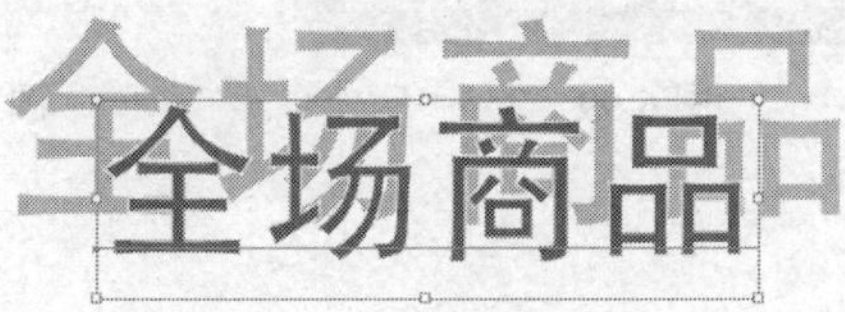

图 6-92

图 6-93

图 6-94

（5）选择“文字”工具T，在页面中输入需要的文字，选择“选择”工具，在“字符”面板进行设置，如图 6-95 所示，文字效果如图 6-96 所示。设置文字填充色的 C、M、Y、K 值分别为 0、33、100、0，填充文字，并填充描边色为白色，效果如图 6-97 所示。

图 6-95

图 6-96

图 6-97

（6）选择“效果 > 风格化 > 投影”命令，在弹出的对话框中进行设置，如图 6-98 所示，单击“确定”按钮，效果如图 6-99 所示。选择“文件 > 置入”命令，弹出“置入”对话框，选择光盘中的“Ch06 > 素材 > 制作百货招贴 > 01”文件，单击“置入”按钮，单击属性栏中的“嵌入”按钮，弹出对话框，单击“确定”按钮，嵌入图片。拖曳图片到适当的位置并调整其大小，效果如图 6-100 所示。百货招贴制作完成。

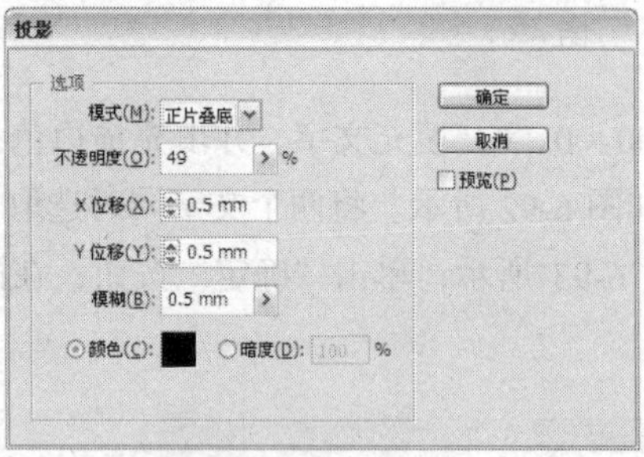

图 6-98

图 6-99

图 6-100

6.3.2 设置字体和字号

选择“字符”控制面板，在“字体”选项的下拉列表中选择一种字体即可将该字体应用到选中的文字中，各种字体的效果如图 6-101 所示。

Illustrator	Illustrator	Illustrator
文鼎齿轮体	文鼎弹簧体	文鼎花瓣体
Illustrator	Illustrator	Illustrator
Arial	Arial Black	ITC Garamon

图 6-101

Illustrator CS5 提供的每种字体都有一定的字形，如常规、加粗、斜体等，字体的具体选项因字而定。

提示 默认字体单位为 pt，72pt 相当于 1 英寸。默认状态下字号为 12pt，可调整的范围为 0.1 ~ 1296。

设置字体的具体操作如下。

选中部分文本，如图 6-102 所示。选择“窗口 > 文字 > 字符”命令，弹出“字符”控制面板，从“字体”选项的下拉列表中选择一种字体，如图 6-103 所示。或选择“文字 > 字体”命令，在列出的字体中进行选择，更改文本字体后的效果如图 6-104 所示。

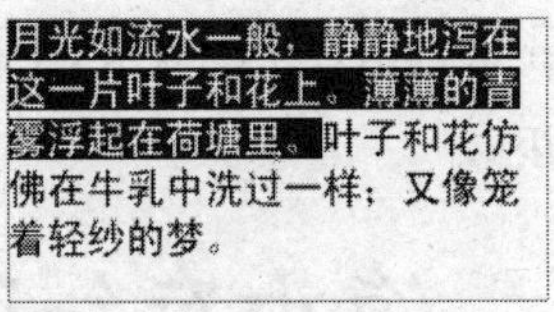

图 6-102

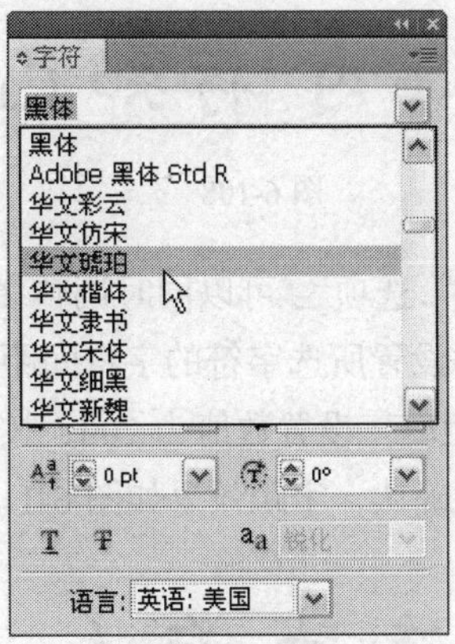

图 6-103

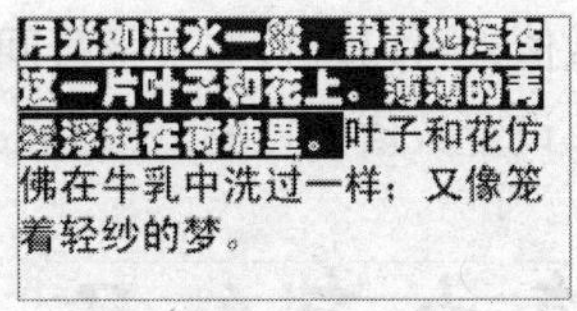

图 6-104

选中文本，单击“设置字体大小”选项 数值框后的按钮，在弹出的下拉列表中可以选择适合的字体大小。也可以通过数值框左侧的上、下微调按钮来调整字号大小。文本字号分别为 20pt 和 15pt 时的效果如图 6-105 和图 6-106 所示。

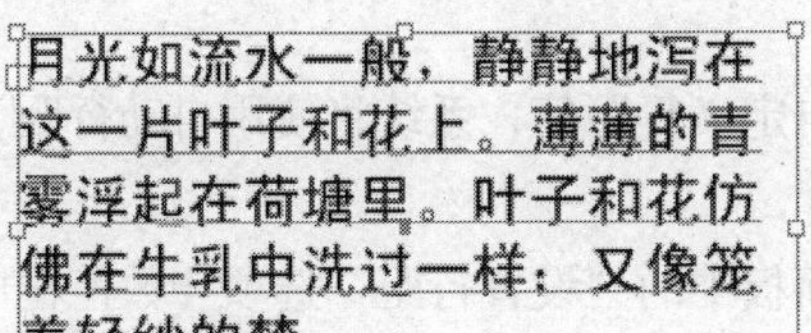

图 6-105

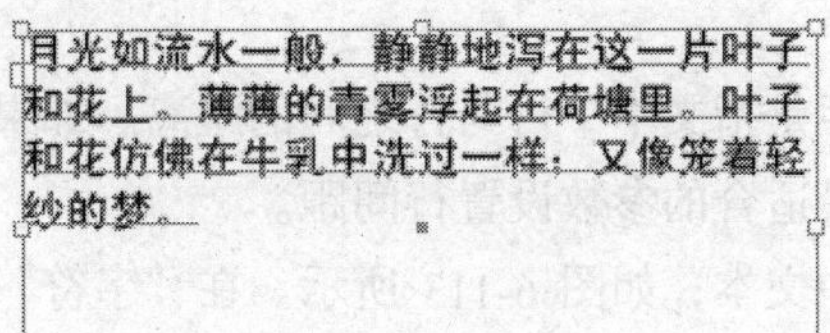

图 6-106

6.3.3　调整字距

当需要调整文字或字符之间的距离时，可使用“字符”控制面板中的两个选项，即“设置两个字符间的字距微调”选项和“设置所选字符的字符间距调整”选项。“设置两个字符间的字距微调”选项用来控制两个文字或字母之间的距离。“设置所选字符的字符间距调整”选项可使两个或更多个被选择的文字或字母之间保持相同的距离。

选中要设定字距的文字，在“字符”控制面板中的“设置两个字符间的字距微调”选项的下拉列表中选择“自动”选项，这时程序就会以比较合适的参数值设置文字的距离。

提示 在“特殊字距”选项的数值框中键入 0 时，将关闭自动调整文字距离的功能。

“设置两个字符间的字距微调”选项只有在两个文字或字符之间插入光标时才能进行设置。将光标插入到需要调整间距的两个文字或字符之间，如图 6-107 所示。在“设置两个字符间的字距微调”选项的数值框中输入所需要的数值，就可以调整两个文字或字符之间的距离。设置数值为 300，按 Enter 键确认，字距效果如图 6-108 所示，设置数值为-300，按 Enter 键确认，字距效果如图 6-109 所示。

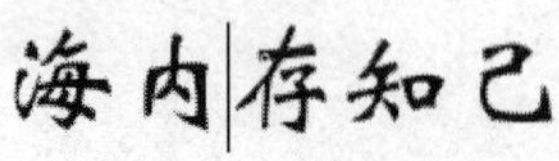

图 6-107

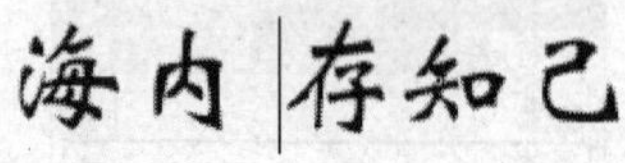

图 6-108

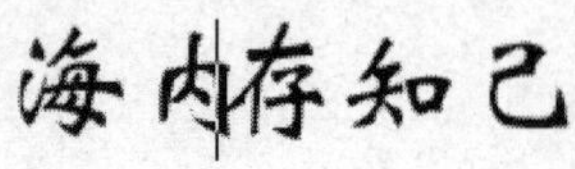

图 6-109

“设置所选字符的字符间距调整”选项可以同时调整多个文字或字符之间的距离。选中整个文本对象，如图 6-110 所示，在“设置所选字符的字符间距调整”选项的数值框中输入所需要的数值，可以调整文本字符间的距离。设置数值为 200，按 Enter 键确认，字距效果如图 6-111 所示，设置数值为-200，按 Enter 键确认，字距效果如图 6-112 所示。

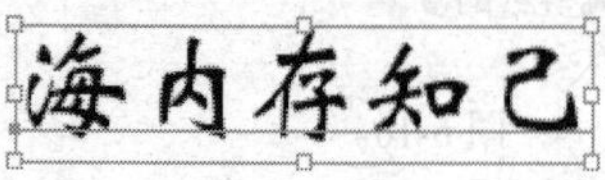

图 6-110

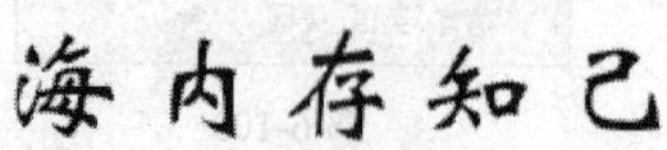

图 6-111

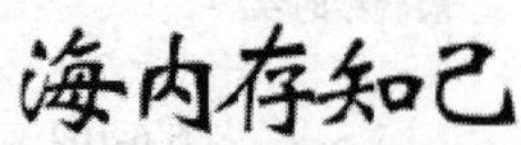

图 6-112

6.3.4　设置行距

行距是指文本中行与行之间的距离。如果没有自定义行距值，系统将使用自动行距，这时系统将以最适合的参数设置行间距。

选中文本，如图 6-113 所示。在“字符”控制面板中的“设置行距”选项数值框中输入所需要的数值，可以调整行与行之间的距离。设置“设置行距”数值为 36，按 Enter 键确认，行距效果如图 6-114 所示。

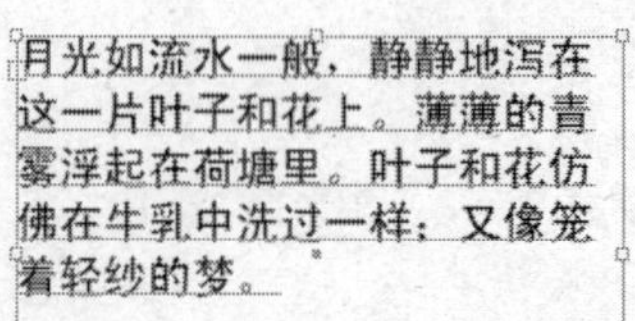

图 6-113

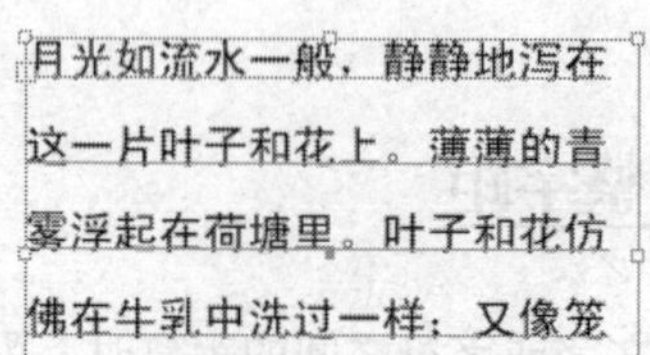

图 6-114

6.3.5　水平或垂直缩放

当改变文本的字号时，它的高度和宽度将同时发生改变，而利用“垂直缩放”选项或“水平缩放”选项可以单独改变文本的高度和宽度。

默认状态下，对于横排的文本，“垂直缩放”选项保持文字的宽度不变，只改变文字的高度，“水平缩放”选项将在保持文字高度不变的情况下，改变文字宽度；对于竖排的文本，会产生相反的效果，即“垂直缩放”选项改变文本的宽度，“水平缩放”选项改变文本的高度。

选中文本，如图 6-115 所示，文本为默认状态下的效果。在“垂直缩放”选项数值框内设置数值为 175，按 Enter 键确认，文字的垂直缩放效果如图 6-116 所示。

在“水平缩放”选项数值框内设置数值为 175，按 Enter 键确认，文字的水平缩放效果如图 6-117 所示。

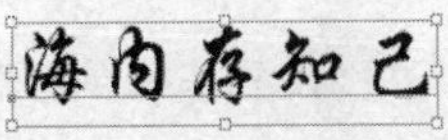

图 6-115

图 6-116

图 6-117

6.3.6　基线偏移

基线偏移就是改变文字与基线的距离，从而提高或降低被选中文字相对于其他文字的排列位置，达到突出显示的目的。使用“设置基线偏移”选项可以创建上标或下标，或者在不改变文本方向的情况下，更改路径文本在路径上的排列位置。

如果“设置基线偏移”选项在“字符”控制面板中是隐藏的，可以单击“字符”控制面板右上方的图标，在弹出的下拉菜单中选择“显示选项”命令，如图 6-118 所示，显示出“设置基线偏移”选项，如图 6-119 所示。

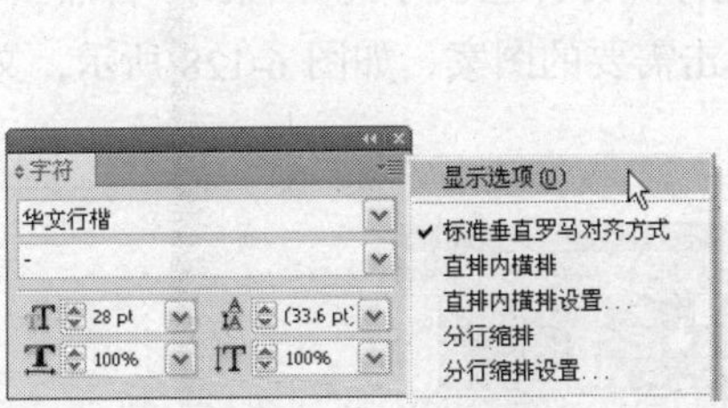

图 6-118

图 6-119

设置“设置基线偏移”选项可以改变文本在路径上的位置。文本在路径的外侧时选中文本，如图 6-120 所示。在“设置基线偏移”选项的数值框中设置数值为-30，按 Enter 键确认，文本移动到路径的内侧，效果如图 6-121 所示。

图 6-120

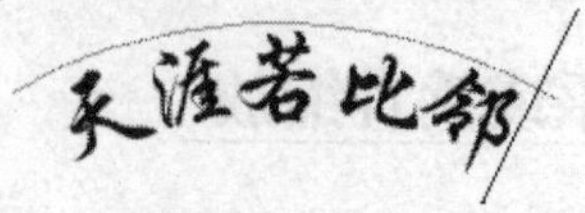

图 6-121

通过设置“设置基线偏移”选项，还可以制作出有上标和下标显示的效果。输入需要的文字，如图 6-122 所示，调整字符的字号，如图 6-123 所示，在“设置基线偏移”选项的数值框中设置数值为 12，按 Enter 键确认，效果如图 6-124 所示。

图 6-122

图 6-123

图 6-124

提示 若要取消“设置基线偏移”的效果，选择相应的文本后，在“设置基线偏移”选项的数值框中设置数值为 0 即可。

6.3.7 文本的颜色和变换

Illustrator CS5 中的文字和图形一样，具有填充和描边属性。文字在默认设置状态下，描边颜色为无色，填充颜色为黑色。

使用工具箱中的“填色”或“描边”按钮，可以将文字设置在填充或描边状态。使用“颜色”控制面板可以填充或更改文本的填充颜色或描边颜色。使用“色板”控制面板中的颜色和图案可以为文字上色。

提示 在对文本进行轮廓化处理前，渐变的效果不能应用到文字上。

选中文本，如图 6-125 所示，在工具箱中单击“填色”按钮，在“色板”控制面板中单击需要的颜色，如图 6-126 所示，文字的颜色填充效果如图 6-127 所示。在“色板”控制面板中，单击面板右上方的图标，在弹出的菜单中选择“打开色板库 > 图案 > 自然 > 自然_叶子”命令，在弹出的“自然_叶子”控制面板中单击需要的图案，如图 6-128 所示，文字的图案填充效果如图 6-129 所示。

图 6-125

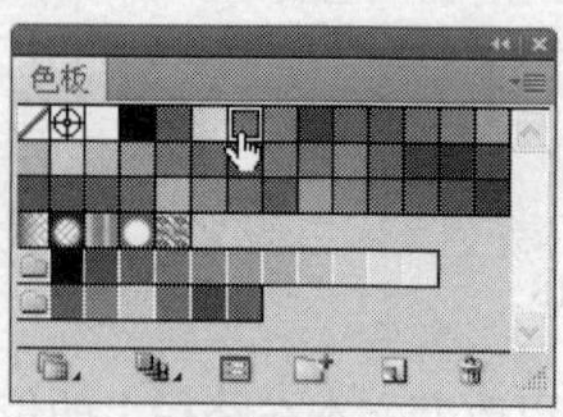

图 6-126

图 6-127

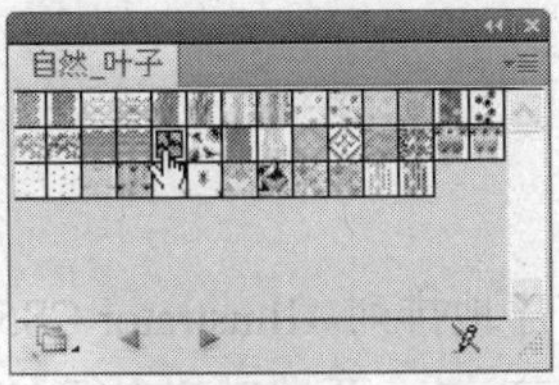

图 6-128

图 6-129

选中文本，在工具箱中单击“描边”按钮，在弹出的“自然 _ 叶子”控制面板中单击需要的图案，如图 6-130 所示，在“描边”控制面板中设置描边的宽度，如图 6-131 所示，文字的描边效果如图 6-132 所示。

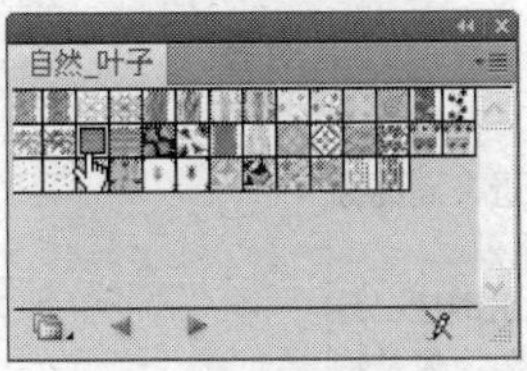

图 6-130

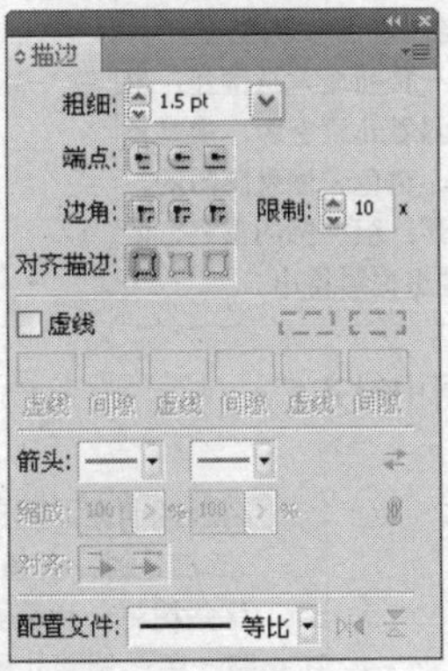

图 6-131

图 6-132

选择“对象 > 变换”命令或“变换”工具，可以对文本进行变换。选中要变换的文本，再利用各种变换工具对文本进行旋转、对称、缩放、倾斜等变换操作。将文本进行倾斜效果如图 6-133 所示，旋转效果如图 6-134 所示，对称效果如图 6-135 所示。

图 6-133

图 6-134

图 6-135

6.4 设置段落格式

“段落”控制面板提供了文本对齐、段落缩进、段落间距以及制表符等设置，可用于处理较长的文本。选择“窗口 > 文字 > 段落”命令，弹出“段落”控制面板，如图 6-136 所示。

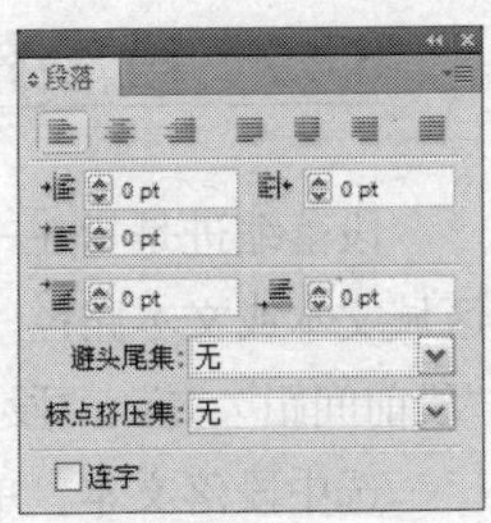

图 6-136

6.4.1 文本对齐

文本对齐是指所有的文字在段落中按一定的标准有序地排列。Illustrator CS5 提供了 7 种文本对齐的方式，分别是：左对齐、居中对齐、右对齐、两端对齐末行左对齐、两端对齐末行居中对齐、两端对齐末行右对齐、全部两端对齐。

选中要对齐的段落文本，单击“段落”控制面板中的各个对齐方式按钮，应用不同对齐方式的段落文本效果如图 6-137 所示。

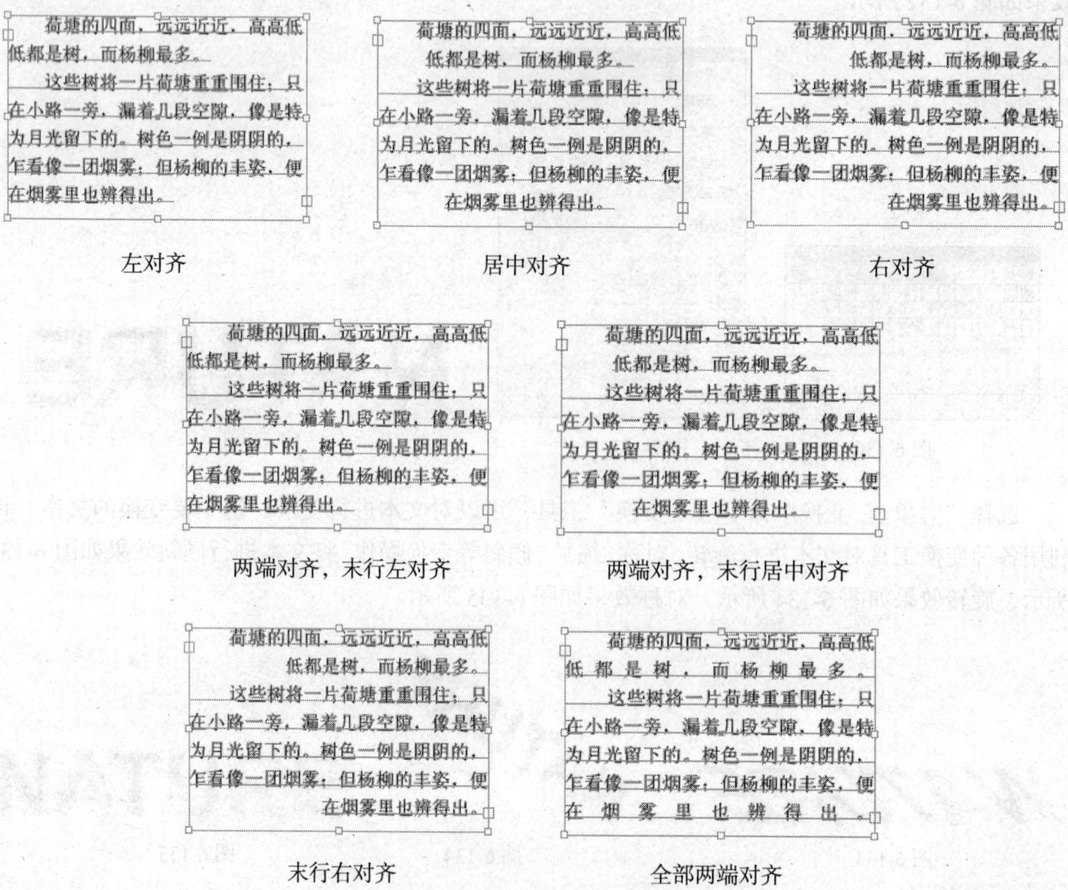

图 6-137

6.4.2 段落缩进

段落缩进是指在一个段落文本开始时需要空出的字符位置。选定的段落文本可以是文本块、区域文本或文本路径。段落缩进有 5 种方式：“左缩进”、“右缩进”、“首行左缩进”、“段前间距”、“段后间距”。

选中段落文本，单击“左缩进”图标或“右缩进”图标，在缩进数值框内输入合适的数值。单击“左缩进”图标或“右缩进”图标右边的上下微调按钮，一次可以调整1pt。在缩进数值框内输入正值时，表示文本框和文本之间的距离拉开；输入负值时，表示文本框和文本之间的距离缩小。

单击“首行左缩进”图标，在第一行左缩进数值框内输入数值可以设置首行缩进后空出的字符位置。应用“段前间距”图标和“段后间距”图标，可以设置段落间的距离。

选中要缩进的段落文本，单击“段落”控制面板中的各个缩进方式按钮，应用不同缩进方式的段落文本效果如图 6-138 所示。

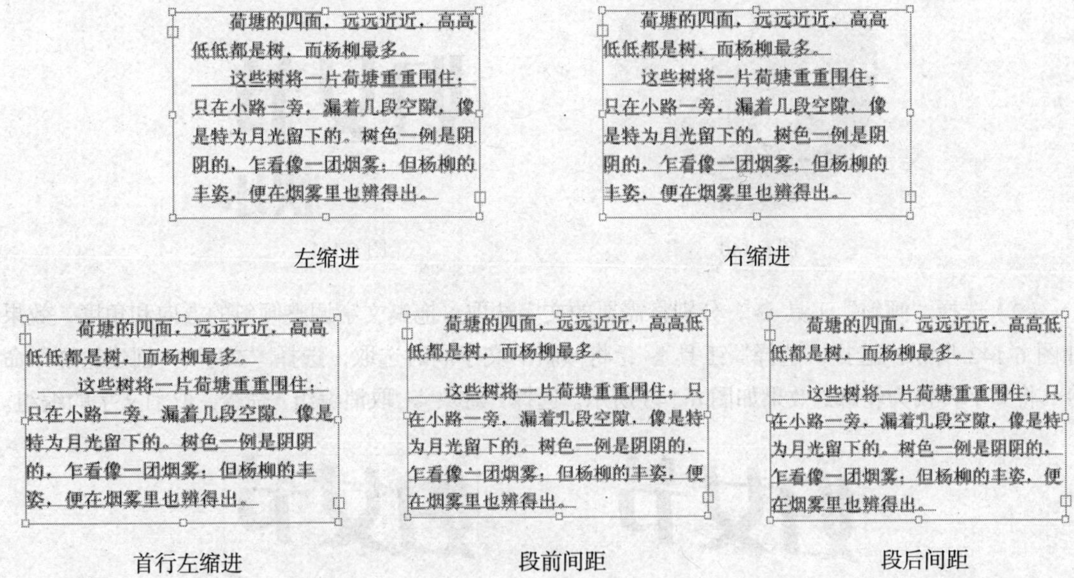

图 6-138

6.5 将文本转化为轮廓

在 Illustrator CS5，将文本转化为轮廓后，可以像对其他图形对象一样进行编辑和操作。通过这种方式，可以创建多种特殊文字效果。

6.5.1 课堂案例——制作节日标牌

【案例学习目标】学习使用文字工具、创建轮廓命令制作节日标牌。

【案例知识要点】使用文字工具输入文字。使用创建轮廓命令将文字转换为轮廓路径。使用钢笔工具和路径查找器面板制作宣传文字，效果如图 6-139 所示。

【效果所在位置】光盘/Ch06/效果/制作节日标牌.ai。

图 6-139

1. 添加文字

（1）按 Ctrl + O 组合键，打开光盘中的“Ch06 > 素材 > 制作节日标牌 > 01”文件，如图 6-140 所示。选择“文字”工具 T，在页面空白处分别输入需要的文字。选择“选择”工具，在属性栏中选择合适的字体并分别设置文字的大小，效果如图 6-141 所示。

图 6-140

图 6-141

（2）选择“倾斜”工具，分别将需要的文字选取，拖曳文字调整倾斜的方向和角度，效果如图 6-142 所示。选择“选择”工具，将倾斜的文字同时选取，选择“文字 > 创建轮廓”命令，将文字转换为轮廓，效果如图 6-143 所示。选择“对象 > 取消编组”命令，取消文字的编组。

图 6-142

图 6-143

（3）选择“选择”工具，分别选取需要的文字，将其拖曳到适当的位置，如图 6-144 所示。选择“直接选择”工具，将选取的文字左侧的节点拖曳到适当的位置，如图 6-145 所示。取消选取状态，效果如图 6-146 所示。用相同的方法调整“乐”字需要的节点到适当的位置，效果如图 6-147 所示。

图 6-144

图 6-145

图 6-146

图 6-147

（4）选择“钢笔”工具，在适当的位置绘制多个图形，如图 6-148 所示。将其填充为黑色，并设置描边色为无，效果如图 6-149 所示。选择“选择”工具，将文字和图形同时选取，选择“窗口 > 路径查找器”命令，弹出“路径查找器”面板，单击“联集”按钮，将图形合并成一个图形，如图 6-150 所示。

图 6-148

图 6-149

图 6-150

（5）选择“选择”工具，选取合并后的图形，将其拖曳到适当的位置，效果如图 6-151 所示。设置图形填充色的 C、M、Y、K 值分别为 0、100、0、0，填充图形，并设置描边色的 C、M、Y、K 值分别为 0、0、50、0，填充描边，在属性栏中将“描边粗细”选项设为 2pt，效果如图 6-152 所示。

图 6-151

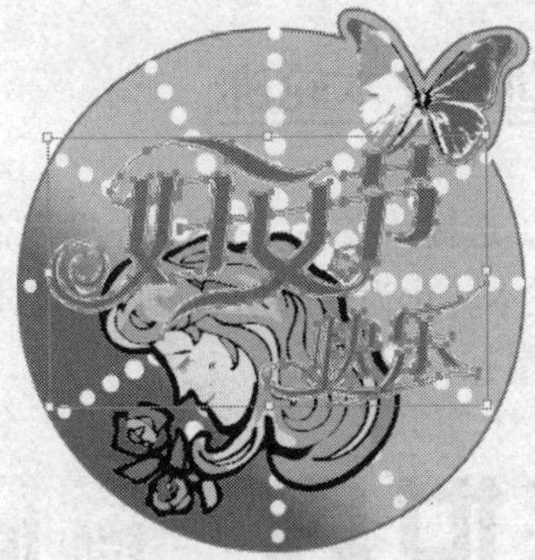

图 6-152

（6）选择“效果 > 风格化 > 投影”命令，在弹出的对话框中进行设置，如图 6-153 所示，单击“确定”按钮，效果如图 6-154 所示。

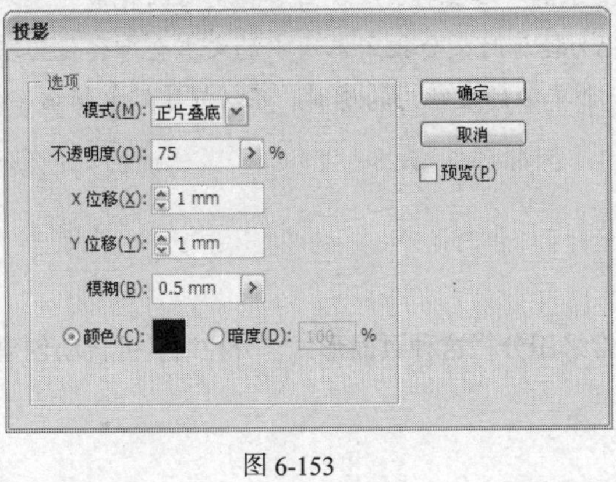

图 6-153

图 6-154

（7）选择“椭圆”工具，按住 Shift 键的同时，在页面中绘制一个圆形，如图 6-155 所示。选择“路径文字”工具，在路径上单击，插入光标，输入需要的文字，在属性栏中选择合适的字体并设置适当的文字大小，设置文字填充色的 C、M、Y、K 值分别为 48、4、88、0，填充文字，效果如图 6-156 所示。节日标牌制作完成。

图 6-155

图 6-156

6.5.2 创建文本轮廓

选中文本，选择“文字 > 创建轮廓”命令（组合键为 Shift +Ctrl+ O），创建文本轮廓，如图 6-157 所示。文本转化为轮廓后，可以对文本进行渐变填充，效果如图 6-158 所示，还可以对文本应用效果，如图 6-159 所示。

图 6-157

图 6-158

图 6-159

提示

文本转化为轮廓后，将不再具有文本的一些属性，这就需要在文本转化成轮廓之前先按需要调整文本的字体大小。而且将文本转化为轮廓时，会把文本块中的文本全部转化为路径。不能在一行文本内转化单个文字，要想转化一个单独的文字为轮廓时，可以创建只包括该字的文本，然后再进行转化。

6.6 分栏和链接文本

在 Illustrator CS5 中，大的段落文本经常采用分栏这种页面形式。分栏时，可自动创建链接文本，也可手动创建文本的链接。

6.6.1 创建文本分栏

在 Illustrator CS5 中，可以对一个选中的段落文本块进行分栏，不能对点文本或路径文本进行分栏，也不能对一个文本块中的部分文本进行分栏。

选中要进行分栏的文本块，如图 6-160 所示，选择“文字 > 区域文字选项”命令，弹出“区域文字选项”对话框，如图 6-161 所示。

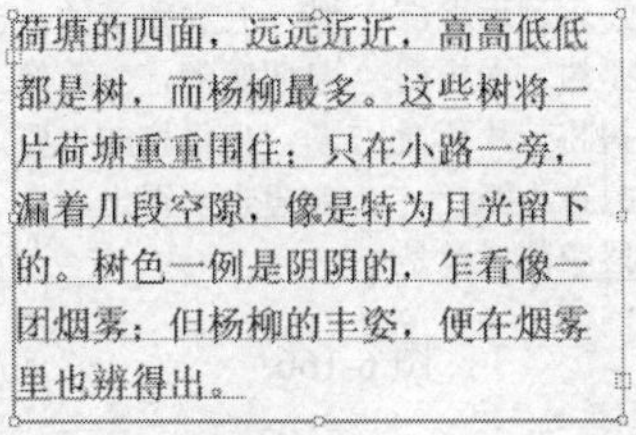

图 6-160

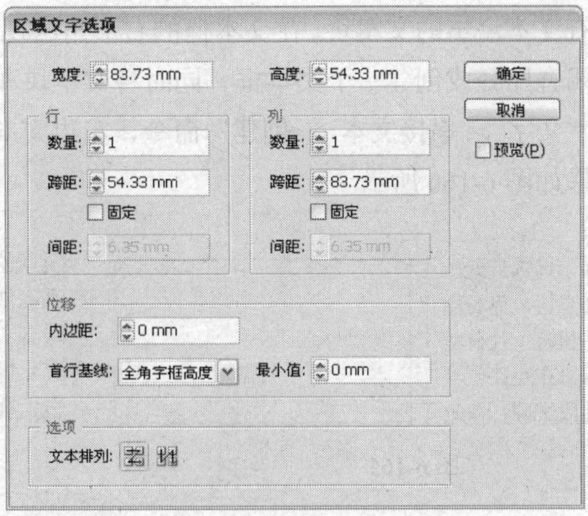

图 6-161

在“行”选项组中的“数量”选项中输入行数，所有的行自动定义为相同的高度，建立文本分栏后可以改变各行的高度。“跨距”选项用于设置行的高度。

在“列”选项组中的“数量”选项中输入栏数，所有的栏自动定义为相同的宽度，建立文本分栏后可以改变各栏的宽度。“跨距”选项用于设置栏的宽度。

单击“文本排列”选项后的图标按钮，如图 6-162 所示，选择一种文本流在链接时的排列方式，每个图标上的方向箭头指明了文本流的方向。

图 6-162

“区域文字选项”对话框如图 6-163 所示进行设定，单击“确定”按钮创建文本分栏，效果如图 6-164 所示。

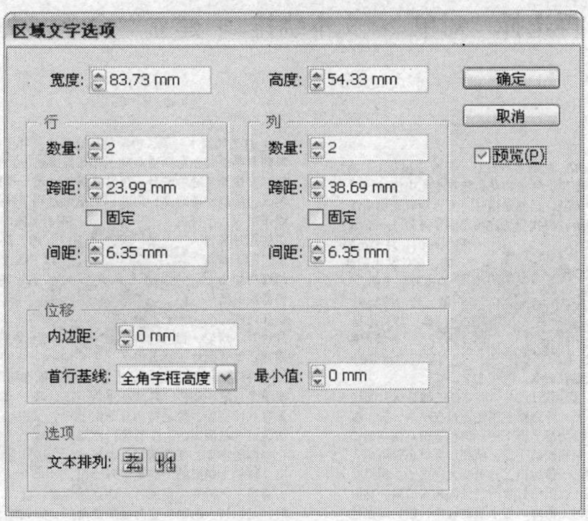

图 6-163

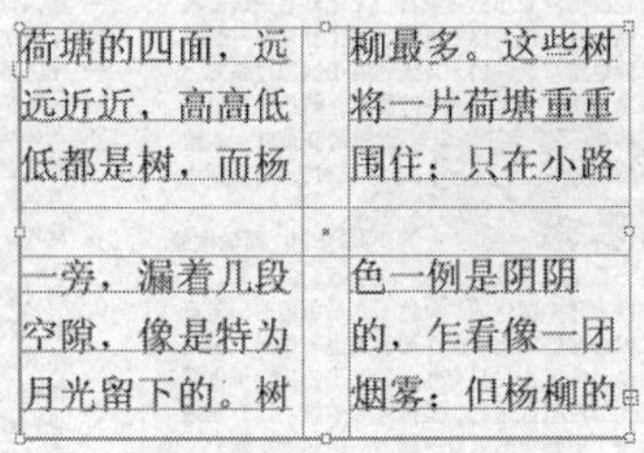

图 6-164

6.6.2　链接文本块

如果文本块出现文本溢出的现象，可以通过调整文本块的大小显示所有的文本，也可以将溢出的文本链接到另一个文本框中，还可以进行多个文本框的链接。点文本和路径文本不能被链接。

选择有文本溢出的文本块。在文本框的右下角出现了⊞图标，表示因文本框太小有文本溢出，绘制一个闭合路径或创建一个文本框，同时将文本块和闭合路径选中，如图 6-165 所示。

选择“文字 > 串接文本 > 创建”命令，左边文本框中溢出的文本会自动移到右边的闭合路径中，效果如图 6-166 所示。

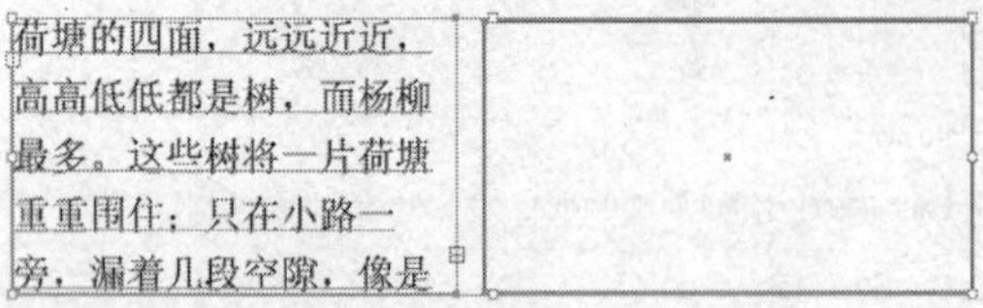

图 6-165

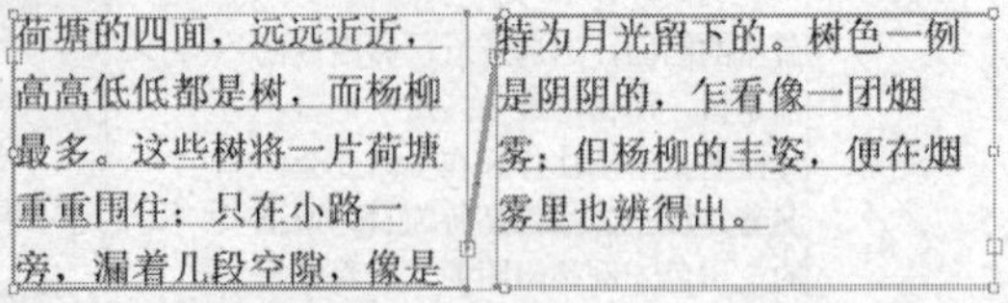

图 6-166

如果右边的文本框中还有文本溢出，可以继续添加文本框来链接溢出的文本，方法同上。链接的多个文本框其实还是一个文本块。选择“文字 > 串接文本 > 释放所选文字”命令，可以解除各文本框之间的链接状态。

6.7 图文混排

图文混排效果在版式设计中是经常使用的一种效果，使用文本绕图命令可以制作出漂亮的图文混排效果。文本绕图对整个文本块起作用，对于文本块中的部分文本，以及点文本、路径文本都不能进行文本绕图。

在文本块上放置图形并调整好位置，同时选中文本块和图形，如图 6-167 所示。选择“对象 > 文本绕排 > 建立”命令，建立文本绕排，文本和图形结合在一起，效果如图 6-168 所示。要增加绕排的图形，可先将图形放置在文本块上，再选择“对象 > 文本绕排 > 建立”命令，文本绕图将会重新排列，效果如图 6-169 所示。

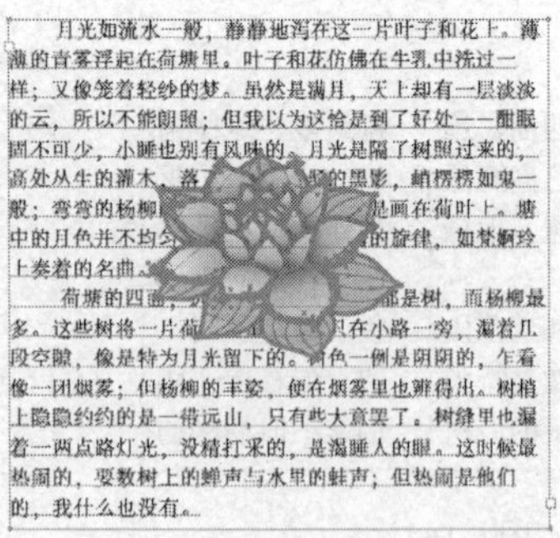

图 6-167

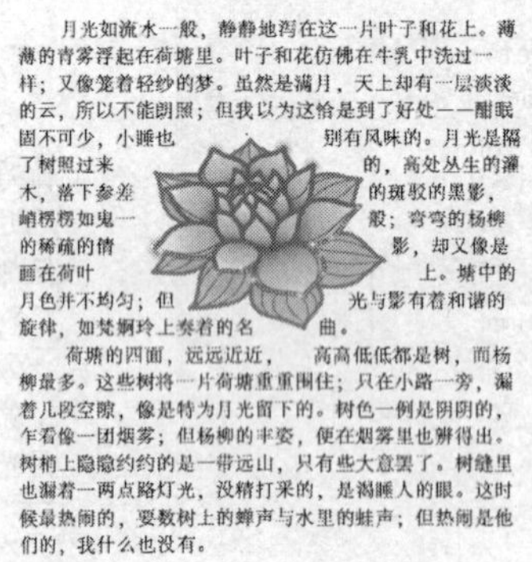

图 6-168

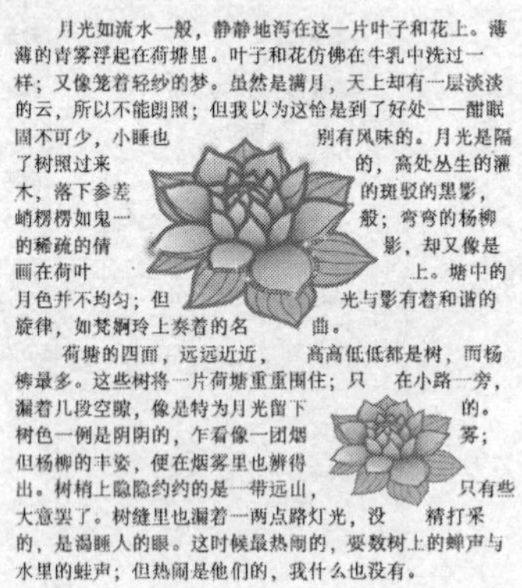

图 6-169

选中文本绕图对象，选择“对象 > 文本绕排 > 释放”命令，可以取消文本绕图。

提示 图形必须放置在文本块之上才能进行文本绕图。

6.8 课堂练习——制作电视标志

【练习知识要点】使用圆角矩形、混合工具制作电视图形。使用字形文字命令插入需要的字形，如图 6-170 所示。

【效果所在位置】光盘/ Ch06 /效果/制作电视标志 ai。

图 6-170

6.9 课后习题——制作时尚书籍封面

【习题知识要点】使用投影命令为圆形添加投影效果。使用符号库命令添加图形。使用螺旋线工具和钢笔工具为文字添加装饰图形。使用描边命令为文字添加描边效果，如图 6-171 所示。

【效果所在位置】光盘/ Ch06 /效果/制作时尚书籍封面.ai。

图 6-171

第 7 章

图表的编辑

Illustrator CS5 不仅具有强大的绘图功能，而且还具有强大的图表处理功能。本章将系统地介绍 Illustrator CS5 中提供的 9 种基本图表形式，通过学习使用图表工具，可以创建出各种不同类型的表格，以更好地表现复杂的数据。另外，自定义图表各部分的颜色，以及将创建的图案应用到图表中，将能更加生动地表现数据内容。

课堂学习目标

- 创建图表
- 设置图表
- 自定义图表

7.1 创建图表

在 Illustrator CS5 中，提供了 9 种不同的图表工具，利用这些工具可以创建不同类型的图表。

7.1.1 课堂案例——制作统计图表

【案例学习目标】学习使用图表绘制工具绘制图表。

【案例知识要点】 使用条形图工具绘制图表，效果如图 7-1 所示。

图 7-1

【效果所在位置】光盘/Ch07/效果/制作统计图表.ai。

1. 绘制背景图及装饰图形

（1）按 Ctrl+N 组合键，新建一个文档，宽度为 350mm，高度为 210mm，取向为横向，颜色模式为 CMYK，单击“确定”按钮。

（2）选择“矩形”工具，在页面中单击鼠标，弹出“矩形”对话框，在对话框中进行设置，如图 7-2 所示，单击“确定”按钮，得到一个矩形。设置图形填充色的 C、M、Y、K 值分别为 0、20、100、0，填充图形，并设置描边色为无，选择“选择”工具拖曳图形，使其与页面对齐，效果如图 7-3 所示。

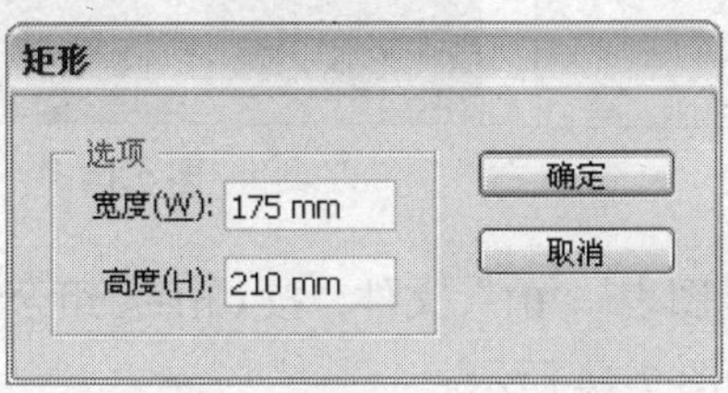

图 7-2

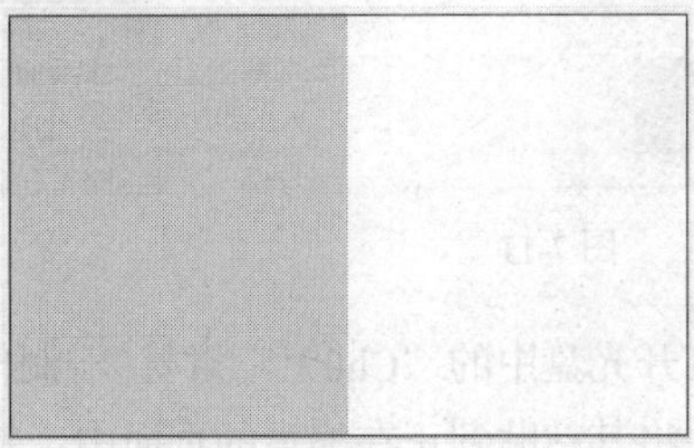

图 7-3

（3）选择“钢笔”工具，绘制图形，如图 7-4 所示，设置图形填充色为白色，填充图形，并设置描边色为无，效果如图 7-5 所示。选择“选择”工具，按住 Alt 键的同时，用鼠标向右拖曳图形，将图形进行复制，用同样的方法复制多个图形，效果如图 7-6 所示。选择“选择”工具选取图形，在属性栏中分别设置不同的不透明度，效果如图 7-7 所示。

图 7-4

图 7-5

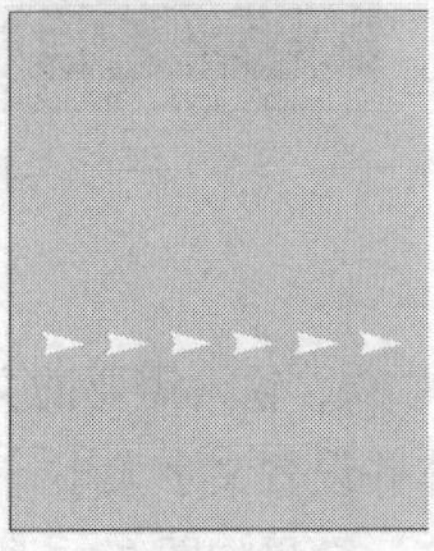

图 7-6

图 7-7

（4）选择“矩形”工具，在页面中单击鼠标，弹出“矩形”对话框，在对话框中进行设置，如图 7-8 所示，单击“确定”按钮，得到一个矩形。双击“渐变”工具，弹出“渐变”控制面板，并设置 C、M、Y、K 的值分别为：0（10、100、56、0）、100（25、100、75、25），其他选项的设置如图 7-9 所示，图形被填充为渐变色，并设置描边色为无，效果如图 7-10 所示。

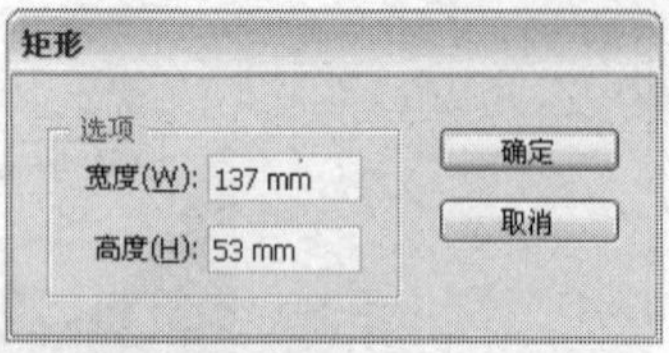

图 7-8

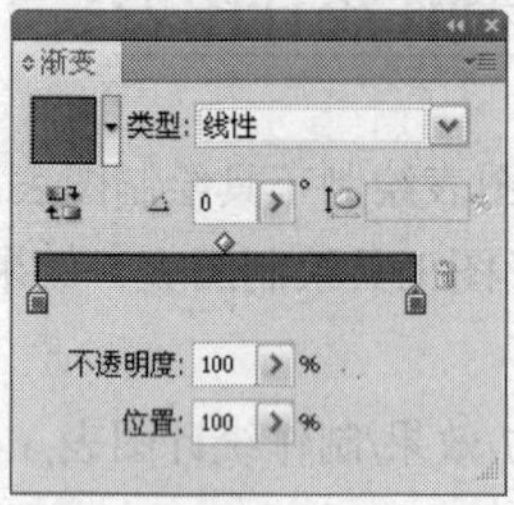

图 7-9

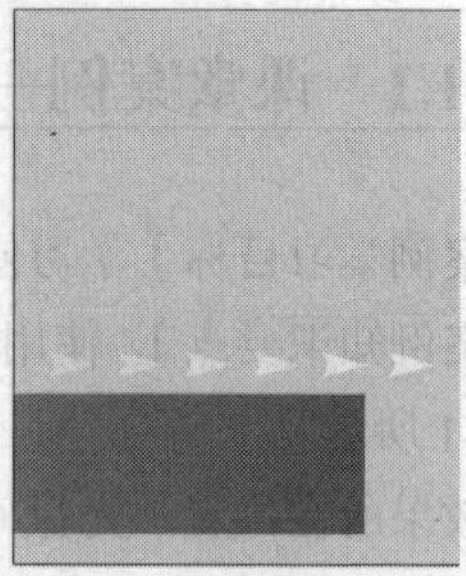
图 7-10

（5）选择“钢笔”工具，绘制图形，如图 7-11 所示。双击“渐变”工具，弹出“渐变”控制面板，并设置 C、M、Y、K 的值分别为：0（10、100、56、0）、100（25、100、75、25），其他选项的设置如图 7-12 所示，图形被填充为渐变色，并设置描边色为无，效果如图 7-13 所示。

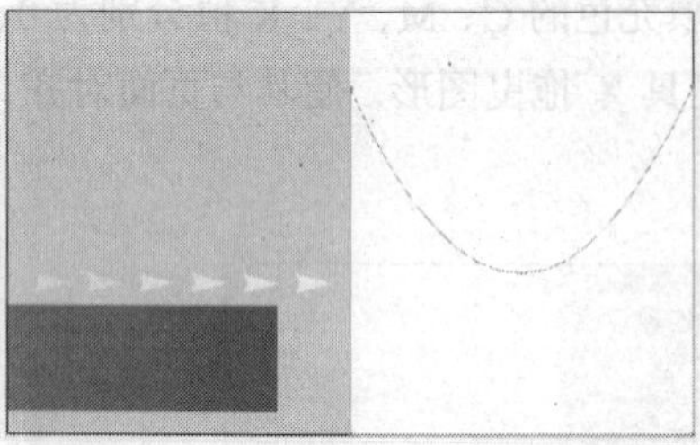
图 7-11

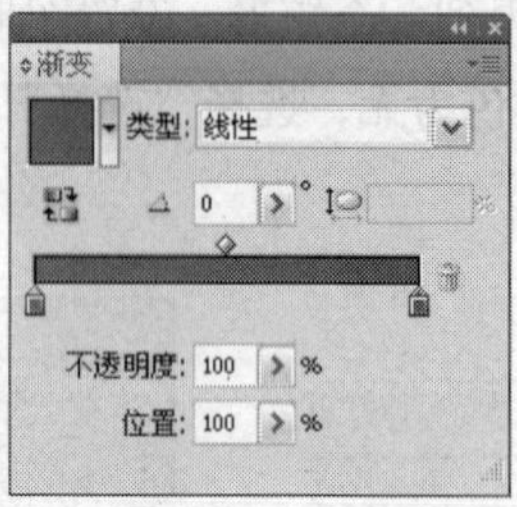

图 7-12

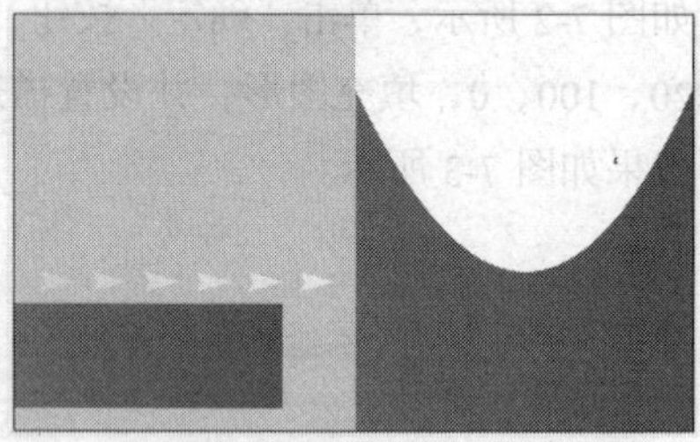
图 7-13

（6）打开光盘中的“Ch07 > 素材 > 制作统计图表 > 01”文件，按 Ctrl+A 组合键，全选图形，复制并将其粘贴到正在编辑的页面中，效果如图 7-14 所示。

图 7-14

2．添加文字和图表

（1）选择“文字”工具，输入需要的文字，效果如图 7-15 所示，选择“选择”工具，在属性栏中选择合适的字体并设置文字大小，并将其不透明度选项设为 50，效果如图 7-16 所示。用同样的方法添加其他文字，效果如图 7-17 所示。

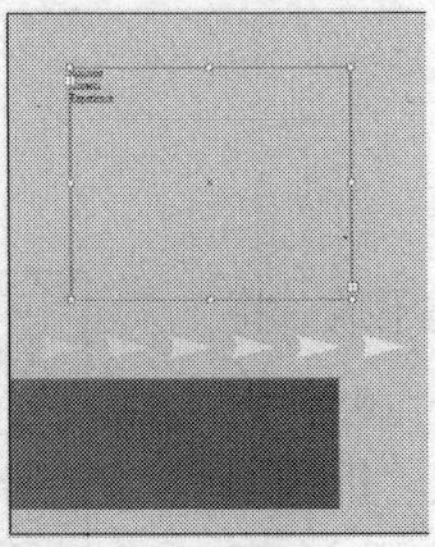

图 7-15

图 7-16

图 7-17

（2）选择“条形图”工具，在页面中单击鼠标，在弹出的“图表”对话框中进行设置，如图 7-18 所示，单击“确定”按钮，弹出“图表数据”对话框，在对话框中输入需要的文字，如图 7-19 所示。

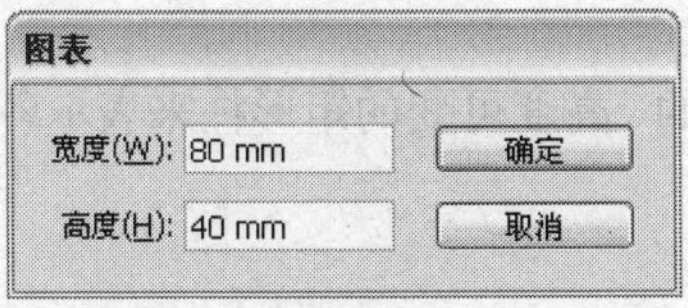

图 7-18

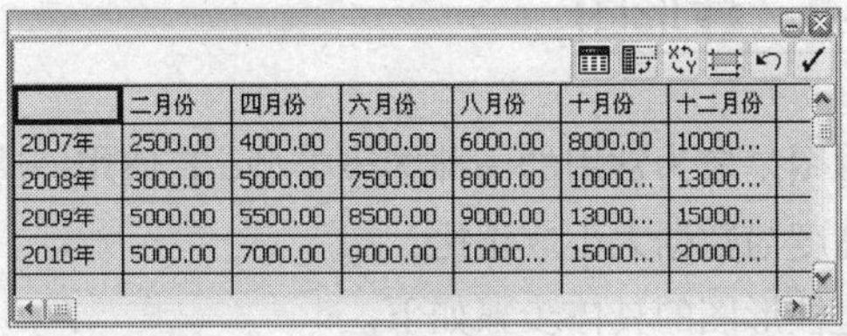

	二月份	四月份	六月份	八月份	十月份	十二月份
2007年	2500.00	4000.00	5000.00	6000.00	8000.00	10000...
2008年	3000.00	5000.00	7500.00	8000.00	10000...	13000...
2009年	5000.00	5500.00	8500.00	9000.00	13000...	15000...
2010年	5000.00	7000.00	9000.00	10000...	15000...	20000...

图 7-19

（3）输入完成后，关闭“图表数据”对话框，建立柱形图表，效果如图 7-20 所示。选择“选择”工具，选取图表中的文字，在属性栏中选择合适的字体并设置文字大小，效果如图 7-21 所示。

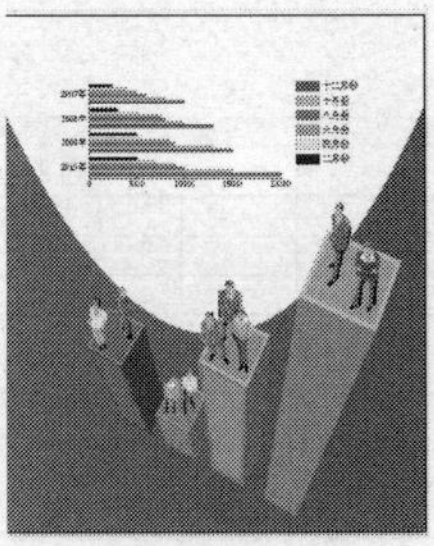

图 7-20

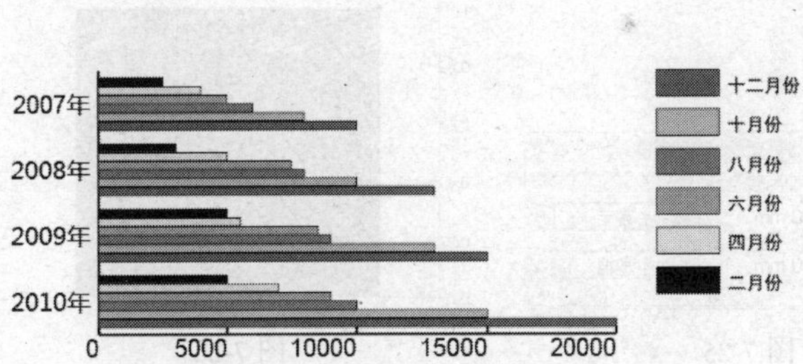

图 7-21

（4）选择“选择”工具，选取图表中的矩形，将其设置为不同颜色，效果如图 7-22 所示。统计表制作完成，最终效果如图 7-23 所示。

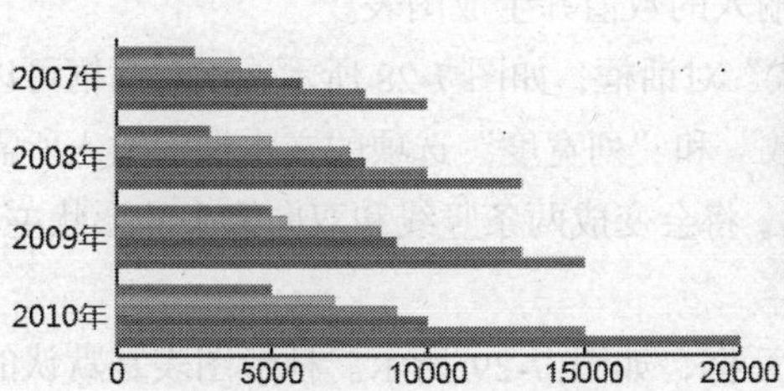

图 7-22

图 7-23

7.1.2 图表工具

在工具箱中的“柱形图工具”按钮上单击并按住鼠标左键不放，将弹出图表工具组。工具组中包含的图表工具依次为“柱形图工具”、“堆积柱形图工具”、“条形图工具”、“堆积条形图工具”、“折线图工具”、“面积图工具”、“散点图工具”、“饼图工具”、“雷达图工具”，如图 7-24 所示。

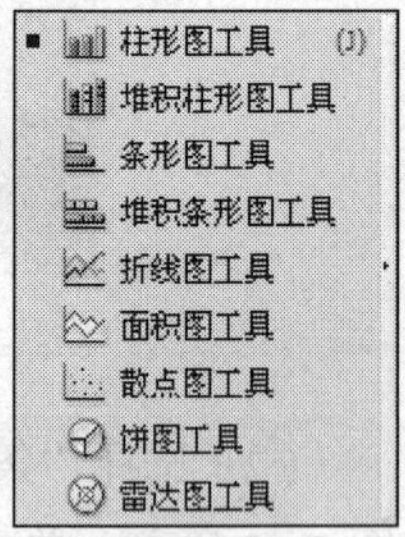

图 7-24

7.1.3 柱形图

柱形图是较为常用的一种图表类型，它使用一些竖排的、高度可变的矩形柱来表示各种数据，矩形的高度与数据大小成正比。

创建柱形图的具体步骤如下。

选择“柱形图”工具，在页面中拖曳鼠标绘出一个矩形区域来设置图表大小，或在页面上任意位置单击鼠标，将弹出“图表”对话框，如图 7-25 所示，在“宽度”选项和“高度”选项的数值框中输入图表的宽度和高度数值，设定完成后，单击“确定”按钮，将自动在页面中建立图表，如图 7-26 所示，同时弹出“图表数据”对话框，如图 7-27 所示。

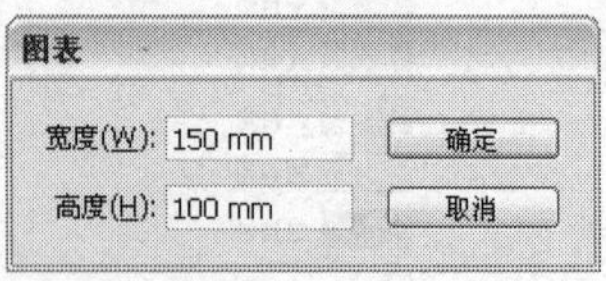

图 7-25

图 7-26

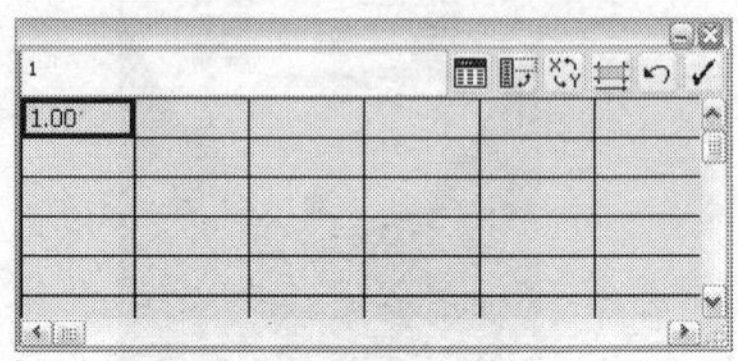

图 7-27

在“图表数据”对话框右上方有一组按钮。单击“输入数据”按钮，可以从外部文件中输入数据信息。单击“换位行与列”按钮，可将横排和竖排的数据相互交换位置。单击“切换 X/Y 轴”按钮，将调换 x 轴和 y 轴的位置。单击“单元格样式”按钮，弹出“单元格样式”对话框，可以设置单元格的样式。单击“恢复”按钮，在没有单击应用按钮以前使文本框中的数据恢复到前一个状态。单击“应用”按钮，确认输入的数值并生成图表。

单击“单元格样式”按钮，将弹出“单元格样式”对话框，如图 7-28 所示。该对话框可以设置小数点的位置和数字栏的宽度。可以在“小数位数”和“列宽度”选项的文本框中输入所需要的数值。另外，将鼠标指针放置在各单元格相交处时，将会变成两条竖线和双向箭头的形状，这时拖曳鼠标可调整数字栏的宽度。

双击“柱形图”工具，将弹出“图表类型”对话框，如图 7-29 所示。柱形图表是默认的图表，其他参数也是采用默认设置，单击“确定”按钮。

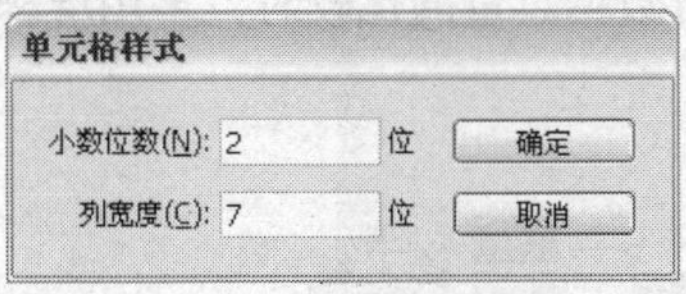

图 7-28

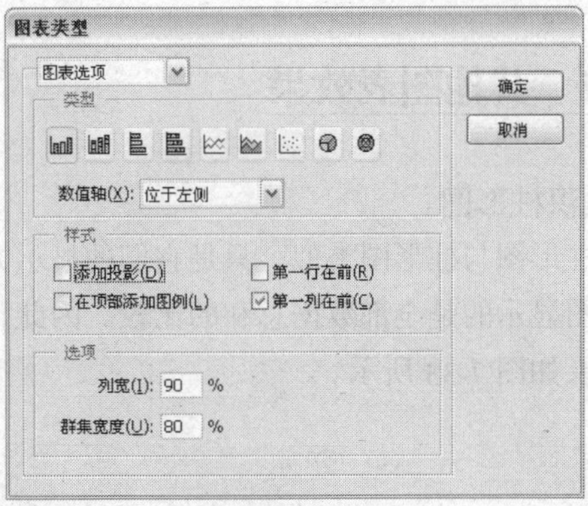

图 7-29

在“图表数据”对话框中的文本表格的第一格中单击，删除默认数值 1。按照文本表格的组织方式输入数据。例如，比较平均分数情况，如图 7-30 所示。

单击应用按钮✓，生成图表，所输入的数据被应用到图表上，柱形图效果如图 7-31 所示，从图中可以看到，柱形图是对每一行中的数据进行比较。

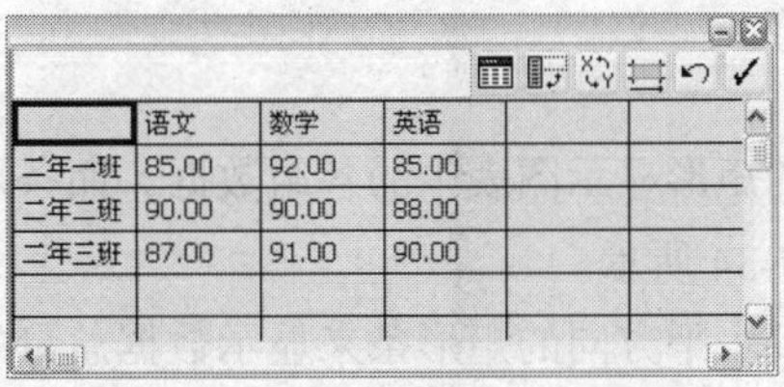

图 7-30

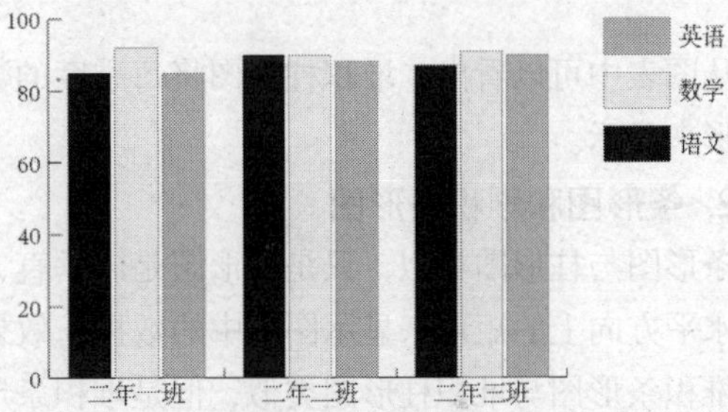

图 7-31

在“图表数据”对话框中单击换位行与列按钮，互换行、列数据得到新的柱形图，效果如图 7-32 所示。在“图表数据”对话框中单击关闭按钮将对话框关闭。

当需要对柱形图中的数据进行修改时，先选取要修改的图表，选择“对象 > 图表 > 数据”命令，弹出“图表数据”对话框。在对话框中可以再修改数据，设置数据后，单击应用按钮✓，将修改后的数据应用到选定的图表中。

选取图表，用鼠标右键单击页面，在弹出的菜单中选择“类型”命令，弹出“图表类型”对话框，可以在对话框中选择其他的图表类型。

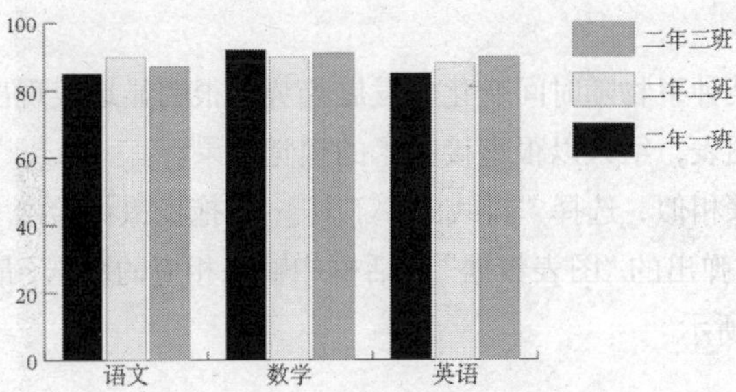

图 7-32

7.1.4 其他图表效果

1. 堆积柱形图

堆积柱形图与柱形图类似，只是它们的显示方式不同。柱形图表显示为单一的数据比较，而堆积柱形图显示的是全部数据总和的比较。因此，在进行数据总量的比较时，多用堆积柱形图来表示，效果如图 7-33 所示。

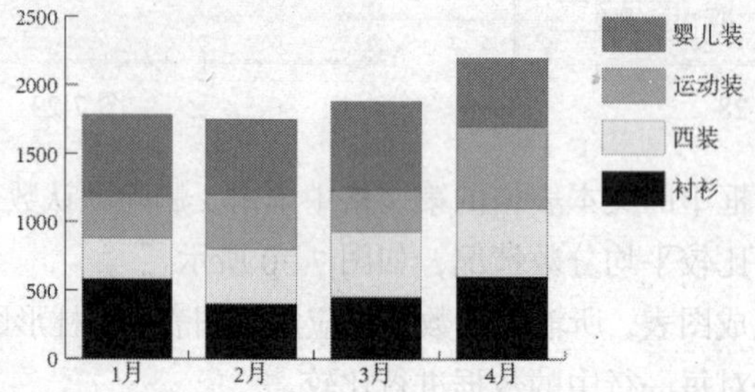

图 7-33

从图表中可以看出，堆积柱形图将每季度的数值总量进行比较，并且每一季度都用不同颜色的矩形来显示。

2. 条形图和堆积条形图

条形图与柱形图类似，只是柱形图是以垂直方向上的矩形显示图表中的各组数据，而条形图是以水平方向上的矩形来显示图表中的数据，效果如图 7-34 所示。

堆积条形图与堆积柱形图类似，但是堆积条形图是以水平方向的矩形条来显示数据总量的，堆积柱形图正好与之相反。堆积条形图效果如图 7-35 所示。

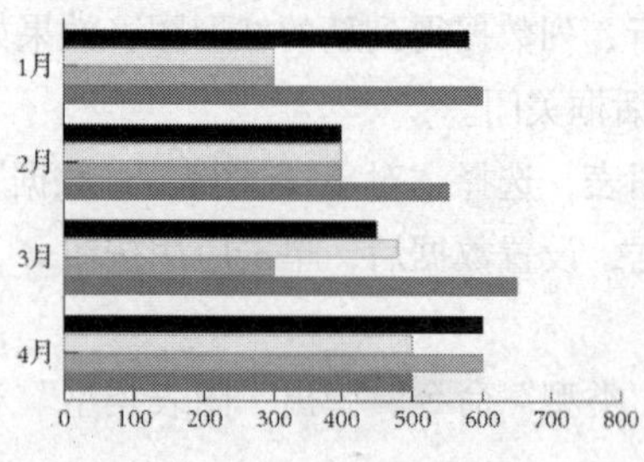

图 7-34

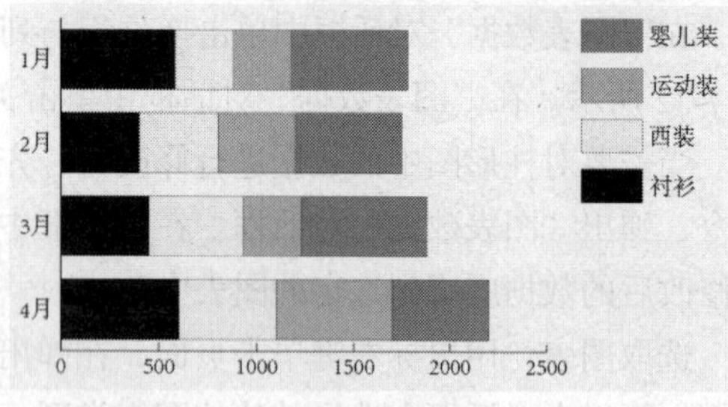

图 7-35

3. 折线图

折线图可以显示出某种事物随时间变化的发展趋势，很明显地表现出数据的变化走向。折线图也是一种比较常见的图表，给人以很直接明了的视觉效果。

与创建柱形图的步骤相似，选择“折线图”工具，拖曳鼠标绘出一个矩形区域，或在页面上任意位置单击鼠标，在弹出的“图表数据”对话框中输入相应的数据，最后单击“应用”按钮✓，折线图表效果如图 7-36 所示。

4. 面积图

面积图可以用来表示一组或多组数据。通过不同折线连接图表中所有的点，形成面积区域，并且折线内部可填充为不同的颜色。面积图表其实与折线图表类似，是一个填充了颜色的线段图表，效果如图 7-37 所示。

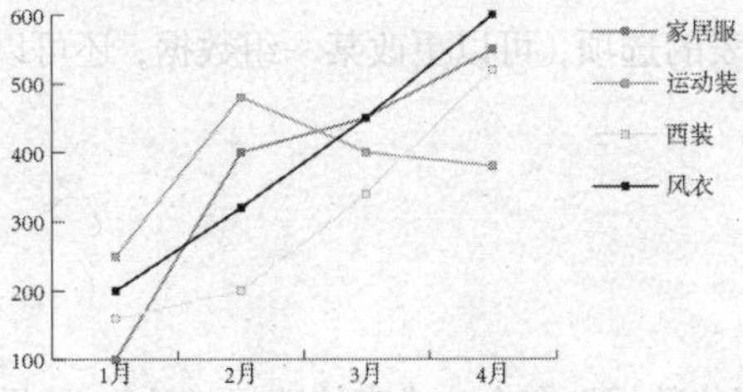

图 7-36

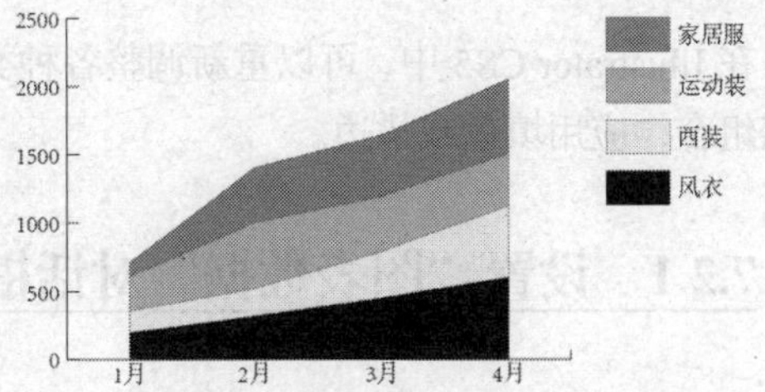

图 7-37

5. 散点图

散点图是一种比较特殊的数据图表。散点图的横坐标和纵坐标都是数据坐标，两组数据的交叉点形成了坐标点。因此，它的数据点由横坐标和纵坐标确定。图表中的数据点位置所创建的线能贯穿自身却无具体方向，效果如图 7-38 所示。散点图不适合用于太复杂的内容，它只适合显示图例的说明。

6. 饼图

饼图适用于一个整体中各组成部分的比较。该类图表应用的范围比较广。饼图的数据整体显示为一个圆，每组数据按照其在整体中所占的比例，以不同颜色的扇形区域显示出来。但是它不能准确地显示出各部分的具体数值，效果如图 7-39 所示。

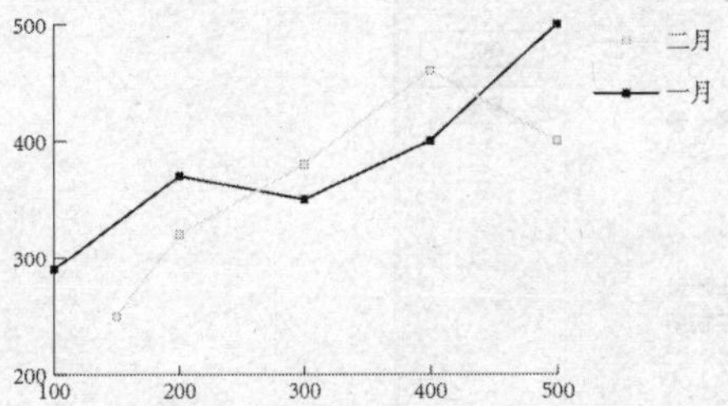

图 7-38

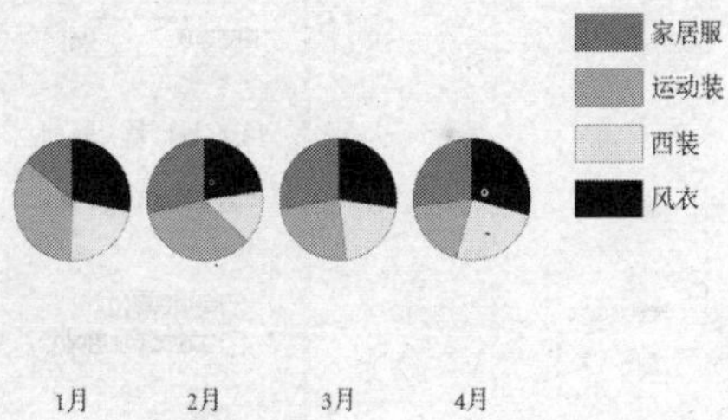

图 7-39

7. 雷达图

雷达图是一种较为特殊的图表类型，它以一种环形的形式对图表中的各组数据进行比较，形成比较明显的数据对比。适用于多项指标的全面分析，效果如图 7-40 所示。

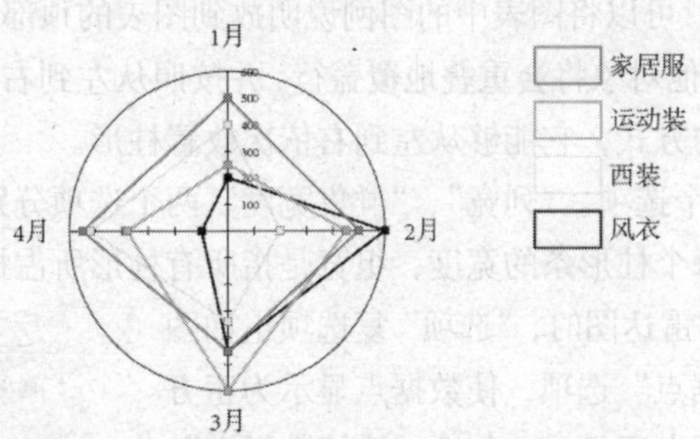

图 7-40

7.2 设置图表

在 Illustrator CS5 中，可以重新调整各种类型图表的选项，可以更改某一组数据，还可以解除图表组合，应用填色或描边。

7.2.1 设置“图表数据”对话框

选取图表，单击鼠标右键，在弹出的菜单中选择“数据”命令，或直接选择“对象 > 图表 > 数据”命令，弹出“图表数据”对话框。在对话框中可以进行数据的修改。

编辑一个单元格：选取该单元格，在文本框中输入新的数据，按 Enter 键确认并下移到另一个单元格。

删除数据：选取数据单元格，删除文本框中的数据，按 Enter 键确认并下移到另一个单元格。

删除多个数据：选取要删除数据的多个单元格，选择“编辑 > 清除”命令，即可删除多个数据。

更改图表选项：选取图表，双击“图表工具”或选择“对象 > 图表 > 类型”命令，弹出“图表类型”对话框，如图 7-41 所示。在“数值轴”选项的下拉列表中包括“位于左侧”、“位于右侧”和“位于两侧”选项，分别用来表示图表中坐标轴的位置，可根据需要选择（对饼形图表来说此选项不可用）。

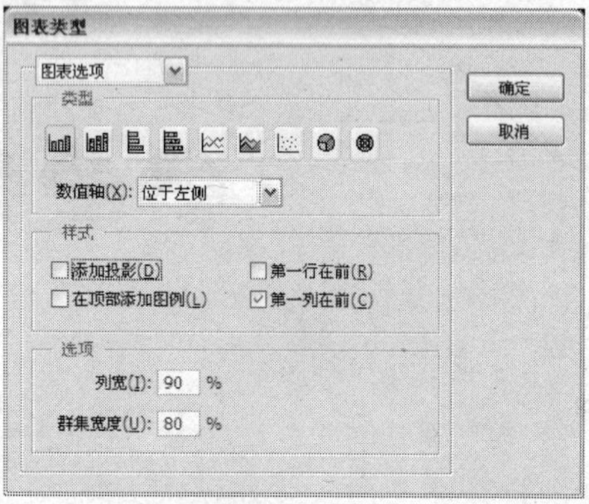

图 7-41

“样式”选项组包括 4 个选项。勾选“添加投影”复选项可以为图表添加一种阴影效果；勾选“在顶部添加图例”复选项，可以将图表中的图例说明放到图表的顶部；勾选“第一行在前”复选项，图表中的各个柱形或其他对象将会重叠地覆盖行，并按照从左到右的顺序排列；“第一列在前”选项，是默认的放置柱形的方式，它能够从左到右依次放置柱形。

“选项”选项组包括两个选项。“列宽”、“群集宽度”两个选项分别用来控制图表的横栏宽和组宽。横栏宽是指图表中每个柱形条的宽度，组宽是指所有柱形所占据的可用空间。

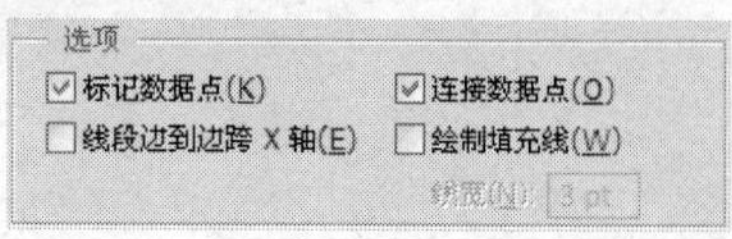

图 7-42

选择折线图、散点图和雷达图时，“选项”复选项组如图 7-42 所示。勾选“标记数据点”选项，使数据点显示为正方形，否则直线段中间的数据点不显示；勾选“连接数据点”

复选项，在每组数据点之间进行连线，否则只显示一个个孤立的点；勾选“线段边到边跨 X 轴”复选项，将线条从图表左边和右边伸出，它对分散图表无作用；勾选“绘制填充线”复选项，将激活其下方的“线宽”选项。

选择饼形图时，“选项”选项组如图 7-43 所示。对于饼形图，“图例”选项控制图例的显示，在其下拉列表中，“无图例”选项即是不要图例；“标准图例”选项将图例放在图表的外围；“楔形图例”选项将图例插入相应的扇形中。“位置”选项控制饼形图形以及扇形块的摆放位置，在其下拉列表中，“比例”选项将按比例显示各个饼形图的大小；“相等”选项使所有饼形图的直径相等；“堆积”选项将所有的饼形图叠加在一起。“排序”选项控制图表元素的排列顺序，在其下拉列表中，“全部”选项将元素信息由大到小顺时针排列；“第一个”选项将最大值元素信息放在顺时针方向的第一个，其余按输入顺序排列；“无”选项按元素的输入顺序顺时针排列。

图 7-43

7.2.2　设置坐标轴

在“图表类型”对话框左上方选项的下拉列表中选择“数值轴”选项，转换为相应的对话框，如图 7-44 所示。

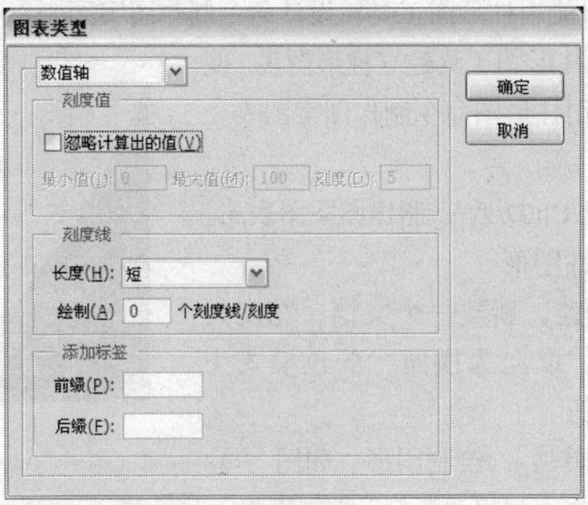

图 7-44

“刻度值”选项组：当勾选“忽略计算出的值”复选项时，下面的 3 个数值框被激活。“最小值”选项的数值表示坐标轴的起始值，也就是图表原点的坐标值，它不能大于“最大值”选项的数值；“最大值”选项中的数值表示的是坐标轴的最大刻度值；“刻度”选项中的数值用来决定将坐标轴上下分为多少部分。

“刻度线”选项组：“长度”选项的下拉列表中包括 3 项，选择“无”选项，表示不使用刻度标记；选择“短”选项，表示使用短的刻度标记；选择“全宽”选项，刻度线将贯穿整个图表，效果如图 7-45 所示。“绘制”选项数值框中的数值表示每一个坐标轴间隔的区分标记。

“添加标签”选项组：“前缀”选项是指在数值前加符号，“后缀”选项是指在数值后加符号。例如，在“后缀”选项的文本框中输入“件”后，图表效果如图 7-46 所示。

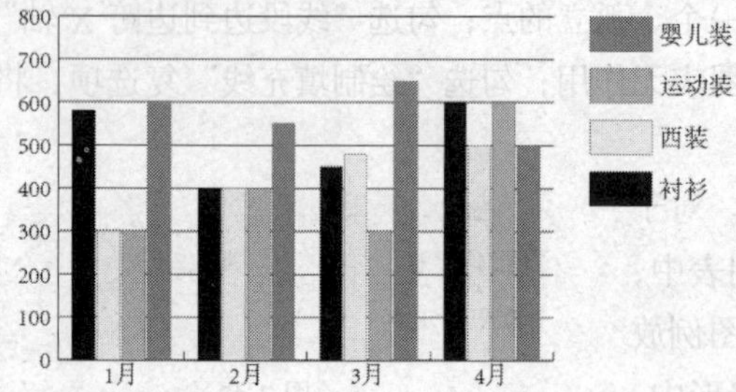

图 7-45

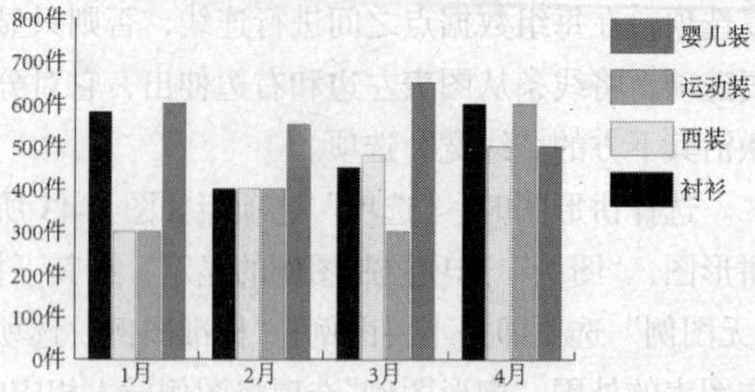

图 7-46

7.3 自定义图表

除了提供图表的创建和编辑这些基本的操作，Illustrator CS5 还可以对图表中的局部进行编辑和修改，并可以自己定义图表的图案，使图表中所表现的数据更加生动。

柱形图命令：可以使用定义的图案替换图表中的柱形和标记。

7.3.1 课堂案例——制作图案图表

【案例学习目标】学习使用柱形图工具、设计命令制作图案图表。

【案例知识要点】使用柱形图工具建立柱形图表。使用设计命令定义图案。使用柱形图命令制作图案图表。图案图表效果如图 7-47 所示。

图 7-47

【效果所在位置】光盘/Ch07/效果/制作图案图表.ai。

1．绘制背景图和装饰图形

（1）按 Ctrl+N 组合键，新建一个文档，宽度为 350mm，高度为 210mm，取向为横向，颜色模式为 CMYK，单击“确定”按钮。

（2）选择“钢笔”工具，绘制图形，如图 7-48 所示。双击“渐变”工具，弹出“渐变”控制面板，并设置 C、M、Y、K 的值分别为：0（10、100、56、0）、100（25、100、75、25），其他选项的设置如图 7-49 所示，图形被填充为渐变色，并设置描边色为无，效果如图 7-50 所示。

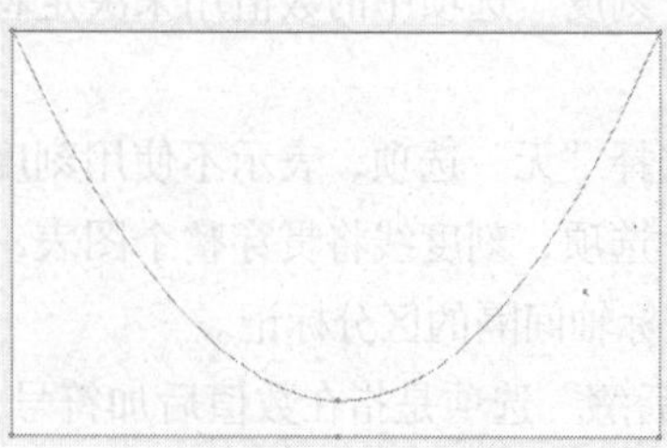

图 7-48

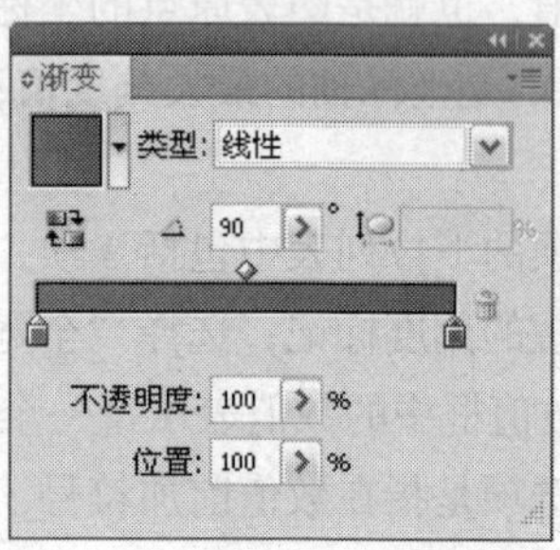

图 7-49

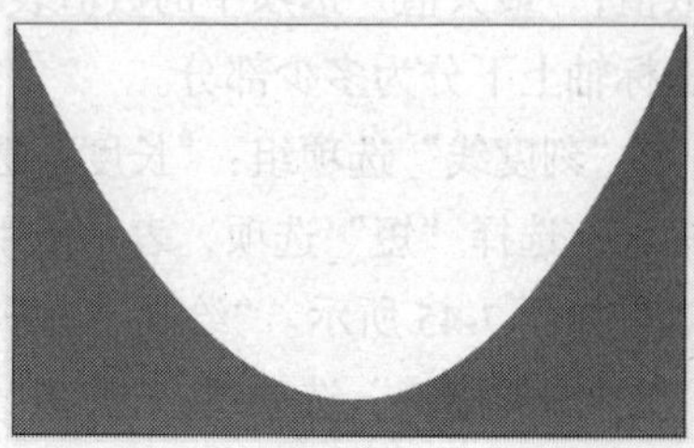

图 7-50

（3）选择“矩形”工具，在页面中单击鼠标，弹出“矩形”对话框，在对话框中进行设置，如图7-51所示，单击“确定”按钮，得到一个矩形。设置图形填充色的C、M、Y、K值分别为0、20、100、0，填充图形，并设置描边色为无，效果如图7-52所示。

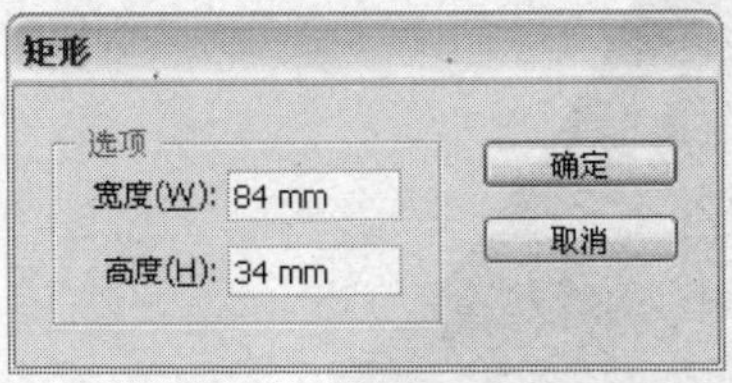

图7-51

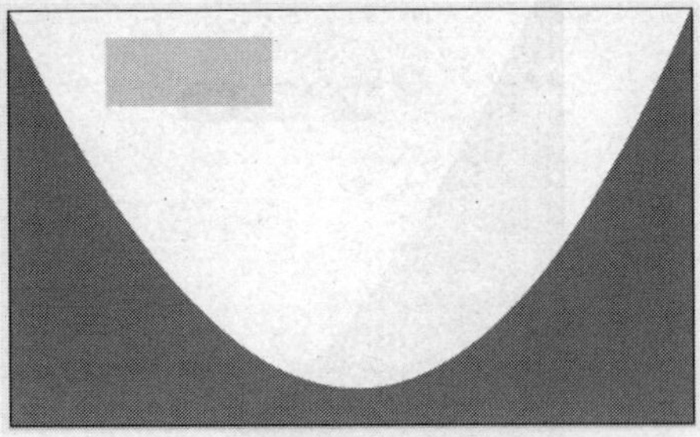
图7-52

（4）选择“钢笔”工具，绘制图形，如图7-53所示，设置图形填充色的C、M、Y、K值分别为10、10、100、0，填充图形，并设置描边色为无，效果如图7-54所示。按住Alt键的同时，用鼠标向右拖曳图形，将图形进行复制，效果如图7-55所示。

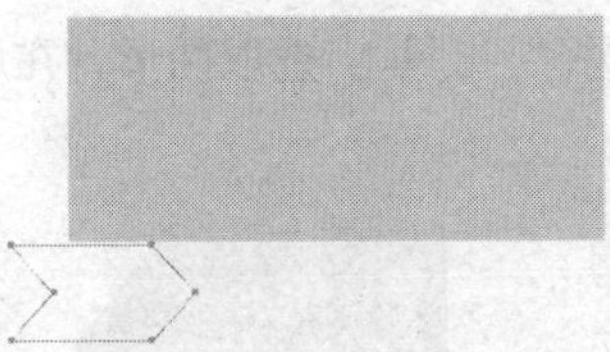
图7-53

图7-54

图7-55

（5）用同样的方法复制多个图形，效果如图7-56所示。选择“选择”工具选取图形，分别设置不同的颜色，效果如图7-57所示。

图7-56

图7-57

（6）选择“文字”工具，输入需要的文字，效果如图7-58所示，选择“选择”工具，在属性栏中选择合适的字体并设置文字大小，效果如图7-59所示。用同样的方法添加其他文字，效果如图7-60所示。

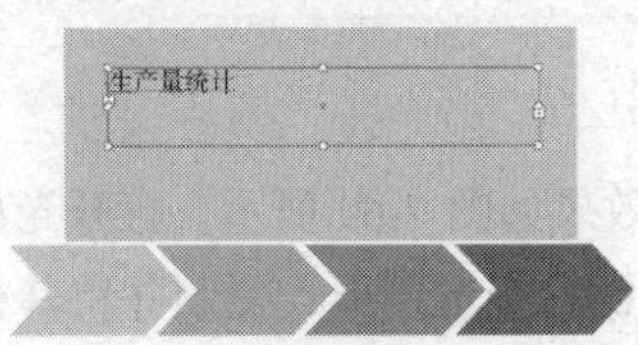

图7-58

图7-59

图7-60

（7）选择“文字”工具 T，输入需要的文字，效果如图 7-61 所示，选择“选择”工具，在属性栏中选择合适的字体并设置文字大小，并将其不透明度选项设为 50，效果如图 7-62 所示。

图 7-61

图 7-62

（8）选择“钢笔”工具，绘制图形，如图 7-63 所示，设置图形填充色为白色，填充图形，并设置描边色为无，效果如图 7-64 所示。按住 Alt 键的同时，用鼠标向右拖曳图形，将图形进行复制，用同样的方法复制多个图形，效果如图 7-65 所示。选择“选择”工具选取图形，在属性栏中分别设置不同的不透明度，效果如图 7-66 所示。

图 7-63

图 7-64

图 7-65

图 7-66

2．制作图案图表

（1）选择“柱形图”工具，在页面中单击鼠标，在弹出的“图表”对话框中进行设置，如图 7-67 所示，单击“确定”按钮，弹出“图表数据”对话框，在对话框中输入需要的文字，如图 7-68 所示。

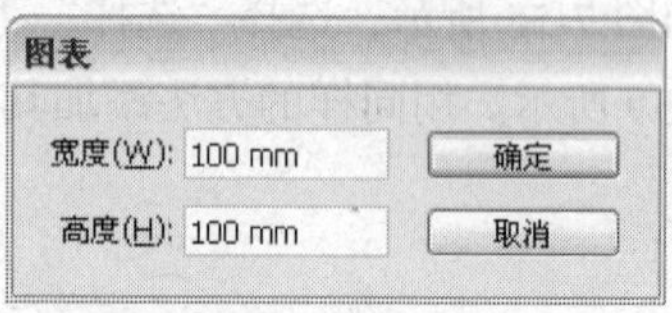

图 7-67

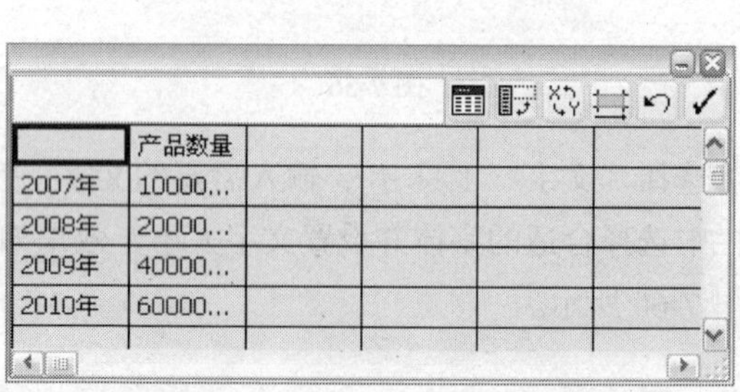

图 7-68

（2）输入完成后，关闭“图表数据”对话框，建立柱形图表，效果如图 7-69 所示。打开光盘中的“Ch07 > 素材 > 制作图案图表 > 01”文件，按 Ctrl+A 组合键，全选图形，复制并将其粘贴到正在编辑的页面中，效果如图 7-70 所示。

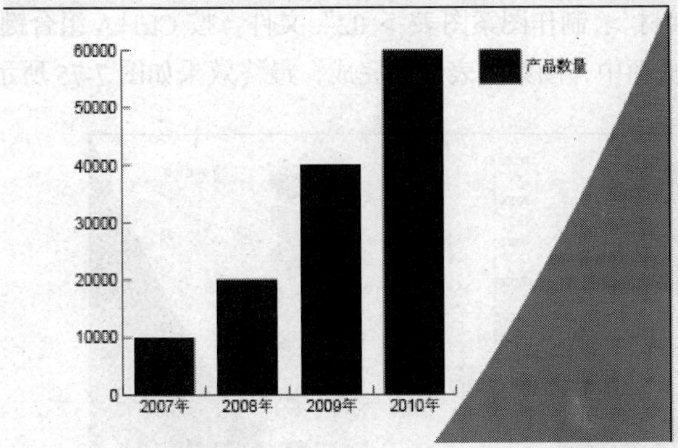

图 7-69

图 7-70

（3）选择“选择”工具，选取箱子图形，选择“对象 > 图表 > 设计”命令，弹出“图表设计”对话框，单击“新建设计”按钮，显示所选图形的预览，如图 7-71 所示，应用“重命名”按钮更改名称，如图 7-72 所示，单击“确定”按钮，完成图表图案的定义。

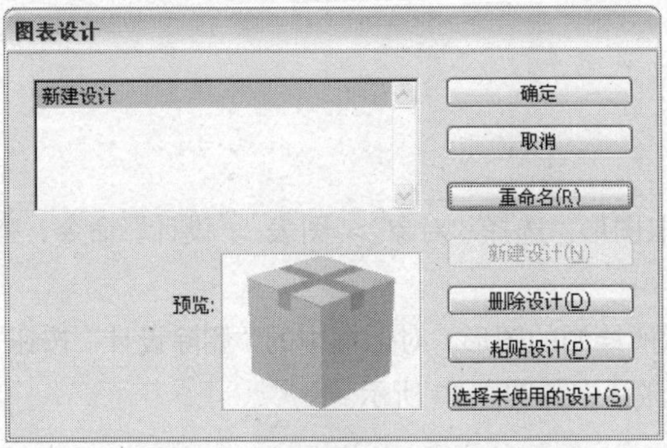

图 7-71

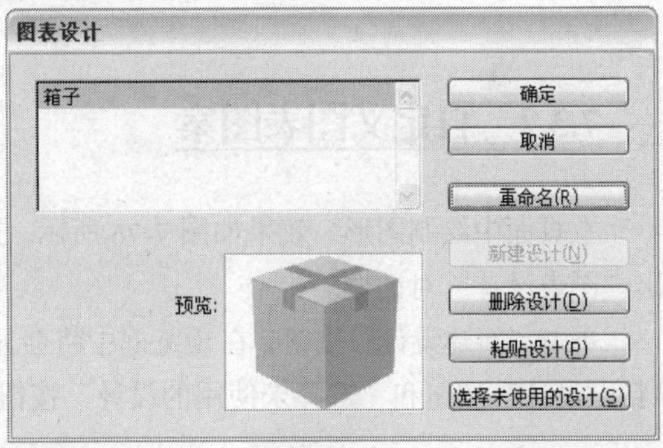

图 7-72

（4）选择“选择”工具，选取图表，选择“对象 > 图表 > 柱形图”命令，弹出“图表列”对话框，选择新定义的图案名称，并在对话框中进行设置，如图 7-73 所示，单击“确定”按钮，效果如图 7-74 所示。

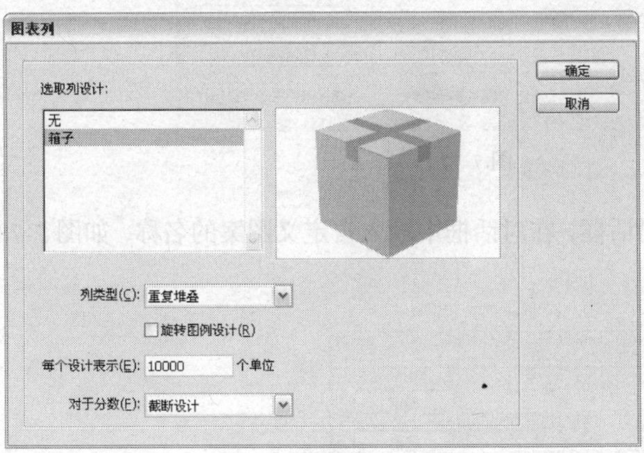

图 7-73

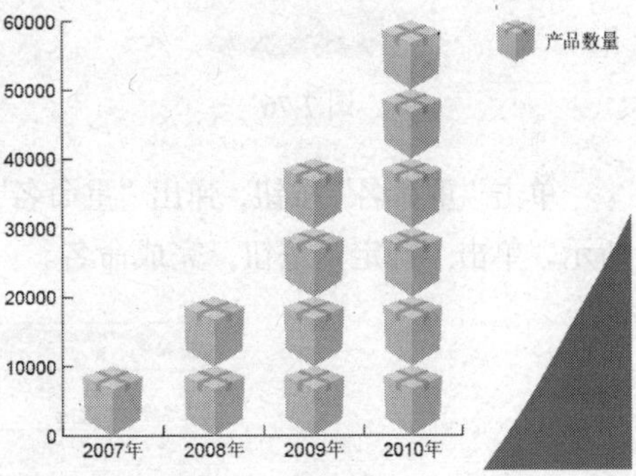

图 7-74

（5）打开光盘中的“Ch07 > 素材 > 制作图案图表 > 02”文件，按 Ctrl+A 组合键，全选图形，复制并将其粘贴到正在编辑的页面中，图案图表制作完成，最终效果如图 7-75 所示。

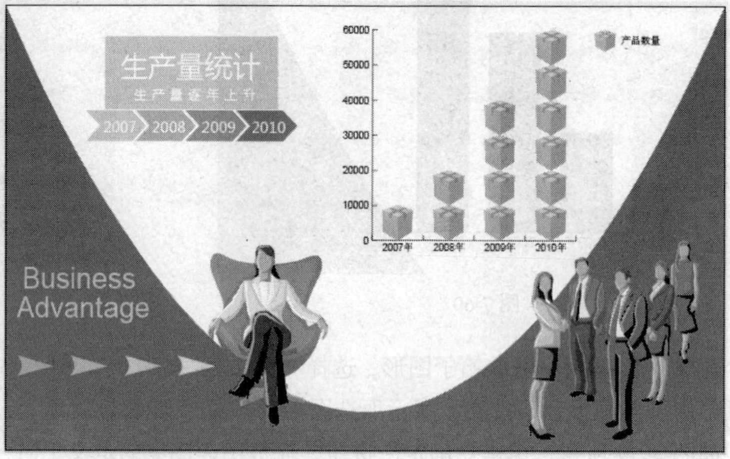

图 7-75

7.3.2 自定义图表图案

在页面中绘制图形，效果如图 7-76 所示。选取图形，选择“对象 > 图表 > 设计”命令，弹出“图表设计”对话框。

单击“新建设计”按钮，在预览框中将会显示所绘制的图形，对话框中的“删除设计”按钮、“粘贴设计”按钮和“选择未使用的设计”按钮被激活，如图 7-77 所示。

图 7-76

图 7-77

单击“重命名”按钮，弹出“重命名”对话框，在对话框中输入自定义图案的名称，如图 7-78 所示，单击“确定”按钮，完成命名。

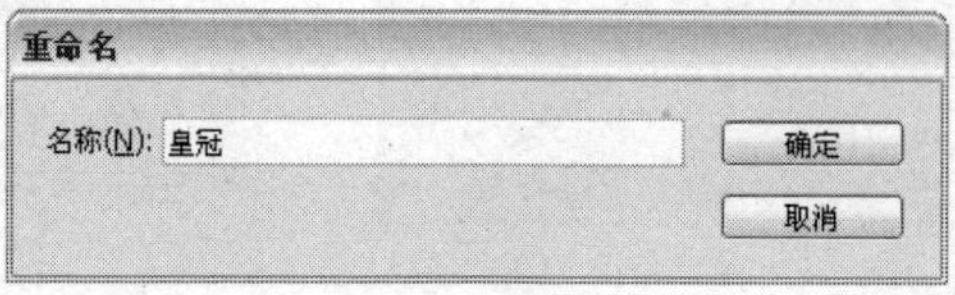

图 7-78

在“图表设计”对话框中单击“粘贴设计”按钮，可以将图案粘贴到页面中，对图案可以重新进行修改和编辑。编辑修改后的图案，还可以再将其重新定义。在对话框中编辑完成后，单击“确定”按钮，完成对一个图表图案的定义。

7.3.3　应用图表图案

用户可以将自定义的图案应用到图表中。选择要应用图案的图表，再选择“对象 > 图表 > 柱形图”命令，弹出“图表列”对话框，如图 7-79 所示。

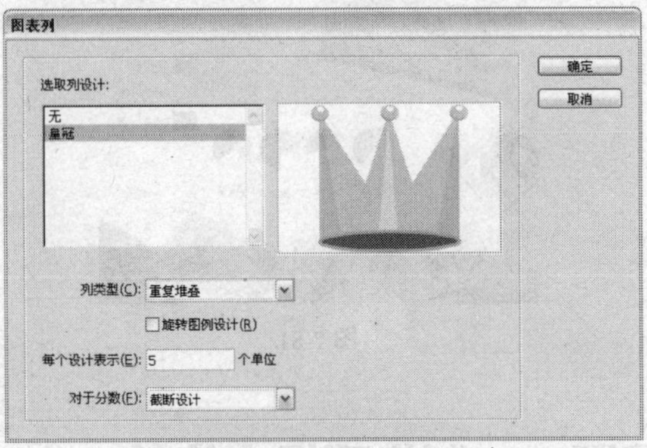

图 7-79

在“图表列”对话框中，“列类型”选项包括 4 种缩放图案的类型：“垂直缩放”选项表示根据数据的大小，对图表的自定义图案进行垂直方向上的放大与缩小，水平方向上保持不变；“一致缩放”选项表示图表将按照图案的比例并结合图表中数据的大小对图案进行放大和缩小；“重复堆叠”选项可以把图案的一部分拉伸或压缩。“重复堆叠”选项要和“每个设计表示”选项、“对于分数”选项结合使用。“每个设计表示”选项表示每个图案代表几个单位，如果在数值框中输入 50，表示 1 个图案就代表 50 个单位；在“对于分数”选项的下拉列表中，“截断设计”选项表示不足一个图案由图案的一部分来表示，“缩放设计”选项表示不足一个图案时，通过对最后那个图案成比例压缩来表示。

设置完成后，单击“确定”按钮，将自定义的图案应用到图表中，效果如图 7-80 所示。

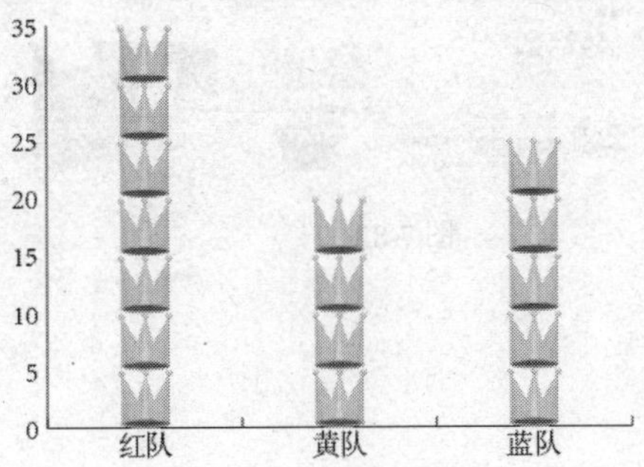

图 7-80

7.4 课堂练习——制作旅游分布表

【练习知识要点】使用饼图工具建立饼形图表。使用文字工具添加文字，如图 7-81 所示。

【效果所在位置】光盘/Ch07/效果/制作旅游分布表.ai。

图 7-81

7.5 课后习题——制作彩铅宣传单

【习题知识要点】使用置入命令置入素材图片。使用剪切蒙版命令为图片添加剪切蒙版效果。使用混合工具制作文字效果。使用折线图工具制作折线图表，效果如图 7-82 所示。

【效果所在位置】光盘/Ch07/效果/制作彩铅宣传单.ai。

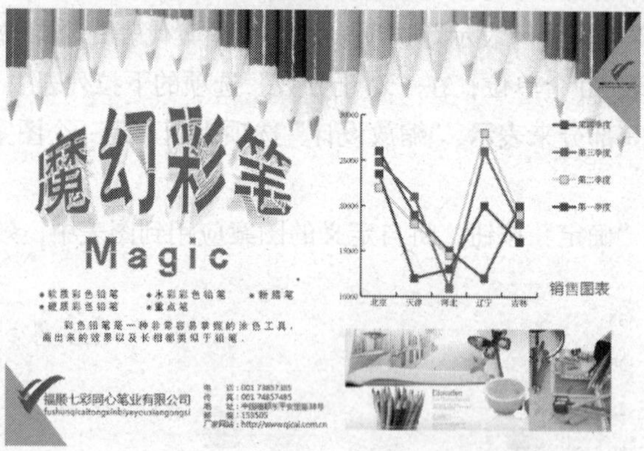

图 7-82

第8章 图层和蒙版的使用

本章将重点介绍 Illustrator CS5 中图层和蒙版的使用方法。掌握图层和蒙版的功能，可以帮助读者在图形设计中提高效率，有利于快速、准确地设计和制作出精美的平面设计作品。

课堂学习目标

- 图层的使用
- 制作图层蒙版
- 制作文本蒙版
- 透明度控制面板

8.1 图层的使用

在平面设计中，特别是包含复杂图形的设计中，需要在页面上创建多个对象，由于每个对象的大小不一致，小的对象可能隐藏在大的对象下面。这样，选择和查看对象就很不方便。使用图层来管理对象，就可以很好地解决这个问题。图层就像一个文件夹，它可包含多个对象，也可以对图层进行多种编辑。

选择“窗口 > 图层”命令（快捷键为 F7），弹出“图层”控制面板，如图 8-1 所示。

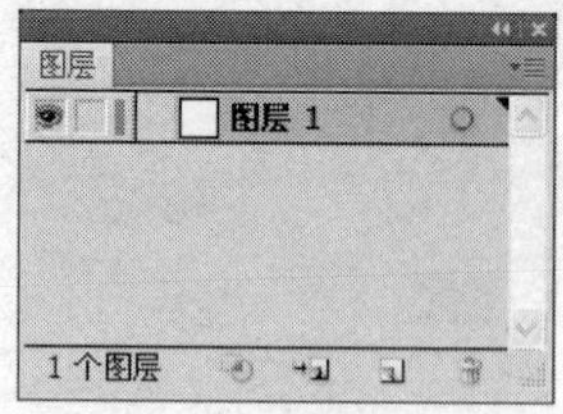

图 8-1

8.1.1 了解图层的含义

选择“文件 > 打开”命令，弹出“打开”对话框，选择图像文件，如图 8-2 所示，单击“打开”按钮，打开的图像效果如图 8-3 所示。

图 8-2

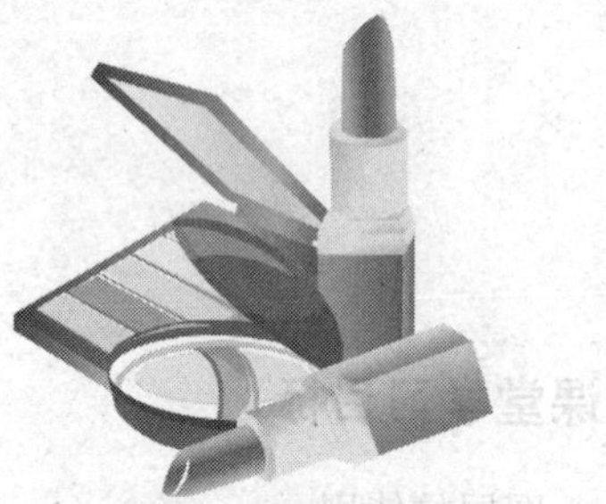
图 8-3

打开图像后，观察“图层”控制面板，可以发现在“图层”控制面板中显示出 4 个图层，如图 8-4 所示。如果只想看到“图层 1”上的图像，用鼠标依次单击其他图层的眼睛图标，其他图层上的眼睛图标将关闭，如图 8-5 所示，这样就只显示图层 1，此时图像效果如图 8-6 所示。

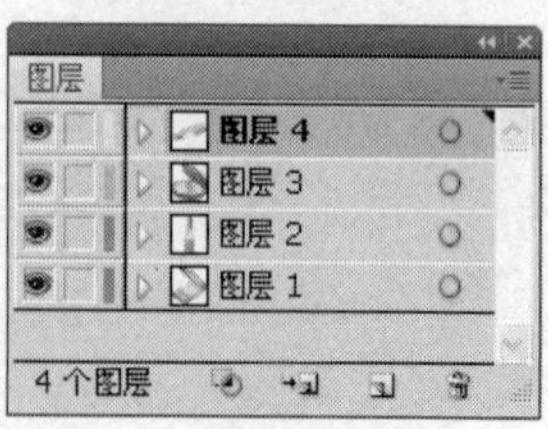

图 8-4

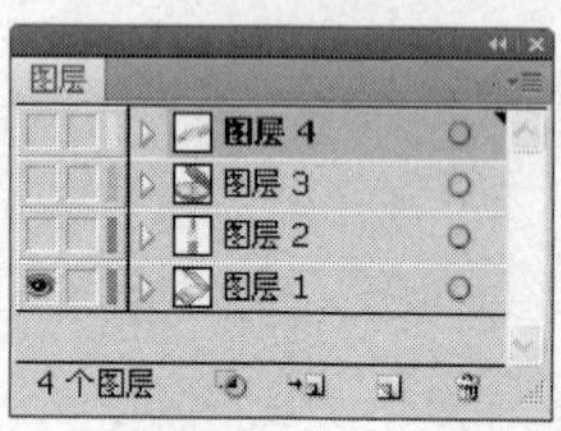

图 8-5

图 8-6

Illustrator CS5 的图层是透明层，在每一层中可以放置不同的图像，上面的图层将影响下面的图层，修改其中的某一图层不会改动其他的图层，将这些图层叠在一起显示在图像视窗中，就形成了一幅完整的图像。

8.1.2　认识“图层”控制面板

下面来介绍“图层”控制面板。选择“窗口 > 图层”命令，弹出“图层”控制面板，如图 8-7 所示。

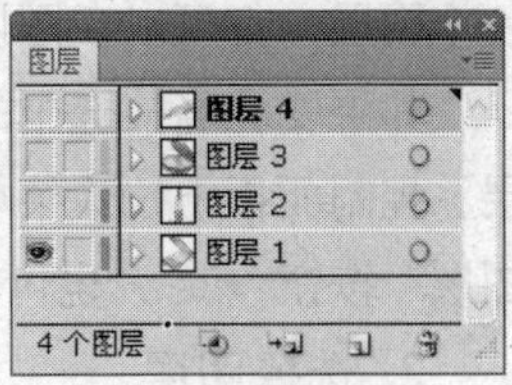

图 8-7

在“图层”控制面板的右上方有 2 个系统按钮，分别是“最小化”按钮和“关闭”按钮。单击“最小化”按钮，可以将“图层”控制面板最小化；单击“关闭”按钮，可以关闭“图层”控制面板。

图层名称显示在当前图层中。默认状态下，在新建图层时，如果未指定名称，程序将以数字的递增为图层指定名称，如图层 1、图层 2 等，可以根据需要为图层重新命名。

单击图层名称前的三角形按钮，可以展开或折叠图层。当按钮为时，表示此图层中的内容处于未显示状态，单击此按钮就可以展开当前图层中所有的选项；当按钮为时，表示显示了图层中的选项，单击此按钮，可以将图层折叠起来，这样可以节省“图层”控制面板的空间。

眼睛图标用于显示或隐藏图层；图层右上方的黑色三角形图标，表示当前正被编辑的图层；锁定图标表示当前图层和透明区域被锁定，不能被编辑。

在“图层”控制面板的最下面有 4 个按钮，如图 8-8 所示，它们从左至右依次是：“建立/释放剪切蒙版”按钮、“创建新子图层”按钮、“创建新图层”按钮、“删除所选图层”按钮。

图 8-8

“建立/释放剪切蒙版”按钮：单击此按钮，将在当前图层上建立或释放一个蒙版。

“创建新子图层”按钮：单击此按钮，可以为当前图层新建一个子图层。

“创建新图层”按钮：单击此按钮，可以在当前图层上面新建一个图层。

“删除所选图层”按钮：即垃圾桶，可以将不想要的图层拖到此处删除。

单击“图层”控制面板右上方的黑色三角形图标，将弹出其下拉式菜单。

8.1.3　编辑图层

使用图层时，可以通过“图层”控制面板对图层进行编辑，如新建图层、新建子图层、为图层设定选项、合并图层、建立图层蒙版等，这些操作都可以通过选择“图层”控制面板下拉式菜单中的命令来完成。

1. 新建图层

（1）使用“图层”控制面板下拉式菜单。

单击“图层”控制面板右上方的图标，在弹出的菜单中选择“新建图层”命令，弹出“图层选项”对话框，如图 8-9 所示。“名称”选项用于设定当前图层的名称；“颜色”选项用于设定新图层的颜色，设置完成后，单击“确定”按钮，可以得到一个新建的图层。

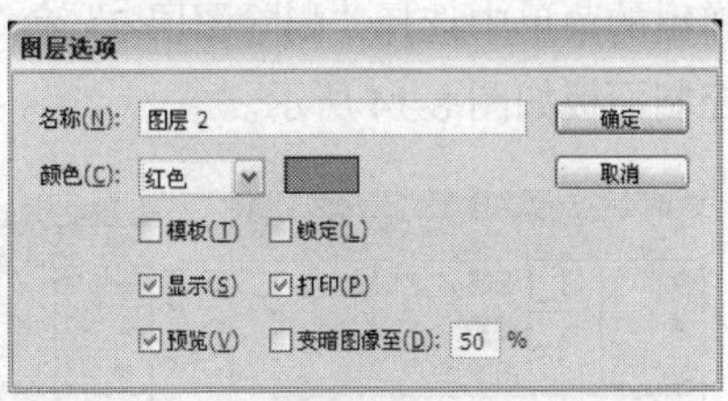

图 8-9

（2）使用“图层”控制面板按钮或快捷键。

单击“图层”控制面板下方的“创建新图层”按钮，可以创建一个新图层。

按住 Alt 键，单击“图层”控制面板下方的“创建新图层”按钮，将弹出“图层选项”对话框，如图 8-9 所示。

按住 Ctrl 键，单击“图层”控制面板下方的“创建新图层”按钮，不管当前选择的是哪一个图层，都可以在图层列表的最上层新建一个图层。

如果要在当前选中的图层中新建一个子图层，可以单击“建立新子图层”按钮，或从“图层”控制面板下拉式菜单中选择“新建子图层”命令，或者按住 Alt 键的同时，单击“建立新子图层”按钮，也可以弹出“图层选项”对话框，它的设定方法和新建图层是一样的。

2. 选择图层

单击图层名称，图层会显示为深灰色，并在名称后出现一个当前图层指示图标，即黑色三角形图标，表示此图层被选择为当前图层。

按住 Shift 键，分别单击两个图层，即可选择两个图层之间的多个连续的图层。按住 Ctrl 键，逐个单击想要选择的图层，可以选择多个不连续的图层。

3. 复制图层

复制图层时，会复制图层中所包含的所有对象，包括路径、编组，以至于整个图层。

（1）使用“图层”控制面板下拉式菜单。

选择要复制的图层“图层 2”，如图 8-10 所示。单击“图层”控制面板右上方的图标，在弹出的菜单中选择“复制图层 2”命令，复制出的图层在“图层”控制面板中显示为被复制图层的副本。复制图层后，“图层”控制面板的效果如图 8-11 所示。

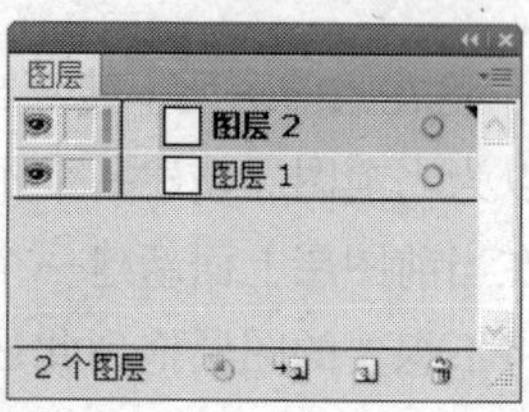

图 8-10

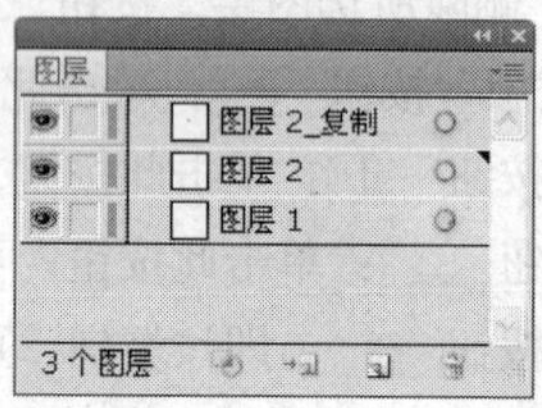

图 8-11

（2）使用“图层”控制面板按钮。

将“图层”控制面板中需要复制的图层拖曳到下方的“创建新图层”按钮上，就可以将所选的图层复制为一个新图层。

4. 删除图层

（1）使用“图层”控制面板的下拉式命令。

选择要删除的图层“图层 2”，如图 8-12 所示。单击“图层”控制面板右上方的图标，在弹出的菜单中选择“删除图层 2”命令，如图 8-13 所示，图层即可被删除，删除图层后的“图层”控制面板如图 8-14 所示。

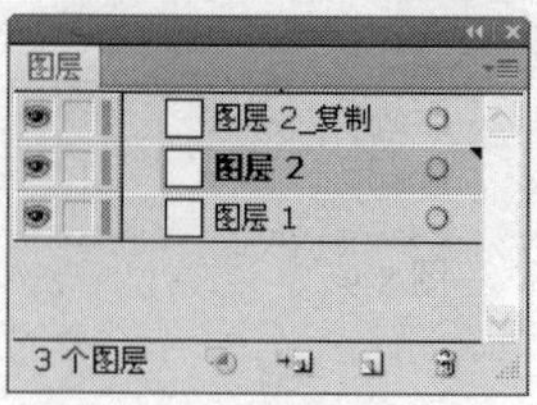

图 8-12

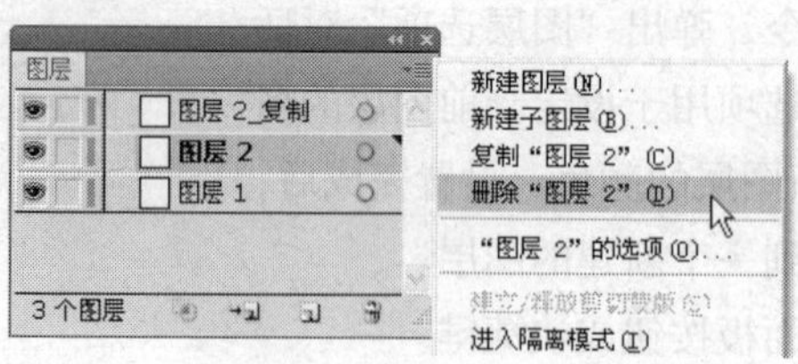

图 8-13

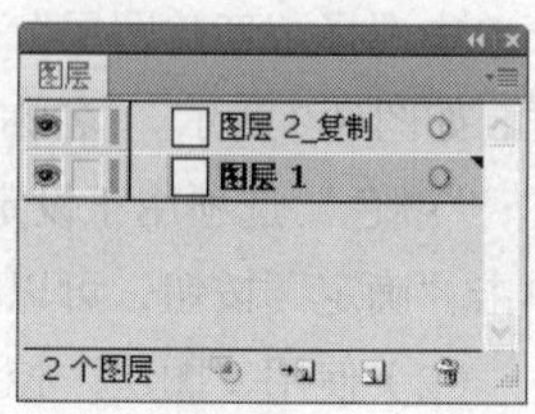

图 8-14

（2）使用“图层”控制面板按钮。

选择要删除的图层，单击“图层”控制面板下方的“删除所选图层”按钮，可以将图层删除。用鼠标将需要删除的图层拖曳到“删除所选图层”按钮上，也可以删除图层。

5. 隐藏或显示图层

隐藏一个图层时，此图层中的对象在绘图页面上不显示，在“图层”控制面板中可以设置隐藏或显示图层。在制作或设计复杂作品时，可以快速隐藏图层中的路径、编组和对象。

（1）使用“图层”控制面板的下拉式菜单。

选中一个图层，如图 8-15 所示。单击“图层”控制面板右上方的图标，在弹出的菜单中选择“隐藏其他图层”命令，“图层”控制面板中除当前选中的图层外，其他图层都被隐藏，效果如图 8-16 所示。

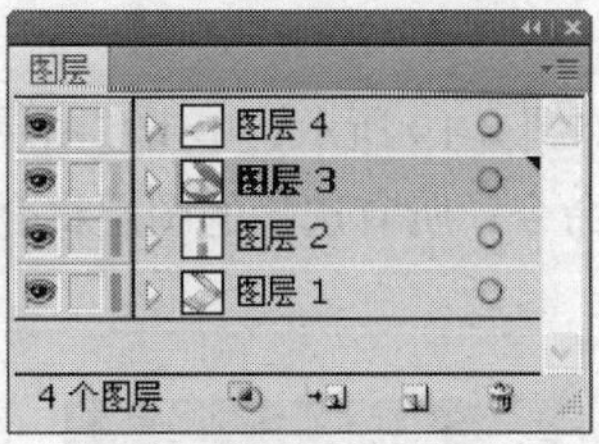

图 8-15

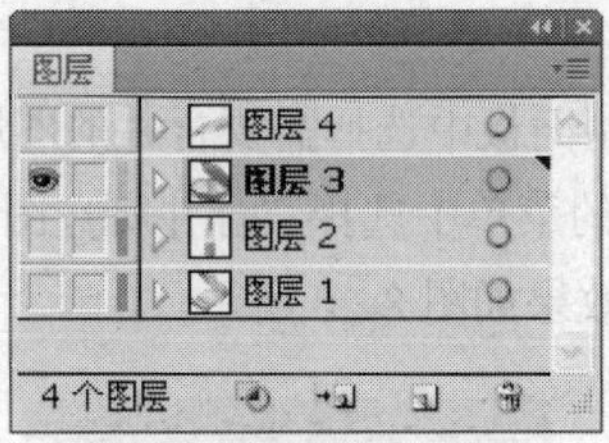

图 8-16

（2）使用“图层”控制面板中的眼睛图标。

在“图层”控制面板中，单击想要隐藏的图层左侧的眼睛图标，图层被隐藏。再次单击眼睛图标所在位置的方框，会重新显示此图层。

如果在一个图层的眼睛图标上单击鼠标，隐藏图层，并按住鼠标左键不放，向上或向下拖曳，鼠标经过的图标就会被隐藏，这样可以快速隐藏多个图层。

（3）使用“图层选项”对话框。

在“图层”控制面板中双击图层或图层名称，可以弹出“图层选项”对话框，取消勾选“显示”复选项，单击“确定”按钮，图层被隐藏。

6. 锁定图层

当锁定图层后，此图层中的对象不能再被选择或编辑，使用“图层”控制面板，能够快速锁定多个路径、编组和子图层。

（1） 使用“图层”控制面板的下拉式菜单。

选中一个图层，如图 8-17 所示。单击“图层”控制面板右上方的图标，在弹出的菜单中选择“锁定其他图层”命令，“图层”控制面板中除当前选中的图层外，其他所有图层都被锁定，效果如图 8-18 所示。选择“解锁所有图层”命令，可以解除所有图层的锁定。

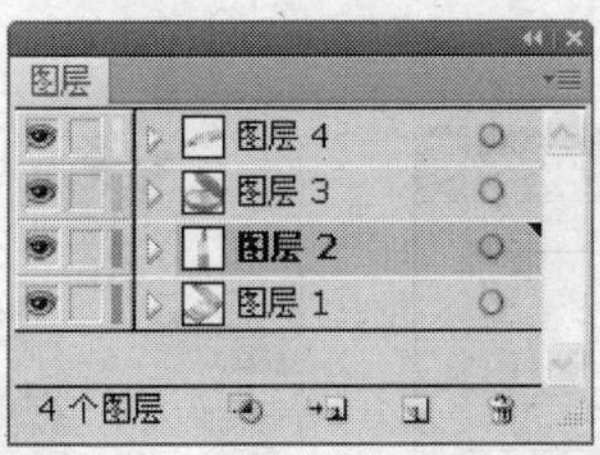

图 8-17

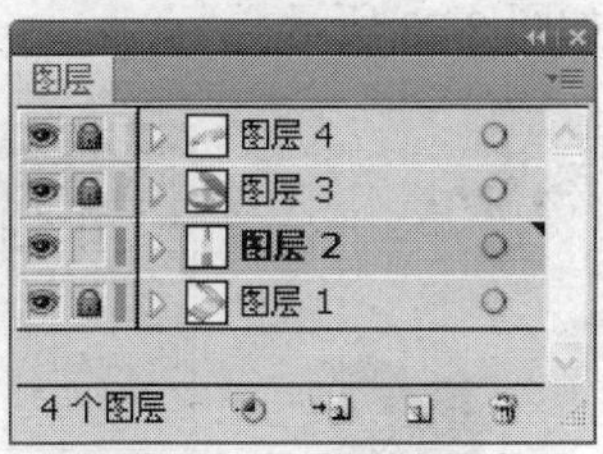

图 8-18

（2） 使用对象命令。

选择“对象 > 锁定 > 其他图层”命令，可以锁定其他未被选中的图层。

（3） 使用“图层”控制面板中的锁定图标。

在想要锁定的图层左侧的方框中单击鼠标，出现锁定图标，图层被锁定。再次单击锁定图标，图标消失，即解除对此图层的锁定状态。

如果在一个图层左侧的方框中单击鼠标，锁定图层，并按住鼠标左键不放，向上或向下拖曳，鼠标经过的方框中出现锁定图标，就可以快速锁定多个图层。

（4） 使用“图层选项”对话框。

在“图层”控制面板中双击图层或图层名称，可以弹出“图层选项”对话框，勾选“锁定”复选项，单击“确定”按钮，图层被锁定。

7. 合并图层

在“图层”控制面板中选择需要合并的图层，如图 8-19 所示，单击“图层”控制面板右上方的图标，在弹出的菜单中选择“合并所选图层”命令，所有选择的图层将合并到最后一个选择的图层或编组中，效果如图 8-20 所示。

图 8-19

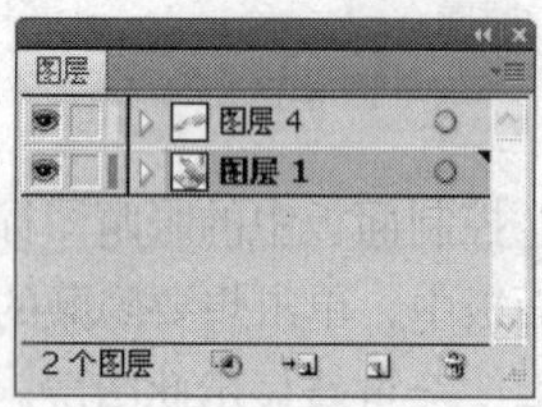

图 8-20

选择下拉式菜单中的“拼合图稿”命令，所有可见的图层将合并为一个图层，合并图层时，不会改变对象在绘图页面上的排序。

8.1.4 使用图层

使用“图层”控制面板，可以选择绘图页面中的对象，还可以切换对象的显示模式，更改对象的外观属性。

1. 选择对象

（1）使用“图层”控制面板中的目标图标。

在同一图层中的几个图形对象处于未选取状态，如图 8-21 所示。单击“图层”控制面板中要选择对象所在图层右侧的目标图标，如图 8-22 所示。目标图标变为，此时，图层中的对象被全部选中，效果如图 8-23 所示。

图 8-21

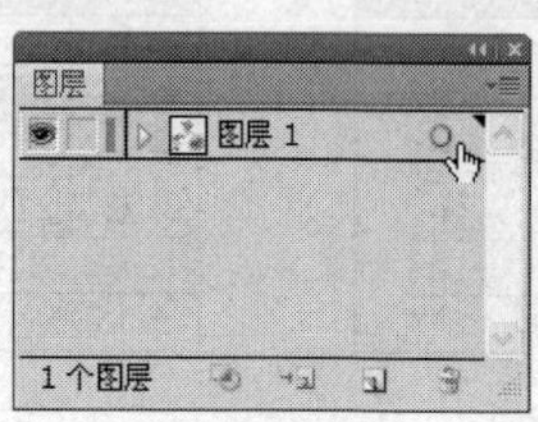

图 8-22

图 8-23

（2）结合快捷键并使用“图层”控制面板。

按住 Alt 键的同时，单击“图层”控制面板中的图层名称，此图层中的对象将被全部选中。

（3）使用“选择”菜单下的命令。

使用“选择”工具选中同一图层中的一个对象，如图 8-24 所示。选择“选择 > 对象 > 同一图层上的所有对象”命令，此图层中的对象被全部选中，如图 8-25 所示。

图 8-24

图 8-25

2. 更改对象的外观属性

使用“图层”控制面板可以轻松地改变对象的外观。如果对一个图层应用一种特殊效果，则在该图层中的所有对象都将应用这种效果。如果将图层中的对象移动到此图层之外，对象将不再具有这种效果。因为效果仅仅作用于该图层，而不是对象。

选中一个想要改变对象外观属性的图层，如图 8-26 所示，选取图层中的全部对象，效果如图 8-27 所示。选择“效果 > 变形 > 弧形”命令，在弹出的“变形选项”对话框中进行设置，如图 8-28 所示，单击“确定”按钮，选中的图层中包括的对象全部变成弧形效果，如图 8-29 所示，也就改变了此图层中对象的外观属性。

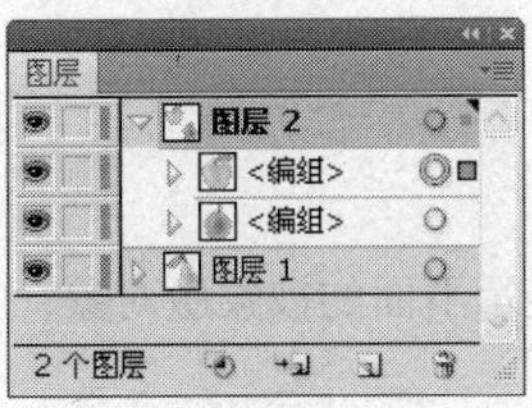

图 8-26

图 8-27

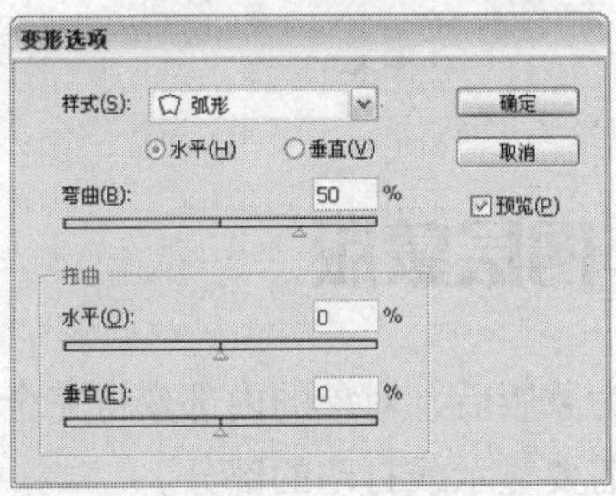

图 8-28

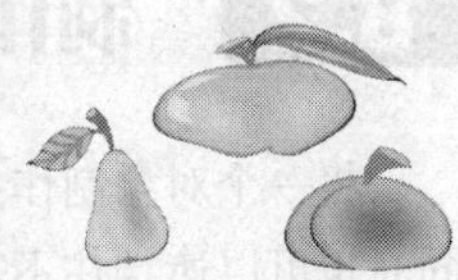

图 8-29

在“图层”控制面板中，图层的目标图标也是变化的。当目标图标显示为时，表示当前图层在绘图页面上没有对象被选择，并且没有外观属性；当目标图标显示为时，表示当前图层在绘图页面上有对象被选择，且没有外观属性；当目标图标显示为时，表示当前图层在绘图页面上没有对象被选择，但有外观属性；当目标图标显示为时，表示当前图层在绘图页面上有对象被选择，也有外观属性。

选择具有外观属性的对象所在的图层，拖曳此图层的目标图标到需要应用的图层的目标图标上，就可以移动对象的外观属性。在拖曳的同时按住 Alt 键，可以复制图层中对象的外观属性。

选择具有外观属性的对象所在的图层，拖曳此图层的目标图标到“图层”控制面板底部的“删除所选图层”按钮上，这时可以取消此图层中对象的外观属性。如果此图层中包括路径，将会保留路径的填充和描边填充。

3. 移动对象

在设计制作的过程中，有时需要调整各图层之间的顺序，而图层中对象的位置也会相应地发生变化。选择需要移动的图层，按住鼠标左键将该图层拖曳到需要的位置，释放鼠标，图层被移动。移动图层后，图层中的对象在绘图页面上的排列次序也会被移动。

选择想要移动的“图层 2”中的对象，如图 8-30 所示，再选择“图层”控制面板中需要放置对象的“图层 1”，如图 8-31 所示，选择“对象 > 排列 > 发送至当前图层”命令，可以将对象移动到当前选中的“图层 1”中，效果如图 8-32 所示。

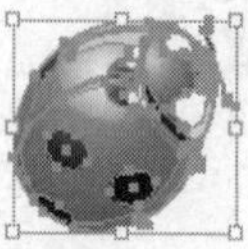

图 8-30

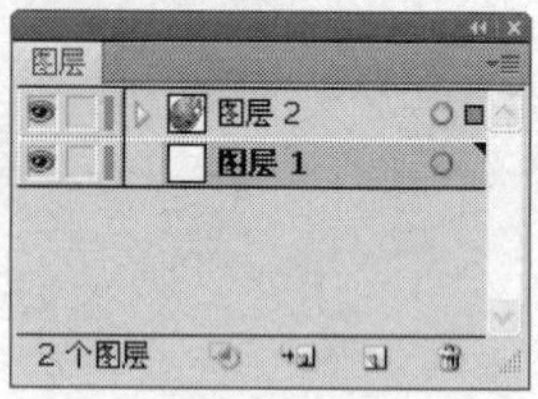

图 8-31

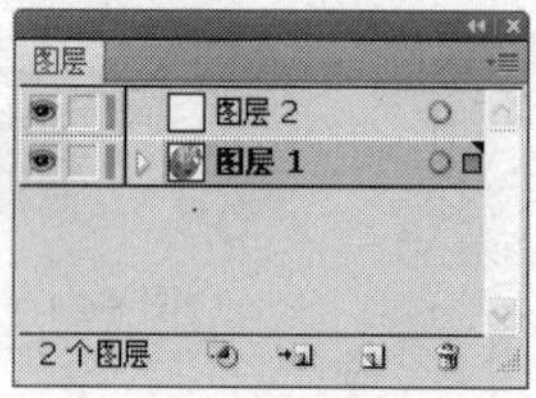

图 8-32

单击“图层 1”右边的方形图标 ，按住鼠标左键不放，将该图标 拖曳到“图层 2”中，如图 8-33 所示，可以将对象移动到“图层 2”中，效果如图 8-34 所示。

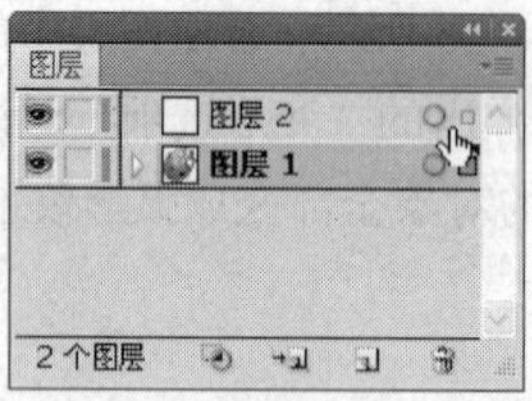

图 8-33

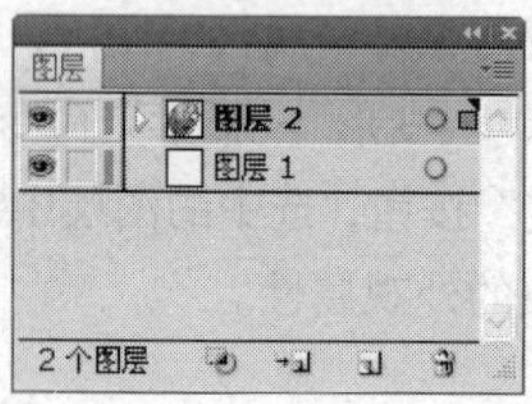

图 8-34

8.2 制作图层蒙版

将一个对象制作为蒙版后，对象的内部变得完全透明，这样就可以显示下面的被蒙版对象，同时也可以遮挡住不需要显示或打印的部分。

8.2.1 课堂案例——制作手机宣传单

【案例学习目标】学习使用图形工具、建立不透明蒙版命令制作手机宣传单。

【案例知识要点】使用椭圆工具、渐变工具、建立不透明蒙版命令绘制装饰图形。使用文字工具输入文字。手机宣传单效果如图 8-35 所示。

【效果所在位置】光盘/Ch08/效果/制作手机宣传单.ai。

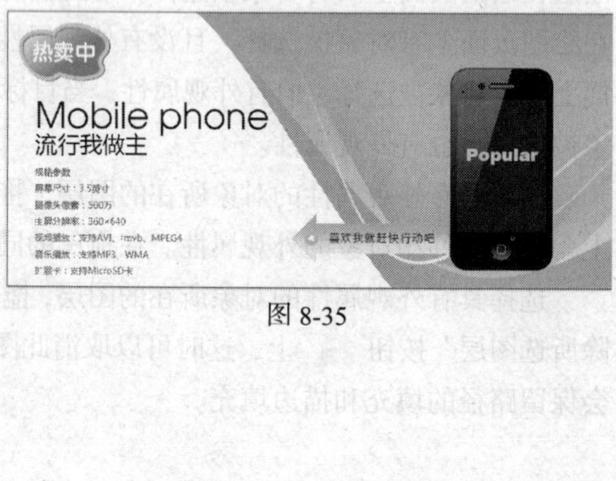

图 8-35

1. 添加文字

（1）按 Ctrl+O 组合键，打开光盘中的“Ch08 > 素材 > 制作手机宣传单 > 01”文件，如图 8-36 所示。

（2）打开光盘中的“Ch08 > 制作手机宣传单 > 素材 > 02”文件，按 Ctrl+A 组合键，全选图形，复制并将其粘贴到正在编辑的页面中，效果如图 8-37 所示。

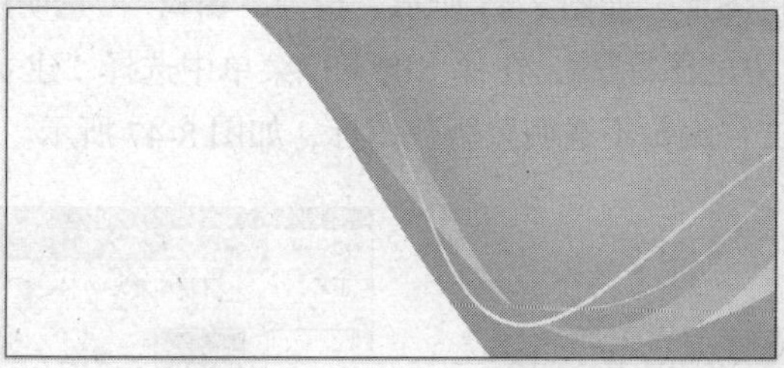
图 8-36

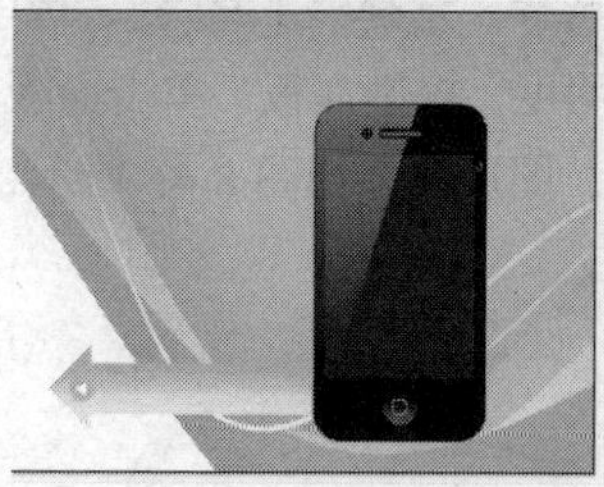
图 8-37

（3）选择“文字”工具 T，在页面中输入需要的文字，选择“选择”工具，在属性栏中分别选择合适的字体并分别设置适当的文字大小，设置文字填充色的 C、M、Y、K 值分别为 0、22、82、0，效果如图 8-38 所示。用同样的方法添加其他文字，效果如图 8-39 所示。

图 8-38

图 8-39

2. 绘制装饰图形

（1）选择“钢笔”工具，在页面的左上角绘制图形，如图 8-40 所示。设置填充颜色为黑色，描边色为无，如图 8-41 所示。选择“选择”工具，选中图形，按 Ctrl+C 组合键复制图形，按 Ctrl+F 组合键将复制的图形原位粘贴，按键盘上的方向键微调图形的位置，设置图形填充色的 C、M、Y、K 值分别为 0、30、100、0，填充图形，并设置描边色为无，效果如图 8-42 所示。

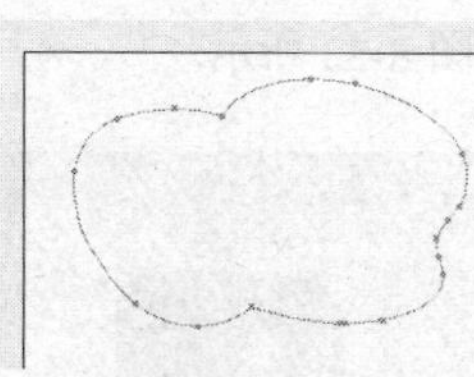
图 8-40

图 8-41

图 8-42

（2）用同样的方法复制图形，并调整图形的大小，设置图形填充色的 C、M、Y、K 值分别为 0、100、100、0，填充图形，并设置描边色为无，效果如图 8-43 所示。选择“选择”工具，选中红色的图形，按 Ctrl+C 组合键复制图形，按 Ctrl+F 组合键将复制的图形原位粘贴，按键盘上的方向键微调图形的位置，设置图形填充色为白色，描边色为无，效果如图 8-44 所示。

图 8-43

图 8-44

（3）选择“选择”工具，选中白色图形，如图 8-45 所示，选择“窗口 > 透明度”命令，弹出“透明度”控制面板，单击面板右上方的图标，在弹出的下拉菜单中选择“建立不透明蒙版”命令，图形效果如图 8-46 所示，单击“编辑不透明蒙版”图标，如图 8-47 所示。

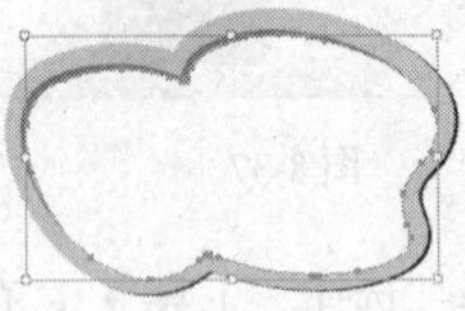

图 8-45

图 8-46

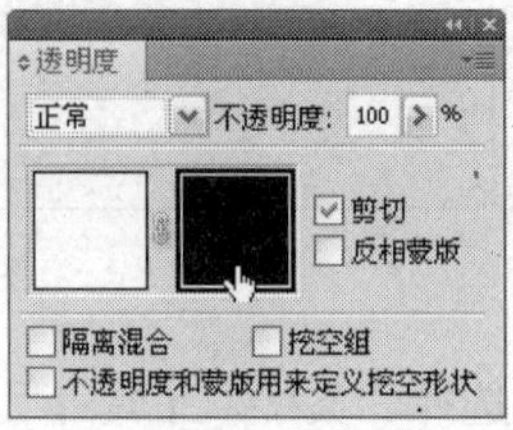

图 8-47

（4）选择“椭圆”工具，绘制一个椭圆形，效果如图 8-48 所示，双击“渐变”工具，弹出“渐变”控制面板，并设置 C、M、Y、K 的值分别为：40（0、0、0、100）、100（0、0、0、0），其他选项的设置如图 8-49 所示。在“透明度”控制面板中单击“停止编辑不透明蒙版”图标，如图 8-50 所示，效果如图 8-51 所示。

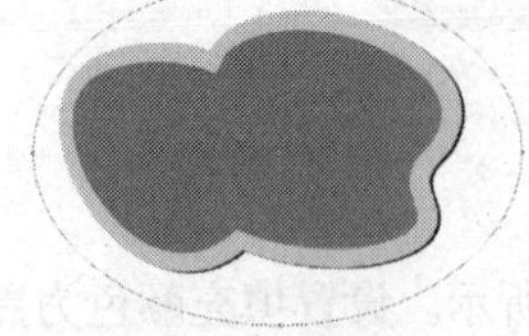

图 8-48

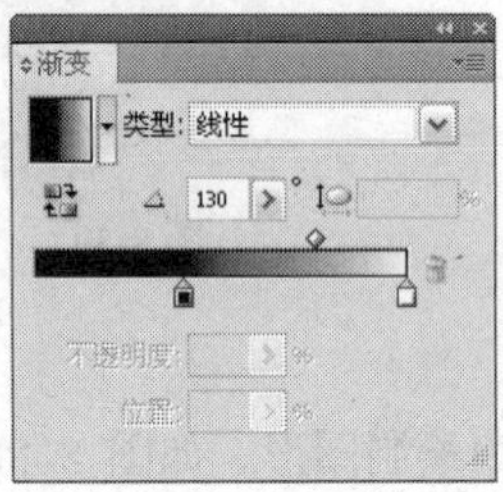

图 8-49

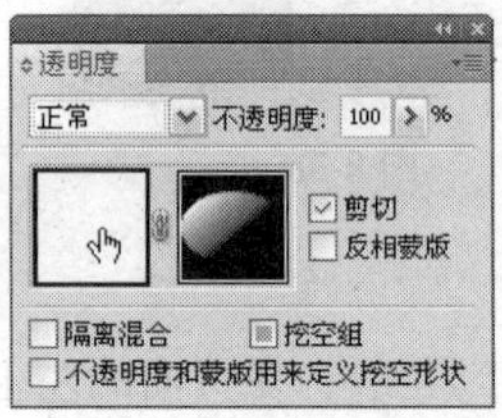

图 8-50

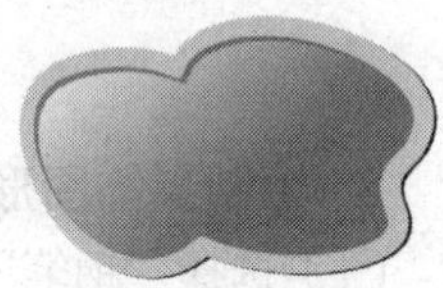

图 8-51

（5）选择“文字”工具，图形上面输入需要的文字，选择“选择”工具，在属性栏中选择合适的字体并设置文字大小，填充文字为白色，效果如图 8-52 所示。用同样的方法添加其他文字，并设置文字的填充色为黑色，手机宣传单制作完成，最终效果如图 8-53 所示。

图 8-52

图 8-53

8.2.2　制作图像蒙版

（1）使用“创建”命令制作。

选择“文件 > 置入”命令，在弹出的“置入”对话框中选择图像文件，如图 8-54 所示，单击“置入”按钮，图像出现在页面中，效果如图 8-55 所示。选择“椭圆”工具，在图像上绘制一个椭圆形作为蒙版，如图 8-56 所示。

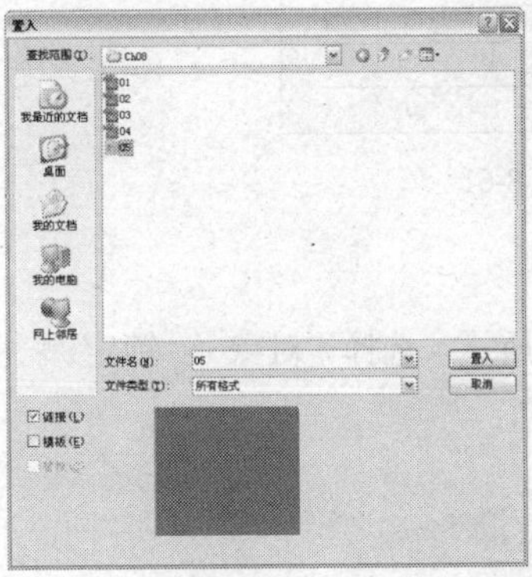

图 8-54

图 8-55

图 8-56

使用“选择”工具，同时选中图像和椭圆形，如图 8-57 所示（作为蒙版的图形必须在图像的上面）。选择“对象 > 剪切蒙版 > 建立”命令（组合键为 Ctrl+7），制作出蒙版效果，如图 8-58 所示。图像在椭圆形蒙版外面的部分被隐藏，取消选取后，蒙版的效果如图 8-59 所示。

图 8-57

图 8-58

图 8-59

（2）使用鼠标右键的弹出式命令制作蒙版。

使用“选择”工具，选中图像和椭圆形，在选中的对象上单击鼠标右键，在弹出的菜单中选择“建立剪切蒙版”命令，制作出蒙版效果。

（3）用“图层”控制面板中的命令制作蒙版。

使用“选择”工具，选中图像和椭圆形，单击“图层”控制面板右上方的图标，在弹出的菜单中选择“建立剪切蒙版”命令，制作出蒙版效果。

8.2.3　编辑图像蒙版

制作蒙版后，还可以对蒙版进行编辑，如查看、选择蒙版，增加和减少蒙版区域等。

1．查看蒙版

使用“选择”工具，选中蒙版图像，如图 8-60 所示。单击“图层”控制面板右上方的图标，在弹出的菜单中选择“定位对象”命令，“图层”控制面板如图 8-61 所示，可以在“图层”控制面板中查看蒙版状态，也可以编辑蒙版。

图 8-60

图 8-61

2．锁定蒙版

使用“选择”工具，选中需要锁定的蒙版图像，如图 8-62 所示。选择“对象 > 锁定 > 所选对象”命令，可以锁定蒙版图像，效果如图 8-63 所示。

图 8-62

图 8-63

3．添加对象到蒙版

选中要添加的对象，如图 8-64 所示。选择“编辑 > 剪切”命令，剪切该对象。使用“直接选择”工具，选中被蒙版图形中的对象，如图 8-65 所示。选择“编辑 > 贴在前面、贴在后面”命令，就可以将要添加的对象粘贴到相应的蒙版图形的前面或后面，并成为图形的一部分，贴在前面的效果如图 8-66 所示。

图 8-64

图 8-65

图 8-66

4．删除被蒙版的对象

选中被蒙版的对象，选择“编辑 > 清除”命令或按 Delete 键，即可删除被蒙版的对象。

也可以在“图层”控制面板中选中被蒙版对象所在图层，再单击“图层”控制面板下方的“删除所选图层”按钮，也可删除被蒙版的对象。

8.3 制作文本蒙版

在 Illustrator CS5 中，可以将文本制作为蒙版。根据设计需要来制作文本蒙版，可以使文本产生丰富的效果。

8.3.1 制作文本蒙版

（1）使用“对象”命令制作文本蒙版。

使用“矩形”工具，绘制一个矩形，在“图形样式”控制面板中选择需要的样式，如图 8-67 所示，矩形被填充上此样式，如图 8-68 所示。

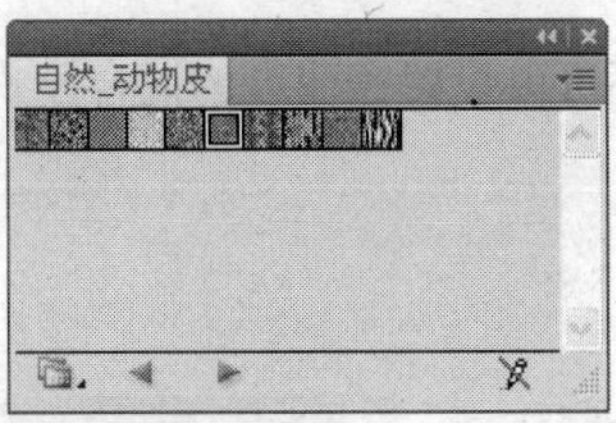

图 8-67

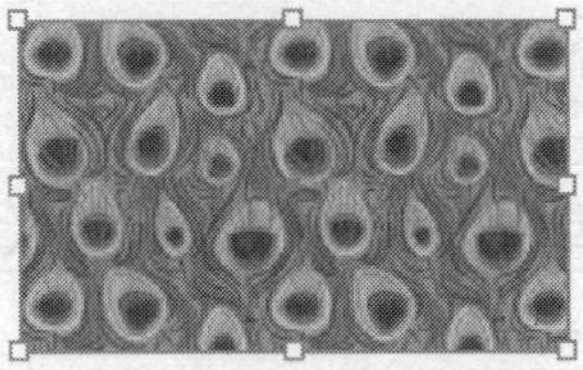
图 8-68

选择“文字”工具T，在矩形上输入文字，使用“选择”工具，选中文字和矩形，如图 8-69 所示。选择“对象 > 剪切蒙版 > 建立”命令（组合键为 Ctrl+7），制作出蒙版效果，如图 8-70 所示。

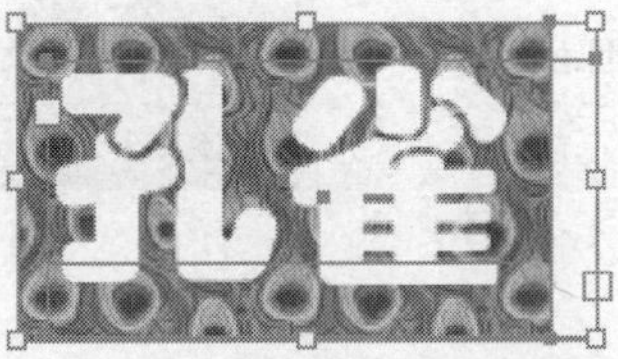

图 8-69

图 8-70

（2）使用鼠标右键弹出菜单命令制作文本蒙版。

使用“选择”工具，选中图像和文字，在选中的对象上单击鼠标右键，在弹出的菜单中选择“建立剪切蒙版”命令，制作出蒙版效果。

（3）使用“图层”控制面板中的命令制作蒙版。

使用“选择”工具，选中图像和文字。单击“图层”控制面板右上方的图标，在弹出的菜单中选择“建立剪切蒙版”命令，制作出蒙版效果。

8.3.2 编辑文本蒙版

使用“选择”工具，选取被蒙版的文本，如图 8-71 所示。选择“文字 > 创建轮廓”命令，将文本转换为路径，路径上出现了许多锚点，效果如图 8-72 所示。

使用“直接选择”工具，选取路径上的锚点，就可以编辑修改被蒙版的文本，效果如图 8-73 所示。

图 8-71

图 8-72

图 8-73

8.4 透明度控制面板

在透明度控制面板中可以为对象添加透明度，还可以设置透明度的混合模式。

8.4.1 课堂案例——制作春天插画

【案例学习目标】学习使用图形工具、透明度命令制作春天插画。

【案例知识要点】使用钢笔工具绘制路径，使用路径文字工具输入路径文字，使用透明度控制面板改变图形的透明度和混合模式，使用符号库的自然界命令绘制装饰图形。春天插画效果如图 8-74 所示。

图 8-74

【效果所在位置】光盘/Ch08/效果/制作春天插画.ai。

1. 添加并编辑文字

（1）按 Ctrl+O 组合键，打开光盘中的“Ch08 > 素材 > 制作春天插画 > 01”文件，如图 8-75 所示。

（2）选择“钢笔”工具，绘制一条路径，如图 8-76 所示。选择“路径文字”工具，在绘制好的路径上单击鼠标插入光标，输入需要的文字，在属性栏中选择合适的字体并设置文字大小，效果如图 8-77 所示。

图 8-75

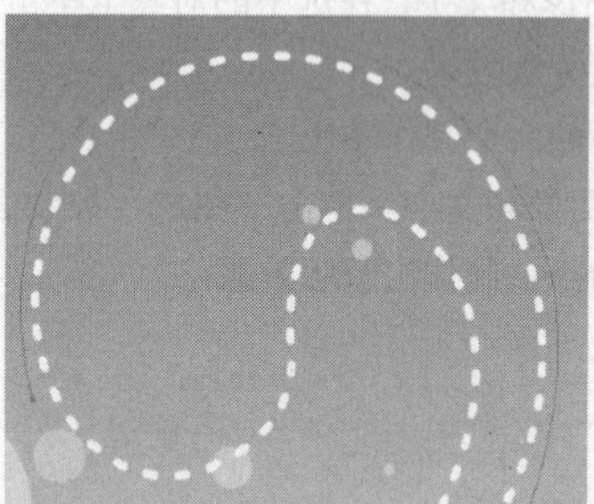
图 8-76

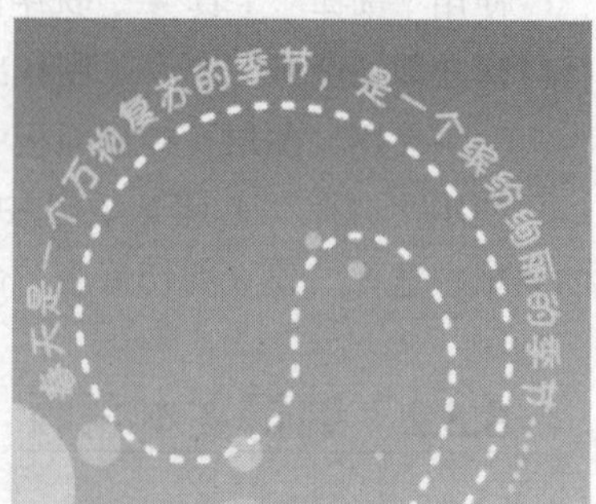

图 8-77

2. 添加编辑文字及装饰图形

（1）选择“文字”工具T，在页面中输入需要的文字，效果如图 8-78 所示。选择“选择”工具，在属性栏中选择合适的字体并设置文字大小，设置文字充颜色为无，描边颜色的 C、M、Y、K 的值分别为 0、100、0、0，在属性栏中将“描边粗细”选项设置为 1，效果如图 8-79 所示。使用相同的方法，继续输入文字，并设置相同的颜色，调整其大小，效果如图 8-80 所示。

图 8-78

图 8-79

图 8-80

（2）选择“窗口 > 符号库 > 自然”命令，弹出“自然”控制面板，选择“蝴蝶”符号，如图 8-81 所示，拖曳符号到文字的上方，调整其大小及角度，效果如图 8-82 所示。

图 8-81

图 8-82

（3）选择“选择”工具，选取符号图形，选择“窗口 > 透明度”命令，弹出“透明度”控制面板，将混合模式设置为“强光”，如图 8-83 所示，图形效果如图 8-84 所示。选择“选择”工具，选取符号图形，按住 Alt 键的同时，用鼠标向右下方拖曳图形，将其进行复制并缩小，效果如图 8-85 所示。

图 8-83

图 8-84

图 8-85

（4）春天插画制作完成，最终效果如图 8-86 所示。

图 8-86

8.4.2 认识“透明度”控制面板

透明度是 Illustrator CS5 中对象的一个重要外观属性。Illustrator CS5 的透明度，通过设置，绘图页面上的对象可以是完全透明、半透明或者不透明 3 种状态。在“透明度”控制面板中，可以给对象添加不透明度，还可以改变混合模式，从而制作出新的效果。

选择“窗口 > 透明度”命令（组合键为 Shift +Ctrl+ F10），弹出“透明度”控制面板，如图 8-87 所示。单击控制面板右上方的图标，在弹出的菜单中选择“显示缩览图”命令，可以将“透明度”控制面板中的缩览图显示出来，如图 8-88 所示。在弹出的菜单中选择“显示选项”命令，可以将“透明度”控制面板中的选项显示出来，如图 8-89 所示。

图 8-87

图 8-88

图 8-89

1．“透明度”控制面板的表面属性

在图 8-89 所示的“透明度”控制面板中，当前选中对象的缩略图出现在其中。当“不透明度”选项设置为不同的数值时，效果如图 8-90 所示（默认状态下，对象是完全不透明的）。

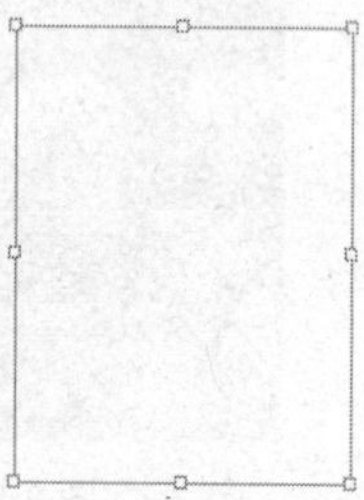

不透明度值为 0 时

不透明度值为 50 时

不透明度值为 100 时

图 8-90

选择“隔离混合”选项：可以使不透明度设置只影响当前组合或图层中的其他对象。

选择“挖空组”选项：可以使不透明度设置不影响当前组合或图层中的其他对象，但背景对象仍然受影响。

选择“不透明度和蒙版用来定义挖空形状”选项：可以使用不透明度蒙版来定义对象的不透明度所产生的效果。

选中“图层”控制面板中要改变不透明度的图层，用鼠标单击图层右侧的图标，将其定义为目标图层，在“透明度”控制面板的“不透明度”选项中调整不透明度的数值，此时的调整会影响到整个图层不透明度的设置，包括此图层中已有的对象和将来绘制的任何对象。

2.“透明度”控制面板的下拉式命令

单击“透明度”控制面板右上方的图标，弹出其下拉菜单，如图 8-91 所示。

“建立不透明蒙版”命令可以将蒙版的不透明度设置应用到它所覆盖的所有对象中。

在绘图页面中选中 2 个对象，如图 8-92 所示，选择“建立不透明蒙版”命令，“透明度”控制面板显示的效果如图 8-93 所示，制作不透明蒙版的效果如图 8-94 所示。

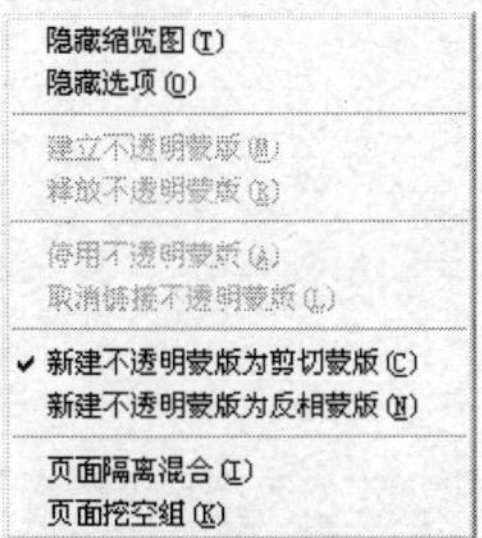

图 8-91

图 8-92

图 8-93

图 8-94

选择“释放不透明蒙版”命令，制作的不透明蒙版将被释放，对象恢复原来的效果。选中制作的不透明蒙版，选择“停用不透明蒙版”命令，不透明蒙版被禁用，“透明度”控制面板的变化如图 8-95 所示。

选中制作的不透明蒙版，选择“取消链接不透明蒙版”命令，蒙版对象和被蒙版对象之间的链接关系被取消。“透明度”控制面板中，蒙版对象和被蒙版对象缩略图之间的链接符号不再显示，如图 8-96 所示。

图 8-95

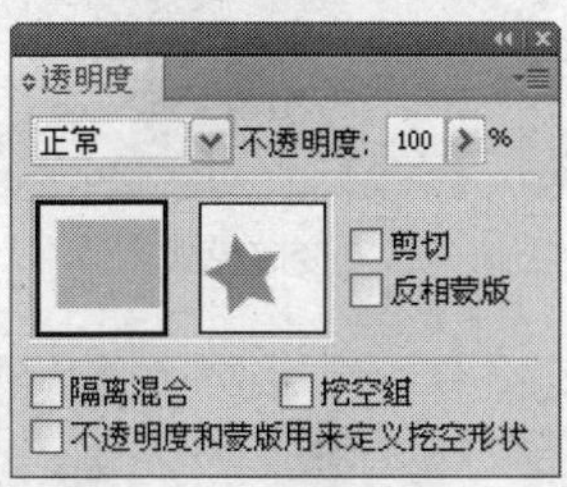

图 8-96

选中制作的不透明蒙版，勾选“透明度”控制面板中的“剪切”复选项，如图 8-97 所示，不透明蒙版的变化效果如图 8-98 所示。勾选“透明度”控制面板中的“反相蒙版”复选项，如图 8-99 所示，不透明蒙版的变化效果如图 8-100 所示。

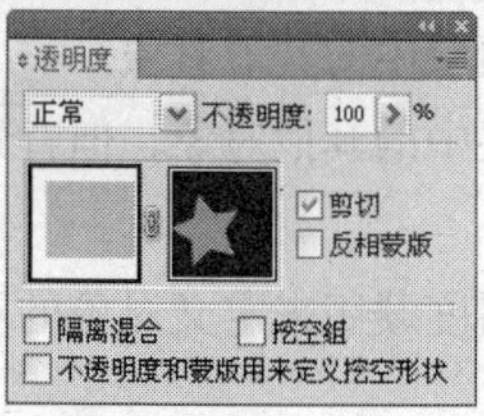

图 8-97

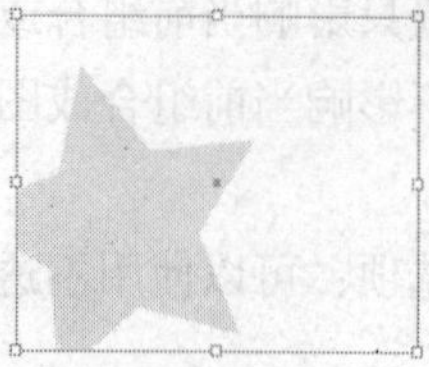

图 8-98

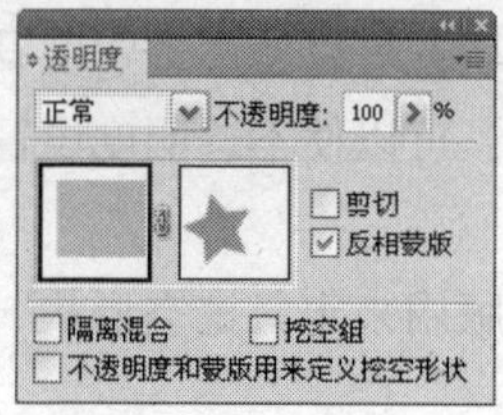

图 8-99

图 8-100

8.4.3 “透明度”控制面板中的混合模式

在“透明度”控制面板中提供了 16 种混合模式，如图 8-101 所示。置入一张图像，如图 8-102 所示。在图像上绘制一个星形并保持其选取状态，如图 8-103 所示。分别选择不同的混合模式，可以观察图像的不同变化，效果如图 8-104 所示。

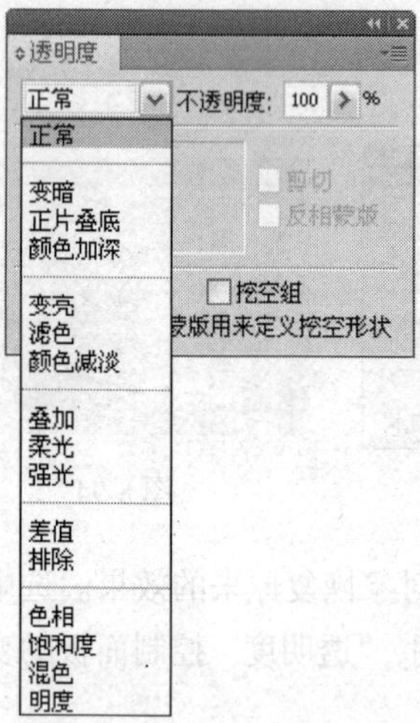

图 8-101

图 8-102

图 8-103

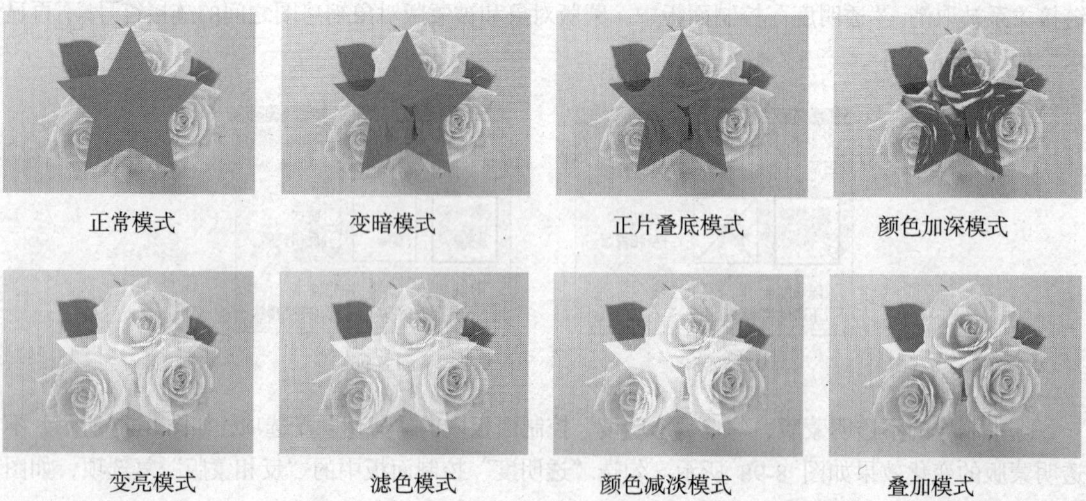

图 8-104

柔光模式　　强光模式　　差值模式　　排除模式

色相模式　　饱和度模式　　混色模式　　明度模式

图 8-104（续）

8.5 课堂练习——制作洗衣粉包装

【练习知识要点】使用钢笔工具、剪切蒙版命令制作背景。使用椭圆工具、路径查找器面部制作图形效果。使用混合工具为文字添加立体效果。使用弧形命令将文字变形，如图 8-105 所示。

【效果所在位置】光盘/Ch08/效果/制作洗衣粉包装.ai。

图 8-105

8.6 课后习题——制作礼券

【习题知识要点】使用矩形工具绘制背景效果。使用剪切蒙版命令制作图片的剪切蒙版效果。使用画笔命令制作印章效果。使用徽标元素符号库命令添加符号图形，如图 8-106 所示。

【效果所在位置】光盘/Ch08/效果/制作礼券.ai。

图 8-106

第9章 使用混合与封套效果

本章将重点讲解混合和封套效果的制作方法。使用混合命令可以产生颜色和形状的混合，生成中间对象的逐级变形。封套命令是 Illustrator CS5 中很实用的一个命令，使用封套命令可以用图形对象轮廓来约束其他对象的行为。

课堂学习目标

- 混合效果的使用
- 封套效果的使用

9.1 混合效果的使用

混合命令可以创建一系列处于两个自由形状之间的路径，也就是一系列样式递变的过渡图形。该命令可以在两个或两个以上的图形对象之间使用。

9.1.1 课堂案例——制作折扣标牌

【案例学习目标】学习使用混合工具制作文字立体效果。

【案例知识要点】使用钢笔工具绘制图形，使用符号工具添加符号，使用混合工具制作文字立体效果。折扣标牌效果如图 9-1 所示。

【效果所在位置】光盘/Ch09/效果/制作折扣标牌.ai。

图 9-1

1．绘制装饰图形

（1）按 Ctrl+O 组合键，打开光盘中的“Ch09 > 素材 > 制作折扣标牌 > 01”文件，如图 9-2 所示。

（2）选择“钢笔”工具，在页面中绘制一个图形，设置填充颜色为白色，描边颜色为无，效果如图 9-3 所示。选择“选择”工具，选取图形，按 Ctrl+C 组合键，复制图形，按 Ctrl+F 组合键，将复制的图形原位粘贴，调整图形的大小，效果如图 9-4 所示。

图 9-2

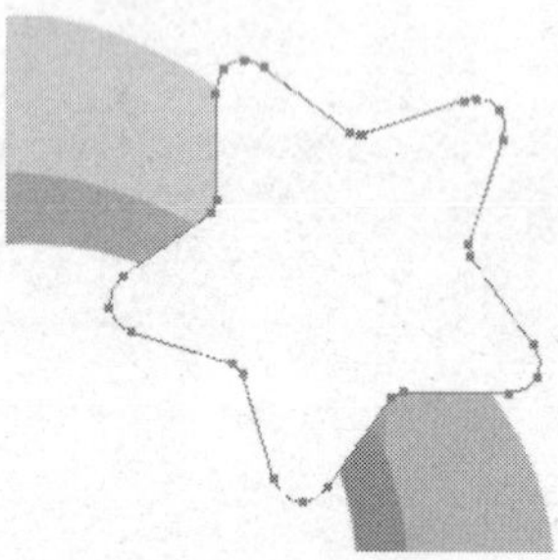
图 9-3

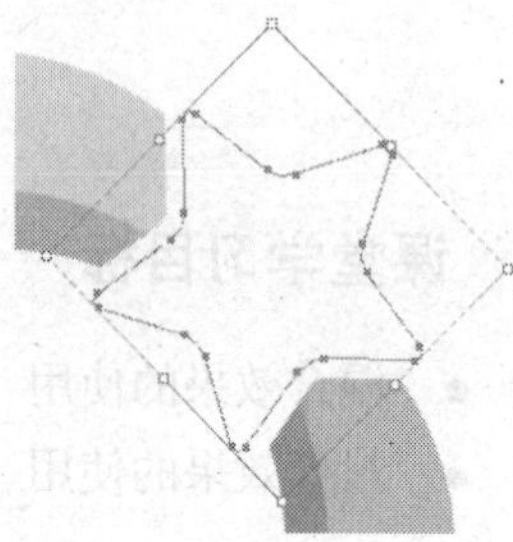
图 9-4

（3）双击“渐变”工具，弹出“渐变”控制面板，并设置 C、M、Y、K 的值分别为：0（30、30、30、10）、38（65、65、65、70）、68（75、68、68、90）、86（30、25、25、10），其他选项的设置如图 9-5 所示，图形被填充为渐变色，效果如图 9-6 所示。

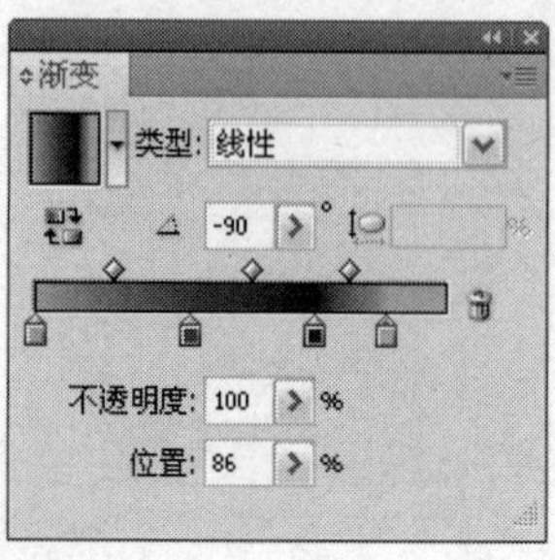

图 9-5

图 9-6

2．制作文字立体效果

（1）选择“文字”工具[T]，在页面中输入需要的文字，效果如图 9-7 所示。选择“选择”工具，在属性栏中选择合适的字体并设置文字大小，设置文字填充色的 C、M、Y、K 值分别为 0、0、100、0，描边色为无，按 Shift+Ctrl+O 组合键将文字转化为轮廓，效果如图 9-8 所示。按住 Alt 键的同时，用鼠标拖曳图形，将图形进行复制，调整其大小并设置文字填充色的 C、M、Y、K 值分别为 0、85、100、0，效果如图 9-9 所示。

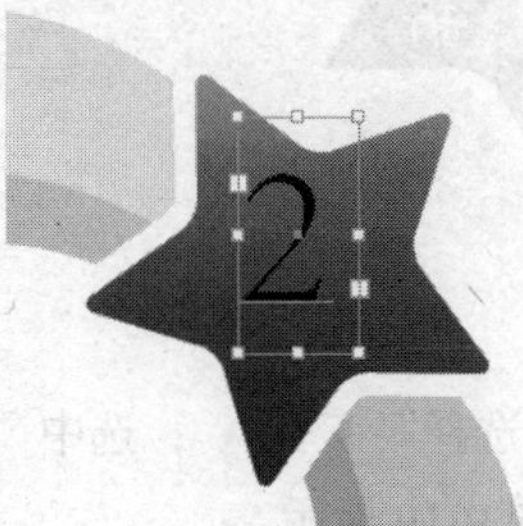

图 9-7

图 9-8

图 9-9

（2）选择“选择”工具，按住 Shift 键，同时选取两个文字，双击“混合”工具，在弹出的“混合选项”对话框中进行设置，如图 9-10 所示，单击“确定”按钮，分别在两个图形上单击鼠标，图形混合的效果如图 9-11 所示。选择“文字”工具[T]，在页面中输入需要的文字，选择“选择”工具，在属性栏中选择合适的字体并设置文字大小，效果如图 9-12 所示。

图 9-10

图 9-11

图 9-12

3．添加符号

（1）选择菜单“窗口 > 符号”命令，弹出“符号”控制面板，如图 9-13 所示，单击“符号”控制面板右上方的图标，在弹出的下拉菜单中选择“打开符号库 > 庆祝”命令，弹出“庆祝”控制面板，如图 9-14 所示。

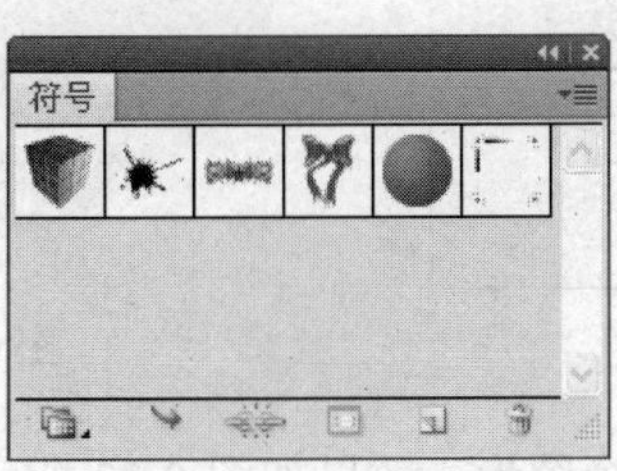

图 9-13

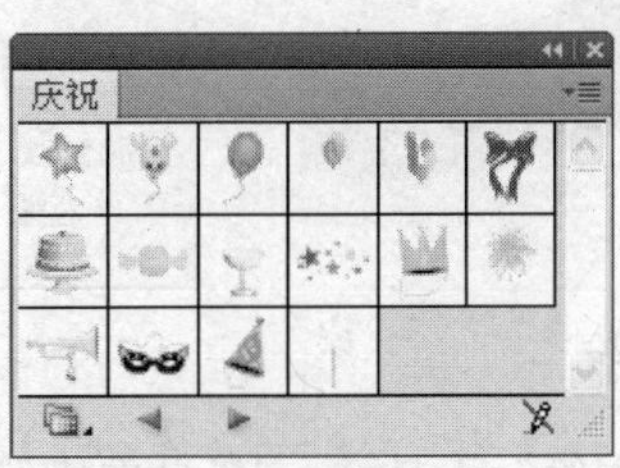

图 9-14

（2）在“庆祝”控制面板中选择“焰火”符号，如图 9-15 所示，拖曳符号到背景图形中，调整符号图形的大小及角度，效果如图 9-16 所示。

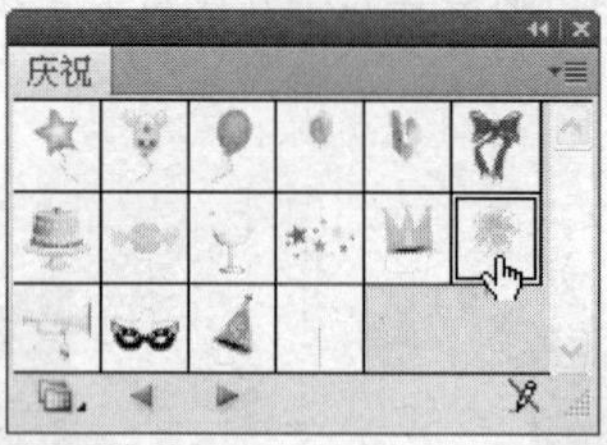

图 9-15

图 9-16

（3）用同样的方法添加其他符号，效果如图 9-17 所示。选择“选择”工具，选中“气球簇”符号，如图 9-18 所示，按 Ctrl+[组合键将其后移一层，效果如图 9-19 所示。

图 9-17

图 9-18

图 9-19

（4）选择“钢笔”工具，在页面中绘制一个图形，效果如图 9-20 所示。并设置 C、M、Y、K 的值分别为：0（30、0、10、0）、38（72、10、10、0）、68（82、37、5、0）、86（30、0、10、0），其他选项的设置如图 9-21 所示，图形被填充为渐变色，效果如图 9-22 所示。

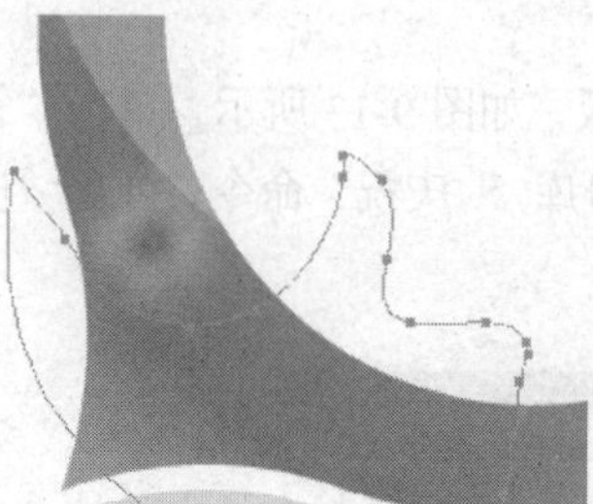

图 9-20

图 9-21

图 9-22

（5）选择“钢笔”工具，在页面中绘制一个图形，效果如图 9-23 所示。设置填充颜色为白色，描边颜色为无，选择“选择”工具，在属性栏中将不透明度选项设为 20，效果如图 9-24 所示。

（6）选择“文字”工具T，在页面中输入需要的文字，选择“选择”工具，在属性栏中选择合适的字体并设置文字大小，效果如图 9-25 所示，折扣标牌制作完成。

图 9-23

图 9-24

图 9-25

9.1.2　创建混合对象

选择混合命令可以对整个图形、部分路径或控制点进行混合。混合对象后，中间各级路径上的点的数量、位置以及点之间线段的性质取决于起始对象和终点对象上的点的数目，同时还取决于在每个路径上指定的特定的点。

混合命令试图匹配起始对象和终点对象上的所有点，并在每对相邻的点间画条线段。起始对象和终点对象最好包含相同数目的控制点。如果两个对象含有不同数目的控制点，Illustrator CS5 将在中间级中增加或减少控制点。

1．创建混合对象

（1）应用混合工具创建混合对象。

选择“选择”工具，选取要进行混合的 2 个对象，如图 9-26 所示。选择“混合”工具，用鼠标单击要混合的起始图像，如图 9-27 所示。

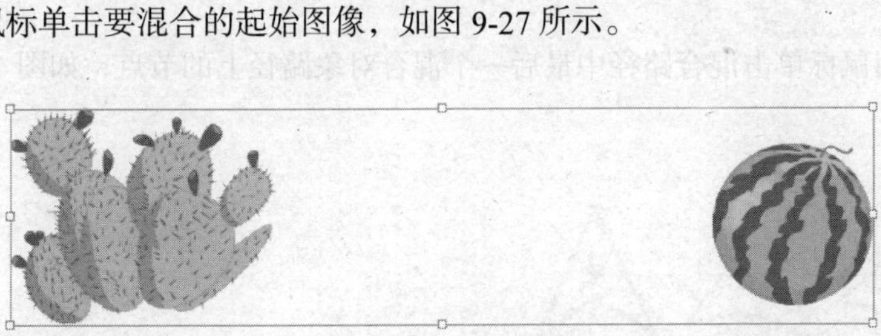

图 9-26

图 9-27

在另一个要混合的图像上单击鼠标，将它设置为目标图像，如图 9-28 所示，绘制出的混合图像效果如图 9-29 所示。

图 9-28

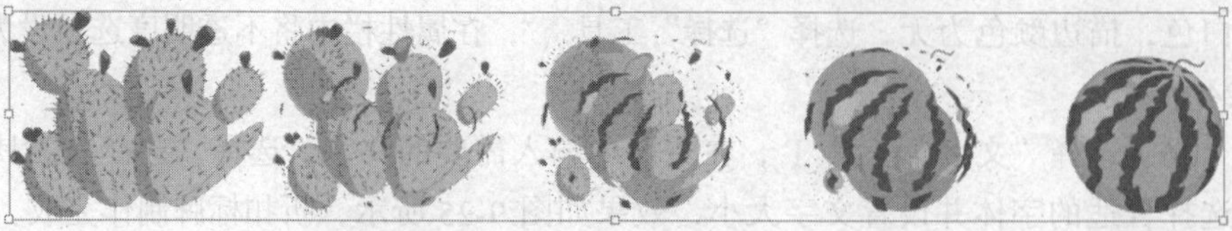

图 9-29

（2）应用命令创建混合对象。

选择“选择”工具，选取要进行混合的对象。选择“对象 > 混合 > 建立”命令（组合键为 Alt +Ctrl+ B），绘制出混合图像。

2．创建混合路径

选择“选择”工具，选取要进行混合的对象，如图 9-30 所示。选择“混合”工具，用鼠标单击要混合的起始路径上的某一节点，光标变为实心，如图 9-31 所示。用鼠标单击另一个要混合的目标路径上的某一节点，将它设置为目标路径，如图 9-32 所示。

图 9-30

图 9-31

图 9-32

绘制出混合路径，如图 9-33 所示。

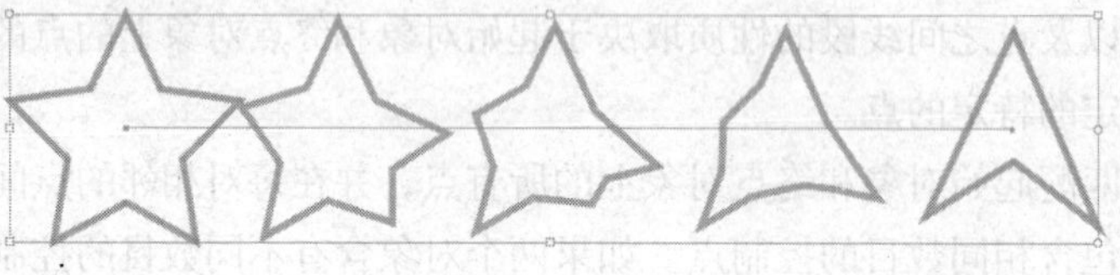

图 9-33

提示 在起始路径和目标路径上单击的节点不同，所得出的混合效果也不同。

3．继续混合其他对象

选择“混合”工具，用鼠标单击混合路径中最后一个混合对象路径上的节点，如图 9-34 所示。

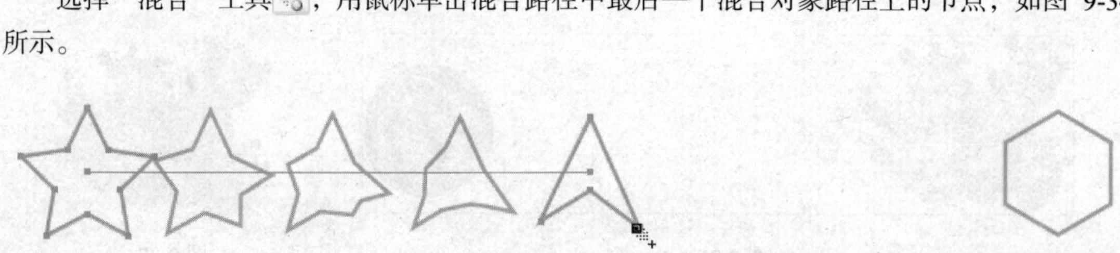

图 9-34

单击想要添加的其他对象路径上的节点，如图 9-35 所示。继续混合对象后的效果如图 9-36 所示。

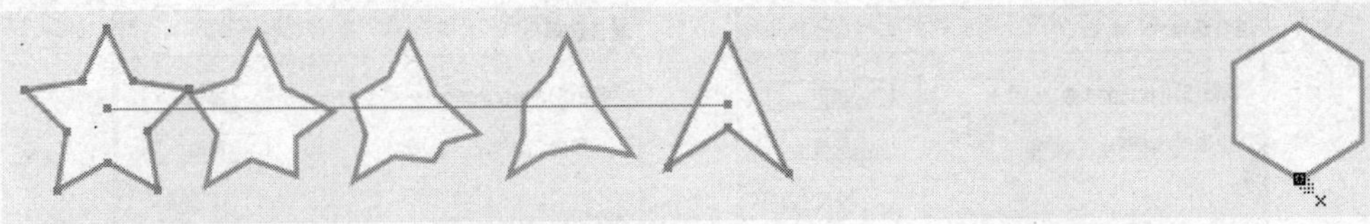

图 9-35

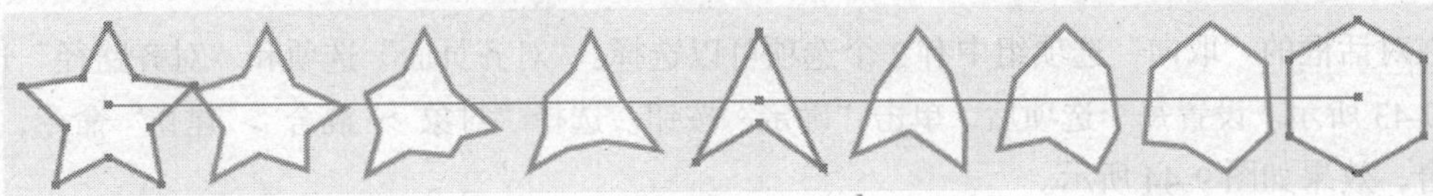

图 9-36

4．释放混合对象

选择“选择”工具，选取一组混合对象，如图 9-37 所示。选择“对象 > 混合 > 释放”命令（组合键为 Alt + Shift +Ctrl+B），释放混合对象，效果如图 9-38 所示。

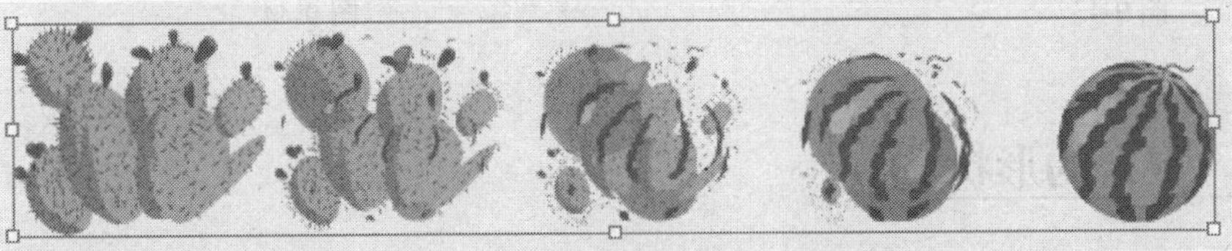

图 9-37

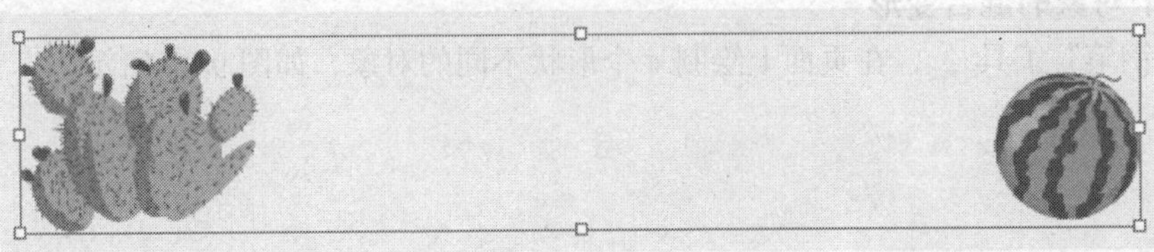

图 9-38

5．使用混合选项对话框

选择“选择”工具，选取要进行混合的对象，如图 9-39 所示。选择“对象 > 混合 > 混合选项”命令，弹出“混合选项”对话框，在对话框中“间距”选项的下拉列表中选择“平滑颜色”，可以使混合的颜色保持平滑，如图 9-40 所示。

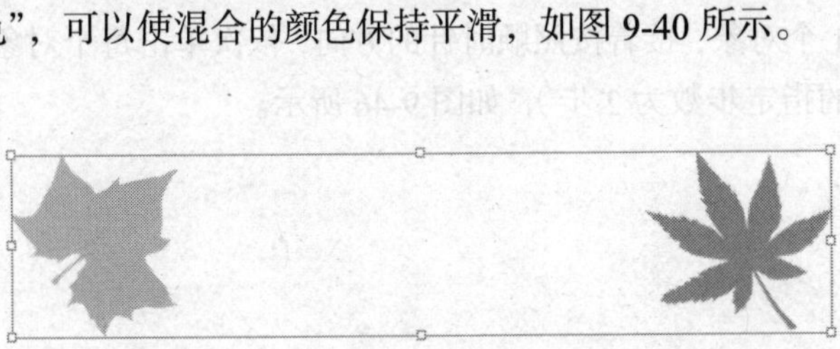

图 9-39

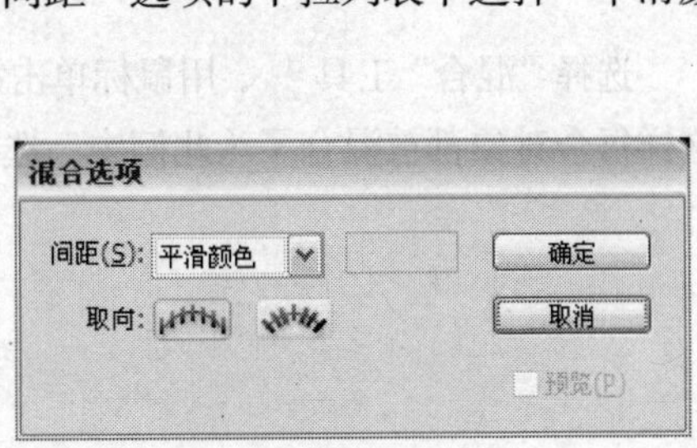

图 9-40

在对话框中“间距”选项的下拉列表中选择“指定的步数”，可以设置混合对象的步骤数，如图 9-41 所示。在对话框中“间距”选项的下拉列表中选择“指定的距离”选项，可以设置混合对象间的距离，如图 9-42 所示。

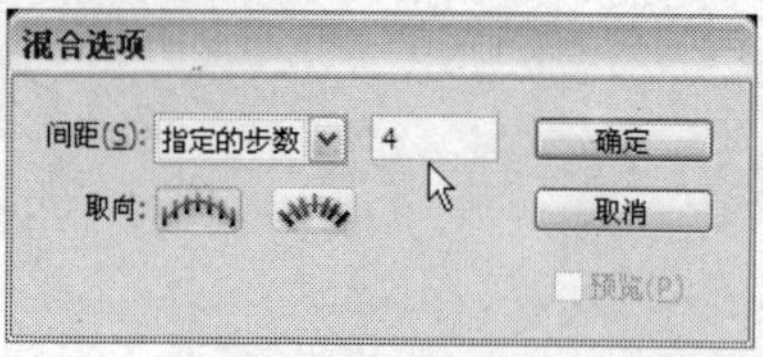

图 9-41

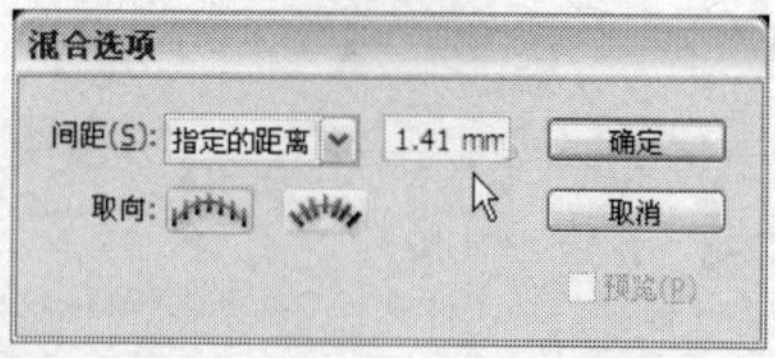

图 9-42

在对话框的“取向”选项组中有 2 个选项可以选择：“对齐页面”选项和“对齐路径”选项，如图 9-43 所示。设置每个选项后，单击“确定”按钮。选择“对象 > 混合 > 建立”命令，将对象混合，效果如图 9-44 所示。

图 9-43

图 9-44

9.1.3 混合的形状

混合命令可以将一种形状变形成另一种形状。

1. 多个对象的混合变形

选择“钢笔”工具，在页面上绘制 4 个形状不同的对象，如图 9-45 所示。

图 9-45

选择“混合”工具，用鼠标单击第 1 个对象，接着按照顺时针的方向，依次单击每个对象，这样每个对象都被混合了（此例中，选择的指定步数为 2 步），如图 9-46 所示。

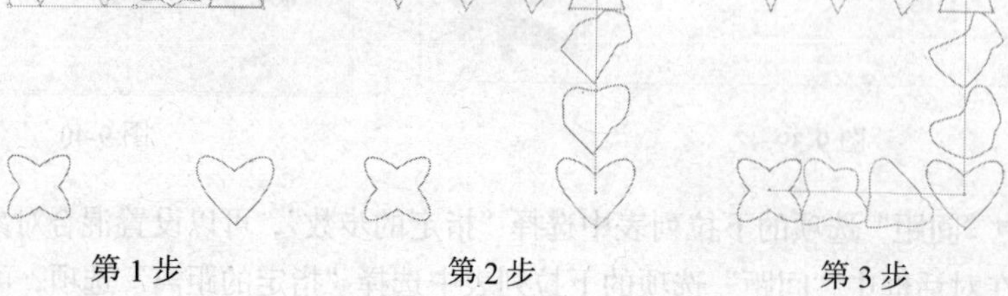

第 1 步　　第 2 步　　第 3 步

图 9-46

2. 绘制立体效果

选择“钢笔”工具，在页面上绘制灯笼的上底、下底和边缘线，如图 9-47 所示。选取灯笼的左右 2 条边缘线，如图 9-48 所示。

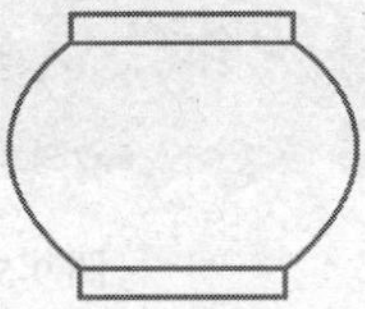

图 9-47

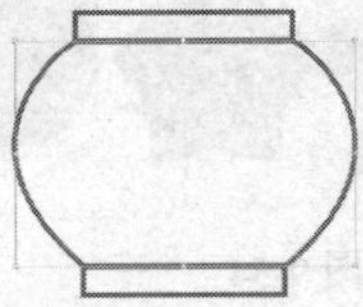

图 9-48

选择“对象 > 混合 > 混合选项”命令，弹出“混合选项”对话框，设置“指定的步数”选项数值框中的数值为 3，在“取向”选项组中选择“对齐页面”选项，如图 9-49 所示，单击“确定”按钮。选择“对象 > 混合 > 建立”命令，灯笼上面的立体竹竿即绘制完成，如图 9-50 所示。

图 9-49

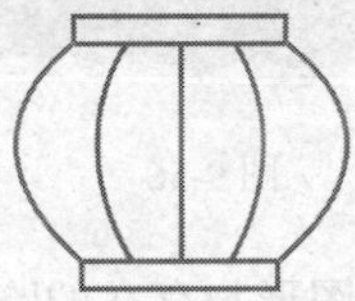

图 9-50

9.1.4 编辑混合路径

在制作混合图形之前，需要修改混合选项的设置，否则系统将采用默认的设置建立混合图形。

混合得到的图形由混合路径相连接，自动创建的混合路径默认是直线，如图 9-51 所示，可以编辑这条混合路径。编辑混合路径可以添加、减少控制点，可以扭曲混合路径，可以将直角控制点转换为曲线控制点。

图 9-51

选择“对象 > 混合 > 混合选项”命令，弹出“混合选项”对话框，在“间距”选项组中包括 3 个选项，如图 9-52 所示。

“平滑颜色”选项：按进行混合的两个图形的颜色和形状来确定混合的步数，为默认的选项，效果如图 9-53 所示。

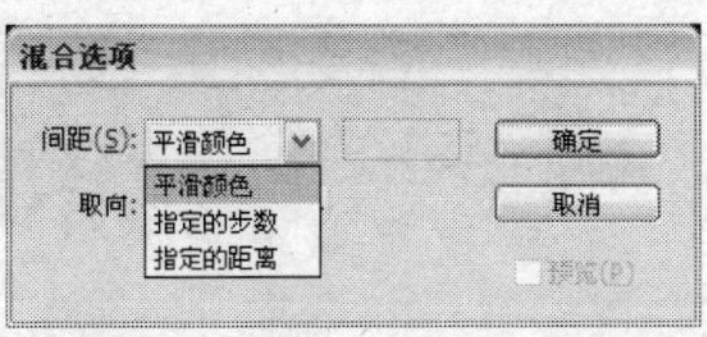

图 9-52

图 9-53

“指定的步数”选项：控制混合的步数。当“指定的步数”选项设置为 2 时，效果如图 9-54 所示。当“指定的步数”选项设置为 7 时，效果如图 9-55 所示。

图 9-54

图 9-55

“指定的距离”选项：控制每一步混合的距离。当“指定的距离”选项设置为 30 时，效果如图 9-56 所示。当“指定的距离”选项设置为 10 时，效果如图 9-57 所示。

图 9-56

图 9-57

如果想要将混合图形与存在的路径结合，同时选取混合图形和外部路径，选择“对象 > 混合 > 替换混合轴”选项，可以替换混合图形中的混合路径，混合前后的效果对比如图 9-58 和图 9-59 所示。

图 9-58

图 9-59

9.1.5 操作混合对象

1．改变混合图像的重叠顺序

选取混合图像，选择“对象 > 混合 > 反向堆叠”命令，混合图像的重叠顺序将被改变，改变前后的效果对比如图 9-60 和图 9-61 所示。

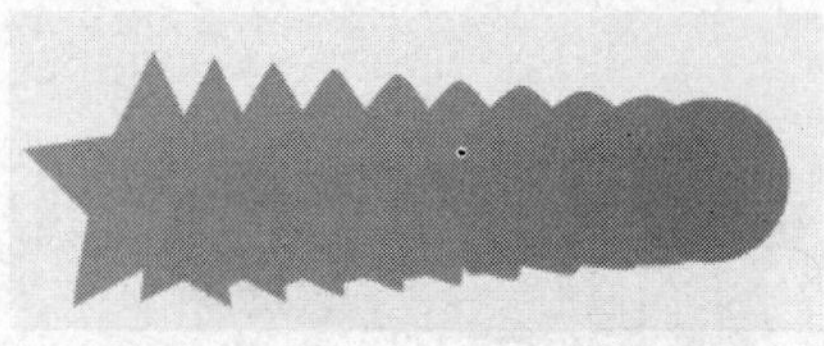

图 9-60

图 9-61

2. 打散混合图像

选取混合图像，选择“对象 > 混合 > 扩展”命令，混合图像将被打散，打散前后的效果对比如图 9-62 和图 9-63 所示。

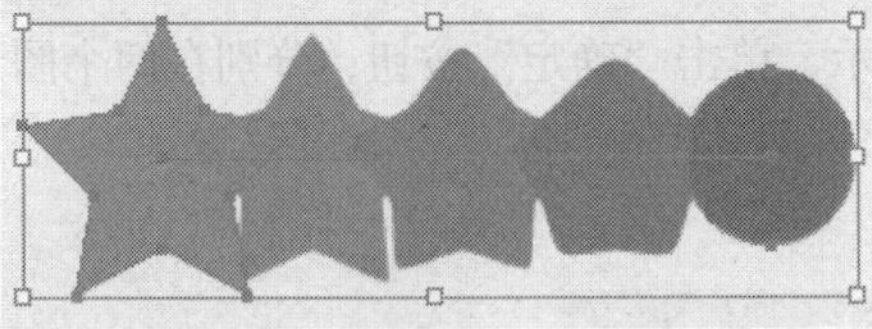
图 9-62

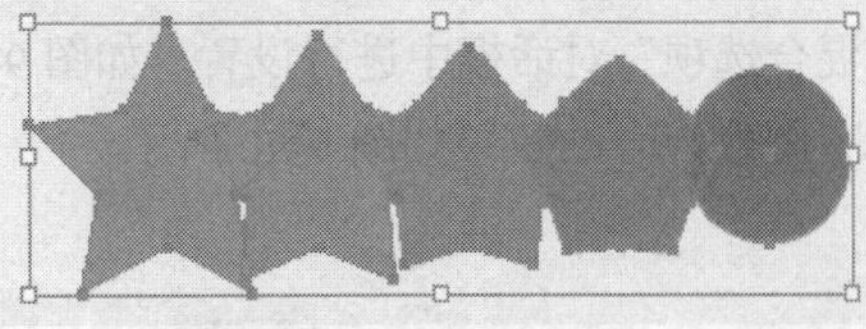
图 9-63

9.2 封套效果的使用

Illustrator CS5 中提供了不同形状的封套类型，利用不同的封套类型可以改变选定对象的形状。封套不仅可以应用到选定的图形中，还可以应用于路径、复合路径、文本对象、网格、混合或导入的位图当中。

当对一个对象使用封套时，对象就像被放入到一个特定的容器中，封套使对象的本身发生相应的变化。同时，对于应用了封套的对象，还可以对其进行一定的编辑，如修改、删除等操作。

9.2.1 课堂案例——制作特卖会图标

【案例学习目标】学习使用混合工具、封套扭曲命令制作图标效果。

【案例知识要点】使用文字工具输入文字，使用混合命令制作立体效果，使用封套扭曲命令将文字变形。特卖会图标效果如图 9-64 所示。

【效果所在位置】光盘/Ch09/效果/制作特卖会图标.ai。

图 9-64

（1）按 Ctrl+O 组合键，打开光盘中的“Ch09 > 素材 > 制作特卖会图标 > 01”文件，如图 9-65 所示。选择“文字”工具 T ，在页面中输入需要的文字，如图 9-66 所示。选择“选择”工具 ，在属性栏中选择合适的字体并设置文字大小，旋转文字到适当的角度并设置文字填充颜色的 C、M、Y、K 的值分别为 6、95、88、0，效果如图 9-67 所示。

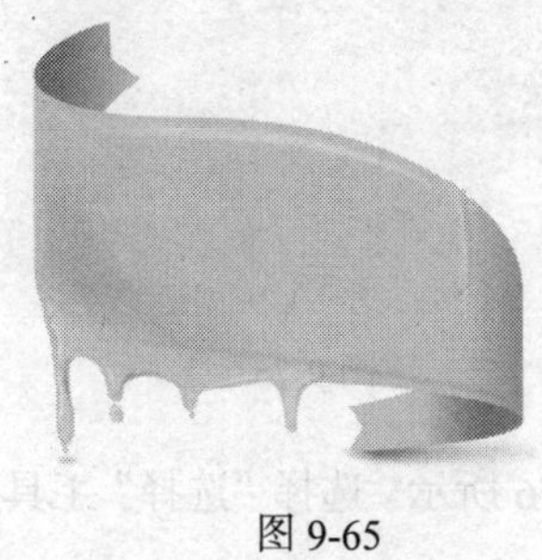
图 9-65

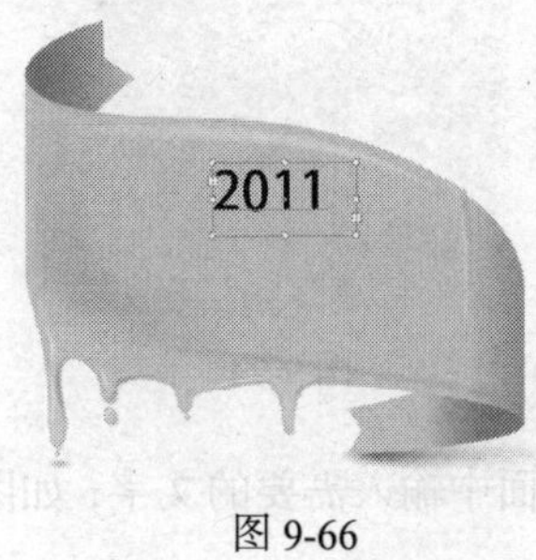

图 9-66

图 9-67

（2）选择“选择”工具，选取文字，按住 Alt 键的同时，用鼠标拖曳图形，将图形进行复制，调整其大小并设置文字填充色的 C、M、Y、K 值分别为 5、36、84、10，设置描边色为白色，效果如图 9-68 所示。

（3）选择“选择”工具，按住 Shift 键，同时选取两个文字，双击“混合”工具，在弹出的“混合选项”对话框中进行设置，如图 9-69 所示，单击“确定”按钮，分别在两个图形上单击鼠标，图形混合的效果如图 9-70 所示。

图 9-68

图 9-69

图 9-70

（4）选择“星形”工具，在文字的上方绘制一个星形，设置填充颜色的 C、M、Y、K 值分别为 8、75、96、0，填充图形，并设置描边颜色为无，效果如图 9-71 所示。选择“选择”工具，选取星形，按住 Alt 键的同时，用鼠标拖曳图形，将图形进行复制，调整其大小并设置文字填充色的 C、M、Y、K 值分别为 7、0、86、0，效果如图 9-72 所示。

图 9-71

图 9-72

（5）选择“选择”工具，按住 Shift 键，同时选取两个星形，双击“混合”工具，在弹出的“混合选项”对话框中进行设置，如图 9-73 所示，单击“确定”按钮，分别在两个图形上单击鼠标，图形混合的效果如图 9-74 所示。使用同样的方法制作其他装饰星形，如图 9-75 所示。

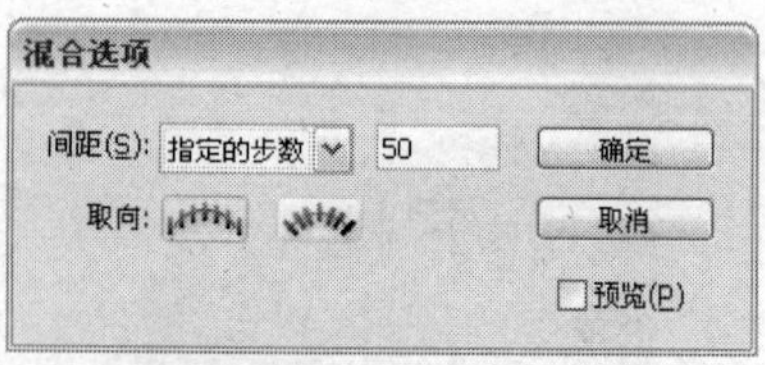

图 9-73

图 9-74

图 9-75

（6）选择“文字”工具，在页面中输入需要的文字，如图 9-76 所示。选择“选择”工具，在属性栏中选择合适的字体并设置文字大小，按 Shift+Ctrl+O 组合键将文字转化为轮廓，效果如图 9-77 所示。

图 9-76

图 9-77

（7）选择“对象 > 封套扭曲 > 用变形建立”命令，在弹出的“变形选项”对话框中进行设置，如图 9-78 所示，单击“确定”按钮，文字的变形效果如图 9-79 所示。

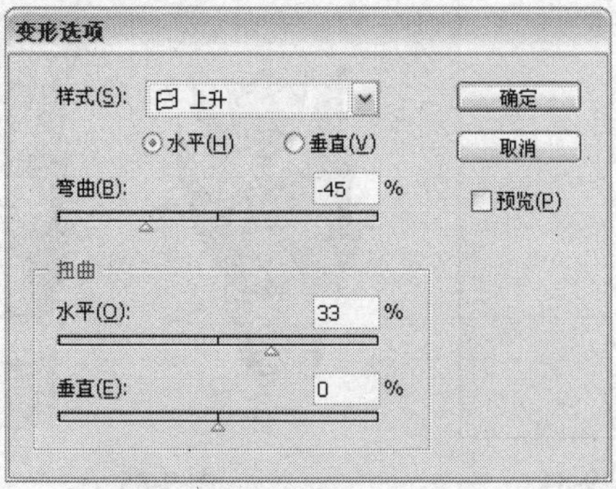

图 9-78

图 9-79

（8）选择“选择”工具 ，选取变形文字，设置文字填充色为白色，设置描边色的 C、M、Y、K 的值分别为 60、22、96、0，在属性栏中将“描边粗细”选项设置为 5，效果如图 9-80 所示。选择“窗口 > 描边”命令，弹出“描边”控制面板，在面板中将“对齐描边”选项设置为“使描边外侧对齐”，如图 9-81 所示。特卖会图标制作完成，最终效果如图 9-82 所示。

图 9-80

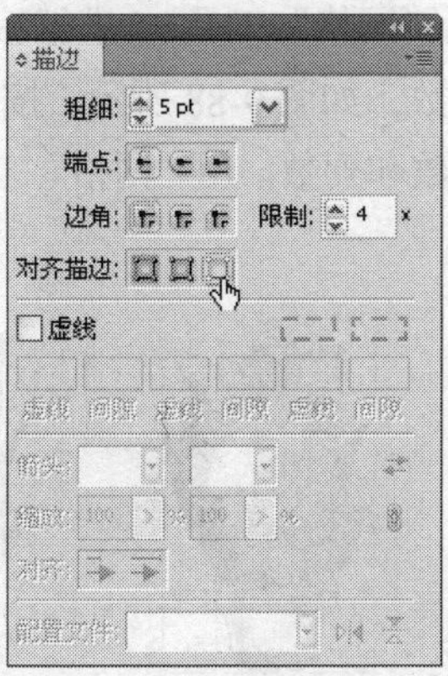

图 9-81

图 9-82

9.2.2　创建封套

当需要使用封套来改变对象的形状时，可以应用程序所预设的封套图形，或者使用网格工具调整对象，还可以使用自定义图形作为封套。但是，该图形必须处于所有对象的最上层。

（1）从应用程序预设的形状创建封套。

选中对象，选择“对象 > 封套扭曲 > 用变形建立”命令（组合键为 Alt+Shift+Ctrl+W），弹出“变形选项”对话框，如图 9-83 所示。

在“样式”选项的下拉列表中提供了 15 种封套类型，可根据需要选择，如图 9-84 所示。

“水平”选项和“垂直”选项用来设置指定封套类型的放置位置。选定一个选项，在“弯曲”选项中设置对象的弯曲程度，可以设置应用封套类型在水平或垂直方向上的比例。勾选“预览”复选项，预览设置的封套效果，单击“确定”按钮，将设置好的封套应用到选定的对象中，图形应用封套前后的对比效果如图 9-85 所示。

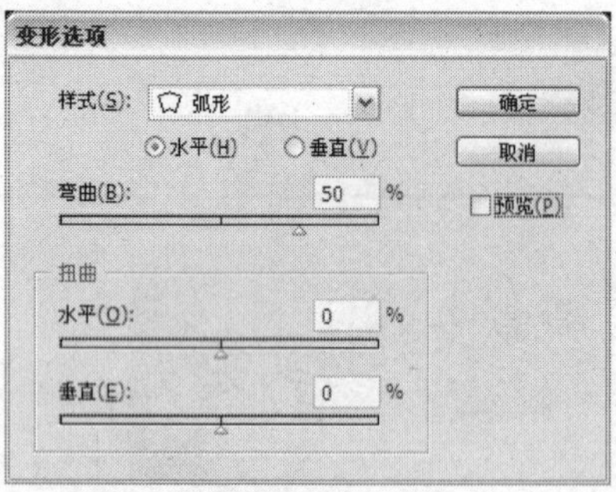

图 9-83

图 9-84

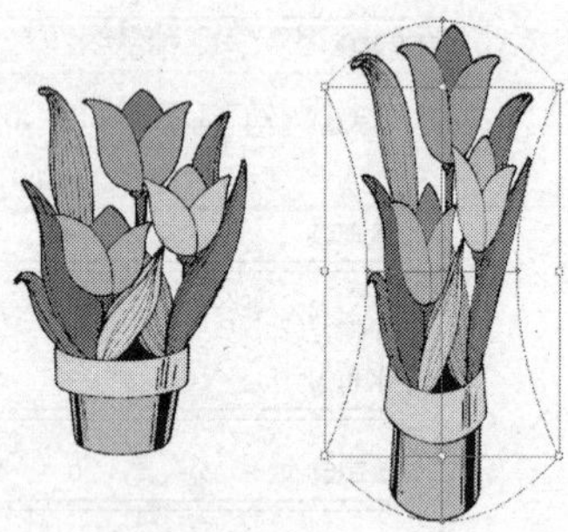

图 9-85

（2）使用网格建立封套。

选中对象，选择“对象 > 封套扭曲 > 用网格建立”命令（组合键为 Alt+Ctrl+M），弹出“封套网格”对话框。在“行数”选项和“列数”选项的数值框中，可以根据需要输入网格的行数和列数，如图 9-86 所示，单击“确定”按钮，设置完成的网格封套将应用到选定的对象中，如图 9-87 所示。

设置完成的网格封套还可以通过“网格”工具进行编辑。选择“网格”工具，单击网格封套对象，即可增加对象上的网格数，如图 9-88 所示。按住 Alt 键的同时，单击对象上的网格点和网格线，可以减少网格封套的行数和列数。用“网格”工具拖曳网格点可以改变对象的形状，如图 9-89 所示。

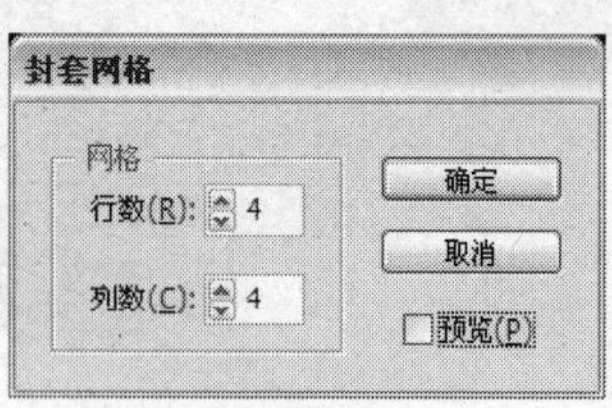

图 9-86

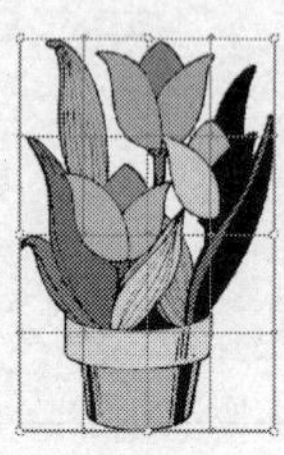

图 9-87

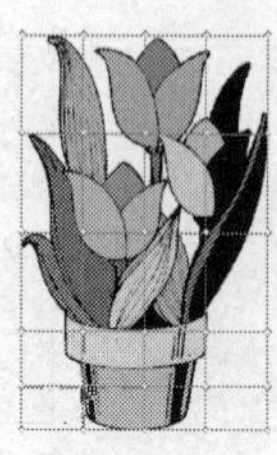

图 9-88

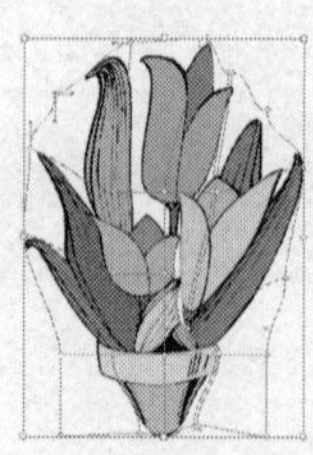

图 9-89

（3）使用路径建立封套。

同时选中对象和想要用来作为封套的路径（这时封套路径必须处于所有对象的最上层），如图 9-90 所示。选择“对象 > 封套扭曲 > 用顶层对象建立”命令（组合键为 Alt+Ctrl+C），使用路径创建的封套效果如图 9-91 所示。

图 9-90

图 9-91

9.2.3　编辑封套

用户可以对创建的封套进行编辑。由于创建的封套是将封套和对象组合在一起的，所以，既可以编辑封套，也可以编辑对象，但是两者不能同时编辑。

1．编辑封套形状

选择“选择”工具，选取一个含有对象的封套。选择“对象 > 封套扭曲 > 用变形重置”命令或“用网格重置”命令，弹出“变形选项”对话框或“重置封套网格选项”对话框，这时，可以根据需要重新设置封套类型，效果如图 9-92 和图 9-93 所示。

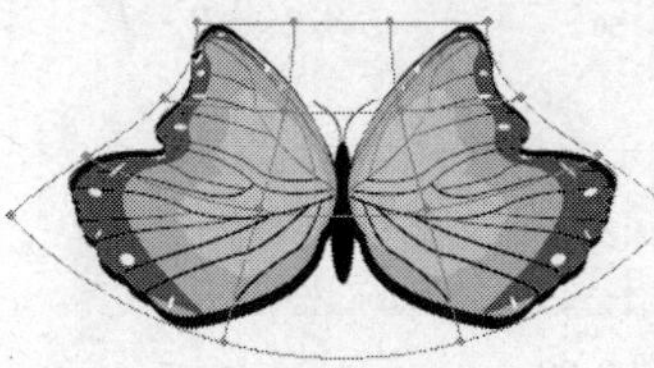
图 9-92

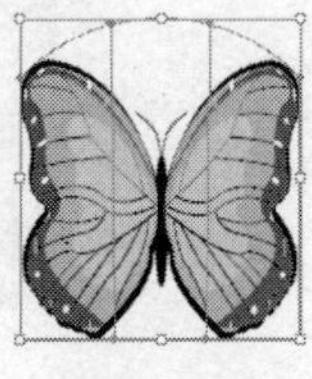
图 9-93

选择“直接选择”工具或使用“网格”工具可以拖动封套上的锚点进行编辑。还可以使用“变形”工具对封套进行扭曲变形，如图 9-94 和图 9-95 所示。

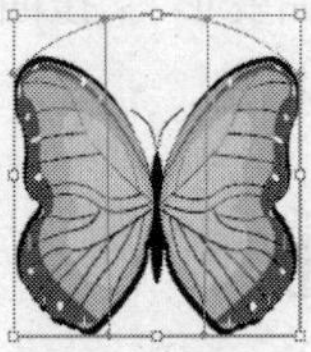
图 9-94

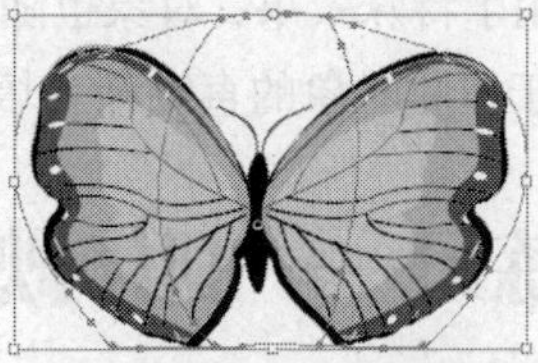
图 9-95

2．编辑封套内的对象

选择“选择”工具，选取含有封套的对象，如图 9-96 所示。选择“对象 > 封套扭曲 > 编辑内容”命令（组合键为 Shift +Ctrl+ V），对象将会显示原来的选择框，如图 9-97 所示。这时在“图层”控制面板中的封套图层左侧将显示一个小三角形，这表示可以修改封套中的内容，如图 9-98 所示。

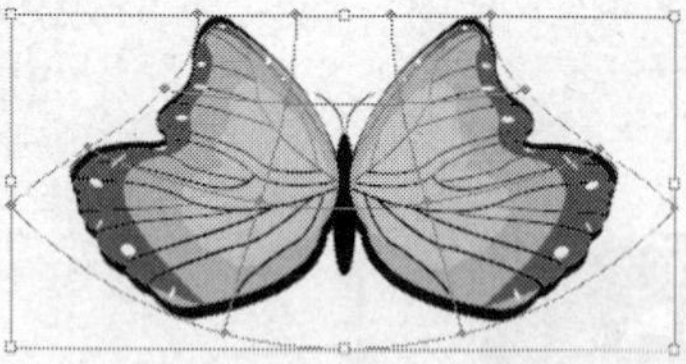

图 9-96

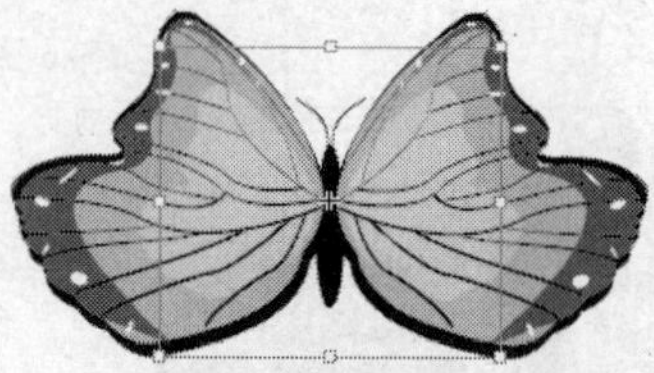

图 9-97

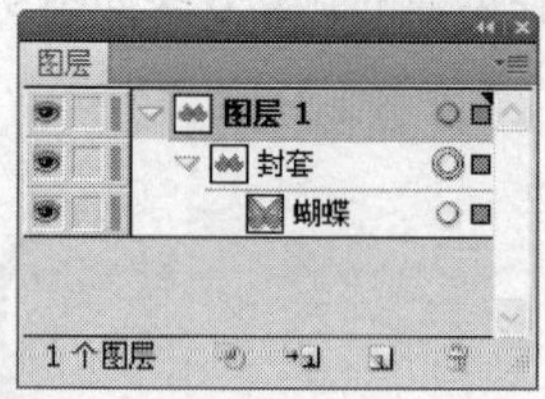

图 9-98

9.2.4 设置封套属性

可以对封套进行设置，使封套更好地符合图形绘制的要求。

选择一个封套对象，选择“对象 > 封套扭曲 > 封套选项”命令，弹出“封套选项”对话框，如图 9-99 所示。

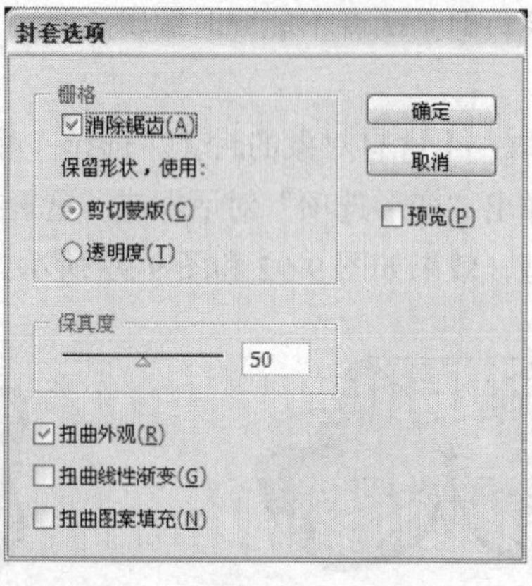

图 9-99

勾选“消除锯齿”复选项，可以在使用封套变形的时候防止锯齿的产生，保持图形的清晰度。在编辑非直角封套时，可以选择“剪切蒙版”和“透明度”两种方式保护图形。“保真度”选项设置对象适合封套的保真度。当勾选“扭曲外观”复选项后，下方的两个选项将被激活。它可使对象具有外观属性，如应用了特殊效果，对象也随着发生扭曲变形。“扭曲线性渐变”和“扭曲图案填充”复选项，分别用于扭曲对象的直线渐变填充和图案填充。

9.3 课堂练习——制作秋夕插画

【练习知识要点】使用混合工具制作月亮效果。使用高斯模糊命令为图形添加模糊效果。使用变形命令将文字变形，如图 9-100 所示。

【效果所在位置】光盘/Ch09/效果/制作秋夕插画.ai。

图 9-100

9.4 课后习题——绘制丰收插画

【习题知识要点】使用钢笔工具绘制枫叶和草。使用钢笔工具和混合工具制作山效果。使用与形状区域相加命令制作云效果，如图 9-101 所示。

【效果所在位置】光盘/Ch09/效果/绘制丰收插画.ai。

图 9-101

第10章 效果的使用

本章将主要介绍 Illustrator CS5 中强大的效果功能。通过本章的学习，读者可以掌握效果的使用方法，并把变化丰富的图形图像效果应用到实际中。

课堂学习目标

- 介绍效果
- 重复应用效果命令
- Illustrator 效果
- Photoshop 效果
- 使用样式
- 外观控制面板

10.1 介绍效果

在 Illustrator CS5 中，使用效果命令可以快速地处理图像，通过对图像的变形和变色来使其更加精美。所有的效果命令都放置在“效果”菜单下，如图 10-1 所示。

“效果”菜单包括 3 个部分。第 1 部分是重复应用上一个效果的命令，第 2 部分是应用于矢量图的效果命令，第 3 部分是应用于位图的效果命令。

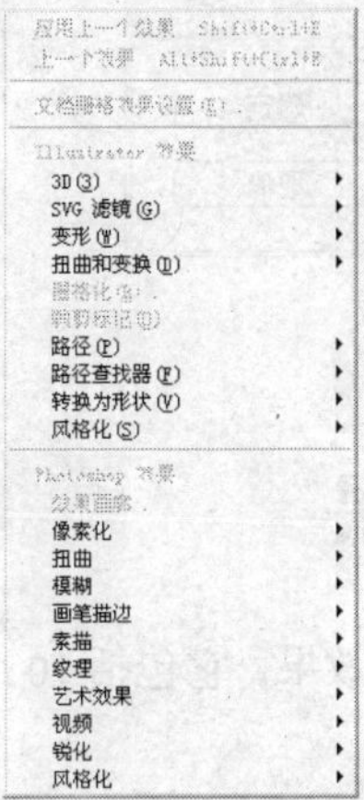

图 10-1

10.2 重复应用效果命令

“效果”菜单的第 1 部分有两个命令，分别是“应用上一个效果”命令和“上一个效果”命令。当没有使用过任何效果时，这两个命令为灰色不可用状态，如图 10-2 所示。当使用过效果后，这两个命令将显示为上次所使用过的效果命令。例如，如果上次使用过“效果 > 扭曲和变换 > 扭转”命令，那么菜单将变为如图 10-3 所示的命令。

图 10-2

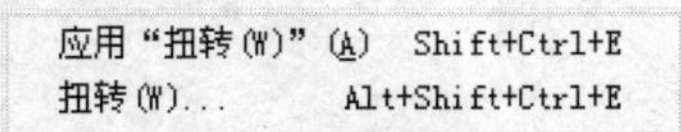

图 10-3

选择“应用上一个效果”命令可以直接使用上次效果操作所设置好的数值，把效果添加到图像上。打开文件，如图 10-4 所示，使用“效果 > 扭曲和变换 > 扭转”命令，设置扭曲度为 40°，效果如图 10-5 所示。选择“应用扭转”命令，可以保持第 1 次设置的数值不变，使图像再次扭曲 40°，如图 10-6 所示。

图 10-4

图 10-5

图 10-6

在上例中，如果选择“扭转”命令，将弹出“扭转”对话框，可以重新输入新的数值，如图 10-7 所示，单击“确定”按钮，得到的效果如图 10-8 所示。

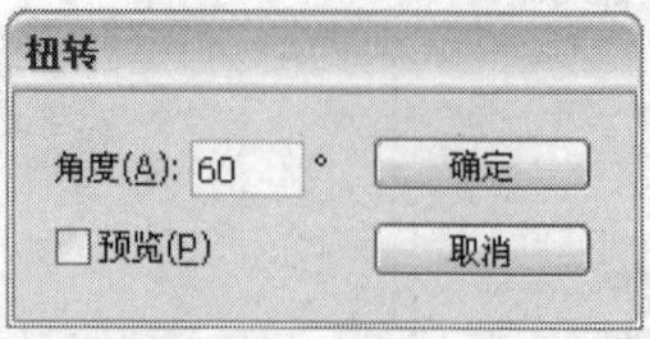

图 10-7

图 10-8

10.3 Illustrator 效果

Illustrator 效果是应用于矢量图像的效果，它包括 10 个效果组，有些效果组又包括多个效果。

10.3.1 课堂案例——绘制卡通标牌

【案例学习目标】学习使用效果命令制作投影，使用自由扭曲命令制作变形文字。

【案例知识要点】使用渐变工具绘制标牌背景。使用文字工具输入文字。使用自由扭曲命令使文字扭曲变形。标牌效果如图 10-9 所示。

【效果所在位置】光盘/Ch10/效果/绘制卡通标牌.ai。

图 10-9

（1）按 Ctrl + O 组合键，打开光盘中的“Ch10 > 素材 > 绘制卡通标牌 > 01”文件，如图 10-10 所示。选择“选择”工具，选取需要的矩形。双击“渐变”工具，弹出“渐变”控制面板，在色带上设置 2 个渐变滑块，分别将渐变滑块的位置设为 0、100，并设置 C、M、Y、K 的值分别为 0（45、73、98、8）、100（29、48、81、0），其他选项的设置如图 10-11 所示，图形被填充为渐变色，并设置描边色为无，效果如图 10-12 所示。

图 10-10

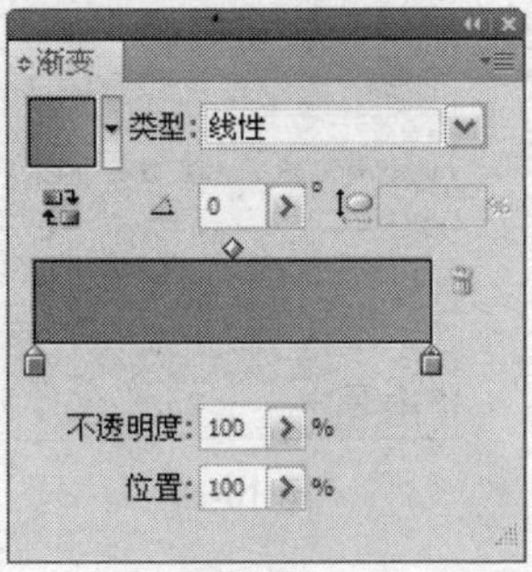

图 10-11

图 10-12

（2）选择“效果 > 风格化 > 投影”命令，在弹出的对话框中进行设置，如图 10-13 所示，单击“确定”按钮，效果如图 10-14 所示。

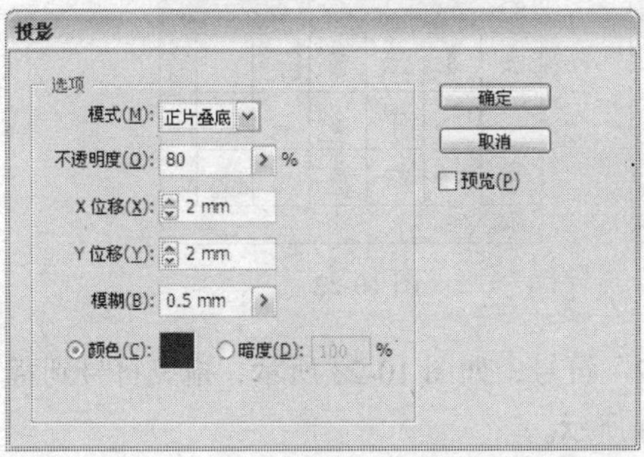

图 10-13

图 10-14

（3）选择“选择”工具，选取图形，按 Ctrl+C 组合键，复制图形，按 Ctrl+F 组合键，将复制的图形粘贴在前面，等比例缩小图形后，效果如图 10-15 所示。选择“窗口 > 外观”命令，弹出“外观”面板，如图 10-16 所示，选取“投影”项目拖曳到“删除所选项目”按钮上，删除效果，面板如图 10-17 所示。

图 10-15

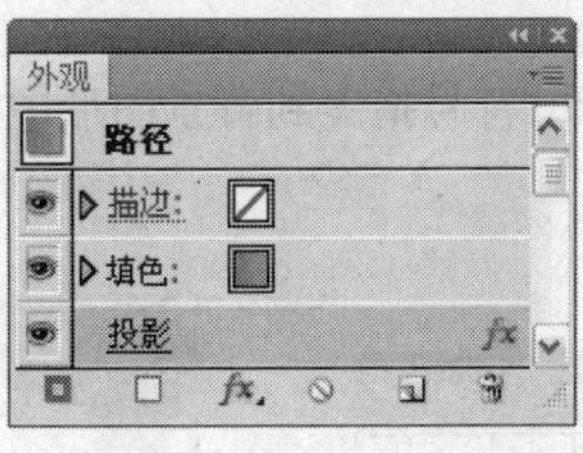

图 10-16

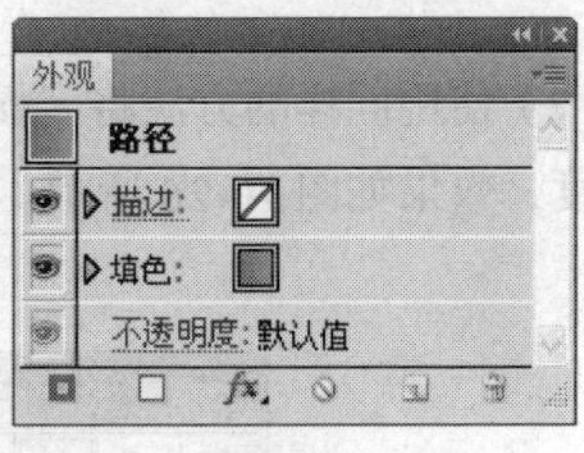

图 10-17

（4）填充图形为白色，并设置描边色的 C、M、Y、K 值分别为 40、75、77、3，填充描边，效果如图 10-18 所示。选择“窗口 > 描边”命令，弹出“描边”面板，将描边设为虚线，其余各选项的设置如图 10-19 所示，效果如图 10-20 所示。

图 10-18

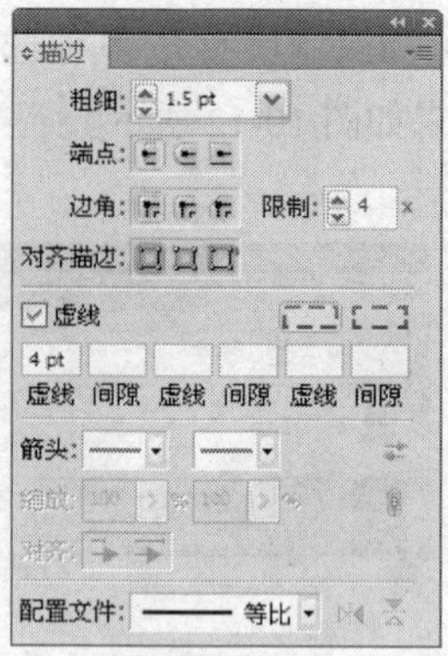

图 10-19

图 10-20

（5）选择菜单“窗口 > 符号”命令，弹出“符号”控制面板，如图 10-21 所示，单击“符号”控制面板右上方的图标，在弹出的下拉菜单中选择“打开符号库 > 自然”命令，弹出“自然”控制面板，如图 10-22 所示。

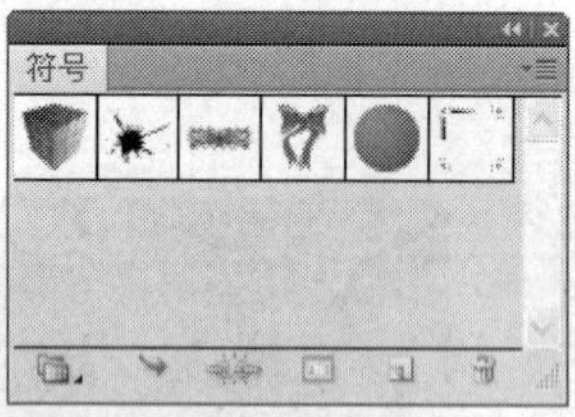

图 10-21

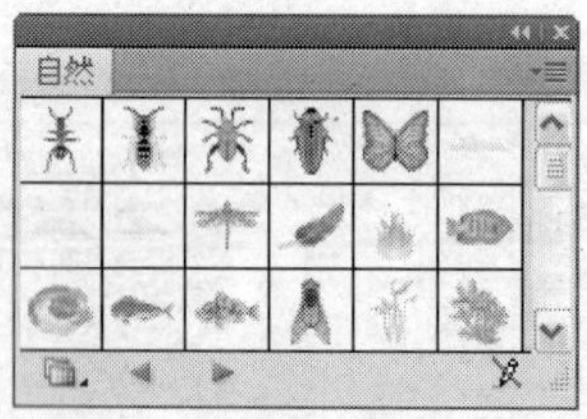

图 10-22

（6）在“自然”控制面板中选择“枫叶 2”符号，如图 10-23 所示，拖曳符号到背景图形中，调整符号图形的大小及角度，效果如图 10-24 所示。

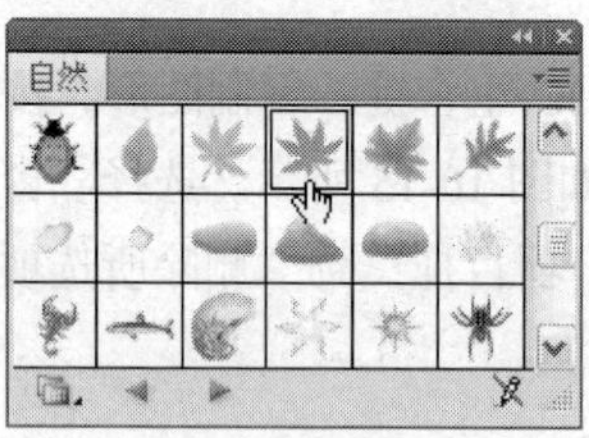

图 10-23

图 10-24

（7）使用同样的方法将“枫叶”符号拖曳到背景图形中，如图 10-25 所示，调整符号的大小及角度，效果如图 10-26 所示。

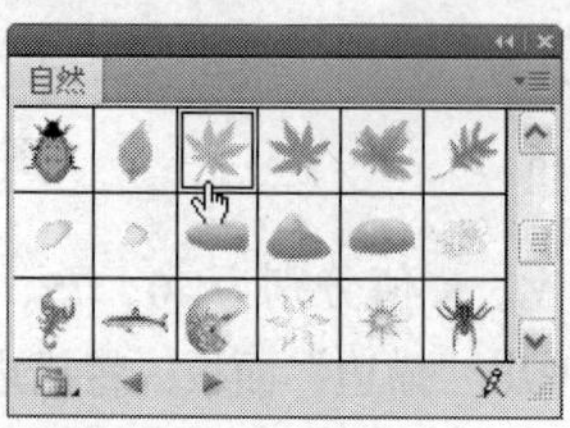

图 10-25

图 10-26

（8）选择“文字”工具 T，在页面中输入需要的文字，选择“选择”工具，在属性栏中选择合适的字体并设置文字大小，效果如图 10-27 所示。选择“效果 > 扭曲和变换 > 自由扭曲”命令，弹出“自由扭曲”对话框，编辑各个节点到适当的位置，如图 10-28 所示，单击“确定”按钮，文字图形的变形效果如图 10-29 所示。

图 10-27

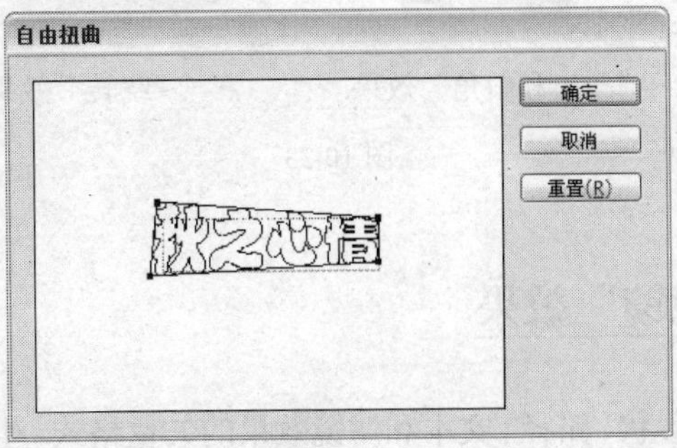

图 10-28

图 10-29

（9）选择“选择”工具，选取文字并旋转适当的角度，设置文字填充色的 C、M、Y、K 值分别为 0、30、100、0，填充文字，设置描边色的 C、M、Y、K 值分别为 0、70、100、0，效果如图 10-30 所示，卡通标牌绘制完成，最终效果如图 10-31 所示。

图 10-30

图 10-31

10.3.2　“3D”效果

“3D”效果可以将开放路径、封闭路径或位图对象转换为可以旋转、打光和投影的三维对象，如图 10-32 所示。

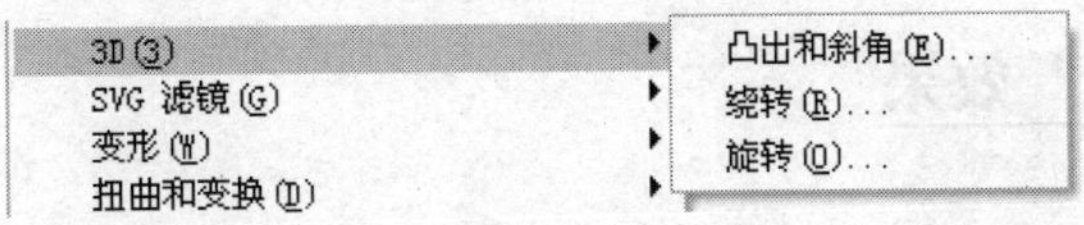

图 10-32

“3D”效果组中的效果如图 10-33 所示。

原图像　　“凸出和斜角”效果　　“绕转”效果　　“旋转”效果

图 10-33

10.3.3　“SVG 滤镜”效果

SVG 是将图像描述为形状、路径、文本和滤镜效果的矢量格式。生成的文件很小，可在 Web、打印甚至资源有限的手持设备上提供较高品质的图像。用户无须牺牲锐利程度、细节或清晰度，即可在屏幕上放大 SVG 图像的视图。此外，SVG 提供对文本和颜色的高级支持，它可以确保用户看到的图像和 Illustrator 画板上所显示的一样。

SVG 效果是一系列描述各种数学运算的 XML 属性，生成的效果会应用于目标对象而不失源图形。如果对象使用了多个效果，则 SVG 效果必须是最后一个效果。

如果要从 SVG 文件导入效果，需要选择“效果”>“SVG 滤镜”>“导入 SVG 滤镜”命令，如图 10-34 所示，选择要所需的 SVG 文件，然后单击“打开”按钮。

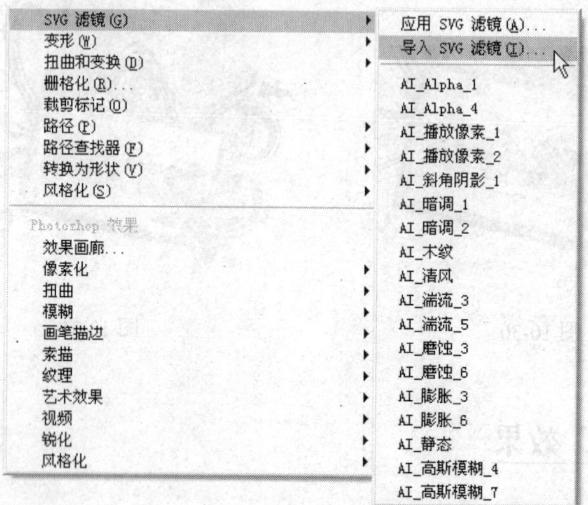

图 10-34

10.3.4　“变形”效果

“变形”效果使对象扭曲或变形，可作用的对象有路径、文本、网格、混合和栅格图像，如图 10-35 所示。

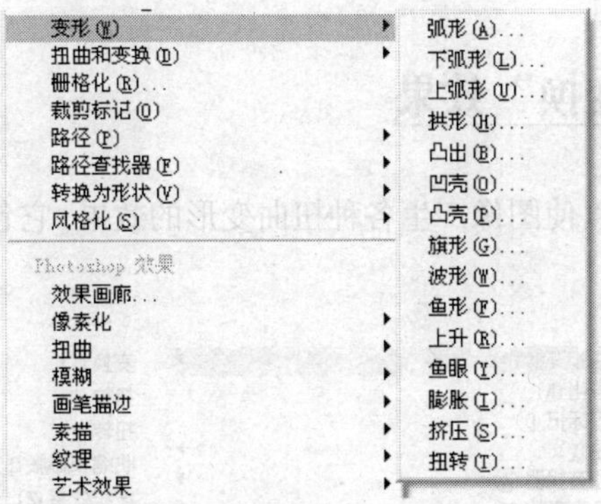

图 10-35

"变形"效果组中的效果如图 10-36 所示。

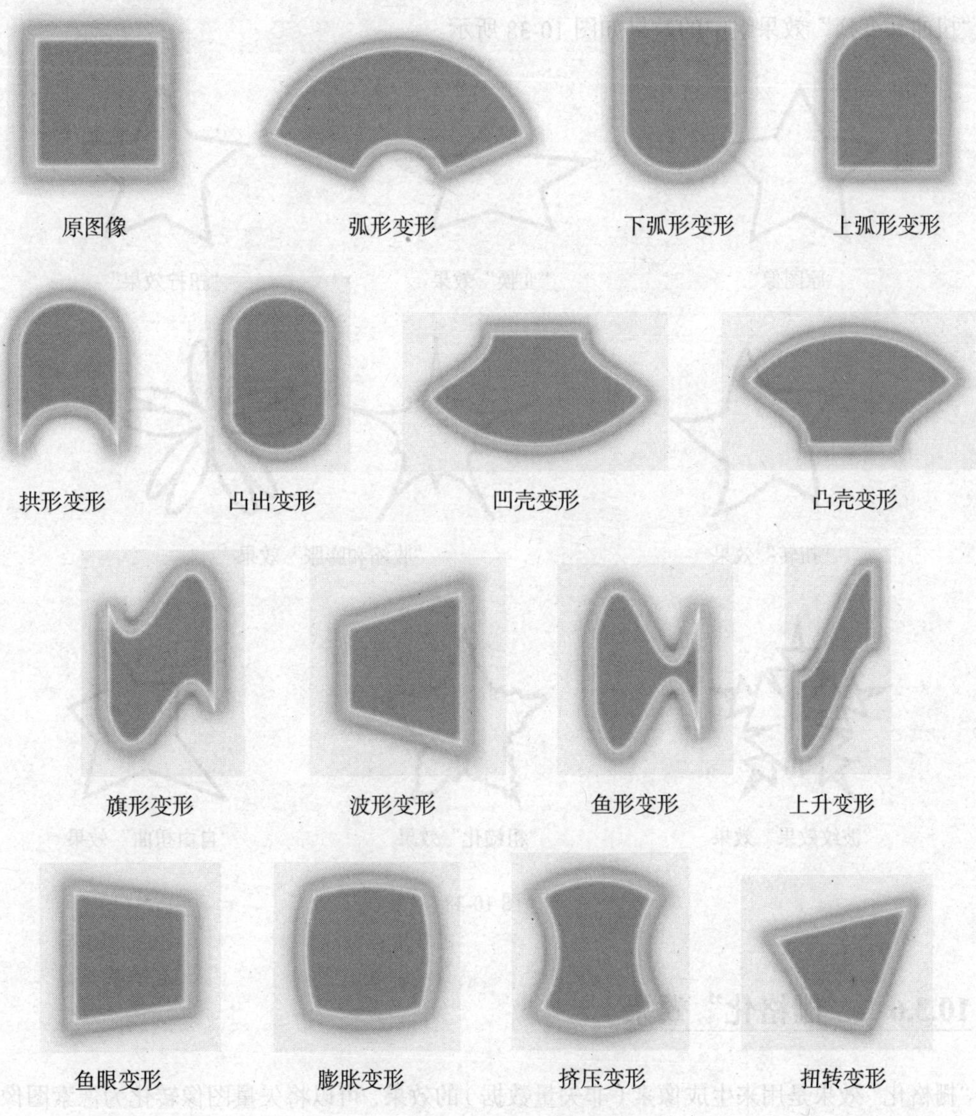

图 10-36

10.3.5　“扭曲和变换”效果

“扭曲和变换”效果组可以使图像产生各种扭曲变形的效果，它包括 7 个效果命令，如图 10-37 所示。

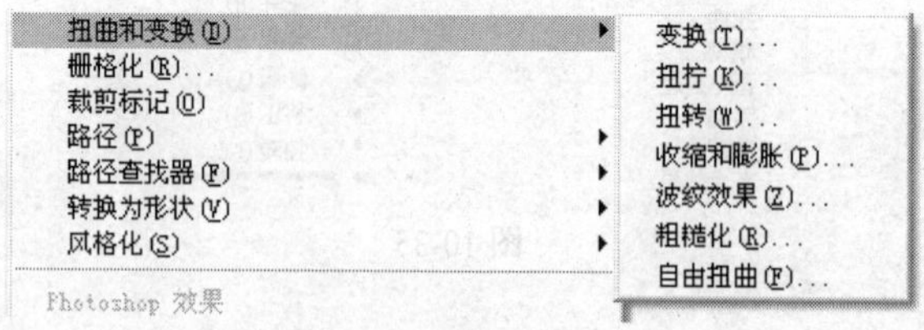

图 10-37

“扭曲和变换”效果组中的效果如图 10-38 所示。

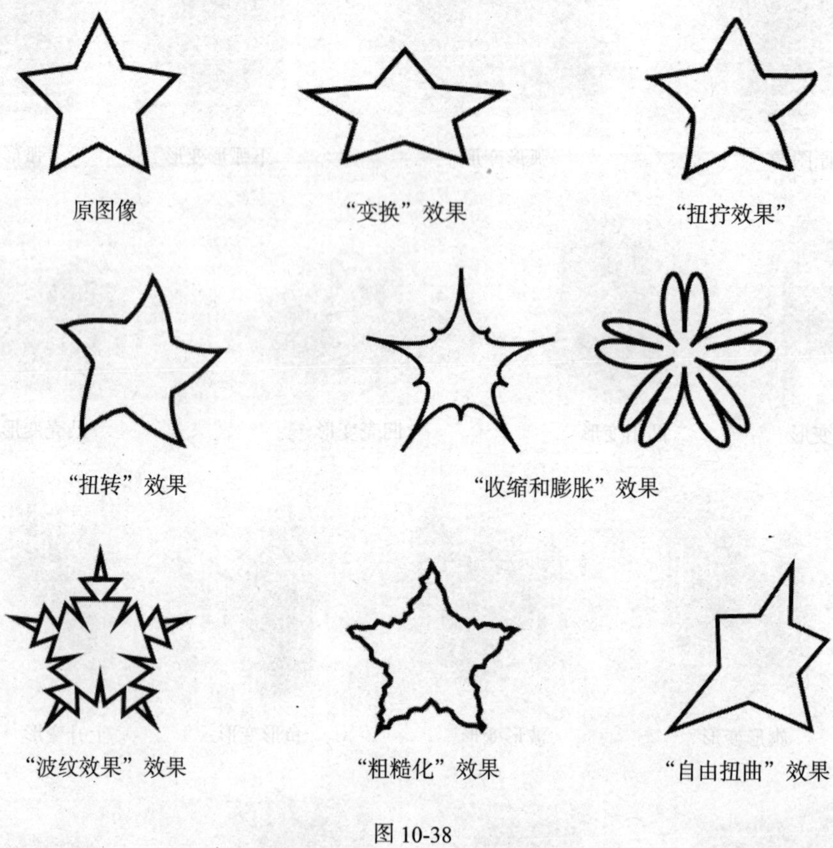

图 10-38

10.3.6　“栅格化”效果

“栅格化”效果是用来生成像素（非矢量数据）的效果，可以将矢量图像转化为像素图像，“栅格化”面板如图 10-39 所示。

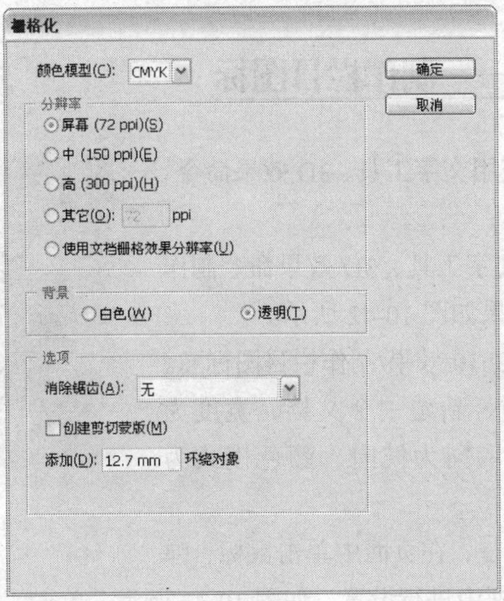

图 10-39

10.3.7　“裁剪标记”效果

裁剪标记指示了所需的打印纸张剪切的位置，效果如图 10-40 所示。

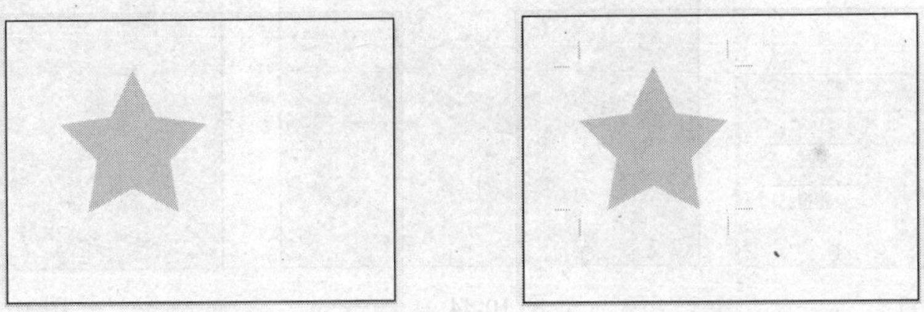

原图像　　　　使用“裁剪标记”效果

图 10-40

10.3.8　“路径”效果

“路径”效果可以将对象路径相对于对象的原始位置进行偏移、将文字转化为如同任何其他图形对象那样可进行编辑和操作的一组复合路径、将所选对象的描边更改为与原始描边相同粗细的填色对象，如图 10-41 所示。

图 10-41

10.3.9 课堂案例——制作栏目图标

【案例学习目标】学习使用文字工具、3D 效果命令、制作栏目图标。

【案例知识要点】使用文字工具、3D 效果命令制作立体文字效果。栏目图标效果如图 10-42 所示。

【效果所在位置】光盘/Ch10/效果/制作栏目图标.ai。

图 10-42

（1）按 Ctrl+N 组合键，新建一个文档，宽度为 260mm，高度为 170mm，取向为横向，颜色模式为 CMYK，单击“确定”按钮。

（2）选择“矩形”工具，在页面中单击鼠标，弹出“矩形”对话框，在对话框中进行设置，如图 10-43 所示，单击“确定”按钮，得到一个矩形。设置图形填充色的 C、M、Y、K 值分别为 0、48、80、0，填充图形，并设置描边色为无，选择“选择”工具拖曳图形，使其与页面对齐，效果如图 10-44 所示。

（3）选择“钢笔”工具，绘制一个图形并设置其填充色的 C、M、Y、K 值分别为 4、10、100、0，描边色为无，效果如图 10-45 所示。

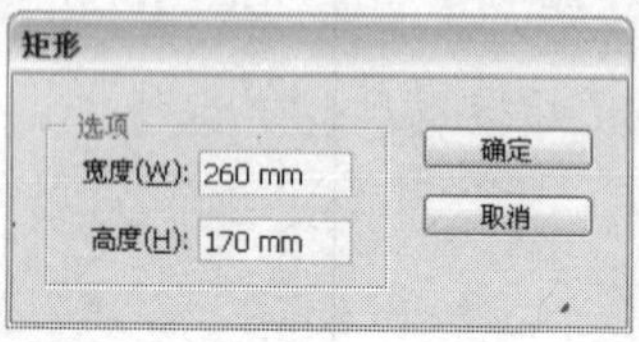

图 10-43

图 10-44

图 10-45

（4）“选择”工具，选中图形，选择“旋转”工具，按住 Alt 键的同时拖曳旋转中心点，如图 10-46 所示，弹出“旋转”对话框，选项的设置如图 10-47 所示，单击“复制”按钮，效果如图 10-48 所示，连续按 Ctrl+D 组合键，旋转并复制多个图形，效果如图 10-49 所示。“选择”工具，选取全部旋转图形，按 Ctrl+G 组合键将其编组。

图 10-46

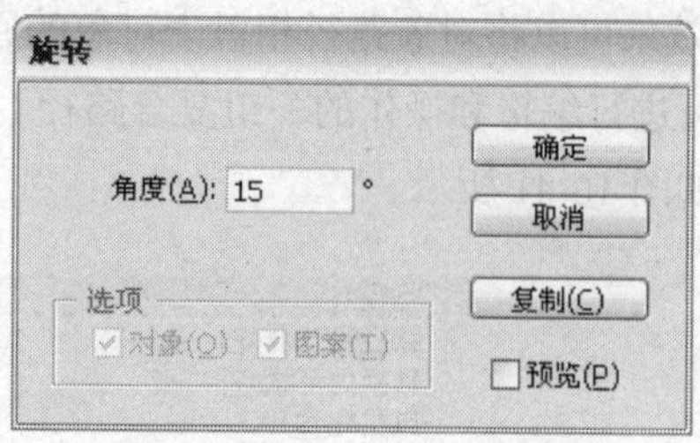

图 10-47

图 10-48

图 10-49

（5）选择“矩形”工具，绘制一个与页面等大的矩形。选择“选择”工具，按住 Shift 键的同时选中矩形和编组图形，如图 10-50 所示，按 Ctrl+7 组合键建立剪切蒙版，效果如图 10-51 所示。

图 10-50

图 10-51

（6）打开光盘中的“Ch10 > 素材 > 制作栏目图标 > 01”文件，按 Ctrl+A 组合键，全选图形，复制并将其粘贴到正在编辑的页面中，效果如图 10-52 所示。

（7）选择“文字”工具，输入需要的文字，选择“选择”工具，在属性栏中选择合适的字体并设置文字大小，按 Shift+Ctrl+O 组合键创建轮廓，效果如图 10-53 所示。

图 10-52

图 10-53

（8）选择“选择”工具，选取文字，设置文字填充色为的 C、M、Y、K 的值分别为 0、90、70、0，描边色为白色，在属性栏中将“描边粗细”选项设置为 5，效果如图 10-54 所示。选择“窗口 > 描边”命令，弹出“描边”控制面板，在面板中将“对齐描边”选项设置为“使描边外侧对齐”，如图 10-55 所示，效果如图 10-56 所示。

图 10-54

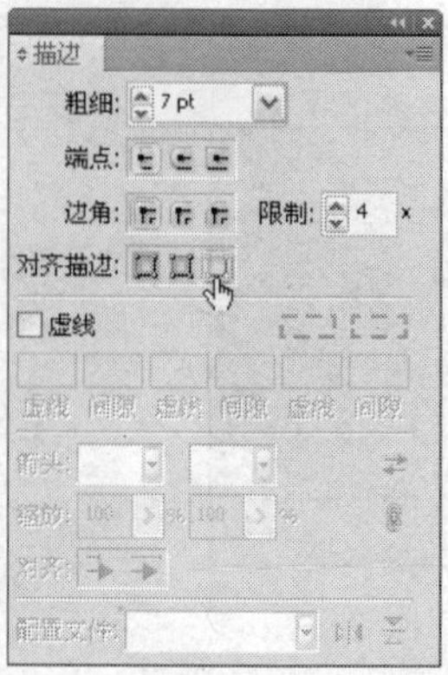

图 10-55

图 10-56

（9）选择“选择”工具 ，选取文字，选择“效果 > 3D > 凸出和斜角”命令，弹出“3D 凸出和斜角选项”对话框，选项的设置如图 10-57 所示，单击“确定”按钮，效果如图 10-58 所示。

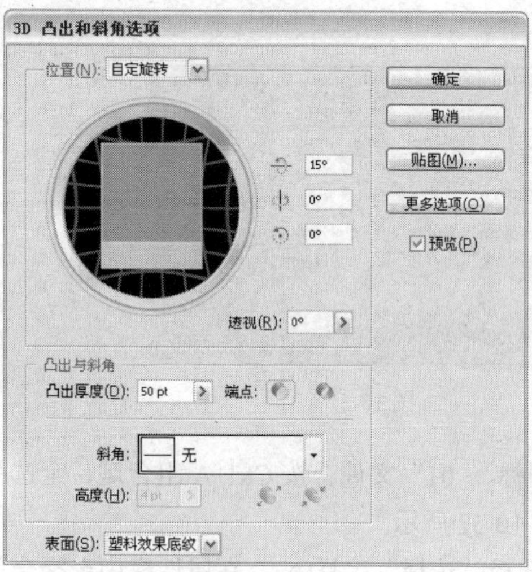

图 10-57

图 10-58

（10）打开光盘中的“Ch10 > 素材 > 制作栏目图标 > 02”文件，按 Ctrl+A 组合键，全选图形，复制并将其粘贴到正在编辑的页面中，效果如图 10-59 所示。按 Ctrl+[组合键将其后移一层，栏目图标制作完成，最终效果如图 10-60 所示。

图 10-59

图 10-60

10.3.10　“路径查找器”效果

“路径查找器”效果可以将组、图层或子图层合并到单一的可编辑对象中，如图 10-61 所示。

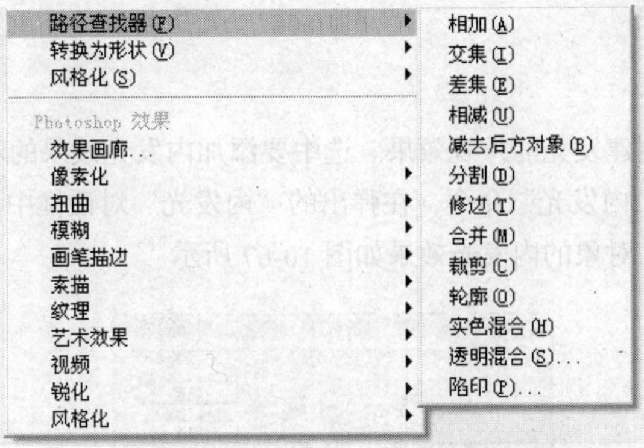

图 10-61

10.3.11　“转换为形状”效果

“转换为形状”效果可以将矢量对象的形状转换为矩形、圆角矩形或椭圆，如图 10-62 所示。

图 10-62

“转换为形状”效果组中的效果如图 10-63 所示。

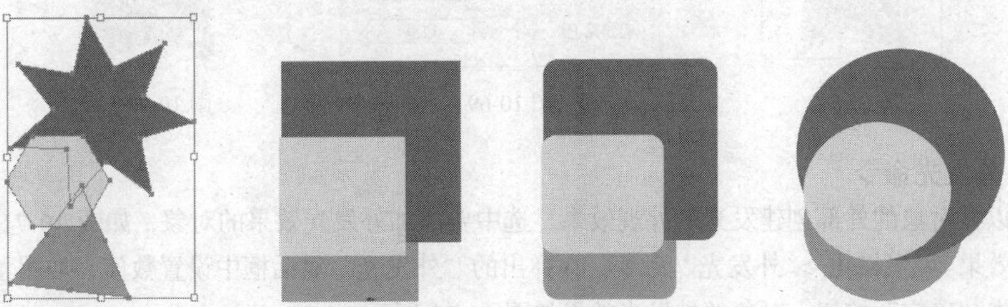

原图像　“矩形”效果　“圆角矩形”效果　“椭圆”效果

图 10-63

10.3.12　“风格化”效果

“风格化”效果组可以快速地向图像添加内发光、投影等效果，如图 10-64 所示。

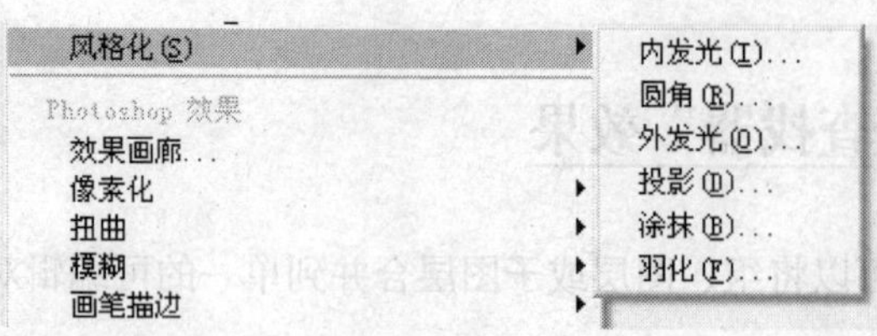

图 10-64

1. 内发光命令

可以在对象的内部创建发光的外观效果。选中要添加内发光效果的对象，如图 10-65 所示，选择“效果 > 风格化 > 内发光”命令，在弹出的“内发光”对话框中设置数值，如图 10-66 所示，单击“确定”按钮，对象的内发光效果如图 10-67 所示。

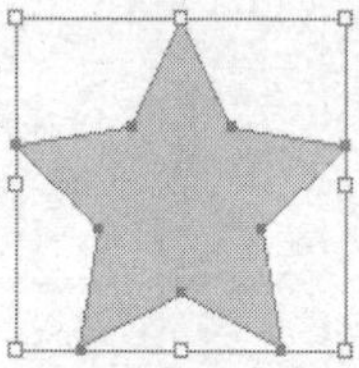

图 10-65

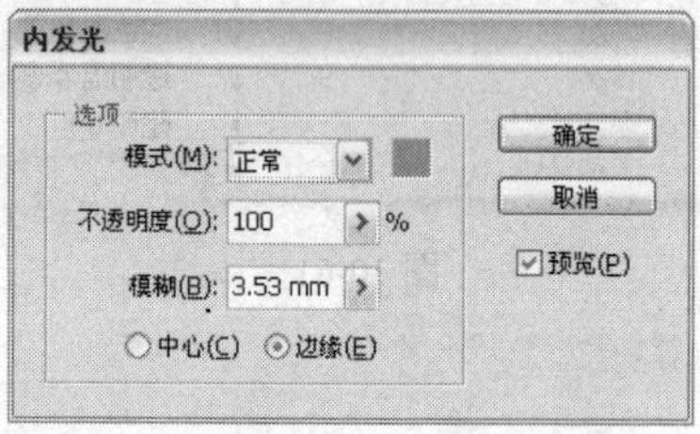

图 10-66

图 10-67

2. 圆角命令

可以为对象添加圆角效果。选中要添加圆角效果的对象，如图 10-68 所示，选择“效果 > 风格化 > 圆角”命令，在弹出的“圆角”对话框中设置数值，如图 10-69 所示，单击“确定”按钮，对象的效果如图 10-70 所示。

图 10-68

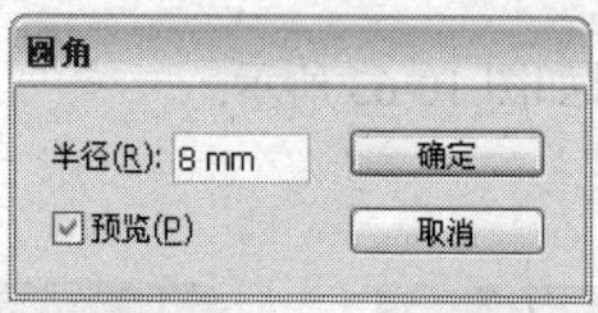

图 10-69

图 10-70

3. 外发光命令

可以在对象的外部创建发光的外观效果。选中要添加外发光效果的对象，如图 10-71 所示，选择“效果 > 风格化 > 外发光”命令，在弹出的“外发光”对话框中设置数值，如图 10-72 所示，单击“确定”按钮，对象的外发光效果如图 10-73 所示。

图 10-71

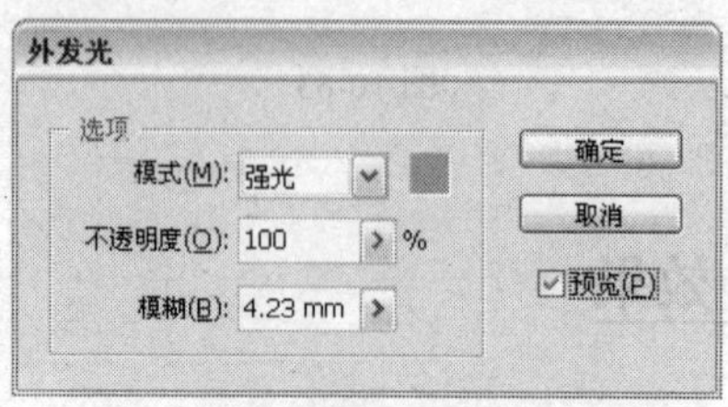

图 10-72

图 10-73

4. 投影命令

可以为对象添加投影。选中要添加阴影的对象，如图 10-74 所示，选择“效果 > 风格化 > 投影”命令，在弹出的“投影”对话框中设置数值，如图 10-75 所示，单击“确定”按钮，对象的投影效果如图 10-76 所示。

图 10-74

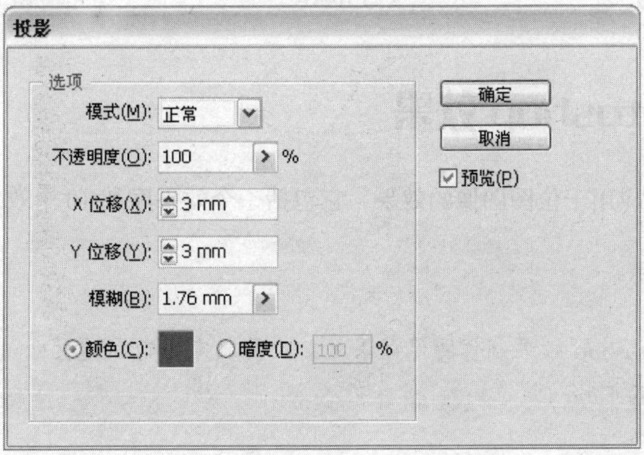

图 10-75

图 10-76

5. 涂抹命令

选中要添加涂写效果的对象，如图 10-77 所示，选择“效果 > 风格化 > 涂抹”命令，在弹出的“涂抹选项”对话框中设置数值，如图 10-78 所示，单击“确定”按钮，对象的效果如图 10-79 所示。

图 10-77

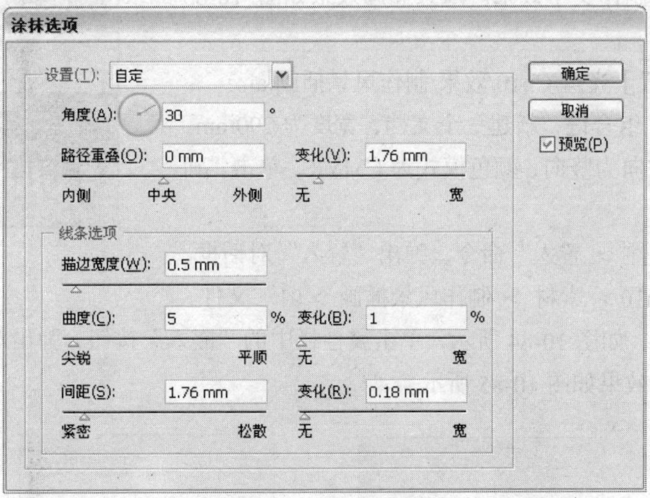

图 10-78

图 10-79

6. 羽化命令

可以将对象的边缘从实心颜色逐渐过渡为无色。选中要羽化的对象，如图 10-80 所示，选择“效果 > 风格化 > 羽化”命令，在弹出的“羽化”对话框中设置数值，如图 10-81 所示，单击“确定”按钮，对象的效果如图 10-82 所示。

图 10-80

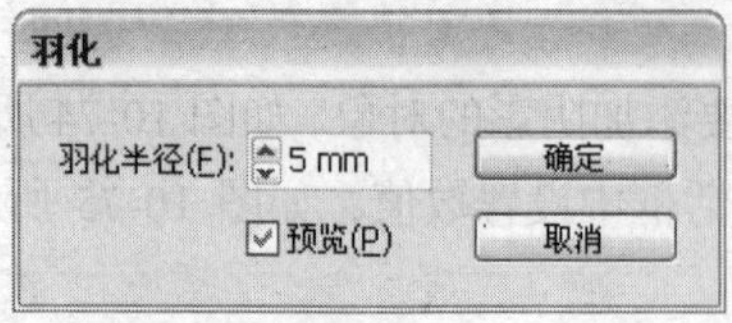

图 10-81

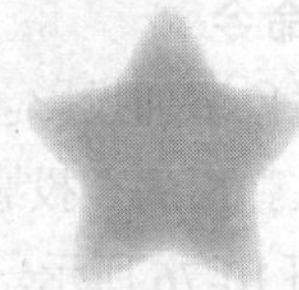

图 10-82

10.4 Photoshop 效果

Photoshop 效果是应用于位图图像的效果，它包括一个效果库和 10 个效果组，有些效果组又包括多个效果。

提示 在应用 Photoshop 效果制作图像效果之前，要确定当前新建页面是在 RGB 模式之下，否则效果的各选项为不可用。

10.4.1 课堂案例——制作风景插画

【案例学习目标】学习使用文字工具、艺术效果命令、风格化命令制作风景插画。

【案例知识要点】使用艺术效果命令制作背景。使用文字工具、风格化命令制作文字效果。风景插画效果如图 10-83 所示。

图 10-83

【效果所在位置】光盘/Ch10/效果/制作风景插画.ai。

（1）按 Ctrl+N 组合键，新建一个文档，宽度为 290mm，高度为 330mm，取向为竖向，颜色模式为 CMYK，单击“确定”按钮。

（2）选择“文件 > 置入”命令，弹出“置入”对话框，选择光盘中的“Ch10 > 素材 > 制作风景插画 > 01”文件，单击“置入”按钮，如图 10-84 所示，单击属性栏中的“嵌入”按钮，弹出对话框，单击“确定”按钮，嵌入图片，效果如图 10-85 所示。

图 10-84

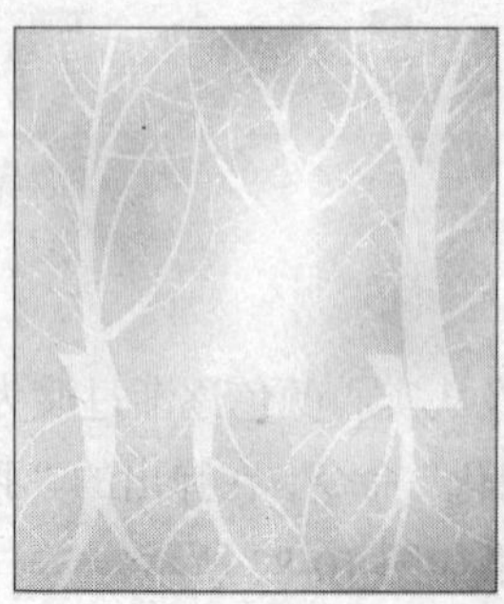

图 10-85

（3）选择“选择”工具，选取背景图片，选择“效果 > 艺术效果 > 塑料包装”命令，在弹出的“塑料包装”对话框中进行设置，如图 10-86 所示，单击“确定”按钮，图形效果如图 10-87 所示。

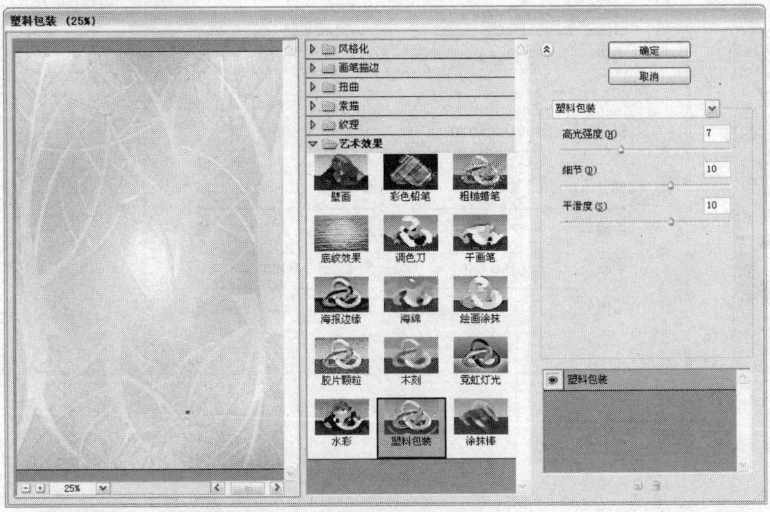

图 10-86

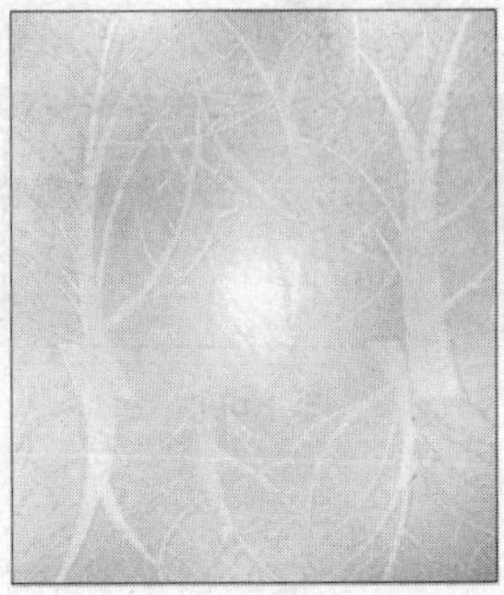

图 10-87

（4）按 Ctrl+O 组合键，打开光盘中的“Ch10 > 素材 > 制作风景插画 > 02”文件，按 Ctrl+A 组合键，全选图形，复制并将其粘贴到正在编辑的页面中，效果如图 10-88 所示。

（5）选择“文字”工具，输入需要的文字，选择“选择”工具，在属性栏中选择合适的字体并设置文字大小，单击“居中对齐”按钮，效果如图 10-89 所示。

图 10-88

图 10-89

（6）用同样的方法添加其他文字，效果如图 10-90 所示。选择“选择”工具，选取页面下方的文字，选择“效果 > 风格化 > 涂抹”命令，在弹出的“涂抹选项”对话框中进行设置，如图 10-91 所示，文字效果如图 10-92 所示。风景插画效果制作完成，最终效果如图 10-93 所示。

图 10-90

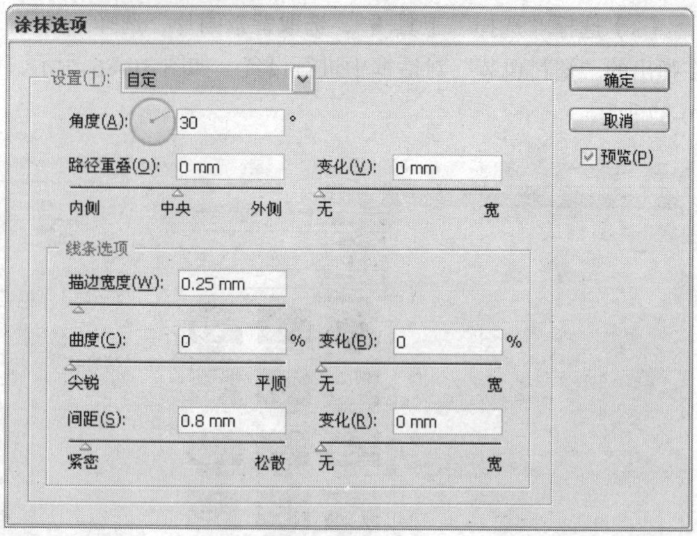

图 10-91

图 10-92

图 10-93

10.4.2 “像素化”效果

“像素化”效果组可以将图像中颜色相似的像素合并起来，产生特殊的效果，如图 10-94 所示。

图 10-94

“像素化”效果组中的效果如图 10-95 所示。

原图像

“彩色半调”效果

“晶格化”效果

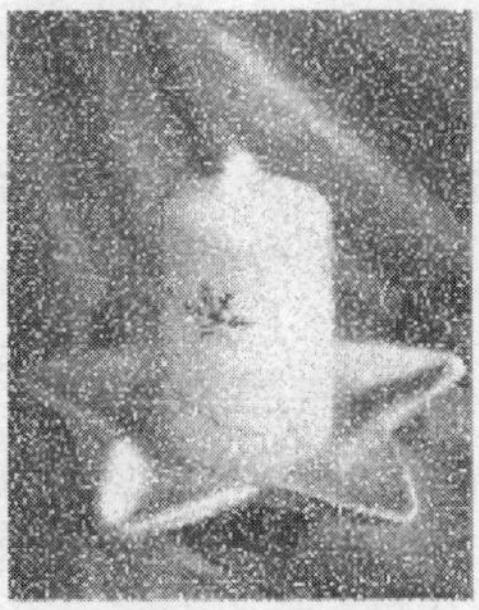

“点状化”效果

“铜版雕刻”效果

图 10-95

10.4.3　“扭曲”效果

“扭曲”效果组可以对像素进行移动或插值来使图像达到扭曲效果，如图 10-96 所示。

图 10-96

“扭曲”效果组中的效果如图 10-97 所示。

原图像

“扩散亮光”效果

“海洋波纹”效果

“玻璃”效果

图 10-97

10.4.4 “模糊”效果

“模糊”效果组可以削弱相邻像素之间的对比度，使图像达到柔化的效果，如图 10-98 所示。

图 10-98

1. “径向模糊”效果

“径向模糊”效果可以使图像产生旋转或运动的效果，模糊的中心位置可以任意调整。

选中图像，如图 10-99 所示。选择“效果 > 模糊 > 径向模糊”命令，在弹出的“径向模糊”对话框中进行设置，如图 10-100 所示，单击“确定”按钮，图像效果如图 10-101 所示。

图 10-99

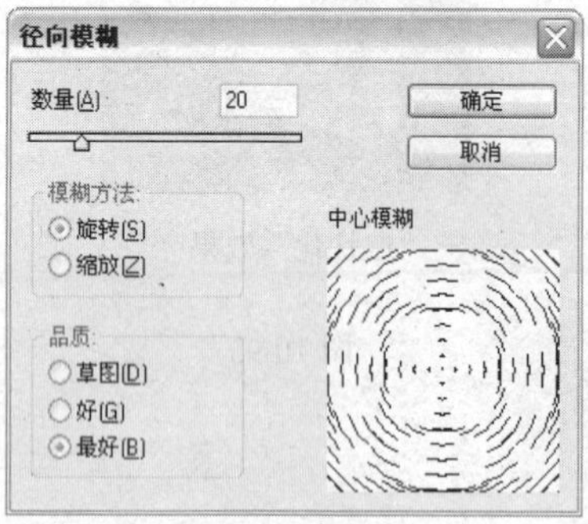

图 10-100

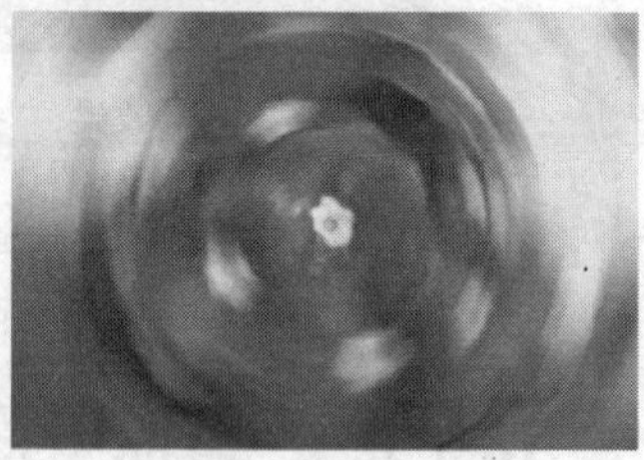

图 10-101

2. “特殊模糊”效果

“特殊模糊”效果可以使图像背景产生模糊效果，可以用来制作柔化效果。

选中图像，如图 10-102 所示。选择“效果 > 模糊 > 特殊模糊”命令，在弹出的“特殊模糊”对话框中进行设置，如图 10-103 所示，单击“确定”按钮，图像效果如图 10-104 所示。

图 10-102

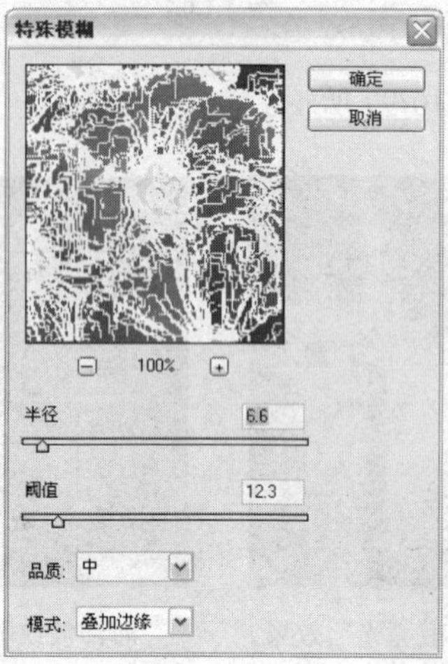

图 10-103

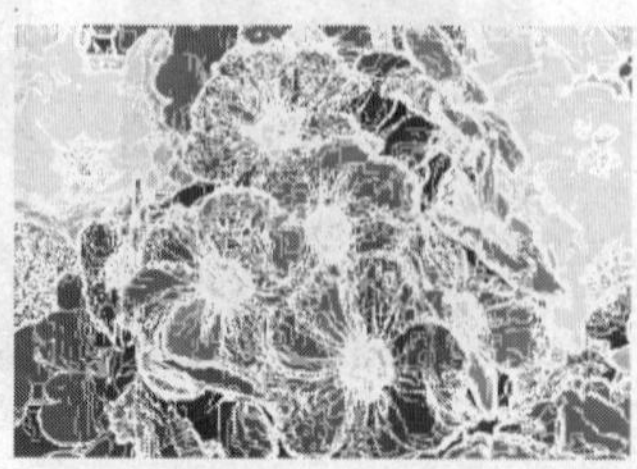

图 10-104

3．“高斯模糊”效果

“高斯模糊”效果可以使图像变得柔和，效果模糊，可以用来制作倒影或投影。

选中图像，如图 10-105 所示。选择“效果 > 模糊 > 高斯模糊”命令，在弹出的“高斯模糊”对话框中进行设置，如图 10-106 所示，单击“确定”按钮，图像效果如图 10-107 所示。

图 10-105

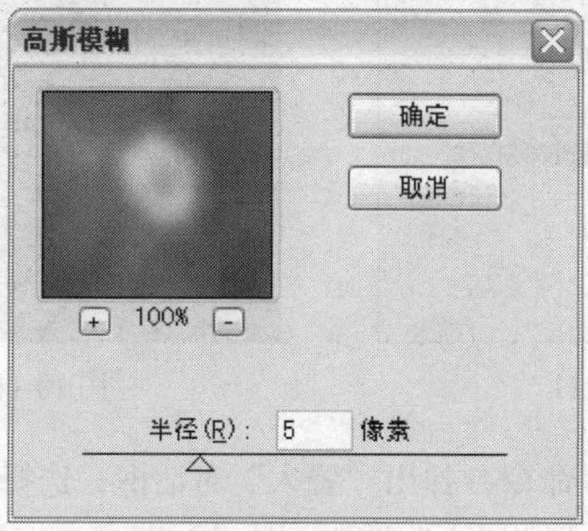

图 10-106

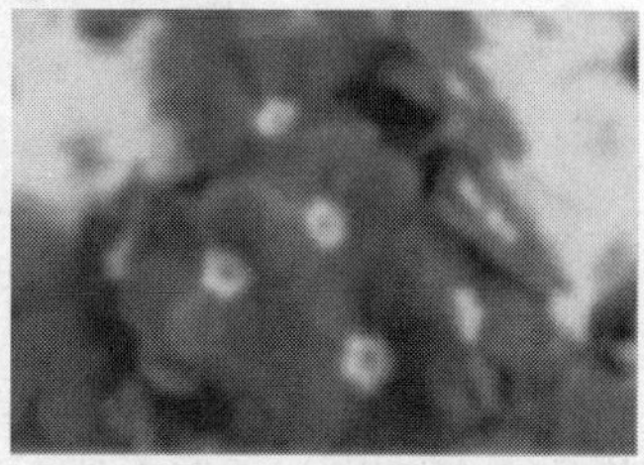

图 10-107

10.4.5 课堂案例——制作特卖会招贴

【案例学习目标】学习使用文字工具、扭曲和变换命令、路径命令、模糊命令、风格化命令制作特卖会招贴。

【案例知识要点】使用艺术效果命令制作背景。使用文字工具、风格化命令制作文字效果。特卖会招贴效果如图 10-108 所示。

【效果所在位置】光盘/Ch10/效果/制作特卖会招贴.ai。

图 10-108

1．绘制背景图形

（1）按 Ctrl+N 组合键，新建一个文档，宽度为 140mm，高度为 110mm，取向为横向，颜色模式为 CMYK，单击“确定”按钮。

（2）选择“矩形”工具，在页面中单击鼠标，弹出“矩形”对话框，在对话框中进行设置，如图 10-109 所示，单击“确定”按钮，得到一个矩形，效果如图 10-110 所示。

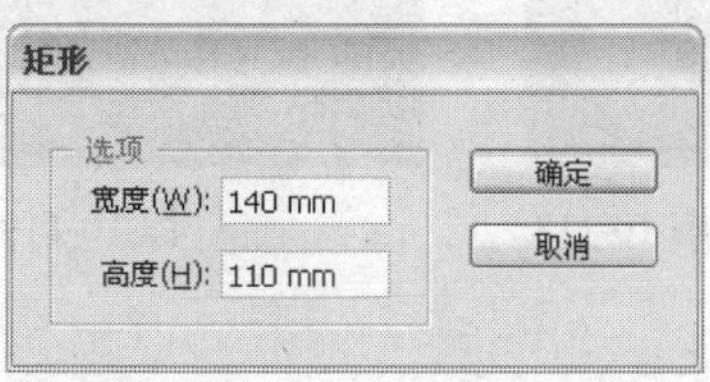

图 10-109

图 10-110

（3）双击“渐变”工具，弹出“渐变”控制面板，并设置 C、M、Y、K 的值分别为 0（30、100、100、0）、44（78、74、92、66）、100（32、100、100、0），其他选项的设置如图 10-111 所示，图形被填充为渐变色，并设置描边色为无，效果如图 10-112 所示。

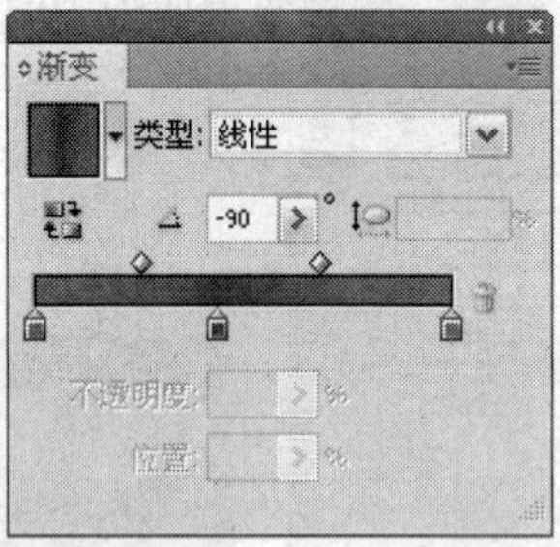

图 10-111

图 10-112

（4）选择“文件 > 置入”命令，弹出“置入”对话框，选择光盘中的“Ch10 > 素材 > 制作特卖会招贴 > 01”文件，单击“置入”按钮，效果如图 10-113 所示。单击属性栏中的“嵌入”按钮，嵌入图片，将图片的“不透明度”选项设为 10，效果如图 10-114 所示。选择“选择”工具，选中图形，按住 Alt 键的同时拖曳图形，复制图形并调整其大小，效果如图 10-115 所示。

图 10-113

图 10-114

图 10-115

（5）选择“椭圆”工具，按住 Shift 键的同时在页面中绘制一个圆形，设置圆形的填充色为白色，描边色为无，效果如图 10-116 所示。选择“选择”工具，选中圆形，选择“效果 > 模糊 > 高斯模糊”命令，弹出“高斯模糊”对话框，选项的设置如图 10-117 所示，单击“确定”按钮，图形效果如图 10-118 所示。用同样的方法制作多个模糊图形，效果如图 10-119 所示。

图 10-116

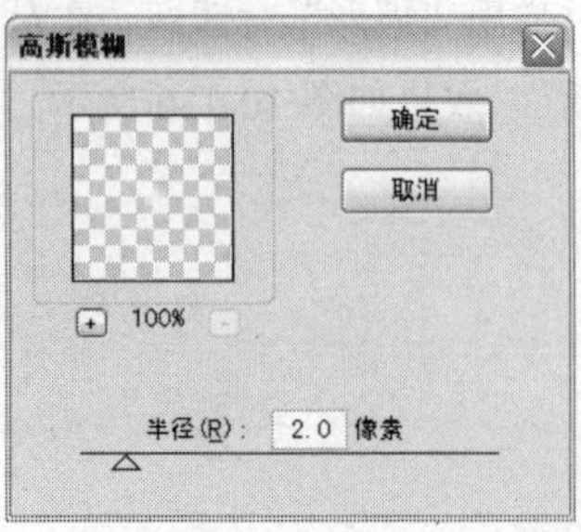

图 10-117

图 10-118

图 10-119

2. 制作特效文字

（1）选择“星形”工具，在页面左上角绘制一个星形，设置星形的填充色为白色，描边色为无，效果如图 10-120 所示。选择“选择”工具，选中星形，选择“效果 > 扭曲和变换 > 收缩和膨胀”命令，弹出“收缩和膨胀”对话框，选项的设置如图 10-121 所示，单击“确定”按钮，效果如图 10-122 所示。

图 10-120

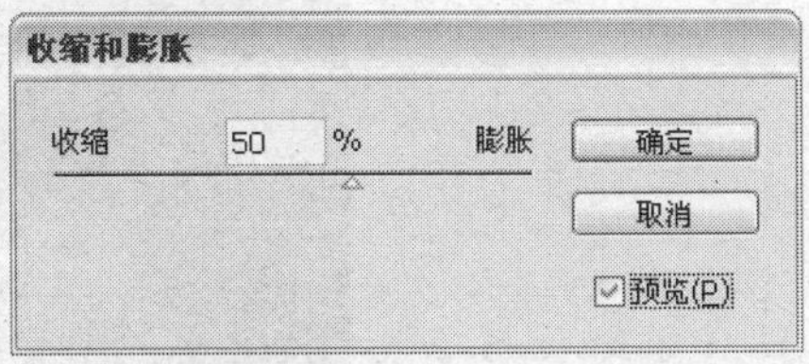

图 10-121

图 10-122

（2）选择“文字”工具，输入需要的文字，设置文字的填充色为白色，选择“选择”工具，在属性栏中选择合适的字体并设置文字大小，效果如图 10-123 所示。用同样的方法添加其他文字，设置文字的填充色为黑色，描边色的 C、M、Y、K 值分别为 0、20、80、0。选择“选择”工具，在属性栏中选择合适的字体并设置文字大小，单击“居中对齐”按钮，效果如图 10-124 所示。

图 10-123

图 10-124

（3）选择“选择”工具，选中文字，选择“效果 > 路径 > 轮廓化描边”命令。双击“渐变”工具，弹出“渐变”控制面板，并设置 C、M、Y、K 的值分别为 0（0、30、178、0）、36（42、67、100、0）、73（0、30、78、0）、80（0、0、24、0）、86（0、20、55、0）、100（0、30、78、0），其他选项的设置如图 10-125 所示，文字被填充为渐变色，效果如图 10-126 所示。

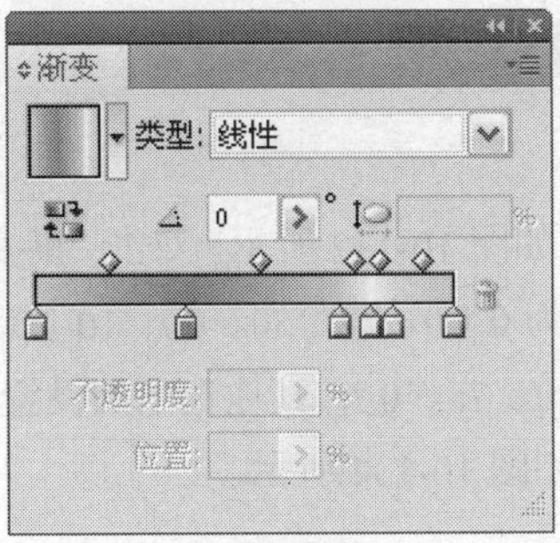

图 10-125

图 10-126

（4）选择“选择”工具，选中文字，选择“效果 > 风格化 > 外发光”命令，弹出“外发光”选项，将外发光颜色设为白色，其余选项设置如图 10-127 所示，单击“确定”按钮，效果如图 10-128 所示。

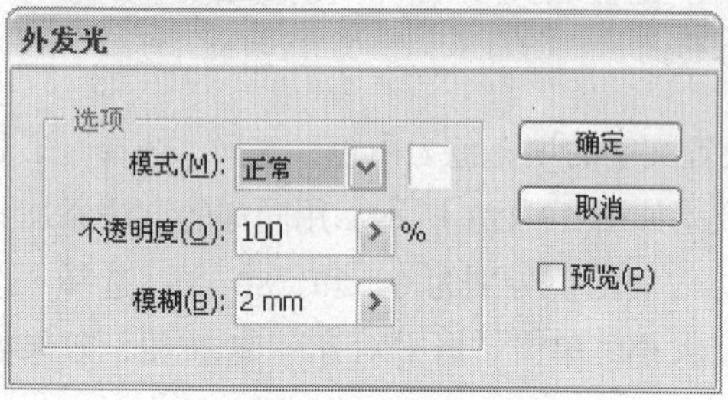

图 10-127

图 10-128

3．添加装饰图形

（1）选择“矩形”工具，在页面中绘制一个矩形，如图 10-129 所示。双击“渐变”工具，弹出“渐变”控制面板，并设置 C、M、Y、K 的值分别为 0（0、30、78、0）、26（0、30、92、66）、100（32、100、100、0），其他选项的设置如图 10-130 所示，图形被填充为渐变色，并设置描边色为无，效果如图 10-131 所示。

图 10-129

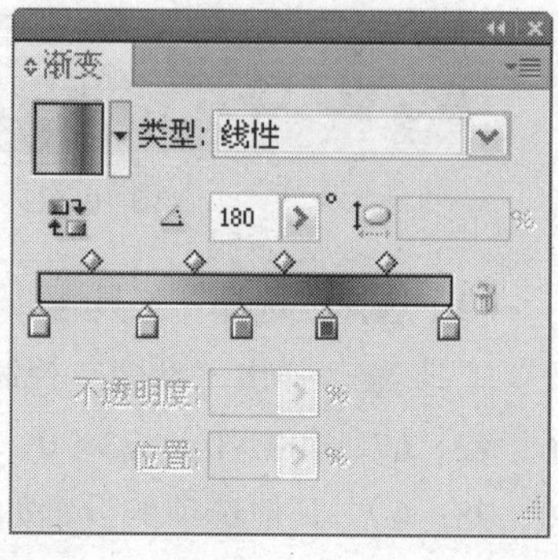

图 10-130

图 10-131

（2）选择“矩形”工具，在页面中绘制一个矩形，如图 10-132 所示。双击“渐变”工具，弹出“渐变”控制面板，并设置 C、M、Y、K 的值分别为 0（0、18、50、0）、10（0、0、0、0）、45（0、30、78、0）、75（42、68、100、0）、100（0、30、78、0），其他选项的设置如图 10-133 所示，图形被填充为渐变色，并设置描边色为无，效果如图 10-134 所示。

图 10-132

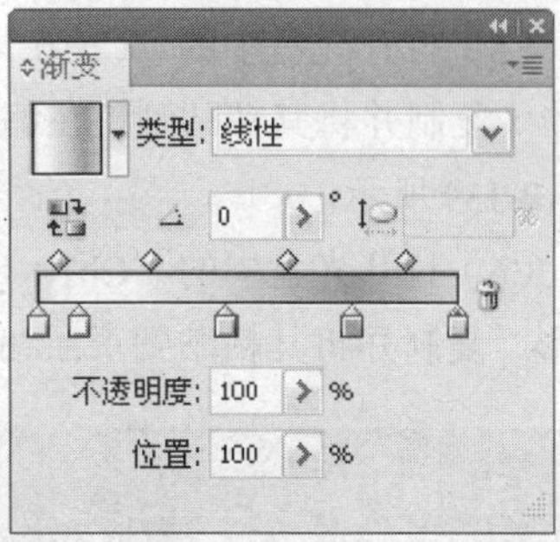

图 10-133

图 10-134

（3）选择“选择”工具，选中图形，按住 Alt 键的同时，用鼠标向下拖曳图形，将图形进行复制，效果如图 10-135 所示。选择全部矩形，按 Ctrl+G 组合键将其编组。选择“选择”工具，将其拖曳到合适的位置并旋转适当的角度，效果如图 10-136 所示。

图 10-135

图 10-136

（4）选择“矩形”工具，绘制一个与页面等大的矩形，按住 Shift 键，将其与装饰矩形同时选取，如图 10-137 所示，按 Ctrl+7 组合键建立剪切蒙版，效果如图 10-138 所示。

图 10-137

图 10-138

（5）打开光盘中的“Ch10 > 素材 > 制作特卖会招贴 > 02”文件，按 Ctrl+A 组合键，全选图形，复制并将其粘贴到正在编辑的页面中。选择“选择”工具，调整其大小和位置，效果如图 10-139 所示。

（6）打开光盘中的“Ch10 > 素材 > 制作特卖会招贴 > 03”文件，按 Ctrl+A 组合键，全选图形，复制并将其粘贴到正在编辑的页面中。特卖会招贴制作完成，最终效果如图 10-140 所示。

图 10-139

图 10-140

10.4.6 “画笔描边”效果

“画笔描边”效果组可以通过不同的画笔和油墨设置产生类似绘画的效果，如图 10-141 所示。

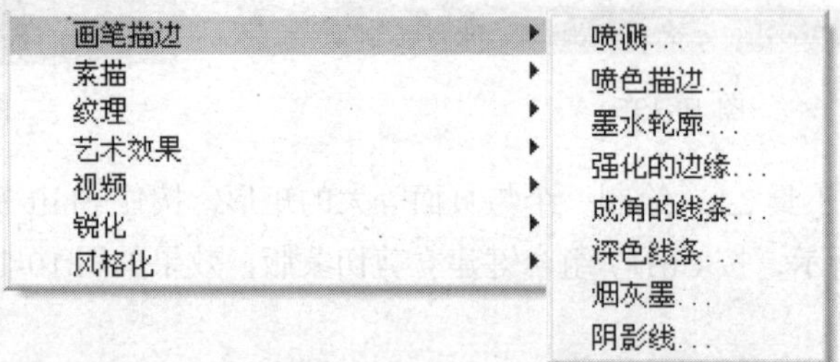

图 10-141

“画笔描边”效果组中的各效果如图 10-142 所示。

原图像

“喷溅”效果

“喷色描边” 效果

图 10-142

“墨水轮廓”效果

“强化的边缘”效果

“成角的线条” 效果

“深色线条”效果

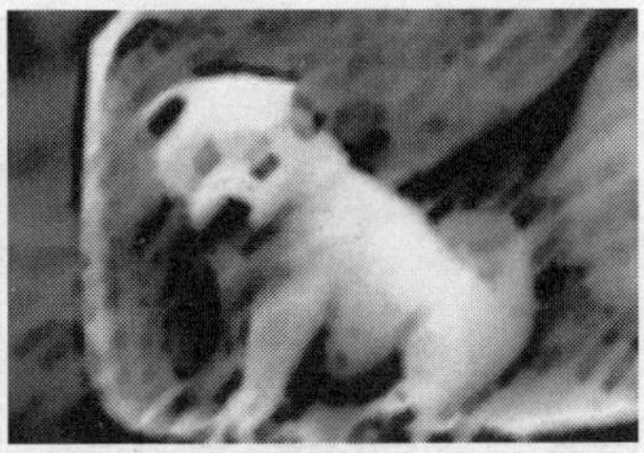
“烟灰墨”效果

“阴影线”效果

图 10-142（续）

10.4.7　“素描”效果

“素描”效果组可以模拟现实中的素描、速写等美术方法对图像进行处理，如图 10-143 所示。

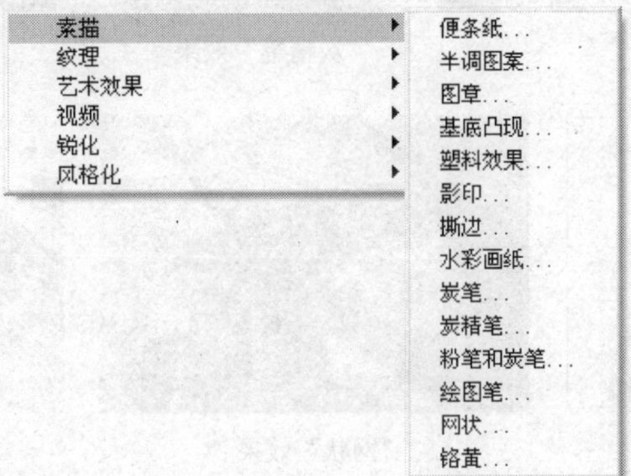

图 10-143

“素描”效果组中的各效果如图 10-144 所示。

原图像

“便条纸”效果

“半调图案”效果

图 10-144

“图章”效果

“基底凸现”效果

“塑料效果”效果

“影印”效果

“撕边”效果

“水彩画纸”效果

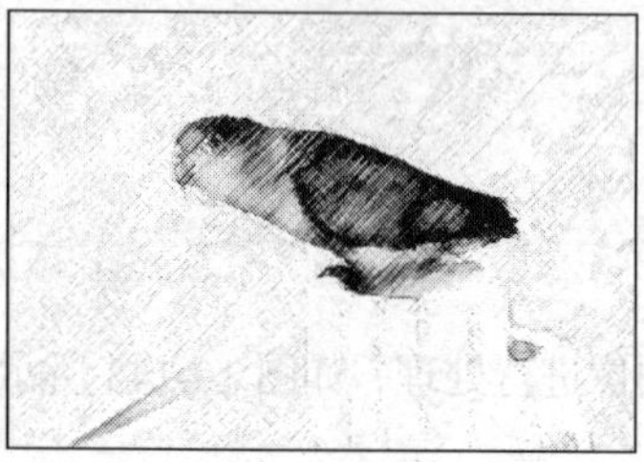

“炭笔”效果

“炭精笔”效果

“粉笔和炭笔”效果

“绘图笔”效果

“网状”效果

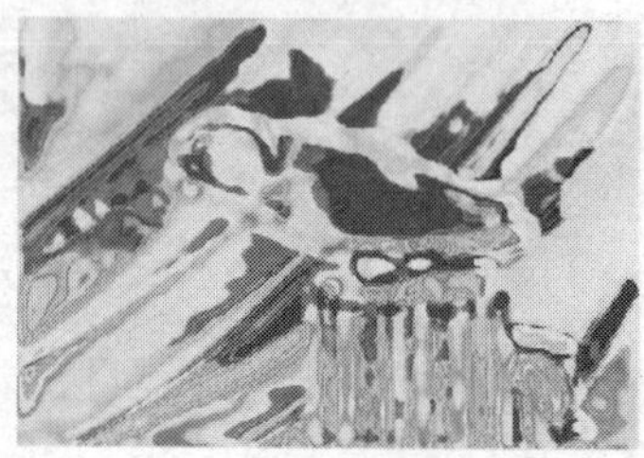

“铬黄”效果

图 10-144（续）

10.4.8 “纹理”效果

“纹理”效果组可以使图像产生各种纹理效果，还可以利用前景色在空白的图像上制作纹理图，如图 10-145 所示。

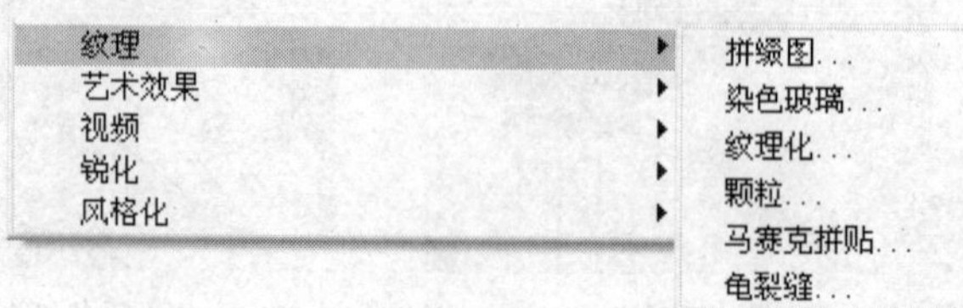

图 10-145

“纹理”效果组中的各效果如图 10-146 所示。

原图像

“拼缀图”效果

“染色玻璃”效果

“纹理化”效果

“颗粒”效果

“马赛克拼贴”效果

“龟裂缝”效果

图 10-146

10.4.9　“艺术效果”效果

“艺术效果”效果组可以模拟不同的艺术派别，使用不同的工具和介质为图像创造出不同的艺术效果，如图 10-147 所示。

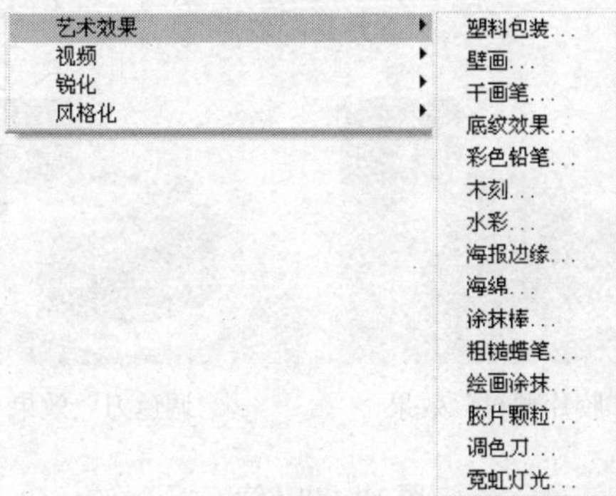

图 10-147

“艺术效果”效果组中的各效果如图 10-148 所示。

原图像

“塑料包装”效果

“壁画”效果

图 10-148

“干画笔”效果　“底纹效果”效果　“彩色铅笔”效果

“木刻”效果　“水彩”效果　“海报边缘”效果

“海绵”效果　“涂抹棒”效果　“粗糙蜡笔”效果

“绘画涂抹”效果　“胶片颗粒”效果　“调色刀”效果　“霓虹灯光”效果

图 10-148（续）

10.4.10 “视频”效果

“视频”效果组可以从摄像机输入图像或者将 Illustrator 格式的图像输入到录像带上，主要用于解决 Illustrator 格式图像与视频图像交换时产生的系统差异问题，如图 10-149 所示。

图 10-149

NTSC 颜色：将色域限制在用于电视机重现时的可接受范围内，以防止过饱和颜色渗到电视扫描行中。

逐行：通过移去视频图像中的奇数或偶数扫描行，使在视频上捕捉的运动图像变得更平滑。可以选择通过复制或插值来替换移去的扫描行。

10.4.11　“锐化”效果

“锐化”效果组通过加强相邻像素点间的对比度，使模糊的图像产生清晰的边缘效果，如图 10-150 所示。

图 10-150

“USM 锐化”效果可以使图像产生清晰的边缘效果。

选中图像，如图 10-151 所示。选择“效果 > 锐化 > USM 锐化”命令，在弹出的“USM 锐化”对话框中进行设置，如图 10-152 所示，单击“确定”按钮，图像效果如图 10-153 所示。

图 10-151

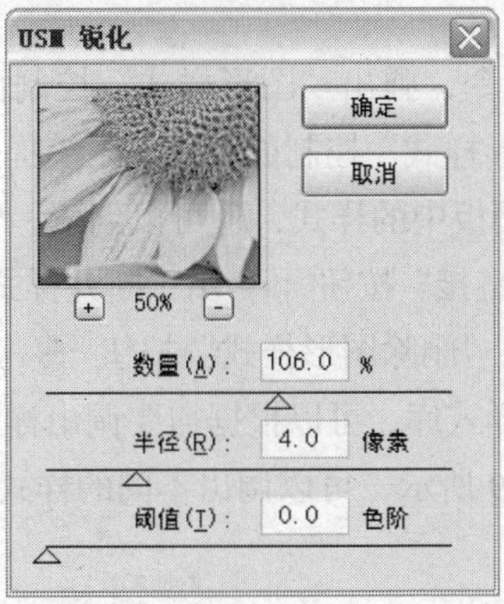

图 10-152

图 10-153

10.4.12　“风格化”效果

“风格化”效果组中只有 1 个效果，如图 10-154 所示。

图 10-154

“照亮边缘”效果可以把图像中的低对比度区域变为黑色，高对比度区域变为白色，从而使图像上不同颜色的交界处出现发光效果。

选中图像，如图 10-155 所示，选择“效果 > 风格化 > 照亮边缘”命令，在弹出的“照亮边缘”对话框中进行设置，如图 10-156 所示，单击“确定”按钮，图像效果如图 10-157 所示。

图 10-155

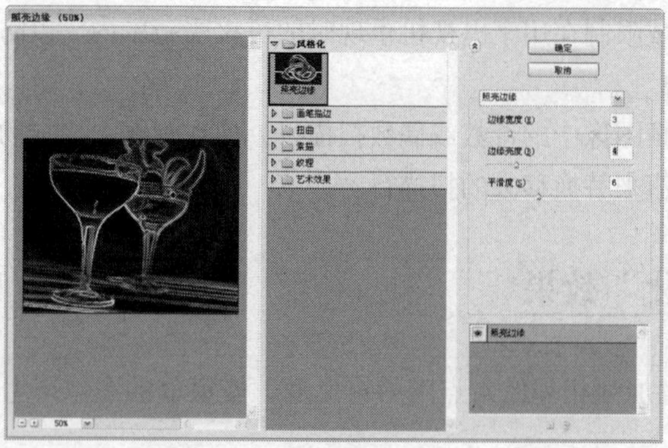

图 10-156

图 10-157

10.5 使用样式

Illustrator CS5 提供了多种样式库供选择和使用。下面具体介绍各种样式的使用方法。

10.5.1 “图形样式”控制面板

选择“窗口 > 图形样式”命令，弹出“图形样式”控制面板。在默认的状态下，控制面板的效果如图 10-158 所示。在“图形样式”控制面板中，系统提供多种预置的样式。在制作图像的过程中，不但可以任意调用控制面板中的样式，还可以创建、保存、管理样式。在“图形样式”控制面板的下方，“断开图形样式链接”按钮 用于断开样式与图形之间的链接；“新建图形样式”按钮 用于建立新的样式；“删除图形样式”按钮 用于删除不需要的样式。

Illustrator CS5 提供了丰富的样式库，可以根据需要调出样式库。选择“窗口 > 图形样式库”命令，弹出其子菜单，如图 10-159 所示，可以调出不同的样式库，如图 10-160 所示。

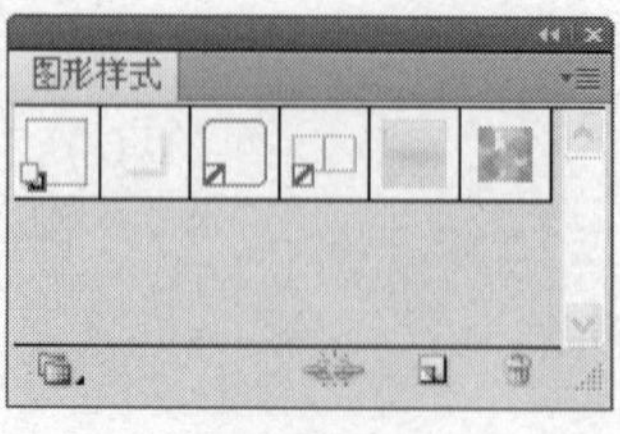

图 10-158

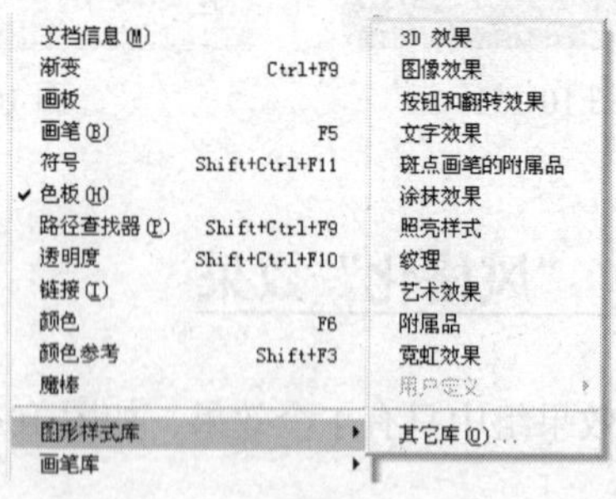

图 10-159

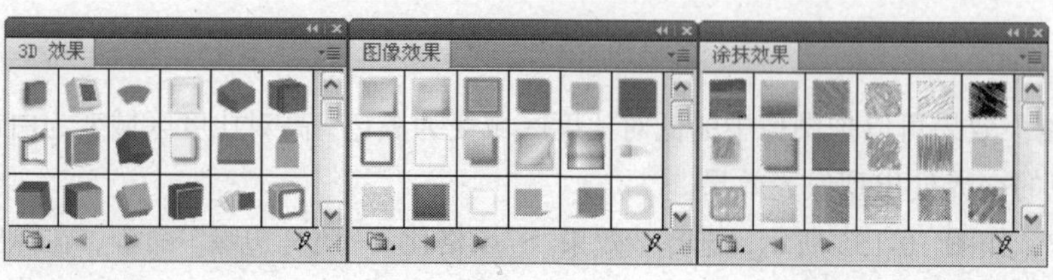

图 10-160

提示

Illustrator CS5 中的样式有 CMYK 颜色模式和 RGB 颜色模式两种类型。

10.5.2　使用样式

选中要添加样式的图形，如图 10-161 所示。在“图形样式”控制面板中单击要添加的样式，如图 10-162 所示。图形被添加样式后的效果如图 10-163 所示。

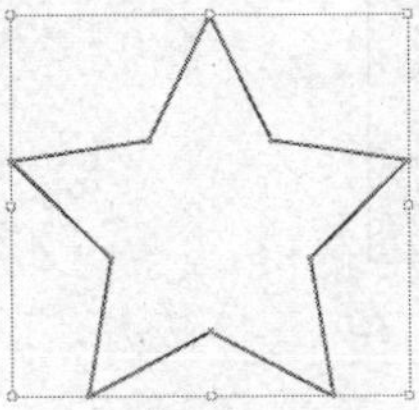

图 10-161

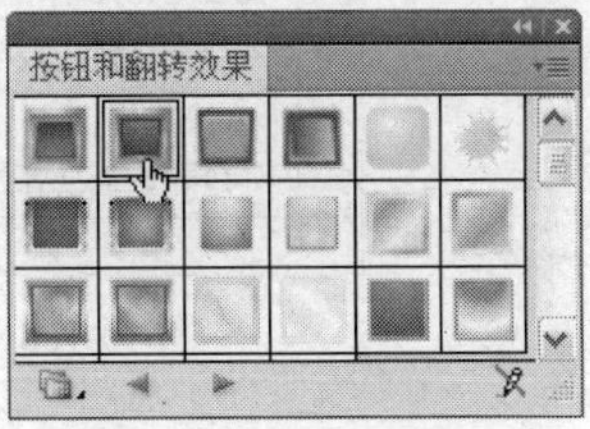

图 10-162

图 10-163

定义图形的外观后，可以将其保存。选中要保存外观的图形，如图 10-164 所示。单击“图形样式”控制面板中的“新建图形样式”按钮，样式被保存到样式库，如图 10-165 所示。

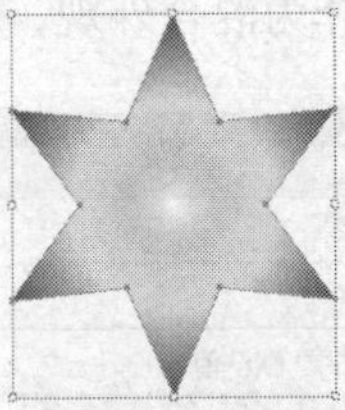

图 10-164

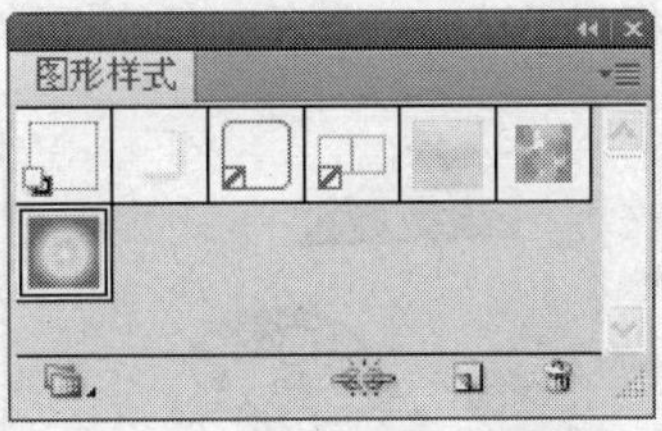

图 10-165

用鼠标将图形直接拖曳到“图形样式”控制面板中也可以保存图形的样式，如图 10-166 所示。

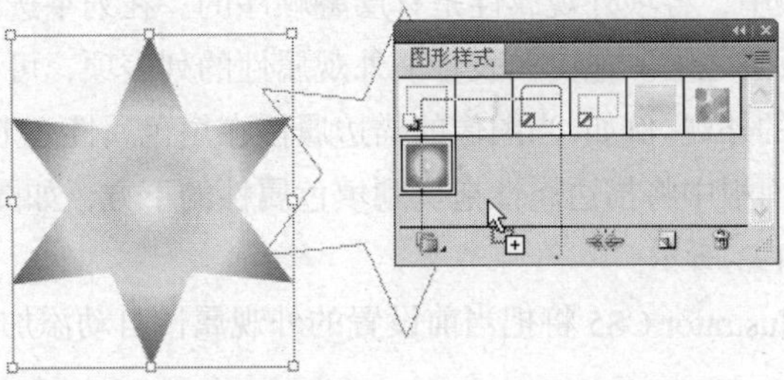

图 10-166

当把“图形样式”控制面板中的样式添加到图形上时，Illustrator CS5 将在图形和选定的样式之间创建一种链接关系，也就是说，如果“图形样式”控制面板中的样式发生了变化，那么被添加了该样式的图形也会随之变化。单击“图形样式”控制面板中的“断开图形样式链接”按钮，可断开链接关系。

10.6 外观控制面板

在 Illustrator CS5 的外观控制面板中，可以查看当前对象或图层的外观属性，其中包括应用到对象上的效果、描边颜色、描边粗细、填色、不透明度等。

选择"窗口 > 外观"命令，弹出"外观"控制面板。选中一个对象，如图 10-167 所示，在"外观"控制面板中将显示该对象的各项外观属性，效果如图 10-168 所示。

图 10-167

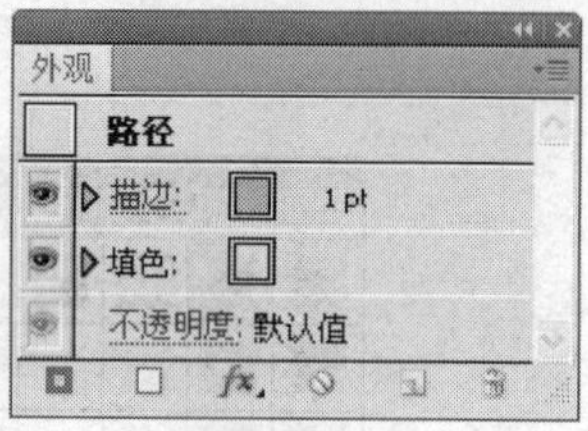

图 10-168

"外观"控制面板可分为 3 个部分。

第 1 部分为显示当前选择，可以显示当前路径或图层的缩略图。

第 2 部分为当前路径或图层的全部外观属性列表。它包括应用到当前路径上的效果、描边颜色、描边粗细、填色和不透明度等。如果同时选中的多个对象具有不同的外观属性，如图 10-169 所示，"外观"控制面板将无法一一显示，只能提示当前选择为混合外观，效果如图 10-170 所示。

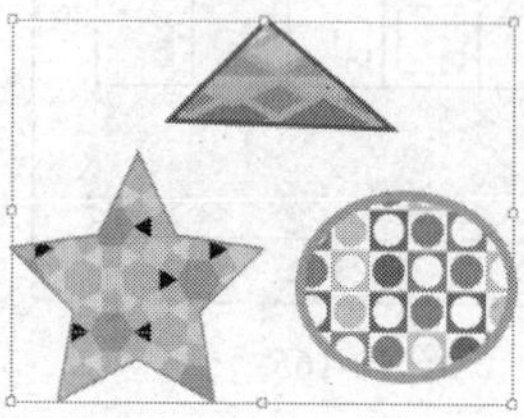

图 10-169

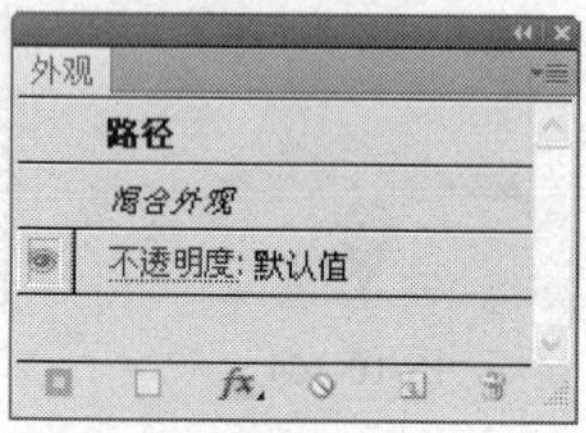

图 10-170

在"外观"控制面板中，各项外观属性是有层叠顺序的。在列举选取区的效果属性时，后应用的效果位于先应用的效果之上。拖曳代表各项外观属性的列表项，可以重新排列外观属性的层叠顺序，从而影响到对象的外观。例如，当图像的描边属性在填色属性之上时，图像效果如图 10-171 所示。在"外观" 控制面板中将描边属性拖曳到填色属性的下方，如图 10-172 所示。改变层叠顺序后图像效果如图 10-173 所示。

在创建新对象时，Illustrator CS5 将把当前设置的外观属性自动添加到新对象上。

图 10-171

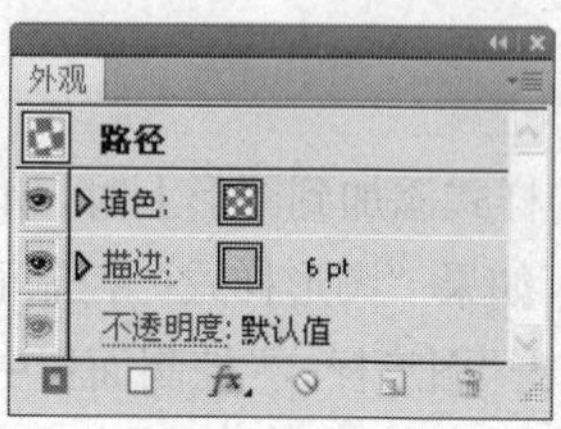

图 10-172

图 10-173

10.7 课堂练习——制作美食网页

【练习知识要点】使用剪切蒙版命令为图片添加蒙版效果。使用外发光命令为文字添加发光效果。使用弧形命令将文字变形，如图 10-174 所示。

【效果所在位置】光盘/Ch10/效果/制作美食网页.ai。

图 10-174

10.8 课后习题——制作茶品包装

【习题知识要点】使用艺术效果命令、透明度面板制作背景图形。使用风格化命令制作投影，使用 3D 命令、符号面板制作立体包装图效果，使用文字工具添加文字，如图 10-175 所示。

【效果所在位置】光盘/Ch10/效果/制作茶品包装.ai。

图 10-175

第11章 打印输出

本章将介绍在 Illustrator CS5 中打印输出的基础知识。用户在打印之前，要做好相应的准备，其中包括取出多余的图像和设置打印机选项等。

课堂学习目标

- 打印准备
- 打印设置
- 分色设置

11.1 打印准备

在打印页面之前，需要进行一些基本的准备，以免在打印过程中出现不必要的问题。

11.1.1 清除不可打印对象

在 Illustrator CS5 中，打印时只打印页面中的内容，在页面以外的部分不会被打印出来。页面以外的空文本路径、独立点或未着色物体会占据文件空间，并使打印机加载一些不必要的数据，造成不必要的麻烦。所以，在打印页面之前要对其进行清理。

选择菜单“对象 > 路径 > 清理”命令，弹出“清理”对话框，如图 11-1 所示。勾选“游离点”复选项可以删除文件中的独立点。勾选“未上色对象”复选项可以删除文件中没有上过颜色的对象。勾选“空文本路径”复选项可以删除文件中的空文本路径。

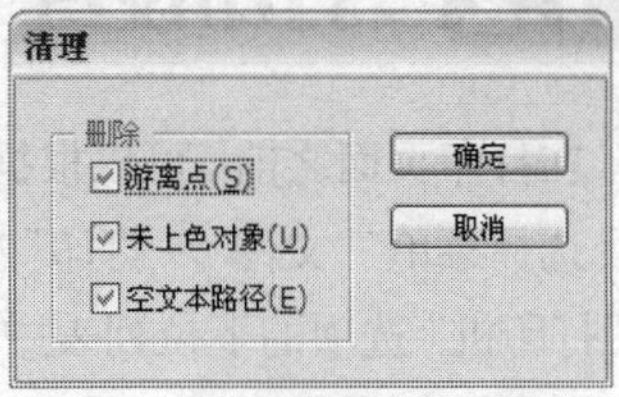

图 11-1

11.1.2 文件设置

文件设置是为打印文件做的准备工作。

选择菜单“文件 > 文档设置”命令，弹出“文档设置”对话框，如图 11-2 所示。在对话框中包括 3 个选项组：“出血和视图选项”、“透明度”、“文字选项”。

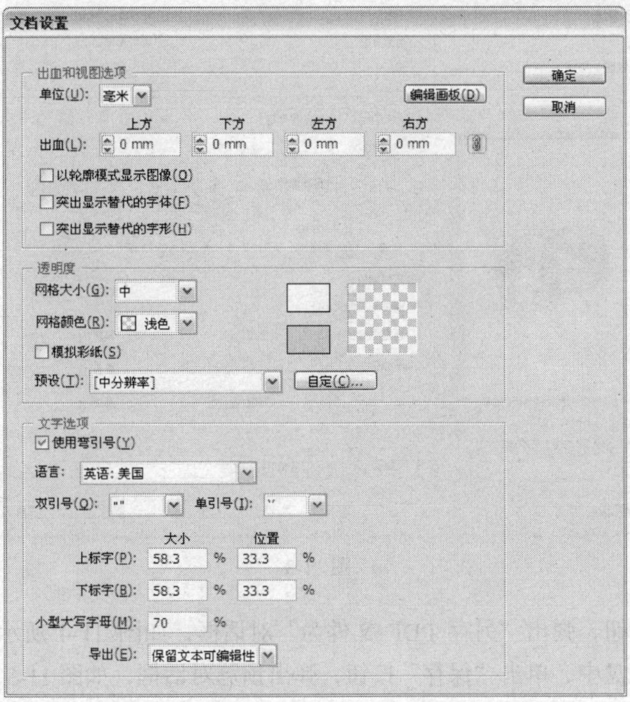

图 11-2

在“出血和视图选项”组中，“单位”选项用于选择文档的尺寸单位。“出血”选项用于设置文档的出血值。“以轮廓模式显示图像”复选项用于控制图像在文件中的显示，勾选此复选项，置入的图像将以黑白图的方式显示。“突出显示替代的字体”和“突出显示替代的字形”复选项用于突出显示替代的字体和字形。

在“透明度”选项组中，“网格大小”选项用于选择透明网格的小、中、大 3 种尺寸。“网格颜色”选项用于选择透明网格的颜色，共有 8 种颜色可以选择，也可以自定义网格颜色。如果作品要在彩色纸上进行打印，需勾选“模拟彩纸”复选项来激活颜色。

在“文字选项”选项组中，主要设置一些常用的文字符号和标点的大小和位置。

11.2 打印设置

在打印页面之前，可以根据打印的需要对打印机进行设置。这样才能保证打印出理想的作品。

选择菜单“文件 > 打印”命令（组合键为 Ctrl+P），弹出“打印”对话框，如图 11-3 所示。在“打印机”选项的下拉列表中选择与计算机相连接的打印机。“份数”选项可以设置打印的数量。还可以选择“拼版”选项或“逆页序打印”选项来设置打印的顺序。在“介质”选项组中可以设置打印的方向，共有 4 种可以选择。在“选项”选项组中，“打印图层”选项可以设置打印的层，可以选择“不要缩放”、“调整到页面大小”、“自定缩放”3 种方式打印。

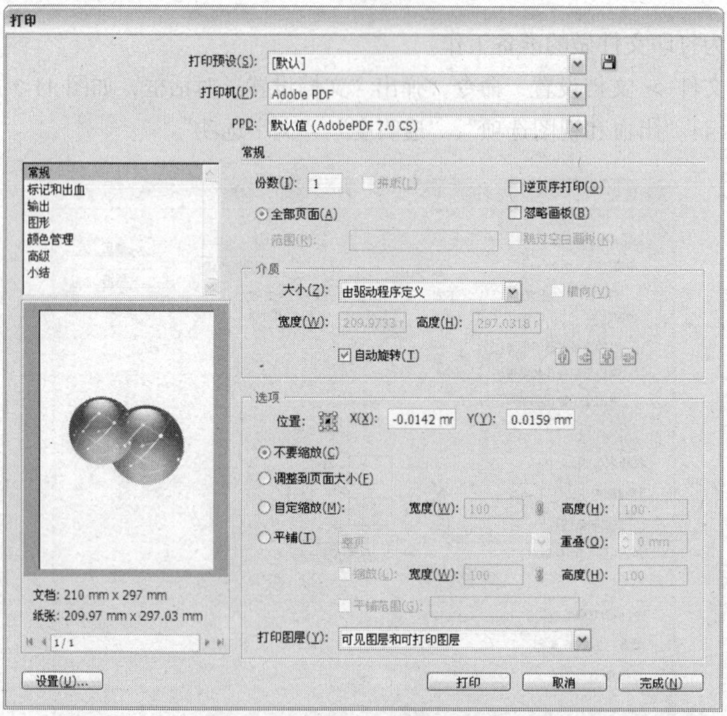

图 11-3

单击“打印”按钮，弹出“另存 PDF 文件为”对话框，如图 11-4 所示，可以将后缀为.pdf 的打印文件存储到硬盘中，单击“保存”按钮，弹出预览对话框，如图 11-5 所示。

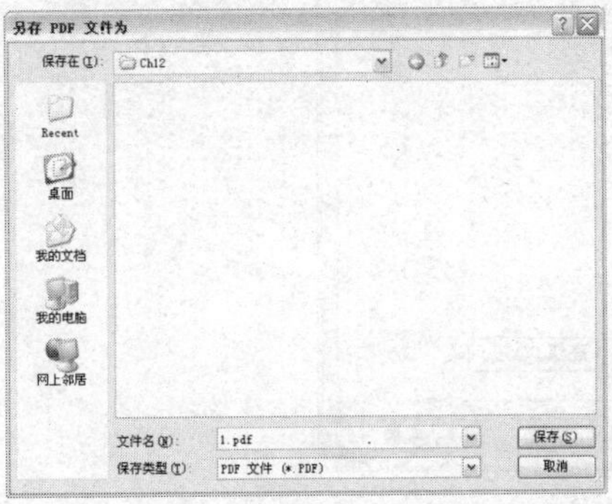

图 11-4

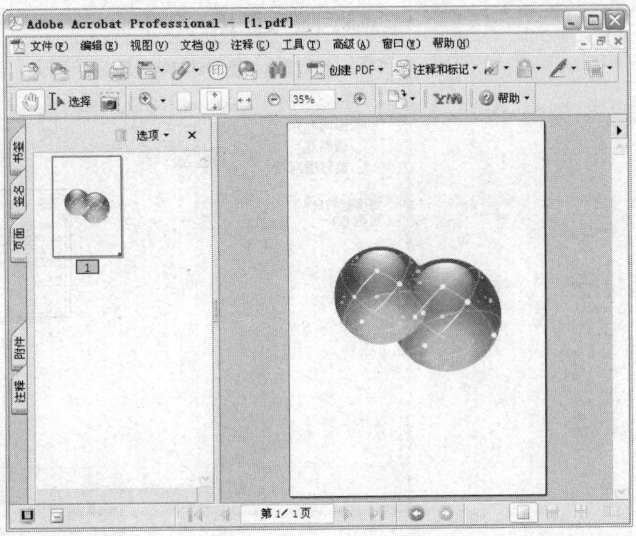

图 11-5

选择菜单“文件 > 打印”命令，弹出“打印”对话框，如图 11-6 所示。

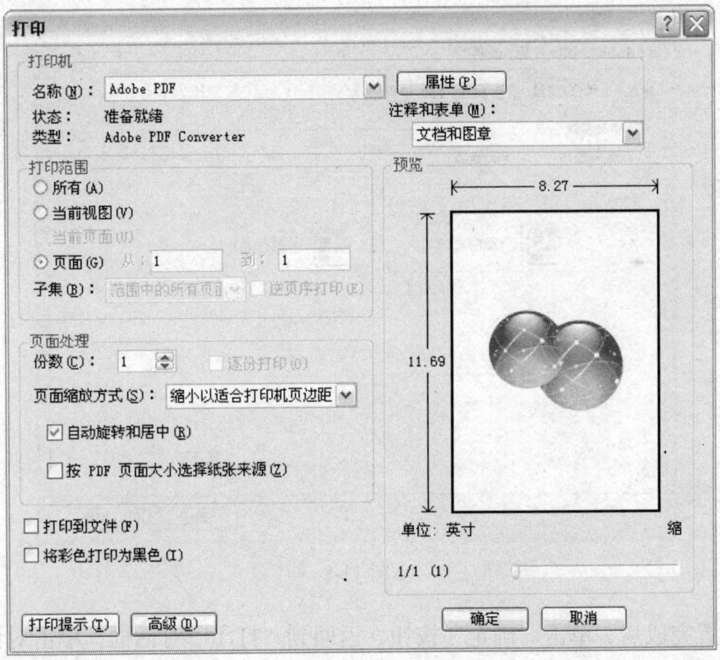

图 11-6

在“名称”选项的下拉列表中可以选择所使用的打印机。选择“所有”单选项，可以打印当前的全部页面，选择“当前视图”单选项可以自行设置打印的页面。“份数”选项的数值框中可以设置打印的数量。

单击“属性”按钮，弹出“文档属性”对话框，如图 11-7 所示。“方向”选项组可以设置纸张输出的方向，有“纵向”、“横向”、“旋转横向”3 种选择。“每张纸打印的页数”选项可以设置每张页面要打印的数量。

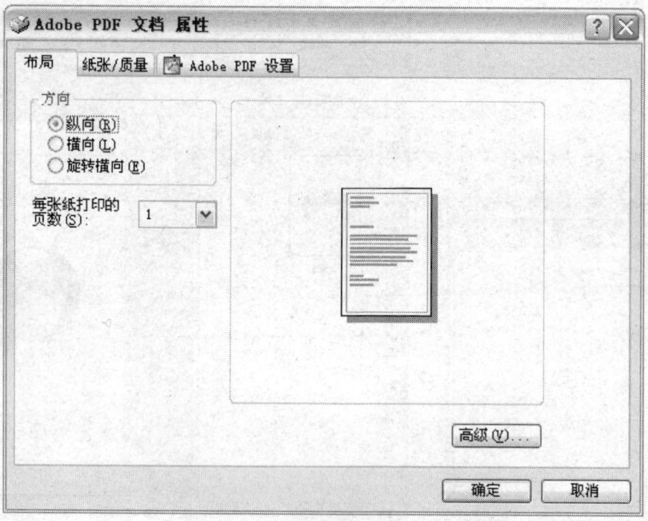

图 11-7

单击“纸张/质量”选项卡，调出“纸张/质量”对话框，如图 11-8 所示。“纸张来源”选项用于设置纸张的来源。在“颜色”选项组中设置打印的颜色。

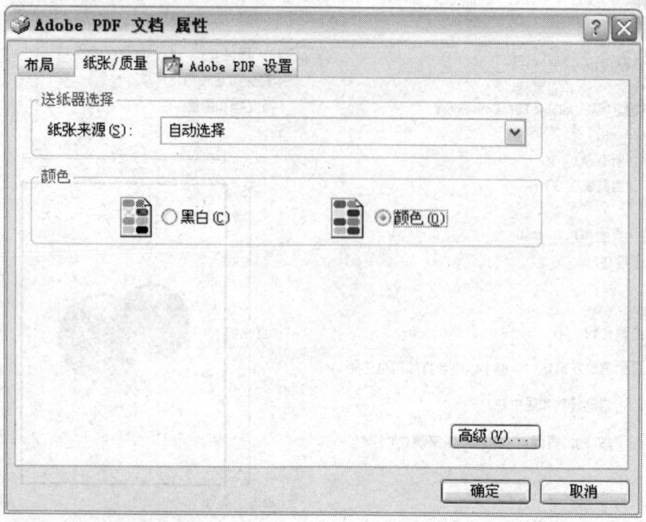

图 11-8

所有选项设置完成后，单击“确定”按钮，返回到“打印”对话框，单击对话框中的“确定”按钮，开始打印页面。

11.3 分色设置

若要在照排机或 PS 打印机上分色输出图像，必须进行分色设置。分色是将不同的颜色打印在分开的纸或胶片上，这些胶片可以用于印刷的制版中。为了得到最终的印刷品，纸张将几次通过印刷机，每次印刷机使用不同的印版及不同的油墨颜色印刷，它们组合起来就可以完成大批量的全彩色印刷。

分色方式分为两种：四色分色和专色分色。

四色分色用于使用四色油墨的印刷，不同数量的青、品、黄、黑四色油墨可以组合成图像上的不同颜色。四色分色法最大的优点是可以产生丰富的颜色。

专色分色用于使用专色的印刷，选用与图像颜色相吻合的油墨，而不是通过 4 种颜色的合成来产生相应的颜色。专色分色最大的优点在于印刷出的颜色明亮清晰。

有时，可将专色和四色分色法联合使用。例如，有些公司的商标采用的是专色，为这些公司设计海报以及公司简介等宣传品时，不可避免地要联合使用专色和四色分色法。